Chefsache Gesundheit I

Peter Buchenau
Hrsg.

Chefsache Gesundheit I

Der Führungsratgeber fürs 21. Jahrhundert

2. Auflage

Herausgeber
Peter Buchenau
The Right Way GmbH
Waldbrunn
Deutschland

ISBN 978-3-658-16579-6   ISBN 978-3-658-16580-2 (eBook)
https://doi.org/10.1007/978-3-658-16580-2

Die Deutsche Nationalbibliothek verzeichnet diese Publikation in der Deutschen Nationalbibliografie; detaillierte bibliografische Daten sind im Internet über http://dnb.d-nb.de abrufbar.

Springer Gabler
© Springer Fachmedien Wiesbaden GmbH 2016, 2018
Das Werk einschließlich aller seiner Teile ist urheberrechtlich geschützt. Jede Verwertung, die nicht ausdrücklich vom Urheberrechtsgesetz zugelassen ist, bedarf der vorherigen Zustimmung des Verlags. Das gilt insbesondere für Vervielfältigungen, Bearbeitungen, Übersetzungen, Mikroverfilmungen und die Einspeicherung und Verarbeitung in elektronischen Systemen.
Die Wiedergabe von Gebrauchsnamen, Handelsnamen, Warenbezeichnungen usw. in diesem Werk berechtigt auch ohne besondere Kennzeichnung nicht zu der Annahme, dass solche Namen im Sinne der Warenzeichen- und Markenschutz-Gesetzgebung als frei zu betrachten wären und daher von jedermann benutzt werden dürften.
Der Verlag, die Autoren und die Herausgeber gehen davon aus, dass die Angaben und Informationen in diesem Werk zum Zeitpunkt der Veröffentlichung vollständig und korrekt sind. Weder der Verlag, noch die Autoren oder die Herausgeber übernehmen, ausdrücklich oder implizit, Gewähr für den Inhalt des Werkes, etwaige Fehler oder Äußerungen. Der Verlag bleibt im Hinblick auf geografische Zuordnungen und Gebietsbezeichnungen in veröffentlichten Karten und Institutionsadressen neutral.

Einbandabbildung: fotolia.de

Gedruckt auf säurefreiem und chlorfrei gebleichtem Papier

Springer Gabler ist Teil von Springer Nature
Die eingetragene Gesellschaft ist Springer Fachmedien Wiesbaden GmbH
Die Anschrift der Gesellschaft ist: Abraham-Lincoln-Str. 46, 65189 Wiesbaden, Germany

Geleitwort von Josef Rothenfluh

Liebe Leserinnen und Leser,
wann haben Sie in Ihrem Unternehmen zuletzt ein Thema zur Chefsache erklärt? Ja, dazu muss man zuerst ein anstehendes Problem erkennen. Nur dann lässt sich ein Problem mit aller Kraft entschärfen. Ich bin mir durch meine langjährigen Erfahrungen als selbstständiger Unternehmer und auch als Präsident des Schweizer KMU Verbandes (SKV) sicher, dass es sich unbedingt lohnt, hin und wieder ein zentrales Thema zur „Chefsache" zu erklären.
Unsere Gesellschaft verändert sich laufend. Was gestern war, ist irgendwann überholt. Umso wichtiger ist, dass man sich Zeit nimmt, auch immer mal wieder etwas genauer hinzuschauen. Wer klare Zeichen verdrängt, wird eines Tages vor Tatsachen gestellt. Es liegt uns mit diesem Buch sehr daran, Themen, auch Tabu-Themen, sachlich auf den Tisch zu bringen. Ohne gleich dramatisieren zu wollen, soll dieses Buch unbedingt zum Nachdenken anregen. Weil wir wissen, was da im Gesundheitswesen auf uns zukommt, rücken wir die wichtigen Fakten aus dem Alltag für Sie ins richtige Licht.

Das Burn-out ist ein Musterbeispiel. Noch vor 20 Jahren gab es die Krankheit noch gar nicht. Heute gehört sie zu den Top-Ten-Krankheiten in unseren Statistiken. Tendenz stark steigend. Die Krankheit löst gewaltige Kosten aus. Der einfache Arbeitszeitausfall bringt uns Arbeitgeber unter Druck und unsere Mitarbeiter leisten den Ausgleich durch einen Mehreinsatz. Ein Burn-out kommt schleichend und ist für den Betroffenen alles andere als angenehm. Um die beste Leistung am Arbeitsplatz zu erbringen, müssen sich Mitarbeiter wohlfühlen. Überforderung, aber auch Unterforderung, sind klare Stolpersteine.

Der einfache Grundsatz der Gesundheitsförderung ist immer die Schaffung von Lebensqualität. Viele Krankheiten, viel Schmerz und Leid könnten verhindert werden, wenn wir rechtzeitig genauer hinschauen. Die Krankenkassen spielen dabei eine wichtige Rolle. Aber es braucht Krankenkassen, die mitdenken. Es genügt heute nicht mehr, wenn Krankenkassen sich nur auf das Bezahlen von Arztrechnungen beschränken wollen. Der Schweizer KMU Verband nimmt die Sache sehr ernst und hat mit der größten Krankenkasse der Schweiz eine aktive Partnerschaft unterschrieben. Im Kleinen schaffen wir es zu belegen, dass effektive Krankheitskosten verhindert oder allenfalls möglichst vermindert werden könnten.

Mit der Gesundheitsförderung am Arbeitsplatz braucht es kein Marktgeschrei und auch keine Mahnfinger. In der Schweiz erfreuen wir uns daran, dass wir den dringend nötigen TCS für das Schweizer Gesundheitswesen bereits im Modell geschaffen haben. Den GCS, den Gesundheitsclub Schweiz. Der Club, der um die Gesundheit das macht, was der TCS um unser Auto. Je stärker die Partner des SKV für ein starkes Gesundheitswesen zusammenstehen, je konkreter erfüllt sich der große Wunsch der Öffentlichkeit, dass wir wieder ein bezahlbares Gesundheitswesen haben werden.

Ich wünsche Ihnen viele neue Erkenntnisse beim Lesen. Wäre doch toll, wenn eines Tages das Burn-out vielleicht wieder gar keine Krankheit mehr sein müsste. Machen Sie die Gesundheit zur Chefsache. Viel Erfolg und bleiben Sie gesund.

Josef Rothenfluh
SKV Präsident

Geleitwort von Dr. Manfred Nelting

Hoher Krankenstand, zunehmende innerliche Kündigung, schlechtes Betriebsklima, Zunahme von Burn-out u. a. wirken sich negativ auf die Produktivität von Unternehmen aus. Trotzdem wird dies vielfach nicht konsequent bilanziert und diese Zusammenhänge zu oft von kurzsichtig agierenden Unternehmensleitungen gecovert und notwendige Entwicklung zum eigenen Nachteil ausgebremst.

Die Gesundheitsfrage stellt sich natürlich auch für die Unternehmensleitung: Es gibt letztlich kein gesundes Unternehmen, wenn die Chefs nicht in guter Gesundheit sind.

Dabei müssen Führungskräfte auch Angriffe von außen (Konkurrenten, Quartalsberichte) und von innen (Herzinfarkt, Burn-out) antizipieren und stressphysiologisch unschädlich machen können. Mehr denn je müssen sie flexibel auf unerwartete Herausforderungen reagieren.

Dafür brauchen Chefs Gesundheitskompetenz mit Nutzen für die eigene Stress-Resistenz, für die Ausbildung von Gelassenheit auch bei hoher Leistungsanforderung. Gesundheitskompetenz wird allerdings nicht frei Haus geliefert, man muss sie sich in Beratung und Eigenarbeit aneignen.

In diesem Sinne lassen neue Führungs-Strategien Führungskräfte „aus einer Gelassenheit" führen, die empfänglich macht für systemisches Denken und empathisches Wahrnehmen (auch für Signale aus der eigenen Körpersphäre). Eine solche Persönlichkeits-Entfaltung der Chefs fördert nicht nur die Produktivität im Unternehmen, sondern hat eigenen Gewinn für die Freude in der Leitungs-Arbeit, für die persönliche Gesundheit und den privaten Erlebnis-Genuss. Damit bekommen aber auch die Mitarbeiter das Vorbild, das sie für die Erhaltung oder Wiederherstellung ihrer eigenen aktiven Gesundheits-Balance brauchen.

Gesundheitsmanagement im Betrieb ist somit ein klassischer Top-down induzierter Prozess, um den sich der Chef selbst kümmern muss.

Die physiologischen Randbedingungen unter denen ein Mensch optimal funktioniert (u. a. ausreichend Pausen in Arbeit und Erreichbarkeit, Unterbrechungen als Effizienzkiller, Anerkennung als psychosoziale „Nahrung", wirksame Stressgestaltung zur Erhaltung der hirnphysiologischen Kreativität) müssen in der Führungsetage bekannt sein, als Voraussetzung für echte Effizienz-Steigerung bei erhaltener Gesundheit aller.

Der Herausgeber dieses Buches, Peter Buchenau, hat mit seiner großen Erfahrung und bester Vernetzung eine exzellente Autorenschaft für dieses Buch gewinnen können. Sie alle zeichnet ihre langjährige konkrete Tätigkeit und begeisterndes Engagement in der Beratung von Führungskräften und Chefetagen aus. Die Autoren haben in ihrer Arbeit erlebt und darauf reagiert, dass Gesundheit bereits heute ein bedeutender und vermutlich auch der zukünftig wichtigste Produktivitätsfaktor ist. Wie mit Peter Buchenau nicht anders zu erwarten, wird hier nicht nur ein realistisches, durchaus herausforderndes Bild der aktuellen Verhältnisse gezeigt, sondern tiefgründig und humorvoll herausgearbeitet, wie kluge, weitsichtige Führungskräfte zukunftsfähig werden, indem sie Gesundheit zur Chefsache machen.

Ich wünsche diesem Buch beste Verbreitung in Führungskreisen und sicherlich darüber hinaus – ein Premium-Werk mit hohem persönlichen Nutzen, das seine Leser begeistern und zur eigenen Umsetzung anregen wird.

Manfred Nelting

Vorwort

Liebe Leserinnen und Leser!

Was ist das Geheimnis des zukünftigen Erfolges? Sicher ist Fachwissen nach wie vor die grundlegende Basis. Aber die reicht morgen alleine für unternehmerischen Erfolg nicht mehr aus, denn das Wissen unserer Welt explodiert. Experten gehen davon aus, dass das aktuelle Fachwissen in vielen Bereichen bereits in zwei Jahren überholt sein wird. Moderne und zukunftsweisende „future skills" werden immer entscheidender. Also die Kunst, effektiv und schnell die Gegebenheiten des Marktes zu erkennen, diese richtig zu deuten und die entsprechenden persönlichen oder wirtschaftlichen Maßnahmen einzuleiten. Diese steten Anpassungen fordern Unternehmern und Führungskräften sowie deren Angestellten eine permanente Höchstleistung an Konzentration, Flexibilität und Durchsetzungsvermögen ab. Zeit zum Durchschnaufen, zum Tief-Luftholen bleibt da selten. Diese andauernde hohe Leistung erbringen Sie aber nur, wenn Sie körperlich und geistig fit sind. Deshalb wird künftig die Förderung der Gesundheit mehr und mehr wichtiger als die Abwehr von Krankheit. Gesundheit wird zur Chefsache und somit zum wichtigsten Erfolgsfaktor künftiger erfolgreicher Unternehmen. Denn: Was nützen Ihnen die besten Maschinen und die fähigsten Köpfe, wenn die Mitarbeiter krank sind?

Die Ansatzpunkte sind vielfältig. Egal ob es um die Kunst geht, sich optimal zu positionieren, Verhandlungs- und Verkaufsgeschick zu verbessern, Redekunst, Durchsetzungsfähigkeit, Motivation oder Serviceorientierung zu nutzen, überall wird künftig das Thema Gesundheit Einzug halten.

Chefsache Gesundheit – unter diesem Motto stellen 15 Unternehmenstrainer, Coaches, Mediziner und Hochschulprofessoren, die zu den besten im deutschsprachigen Raum zählen, ihre ganz persönlichen Erfolgsrezepte vor, wie das Thema Gesundheit künftig in ihrem jeweiligen Spezialgebiet Einzug halten wird. Profitieren Sie vom Wissen von Falk S. Al-Omary, Birte Balsereit, Peter Buchenau, Zach Davis, Stéphane Etrillard, Arno Fischbacher, Jürgen W. Goldfuß, Hans-Joachim Hahn, Axel Kern, Martin Laschkolnig, Gerhard Moser, Boris Springer, Uta Straub, Hardy Walle und Susanne Wendel. Nutzen Sie die geballte Kompetenz der Autoren – machen Sie Gesundheit zu Ihrem Erfolgsfaktor.

Da die Autoren alle über langjährige Erfahrungen als Unternehmenstrainer, Lehrbeauftragte oder Business-Coaches verfügen, kommt Ihnen neben dem großen Fachwissen auch deren didaktisches Know-how zugute. Das Buch ist so aufgebaut, dass Sie einzelne

Kapitel lesen können. Beginnen Sie mit dem Thema, das Sie interessiert. Egal ob Charisma, Werte, Social Media, Verkauf oder Zeitintelligenz. Diese Gliederung macht das Buch zum Nachschlagewerk zur aktuellen Frage, zur aktuellen Situation, zum aktuellen Problem, zu dem Sie gerade jetzt eine Lösung suchen.

Zum Schluss möchte ich mich bei allen Autoren für ihre engagierte Mitarbeit ganz herzlich bedanken. Sie haben das Buch erst möglich gemacht. Danke euch allen. Außerordentlicher Dank geht auch an meine Assistentin Marina Bayerl, welche in unzähligen zusätzlichen Stunden die Autorenberichte einforderte, sortierte, zusammenfasste und vorlektorierte. Ebenso übernahm sie die Koordination der Zusammenarbeit mit dem Springer Gabler Verlag. Danke, Marina.

Nun, liebe Leser, erwarten Sie eine spannende Lektüre und wertvolle Impulse für die Bewältigung zukünftiger beruflicher und privater Herausforderungen. Nutzen Sie diese Chance und setzen Sie den einen oder anderen Hinweis, die eine oder andere Strategie oder Methode in Ihrem zukünftigen Alltag um. Es gibt immer eine Lösung. Deshalb: Gesundheit ist Chefsache.

Peter Buchenau

Inhaltsverzeichnis

1 **Medialer Erfolg: Wie Gesundheitsthemen Marketing und PR beeinflussen und wie Unternehmen davon profitieren können.** 1
   Falk S. Al-Omary

2 **Das LS-Syndrom – Warum Leistungsträger oft in der Freizeit erkranken** . . . 19
   Birte Balsereit

3 **Gesundheit wird zum Erfolgsfaktor – Unternehmen müssen beim Thema Strategie, Kultur und Führung umdenken** 41
   Peter Buchenau

4 **Vom Zeitmanagement zur Zeitintelligenz: Produktivität steigern, Stress senken!** 61
   Zach Davis

5 **Als Chef souverän mit Konflikten umgehen**. 79
   Stéphane Etrillard

6 **Der Ton macht die Musik**. 99
   Arno Fischbacher

7 **Trotz Facebook, Mails und Twitter – sicher durchs Burnout-Gewitter**. 123
   Jürgen W. Goldfuß

8 **Sieben Werte für die Unternehmensgesundheit**. 143
   Hans Joachim Hahn

9 **Betriebliches Gesundheitsmanagement ist Führungsaufgabe und Erfolgsfaktor** 157
   Axel Olaf Kern

10 **Paradigmenwechsel Energiepsychologie**. 175
   Martin Laschkolnig

11 **Das volle Potenzial ausschöpfen durch „artgerechte Ernährung"**. 199
   Gerhard Moser

12 Wertebewusstsein: Die mentale Tankstelle 209
Boris Springer

13 Encouraging Leadership – Ermutigend führen 227
Ute Straub

14 Leistungsfähiger, erfolgreicher und glücklicher durch intelligente Ernährung 249
Hardy Walle

15 Work-Life-Fun-Balance – Gesundheit im 21. Jahrhundert 279
Susanne Wendel

Über den Initiator der Chefsache-Reihe 297

Medialer Erfolg: Wie Gesundheitsthemen Marketing und PR beeinflussen und wie Unternehmen davon profitieren können

Falk S. Al-Omary

Inhaltsverzeichnis

1.1	Gesundheit in den Medien – neue Chancen für die Unternehmenskommunikation	4
1.2	Gut aussehen – gut handeln – gut wirken	7
1.3	Energie, Kreativität und Aktivität in einer crossmedial beschleunigten Zeit.	9
1.4	CSR, Employer Branding und betriebliches Gesundheitsmanagement – Gesundheit als Verkaufsargument.	11
1.5	Chancen nutzen – ein neuer Typ Manager rückt in den Fokus	17
1.6	Über den Autor.	18

Wir leben in spannenden und schnelllebigen Zeiten. Der 5. Kondratieff-Zyklus dauert noch an. Medien und IT bestimmen unser Leben. Informationsflut, soziale Netzwerke und Cloud-Computing sind in aller Munde. Fast jeder ist permanent online verfügbar, medial omnipräsent und engagiert, wenn es um seine Themen und Aktivitäten geht. Das Sendungsbewusstsein nimmt zu. Ich-Botschaften haben Konjunktur und finden ihren Raum auf Facebook, Twitter und Co. Jeder Einzelne kann zum Sender werden, Beobachtungen und Meinungen teilen oder einfach nur über kurze Augenblicke seines Lebens berichten. In dieser allumfassenden Medienwelt suchen Menschen ihren Halt. Sie versuchen, sich mitzuteilen und ihren Platz zu finden. Selbstverwirklichung und Selbst-Inszenierung vor den Augen der eigenen „Freunde" oder Kontakte. Aus dieser Flut von vermeintlichen Neuigkeiten – und seien sie teilweise noch so trivial – werden heute inszenierte Realitäten erschaffen, in denen einer den anderen beeinflusst. Die Welt wird vernetzter, nicht nur gesellschaftlich global, sondern ganz individuell.

F.S. Al-Omary (✉)
Al-Omary Medien-Management & Consulting Group, Obergraben 11,
57072 Siegen, Deutschland
e-mail: post@al-omary.de

Genau diese Individualität zeichnet aktuell diesen fünften Kondratieff-Zyklus aus und leitet ihn über in den sechsten. Die Themen Gesundheit und Wohlergehen, persönliches und kollektiv-gesellschaftliches, gewinnen an Raum. Die positiven Botschaften überwiegen in den genannten sozialen Netzwerken. Wie sonst ist es zu erklären, dass immer mehr Menschen ihre Urlaubsfotos teilen oder ihr Essen fotografieren. „Schaut her, wie gut es mir geht, was ich mir leisten kann und wie aktiv und engagiert ich bin", scheint die heimliche Aussage vieler sogenannter Statusmeldungen zu sein. Individuelles Wohlbefinden kombiniert mit medialer Eigen-Inszenierung. Die Menschen sorgen dafür, dass es ihnen gut geht, und sie teilen es ihrem Umfeld freudig mit. Fast könnte man von einem medialen Hedonismus sprechen. Die Freude am eigenen Sein – oder auch nur die Aussicht auf diese Freude – muss geteilt werden. Ich-Bezogenheit, Gesundheit im weitesten Sinne, also auch Entspannung, geistige Fitness, mentale Energie und Spaß am Leben und an der Arbeit sowie mediale Inszenierung sind die Basis, bilden den Übergang vom IT-Zeitalter zum Zeitalter der psychosozialen und körperlichen Gesundheit, zur kollektiven Wellness-Kultur.

Die sogenannte Generation Y macht es uns vor. Nicht mehr nur Geld und Status zählen im Job, sondern auch menschliche Arbeitsbedingungen, nachhaltiges Wirtschaften bezogen auf alle verfügbaren Ressourcen und eine persönlich passende Work-Life-Balance. Erst mal soll es mir gutgehen, so die Devise, und dann erst kommt das Unternehmen. Und ohnehin kann es diesem nur gutgehen, wenn es mir gutgeht. Diese Einstellung ist auch kein plumper Egoismus. Es ist das Resultat gemachter Erfahrungen der Eltern und einer veränderten Gesellschaft, in der die, begünstigt durch soziale Netzwerke und permanent verfügbare Informationen, maximale Transparenz herrscht über das, was möglich scheint. Warum sollte es mir schlechter gehen als anderen, diese Frage stellen sich viele. Die permanenten Positivbotschaften auf Facebook und die gesteigerte Fokussierung auf sich selbst kommt nun an – in den Unternehmen, in den Medien und in der Gesellschaft.

Wer nicht mitmacht, ist out. Wer sich nicht medial inszeniert – auch und gerade mit positiven Aktivitätsbotschaften und Meldungen über das gerade jetzt vorhandene Wohlgefühl –, findet nicht statt. Persönlicher Erfolg hat zwei mehr oder weniger neue Faktoren: mediale Präsenz und individuelle Fitness im weitesten Sinne des Wortes. Wo vor noch gar nicht allzu langer Zeit ausschließlich Leistung und Formalqualifikationen im Fokus standen und den Weg auf der Karriereleiter geebnet haben, sind heute andere Themen wichtiger geworden: individuelle Medienkompetenz und psycho-soziale sowie gesellschaftliche Kompetenz.

Nur wer regelmäßig in Print-, Rundfunk- und Online-Medien präsent ist, verfügt auch über den notwendigen Bekanntheitsgrad in seiner Zielgruppe. Wer prominent ist, sich regelmäßig fachkundig äußert, immer wieder neu positiv über verschiedene Kanäle auffällt und überzeugend Kompetenz ausstrahlt, kann auch höhere Preise durchsetzen. Mediale Präsenz wirkt anziehend – auf Kunden, Mitarbeiter und strategische Partner. Eine konsequente mediale Inszenierung zeigt dem Markt, wer der Richtige für eine bestimmte Aufgabe ist. Wirkung und Präsenz sind entscheidend für den Verkaufserfolg – das gilt für eigene Medien genauso wie für die externe Berichterstattung über ein Unternehmen, ein Produkt oder eine Person. Unternehmensberater, Trainer, professionelle Vortragsredner und Coaches, aber auch Manager, Top-Entscheider und Firmeninhaber verkaufen sich selbst. Sie repräsentieren ihr Unternehmen oder stehen sinnbildlich für die eigene Leistung, die persönliche Kompetenz und ein vertrauensvolles Miteinander in der Kundenbeziehung. Für sie alle ist die persönliche Wirkung auf Dritte wichtig – im persönlichen Dialog, während einer Verkaufspräsentation, auf einer Bühne oder über die Medien. Das persönliche Profil ist mitentscheidend für den beruflichen oder unternehmerischen Erfolg. Aus der Masse herausragen, kompetent wirken und vor allem profiliert sein in Bezug auf Meinungen, Positionen und Expertise – darauf kommt es an. „Graumäusigkeit" schadet dem Geschäft. Bescheidenheit zieht Misserfolge und damit Armut an. Leisetreterei ist fehl am Platze. Es gilt, ein klares, unverwechselbares Profil passend zur eigenen Persönlichkeit und abgestimmt auf die Branche, den Charakter und das eigene Produkt zu finden und damit die Wirkung und Vertriebserfolge zu steigern.

Nur wird das für Unternehmen und Persönlichkeiten in Zukunft vermutlich nicht mehr nach den gewohnten Mustern funktionieren. Das umfassende Thema „Gesundheit" darf nicht mehr außer Acht gelassen werden. Es reicht nicht mehr die reine Präsenz in einer so transparenten Welt, es müssen auch Themen gefunden werden, die den Zeitgeist spiegeln. Der sechste Kondratieff-Zyklus, diese langfristige Welle der Konjunktur, wird von Gesundheit im ganzheitlichen Sinne getragen: von beispielsweise Prävention über körperliche und geistige Fitness und Wohlbefinden bis hin zur gesunden Welt im Allgemeinen. Gesundheit im ganzheitlichen Sinne ist eben mehr als die reine Gesunderhaltung des Körpers. Sie bedeutet auch Aktivität, ist Energie, Voraussetzung für Wachstum, Zusammenarbeit und Kreativität, wie der Wirtschaftstheoretiker Leo Nefiodow in seinen Beobachtungen zum sechsten Zyklus ausführt. Diese Eigenschaften werden in der Wirtschaft und der öffentlichen Wahrnehmung eine immer größere Rolle spielen. Neue Themen auf immer mehr kommunikativen Wegen und in immer mehr Medien sind also die Herausforderung für die Marketing- und PR-Abteilungen der Zukunft.

Gesundheit wird in der Wahrnehmung von Politik, Wirtschaft und Gesellschaft mehr und mehr von einer „Eigenschaft" zu einer Ressource, vom Kostenfaktor zum Wachstumstreiber. Die Gesundheitswirtschaft ist bereits heute einer der wichtigsten und größten Teilmärkte der deutschen Volkswirtschaft. Der Jahresumsatz des Gesundheitssektors lag schon 2008 bei etwa 260 Mrd. Euro. 4,3 Millionen Beschäftigte in über 800 Gesundheits- und Pflegeberufen erzielten somit gut 12 % des Bruttoinlandsprodukts.

Eine Entwicklung, die sich natürlich auch auf die Medien auswirkt. Große Zahlen bedingen eine große mediale Aufmerksamkeit und verstärken somit den Trend. Gesundheit in all ihren Facetten ist zu einem wichtigen Gegenstand der Berichterstattung geworden. Presse, Funk, Fernsehen und unzählige Online-Plattformen stellen medizinische Neuheiten vor und entwickeln ihrerseits wiederum Produkte und Leistungen, mit denen sie das Informationsbedürfnis der Öffentlichkeit befriedigen. Ebenso im Fokus der Berichterstattung stehen Innovationen auf organisatorischer Ebene, die mit Gesundheit zu tun haben – beispielsweise Maßnahmen gegen die vermeintlich krankmachende tägliche Informationsflut, Kurse für eine regenerative Entspannung oder gar die betriebsinterne Rückenschule. Neue Themen und Meldungsanlässe auch für die Unternehmenskommunikation.

Unternehmen, Verbände, Initiativen und viele weitere Marktteilnehmer, die auf die ganzheitliche Gesundheit ihrer Mitarbeiter, Zulieferer und Partner ausgerichtet sind und sich für diese einsetzen, stärken dadurch ihr Image, binden ihre Kunden und werden attraktiver für die Verbraucher im Allgemeinen. Sie können so neue Zielgruppen in allen Altersklassen für ihre Produkte erschließen. Aktuellen Umfragen zufolge ist Gesundheit das herausragende Thema bei Menschen zwischen 35 und 70 Jahren, also vom Berufstätigen bis weit in die Generation der Best Ager als kaufkräftige und konsumfreudige Gruppe hinein. Zudem lassen sich die Gesundheitsaspekte eines Unternehmens für das Personalmarketing nutzen.

Medien und Gesundheit stehen in einer Wechselwirkung zueinander. Während die Medien durch die gestiegene Bedeutung in ihrer Berichterstattung auf das Thema „Gesundheit" in seinen grundverschiedenen Facetten eingehen müssen und wollen, ist die Einbeziehung von ganzheitlicher Gesundheit für Unternehmen in ihrer Kommunikation zu einem beinahe unverzichtbaren Instrument geworden. Gesundheit ist keine Privatsache mehr, die nur den Einzelnen angeht und betrifft, sondern spielt sich in der Öffentlichkeit ab. Der negativ besetzte Begriff der „Volksgesundheit" bekommt eine neue Bedeutung. Unternehmen werden durch die Politik, die Öffentlichkeit und die eigenen Mitarbeiter dazu gezwungen, an dieser entsprechend ihren eigenen Möglichkeiten mitzuwirken. Die singuläre Fokussierung auf den Profit funktioniert nicht mehr. Leider, wie viele Manager der alten Schule beklagen. Mediale Aufmerksamkeit, maximale Transparenz über diverse Plattformen und das gestiegene Bewusstsein für die Themen Gesundheit und gesellschaftliche Gesamtverantwortung bestimmen heute auch die Unternehmen. Wirtschaften muss heute sozial gefällig sein.

1.1 Gesundheit in den Medien – neue Chancen für die Unternehmenskommunikation

Die Medien haben sich zu einem großen Informationsportal für alle Fragen rund um Gesundheit und Wohlbefinden entwickelt. Print, Online, TV, Hörfunk: Kein Medium liefert nicht regelmäßig Serviceartikel, Hintergrundberichte und Expertentipps über das höchste Gut des Menschen, und es existieren zig Magazine, Sendungen und Plattformen, die sich ausschließlich mit Gesundheits- und Wellnessthemen befassen. Welche Medienmacht das Gesundheitsthema gewonnen hat, lässt sich beispielsweise an der „Apotheken Umschau" nachvollziehen. Das zweiwöchentlich erscheinende Magazin aus dem Wort & Bild Verlag gehört mit einer Auflage von etwa 9,85 Millionen im vierten Quartal 2012 zu den erfolgreichsten Magazinen in Deutschland überhaupt und bedient mehr als 21 Millionen Leser – also mehr als jeden dritten Deutschen ab 14 Jahren. Das oft als „Rentner-Bravo" bezeichnete Blatt ist ein Beleg für das neue Gesundheitsbewusstsein einer ganzen Gesellschaft. Allerdings, und hier zeigt sich die Verbundenheit des Themas mit den Medien, wäre es ohne die begleitende Werbekampagne insbesondere im TV nicht so weit gekommen. Die „Apotheken Umschau" gibt es schon sehr lange, reißenden Absatz findet sie aber erst, seit sie in den Medien massiv beworben wird. Die Nachfrage stieg, die Auflage auch – und damit die Anzeigenpreise. Mit Gesundheit lässt sich also Geld verdienen – in den Medien, als Medium selbst und mittelbar eben auch durch das gezielte Besetzen gesundheitsrelevanter Themen. Für Unternehmen und Meinungsbildner ist es heute wichtig, in der „Apotheken Umschau" zitiert zu werden. Noch vor fünf Jahren wäre das allenfalls eine Randbemerkung im Presseausschnittdienst Wert gewesen.

Die schnelle Entwicklung des Internets auf technischer und auf Angebotsseite hat neue Möglichkeiten in der Gesundheitskommunikation geschaffen. 2010 gab es bereits eine ganze Reihe von Internetseiten mit Gesundheitsangeboten, die mehrere Millionen Besucher pro Monat verzeichneten. Laut Zahlen aus dem Herbst 2012 nutzen 42 % der Bundesbürger insgesamt das Internet regelmäßig für allgemeine Informationen über Gesundheitsthemen. 32 % verwenden es gelegentlich. Das ist das Ergebnis der Gesundheitsstudie 2012 der Kommunikationsberatung MSL Germany, beruhend auf einer repräsentativen Befragung des Meinungsforschungsinstituts SKOPOS. 63 % beziehen ihre Informationen regelmäßig oder gelegentlich aus dem Fernsehen, gefolgt von Printmedien mit 56 %.

Für Unternehmer und Unternehmen bedeutet diese neue Gesundheitsaffinität auf allen Kanälen, es mit ihren Themen leichter in den Medien schaffen zu können. Wer etwas Neues, Interessantes aus dem Gesundheitsbereich im weitesten Sinne zu erzählen hat, hat eine deutliche größere Chance, gehört und wahrgenommen zu werden. Es gibt eben zunehmend mehr Formate und Portale zur Informationsverbreitung, die täglich nach neuen Storys und Berichten suchen. Eine gute Basis für die eigene PR und um mit Gesundheitsthemen werblich und medial zu punkten. Gesundheit, Nachhaltigkeit, Ökologie und Menschlichkeit werden zum Imagefaktor, zum zentralen Fundament der PR und damit zum Markenfaktor. Marken können heute auf dem Markt nicht mehr bestehen, ohne diese Aspekte in ihrem Markenkern definiert zu haben. Die Leistung oder der Funktionsumfang eines Produktes entscheiden über den Markterfolg nur noch zum Teil. Die Menschen möchten zunehmend wissen, unter welchen ökologischen und sozialen Bedingungen die Produkte hergestellt werden, welche Rohstoffe eingesetzt werden und wie die CO_2-Bilanz aussieht. Ein neues Verbraucher- und Konsumentenbewusstsein, das erst möglich wird durch die mediale Transparenz und die Sorge um die eigene Gesundheit.

Für die Presse- und Öffentlichkeitsarbeit bedeutet das konkret: Geschichten entwickeln, die diesem gesellschaftlichen Ansatz Rechnung tragen, diese über Pressemitteilungen, Hintergrundgespräche und die Sozialen Medien verbreiten und das eigene Unternehmen oder eine Person immer und immer wieder als Teil der neuen Gesundheitswelt im sechsten Kondratieff-Zyklus darstellen. Ein Beispiel: Viele Staaten verzichten ab 2020 auf die Verwendung von Quecksilber. Ein Unternehmen, das schon jetzt oder längst diese Konsequenzen für seine Produktion oder Produkte gezogen hat, kann eine ganze Kampagne zum positiven Imageaufbau darauf aufbauend gestalten. Wer ein solches Thema geschickt und verständlich medial aufbereitet, kann viele Monate in den Medien präsent sein. Es gilt – wie immer in der PR – kreativ zu sein, Quecksilber nicht nur als chemischen Stoff zu betrachten, sondern ganzheitlich, von den Menschen, die es fördern, transportieren und weiterverarbeiten, über Produkte und Märkte, die sich nun verändern müssen, bis hin zu den gesellschaftlichen und persönlichen Vorteilen des Verzichtes auf dieses toxische Element. Menschen und Märkte, Produkte und deren Herstellung – alles das ist heute mehr denn je Teil einer notwendigen PR, die Wertschöpfung aus dem Thema Gesundheit bezieht. Der Mensch als Individuum wird wichtiger als das Produkt. Auch das ist die Folge des neuen kollektiven Gesundheitsbewusstseins und der neuen Ich-Bezogenheit.

Unternehmen, die Gesundheit zum Gegenstand ihrer Kommunikation machen möchten, sollten sich eine Strategie dafür zurechtlegen. Diese kann sich beispielsweise an der Publikumsansprache, an Art und Umfang der vermittelten Informationen und der Erreichbarkeit bestimmter Zielgruppen orientieren. Die Bündelung von Aktivitäten, um Aufmerksamkeit zu erzeugen und für gesundheitsbewusstes Verhalten zu sensibilisieren, die Schaffung von Berichterstattungsanlässen und die möglichst unauffällige Integration von gesundheitsrelevanten Themen in fiktionale Unterhaltungsangebote (Entertainment-Education) können wesentliche Werkzeuge in der medialen Gesundheitskommunikation von Unternehmen sein.

Bei der gesundheitsspezifischen Kommunikation ist stärker noch als bei allen anderen Maßnahmen dazu geraten, Themen und Inhalte genau zu überdenken. Denn Inhalte der Gesundheitskommunikation können bisweilen als versuchte Manipulation durch die Vorspiegelung falscher Tatsachen verstanden werden – und das im sehr empfindlichen Bereich des (persönlichen) Wohlergehens. Wer beispielsweise kommuniziert, sein neues Antibiotikum helfe besonders Kindern sehr gut gegen Grippe, macht sich schnell verdächtig, auf Grundlage einer absichtlichen Falschinformation sein Produkt bewerben zu wollen. In einer auf Gesundheit bedachten (Medien-)Gesellschaft kann sich das als Fehler erweisen. In Australien zum Beispiel bewertet die Plattform www.mediadoctor.org.au seit einigen Jahren Medienberichte zu Gesundheits- und Medizinthemen, um mehr Transparenz für die Leser zu schaffen. Dafür haben die Initiatoren einen Kriterienkatalog entwickelt, anhand dessen sie für jeden Artikel einen bis fünf Sterne vergeben und so die Qualität und Seriosität des Beitrags definieren. Unter anderem geht es darum, über die Medien Geschäftemacherei mit erfundenen Krankheiten zu vermeiden und zu verhindern, dass unrealistische Hoffnungen auf Krankheitsheilung geweckt werden. Fällt ein Unternehmen in diesem Zusammenhang wiederholt negativ auf, kann das zu einem Imageverlust führen.

Das gilt für jedes Unternehmen, nicht nur für die aus der Gesundheitsbranche oder der Medizin. Mit Gesundheit lässt sich PR-technisch punkten, aber die relevanten Informationen müssen auch einer kritischen Prüfung standhalten. Vorsicht ist also geboten. Gesundheit wird nicht zum Thema, weil es gerade in ist, sondern weil es die Menschen und damit die Medien betrifft. Fast jedes Unternehmen kann von der „neuen Gesundheitswelle" thematisch und werblich profitieren. PR-Berater und Kommunikationsabteilungen sollten dabei aber genau hinschauen.

1.2 Gut aussehen – gut handeln – gut wirken

Medien sorgen für Erfolg oder, was leider auch oft passiert, für Misserfolg. Gesunde Menschen stellen sich erfolgreicher in den Medien dar, wirken besser. Das TV-Duell der beiden US-amerikanischen Präsidentschaftsbewerber John F. Kennedy und Richard Nixon am 26. September 1960 hat gezeigt, welche Wirkung ein gesundes Äußeres und ein frischer Geist auf das Publikum haben. Der Republikaner Nixon war im Wahlkampf um die Präsidentschaft gegen Kennedy eigentlich der Favorit. Durch einen Krankenhausaufenthalt aber hatte er 14 Kilogramm abgenommen, von zahlreichen Wahlkampfterminen gehetzt, sah er blass und kränklich aus. Zudem war Nixon, seinem starken Bartwuchs geschuldet, schlecht rasiert, der Bartschatten gab ihm etwas Gaunerhaftes. Er schien krank und unsympathisch, sein ungesundes Aussehen und seine schlechte körperliche Verfassung machten einen negativen Eindruck auf die Zuschauer. Nixon verlor Debatte und Wahl. Dieser oft zitierte Klassiker medialer Wirkung ist noch heute vielen ein mahnendes Beispiel. Das eigene Wirken zeigt Wirkung – verstärkend oder schwächend, bewusst oder unbewusst. Der eigene Auftritt in der Öffentlichkeit erlaubt keine Fehler. Jedem, der sich unwohl fühlt und dennoch vor die Kamera tritt, droht das Schicksal Nixons. Heute sogar noch mehr als vor 50 Jahren – immer weniger zählen nämlich Inhalte in TV-Duellen, dafür umso mehr die persönliche Performance. Politik und Wirtschaft werden in weiten Teilen zur Unterhaltungsshow, die bestehen muss neben der Super-Nanny und DSDS.

An diesem Beispiel zeigt sich die Wechselwirkung von Gesundheit und Medien, der Einfluss der Gesundheit auf die Wirkung in der Öffentlichkeit. „Ein gesunder Geist wohnt in einem gesunden Körper" ist medial mehr als ein altertümliches Zitat. Vom Aussehen wird auf die Gesundheit geschlossen, von der Gesundheit auf die körperliche und geistige Leistungsfähigkeit. Wer gut aussieht, körperlich und geistig frisch ist, ist im Vorteil. Das belegen auch zahlreiche Studien. Der „Zauber der Schönheit", hat die US-amerikanische Psychologin und Attraktivitätsforscherin Rita Freedman festgestellt, zieht sich durch das ganze Leben. Schöne Menschen profitieren von positiven Vorurteilen: Sie werden, zumindest im ersten Moment, für sozial kompetenter, erfolgreicher, intelligenter, sympathischer, selbstsicherer, kreativer, geselliger, fleißiger und zufriedener gehalten. Heutzutage weiß man, dass attraktive, gesunde Menschen erfolgreicher sind. Wer gut aussieht und den aktuellen Schönheitsidealen entspricht, verdient selbst bei gleicher Qualifikation mehr als durchschnittlich attraktive Kollegen. Eine Umfrage der New Yorker Universität Syracuse unter 1300 Personalmanagern ergab, dass 93 % der Personalchefs der Ansicht sind, dass schöne Menschen schneller einen Job finden. Und laut einer Langzeitstudie der Hamburger Wirtschaftswissenschaftlerin Professor Sonja Bischoff („Wer führt in die Zukunft?") stuften 1986 schon rund 5 % der Personalchefs die äußere Erscheinung als wichtig ein. 1991 waren es bereits 14 %, 1998 schon 22 % – beim letzten Messzeitpunkt der Langzeitstudie maßen die Befragten dem Faktor Schönheit sogar erstmals größere Bedeutung bei als persönlichen Kontakten oder Seilschaften. Und auch deren Vorhandensein und Erfolg hängt von der eigenen Gesundheit ab. Seilschaften und Netzwerke erfordern Präsenz, langes Stehen bei Empfängen und Events oder intellektuelle Eloquenz und gekonntes Parlieren. Fähigkeiten, die nicht gesunde Menschen oft nicht haben oder aber schlicht nicht zugeschrieben bekommen. Die heutige Wirtschaft erfordert Fitness.

Stress und Überforderung sind unpopulär, schlechte Laune und negative Botschaften auch. Wer nicht gut aussieht, nichts Positives zu berichten hat, wird aber genau darauf angesprochen. Der erfolgreiche Netzwerker und Erfolgsmanager wirkt perfekt, ist immer gelassen und fröhlich und denkt an sich und seine Mitmenschen. Er versprüht Charisma und Wortwitz, ist agil in seiner Motorik, wirkt dynamisch, sportlich, agil und anpassungsfähig. Nicht umsonst sprintet Barack Obama so manches Mal vor laufenden Kameras ans Mikro. Geschwindigkeit ist gefragt, in der digitalen und der realen Welt. Der Performancedruck steigt. Wer langsam wird, bekommt vielleicht noch kurzzeitig Verständnis, wird aber nicht mehr als zupackend und mitreißend erlebt. Aber genau diese Wirkung soll und muss heute entstehen.

Auch eine schlechte geistige Verfassung schlägt sich negativ auf die Wirkung in der Öffentlichkeit nieder. Ein Beispiel dafür ist die Rücktrittsrede des ehemaligen Bundespräsidenten Christian Wulff im Februar 2012. Rein äußerlich war zwar an dem Auftritt nichts auszusetzen. Aber dennoch konnte Wulff mit seiner Rücktrittsrede nicht überzeugen – weder inhaltlich noch optisch. Denn Gestik, Mimik, sein ganzer Körper spiegelten seine innere Verfassung wider und ließen den Beobachter in den Präsidenten „hineinschauen". Viele Experten haben diesen Auftritt analysiert, darunter auch der Sozialpsychologe Ulrich Sollmann. In seiner Rede habe Christian Wulff fast nichts über sich persönlich gesagt, auch der Rücktritt sei in der automatisierten, korrekten Sprechweise aus seiner Rolle heraus kommuniziert worden. Wulff habe damit das Verhalten gezeigt, das ihm immer vorgeworfen worden sei. „Er hat menschlich nichts kapiert", so Sollmanns Fazit. Die Anforderungen sind heute eben hoch: Politisch korrekt, perfekt inszeniert, persönlich mitfühlend und geistig präsent muss der heutige Politiker sein. Und nicht nur der, sondern auch der Manager, Unternehmer und Verkäufer in eigener Sache.

Jeder kleine Fehltritt im Alltag kann in unserer gesundheitsbewussten Welt Sympathie kosten und einen Schritt auf der Erfolgsleiter zurückwerfen. Nur wer auf allen Ebenen fit ist, wird als Leistungsträger wahrgenommen. Es geht eben um Performance. Das umso mehr, weil jeder heute mit seinem Smartphone schnell und unbemerkt ein Foto schießt und es in Sozialen Medien veröffentlichen kann. Die unbeobachteten Rückzugsräume werden weniger. Und selbst wer sich in diesen befindet, zu Hause oder im Kreise der Familie, ist ja letztlich „on". Zumindest online wird Dauerpräsenz erwartet. Schnelle Medien erfordern schnelle, agile, mobile und damit gesunde Menschen.

Die Befunde, dass nur gesunde Menschen nachhaltig erfolgreich wirken, spielen auch in einem anderen Bereich eine bedeutende Rolle. Zeit ist Geld. Nach dieser Regel leben noch immer zahlreiche Manager, Selbstständige und Persönlichkeiten des öffentlichen Lebens. Die Gesetze des Marktes werden auch im sechsten Kondratieff-Zyklus nicht außer Kraft gesetzt. Krankheitstage aber bedeuten weniger Zeit, um Ergebnisse zu liefern, weshalb immer mehr Menschen arbeiten, obwohl sie krank sind. Krankheiten bringen Zeitpläne durcheinander – was dazu führt, dass insbesondere Führungskräfte auch dann arbeiten, wenn sie gesundheitlich angeschlagen sind und sich eigentlich schonen müssten. Das aber wiederum spüren Geschäftspartner und die Öffentlichkeit: Der Kranke ist gehemmt, vielleicht unaufmerksam. Das 28. Managerpanel der Personalberatung LAB & Company hat ergeben, dass rund ein Drittel aller deutschen Führungskräfte seine Mitarbeiter auch bei einer ernsten Erkrankung nicht nach Hause schickt. Auch mit ihrer eigenen Gesundheit gehen die Manager schonungslos um: 58 % von ihnen würden auch mit einer mittelschweren Erkältung zum Job kommen, weitere 29 % von daheim arbeiten. Der Ansatz, auch durch Krankheit keine Zeit und damit Arbeitskraft und Geld zu verlieren, klingt zwar erst einmal unmittelbar einleuchtend. Aber für die öffentliche Wahrnehmung, etwa im Verkaufsgespräch oder beim Medienauftritt, kann das fatal sein. Die Krankheit wird ignoriert, aber dabei verliert der Kranke durch seine Aktivität mehr, als er gewinnt. Zeit ist Geld, im wahrsten Sinne des Wortes: auch und gerade die Zeit, die man zur eigenen Schonung und Erholung verbringt. Anspruch und Wirklichkeit klaffen bisweilen noch auseinander am Übergang vom fünften, dem Medien- und IT-Kondratieff, zum sechsten. Mediale Präsenz, gesundheitsbewusstes Handeln und wirtschaftliche Erfolge und Notwendigkeiten passen noch nicht immer zusammen. Eine Herausforderung für Führungskräfte und deren Marketingabteilungen. Denn es muss auf allen drei Ebenen passen. Misserfolge werden bestraft, Erfolge belohnt, so oder so, hier oder da.

1.3 Energie, Kreativität und Aktivität in einer crossmedial beschleunigten Zeit

Die Wechselwirkungen von Medien, Gesundheit und Erfolg erschöpfen sich nicht allein im Inszenierungspotenzial von gesunden Menschen. Die Medienwelt hat sich in den vergangenen Jahren spürbar beschleunigt: Nachrichten werden blitzschnell über mobile Kanäle verteilt, Informationen verbreiten sich innerhalb weniger Minuten über die ganze Welt, und die Sozialen Netzwerke und die neuen mobilen Endgeräte erfordern eine ständige Verfügbarkeit von Personen des öffentlichen, politischen oder Wirtschaftslebens. Wer nicht dauerhaft „online" ist, im wörtlichen wie im übertragenen Sinne, verliert den Anschluss und könnte in der Flut der Informationen untergehen.

Ein Beispiel für die ultimativ beschleunigte Kommunikation des 21. Jahrhunderts kommt wieder aus dem US-amerikanischen Wahlkampf. Auf Tour durch seinen Geburtsstaat Michigan ließ sich der republikanische Herausforderer Mitt Romney am 24. August 2012 zu einem lauen Scherz hinreißen, der auf die Verschwörungstheorie anspielte, der amtierende US-Präsident Barack Obama sei nicht auf Hawaii, sondern in Kenia geboren und dürfe deshalb gar nicht Präsident sein: „Komisch, dass mich bisher noch niemand nach meiner Geburtsurkunde gefragt hat." Das war um 12.23 Uhr. Um 12.24 Uhr twitterte ein „Washington Times"-Reporter das Zitat, es wurde daraufhin auf dem Kurznachrichtendienst mehrere hundert Mal geteilt. Um 12.27 Uhr veröffentlichte das Magazin „Politico" online den ersten Text, um 12.28 Uhr wurde das erste Video auf die Plattform YouTube hochgeladen. Der Fernsehsender MSNBC berichtete um 12.36 Uhr. Um 12.41 Uhr, nicht einmal 20 Minuten nach Romneys Äußerung, dementierte Romneys Pressestelle die Vermutung, der Kandidat glaube an die Verschwörungstheorie, Obama sei nicht in den USA geboren. Das negative Feedback der Öffentlichkeit und der Konkurrenz war verheerend. Die Demokraten etwa ließen verlauten, Romney biedere sich der ultrakonservativen „Tea Party"-Bewegung an.

Eine solche schnelle Verbreitung einer Nachricht über alle Kanäle wäre noch vor zehn Jahren undenkbar gewesen. Heute sind Medien und Öffentlichkeit überall und verlangen kontinuierlich höchste Aufmerksamkeit: Wer unbedacht oder aus Leichtsinn einen Fehler macht, gibt Journalisten oder der Öffentlichkeit einen möglichen Grund, ihn kritisch zu beäugen, schlecht über ihn zu sprechen und ihn negativ zu beurteilen. Fast keine Führungskraft oder auch nur annähernd prominente Persönlichkeit – und dazu zählen heute mehr Menschen denn je – darf die Medien und deren Reichweite außer Acht lassen. Die neue Turbo-Kommunikation lässt das Einschränken oder Filtern von Nachrichten oder Aussagen kaum noch zu. Das ist die negative Betrachtung. Die positive ist, jeder kann die vorhandenen Kanäle für sich nutzen, selbst zum Sender werden und seine eigenen Aussagen und sein Verhalten positiv verbreiten. Jeder kann so die Dynamik der Medien für sich nutzen – wenn sie erkannt und auf das Unternehmen zugeschnitten analysiert wurden und dem eigenen Handeln ein klares Konzept zugrunde liegt. Positiv-mediale Eigeninitiative ist gefragt. Denn das, was ich selbst sage, kann ich entsprechend beeinflussen. PR wird so zur Notwendigkeit. Nur wer sendet, wird auch empfangen. Die neue Einstellung muss also lauten: Die Öffentlichkeit hat ein Recht, auch auf meine Meinung und nicht nur auf die der anderen.

Diese Aufgaben in der Kommunikation umzusetzen, erfordert neben körperlicher und geistiger Fitness auch Aktivität, Energie und Kreativität – damit wird der Umgang mit Crossmedialität zu einem Zeichen von ganzheitlicher Gesundheit. Unternehmenskommunikation funktioniert nicht mehr ausschließlich vom Schreibtisch aus oder kann mit einem einzigen Kanal auskommen. Aussagen werden getwittert, bei Facebook weiterverarbeitet und schlussendlich zum Thema in den Nachrichten. Zuschauer beteiligen sich heute via Facebook an TV-Talkshows, Twitter-Tweets schaffen es als Zitat in die Hauptnachrichten, Zitate aus dem Rundfunk sind unentwegt abrufbar auf YouTube und anderswo. Die klassischen Leitmedien gibt es nicht mehr. Jeder ist heute ein potenzieller Sender, kann mitspielen im Wettbewerb um Meinungen und Sendezeit. Ein C- oder D-Promistatus ist heute schnell erreicht. Dafür braucht es nur Medienkompetenz und individuelle Fitness. Aktivität, Energie und Kreativität sind die Säulen, auf denen diese neue Form der umfassenden Kommunikation beruht.

Aktive Unternehmen und Persönlichkeiten gehen auf Medien und die Öffentlichkeit zu und platzieren ihre auf die unterschiedlichen Kanäle zugeschnittenen Informationen in ebendiesen – sie agieren pro-aktiv oder reagieren in Realtime. Mediale Agilität zeigt sich darin, dass die Marktteilnehmer nicht müde werden, wieder und wieder ihre Themen an die Öffentlichkeit zu bringen. Kommunikation erschöpft sich nicht in der unregelmäßigen Distribution von Einzelnachrichten: Die Anforderung und Herausforderung besteht darin, gut inszenierte Geschichten zu erzählen und diese aufeinander aufbauend nachhaltig zu entwickeln. Das hat auch mit Kreativität zu tun. Die Kunst in der Kommunikation von heute ist es, eine Nachricht so zu gestalten, dass sie für alle Medien, auch die sozialen Internet-Plattformen, nutzbar ist und gleichzeitig das Potenzial dazu bietet, als Beginn oder Teil einer ganzen Geschichte immer weiter ausgebaut zu werden. Intelligentes Story-Telling ist eine Grundvoraussetzung in der Medienwelt.

1.4 CSR, Employer Branding und betriebliches Gesundheitsmanagement – Gesundheit als Verkaufsargument

Corporate Social Responsibility, kurz CSR, ist in aller Munde. Dies bedeutet nichts anderes als unternehmerische Gesellschaftsverantwortung. Ein relativ junges Konzept der nachhaltigen Unternehmensführung, das freiwilliges Engagement in den Bereichen Wirtschaft, Umwelt und Soziales als Teil des täglichen unternehmerischen Handelns beinhaltet. Die Europäische Kommission definiert CSR in ihrem Grünbuch so: „Konzept, das den Unternehmen als Grundlage dient, auf freiwilliger Basis soziale Belange und Umweltbelange in ihre Unternehmenstätigkeit und in die Wechselbeziehungen mit den Stakeholdern zu integrieren."

Im Mittelpunkt des nachhaltigen Handelns steht das Drei-Säulen-Modell „Triple Bottom Line". Dieses Modell geht davon aus, dass nachhaltige Entwicklung nur durch das gleichzeitige und gleichberechtigte Umsetzen von umweltbezogenen, wirtschaftlichen und sozialen Zielen erreicht werden kann. Nur auf diese Weise könnten die ökologische, ökonomische und soziale Leistungsfähigkeit einer Gesellschaft sichergestellt und verbessert werden. Die drei Aspekte, die als „People, Planet, Profit" bezeichnet werden, bedingen sich dabei gegenseitig und sind Teil eines ganzheitlichen Verständnisses von Gesundheit, die sich auf alle Bereiche des Lebens bezieht. Ein Unternehmen, das seiner Verantwortung über den gesetzlich verpflichtenden Rahmen der Compliance (in der betriebswirtschaftlichen Fachsprache bedeutet der Begriff die Einhaltung von Gesetzen und Richtlinien, auch eigenen, hausinternen Richtlinien) hinaus nachkommt, wird so zu einem pro-aktiven Teilnehmer des sechsten Kondratieff-Zyklus.

Im Gegensatz zu herkömmlichem karitativen Engagement wie zum Beispiel Spenden oder Anzeigen in Vereinsblättern, das viele Firmen seit Jahr und Tag ohne viel Aufhebens leisten, um in ihrer direkten Nachbarschaft gesellschaftlich zu helfen, ist Corporate Social Responsibility darauf ausgelegt, kommunikativ und medial inszeniert zu werden. Unternehmen mit CSR verbinden ihren Geschäftszweck mit sozialem und gesellschaftlichem Engagement. Die Wohltätigkeit ist gut fürs Geschäft und wird immer wichtiger für den zukünftigen Erfolg. Denn Verbraucher und Medien schauen darauf und wollen wissen, wie nachhaltig ein Unternehmen wirtschaftet. Mit CSR-Aktivitäten sichern Unternehmen ihre Zukunftsfähigkeit. Maßnahmen, die im Rahmen von CSR-Initiativen umgesetzt werden, sind immer Beiträge, die Unternehmen im Rahmen ihres Kerngeschäftes in Eigeninitiative und Eigenverantwortung leisten. Nur ökonomisch gesunde Unternehmen können einen Beitrag zur

Sozialverantwortung und gesamtgesellschaftlichen Gesundheit leisten, denn CSR erfordert finanzielle und organisatorische Kapazitäten. So soll eine sinnvolle Einheit aus Ökonomie und Ökologie entstehen. Zur individuellen Gesundheit und zur kollektiven Gesundheit kommt die Gesundheit, hier mehr im Sinne von Stabilität, von Unternehmen hinzu.

In der Medienarbeit ist CSR demnach ein gutes Mittel, das positive Image eines Unternehmens vor dem Hintergrund der Nachhaltigkeitsthematik, die natürlich aufs Engste mit der Gesundheit von Welt, Gesellschaft und Person verknüpft ist, darzustellen. Die Chancen, die in ihr liegen, sind die Verbesserung der Reputation, die Differenzierung von Konkurrenten und die Vermeidung von Risiken. Durch CSR-Maßnahmen erhöhte Reputation stärkt nicht nur die Kundenbindung, das Image und die Marke, sondern kann direkt oder indirekt den Wert des gesamten Unternehmens erhöhen.

Aber CSR ist auch ein heikles Thema – denn viele dieser Projekte scheitern oder aber Mitarbeiter von Unternehmen, deren Wertschöpfungsketten unter Nachhaltigkeitsaspekten nicht ganz einwandfrei sind, berichten auf den offen zugänglichen Internetkanälen über solche Missstände. Deshalb heißt es: mit CSR-Themen offensiv um- und auf die Öffentlichkeit zugehen, auch wenn die Aktivitäten noch gering sein sollten. Kaum jemand erwartet, dass alle Unternehmen von heute auf morgen sich ganz auf „People, Planet, Profit" ausrichten – aber Unternehmen sollten ihre CSR-Themen mit ihren Möglichkeiten transparent darstellen. So sind Fortschritte ersichtlich und noch nicht 100 % CSR-konforme Verhaltensweisen eher nachvollziehbar. Adidas etwa hat Nachhaltigkeit, „sustainability", fest in seine Homepage, also die Öffentlichkeitsarbeit, implementiert. Und auch bei Puma heißt es auf der Internetseite: „We are committed to working in ways that contribute to the world by supporting creativity, sustainability and peace and by staying true to the values of being Fair, Honest, Positive and Creative in decisions made and actions taken." Auch diese beiden Unternehmen lassen noch in Fernost entwickeln und produzieren, können wahrscheinlich noch nicht jeden einzelnen Schuh oder jedes einzelne Poloshirt zu 100 % als nachhaltig und wertvoll deklarieren. Aber sie wollen daran arbeiten, versprechen es zumindest.

In der Medienwelt der Zukunft und in Zeiten mündiger und informierter Verbraucher ist das Bemühen der erste Schritt, das Erreichen der Ziele der zweite. Zunehmend mehr Unternehmen nehmen die Erwartungen ihrer Kunden auf, können die gesamte Wertschöpfungskette eines einzelnen Produktes nachvollziehen und die Herkunft jedes einzelnen Roh- oder Inhaltsstoffs belegen. Tracking mittels QR-Codes ist ein solches Beispiel. Inzwischen gibt es gerade bei Nahrungsmitteln einzelne Hersteller, die den Verbraucher noch im Supermarkt per Smartphone und OR-Code in die Lage versetzen, nachzuvollziehen, wo sein Thunfisch gefangen worden ist und wie er vorher gelebt hat. Informationstechnik und Marketing treffen auf den gesundheitsbewussten Kunden, der hohe Ansprüche an Nachhaltigkeit und Unternehmensverantwortung stellt.

Derartige Kommunikation ist ein entscheidendes Element von CSR als langfristiges Managementkonzept und kann, gerade für kleine und mittlere Unternehmen, zum wesentlichen Erfolgsfaktor werden. Im Gegensatz zu den schlechten kommunizieren sich die guten Taten eines Unternehmens nicht von alleine – auf die fachkundige, professionelle und pro-aktive Presse- und Öffentlichkeitsarbeit kommt es an. Selbstverständlich haben auch gute Taten ihren Raum in der Nachrichtenwelt. Aber die alte Formel „bad news are good news" gilt leider noch immer. Zumindest verbreiten sich negative Meldungen schneller. Das „tue Gutes und rede darüber" gilt nach wie vor. CSR ist hier ein probates Mittel. Es ist die Einladung, genau dies zu tun.

Aber die Medien müssen auch überzeugt werden. Sie stehen CSR-Aktivitäten nicht nur positiv, sondern generell eher kritisch gegenüber und wittern schnell eine leere Imagekampagne. Unternehmen sollten die Medien deshalb mit brauchbaren und überprüfbaren Informationen versorgen und überzeugen. Es gilt zu zeigen, welchen wirtschaftlichen Nutzen CSR als Managementtool birgt. Zahlen und Fakten verleihen Corporate Social Responsibility in der Unternehmenskommunikation Glaubwürdigkeit. Der richtig inszenierte Transport der CSR-Maßnahmen in und über die Medien bietet beste Gelegenheit, Vertrauen und Glaubwürdigkeit zu stärken und Imagekrisen vorzubeugen. Wer in guten Zeiten CSR kommuniziert, hat in schlechten einen Vertrauensvorschuss.

Wer seine gesellschaftliche Verantwortung öffentlich präsentiert, muss sie auch tatsächlich garantieren können, denn an seinen Versprechungen wird er gemessen. Und wehe dem, der nicht hält, was er verspricht. Der Medienwind kann sich schnell drehen und dem Unternehmen, das CSR als reinen PR-Gag aufgefasst hat und überhaupt nicht ernsthaft betreibt, mächtig ins Gesicht wehen. Die Branche bezeichnet das als Greenwashing, was übertragen so viel bedeutet wie „sich ein grünes Mäntelchen umhängen". Greenwashing gilt als die dunkle Seite des CSR und wird sogar als bewusste Verbrauchertäuschung bezeichnet. Es sind Kampagnen und PR-Aktionen, die einzelnen Produkten, ganzen Unternehmen oder politischen Strategien ein grünes Image verpassen sollen. Dadurch wollen die Akteure den Eindruck erwecken, sie handelten entweder besonders umweltfreundlich oder ethisch korrekt und fair. Mit einem solchen Verhalten riskiert ein Unternehmen erheblichen Imageschaden. Ein Beispiel für Greenwashing und die katastrophalen Folgen ist British Petroleum. Der Ölkonzern hatte sich publikumswirksam den Slogan „Beyond Petroleum" und ein Sonnenlogo zugelegt, aber trotz Rekordgewinnen, Experten zufolge, Anlagen zur Erdölgewinnung verrotten lassen. BP war darum mitverantwortlich für den Untergang der Tiefsee-Ölplattform Deepwater Horizon 2010 und die größte Umweltkatastrophe in der US-Geschichte. Die Kosten betragen mindestens 41 Mrd. Dollar, der Börsenkurs des Konzerns brach ein, der Vertrauens- und Imageverlust sind dauerhaft. Das macht BP nicht a priori zu einem schlechten Unternehmen. Im Gegenteil: Seitdem investiert der Ölkonzern sehr viel in Ökologie und Nachhaltigkeit und in die Erforschung regenerativer Energien. Doch das Meinungsklima ist noch immer negativ. Es dauert lange und kostet viel Geld, ein ramponiertes Image wieder aufzupolieren – unabhängig von dem, was objektiv wahr ist.

Zur Corporate Social Responsibility gehört auch, sich um die konkrete körperliche und geistige Gesundheit seiner Mitarbeiter zu kümmern. Arbeitsbedingungen und Führungskultur, betriebliches Gesundheitsmanagement und internes Kommunikationsverhalten, Stress am Arbeitsplatz und vieles mehr sind keine reine Privatsache von Unternehmen mehr. All das gelangt an die Öffentlichkeit – durch Recherchen von Journalisten und

Redaktionen oder einzelne Mitarbeiter selbst. Die Bewertungsplattform www.kununu.com ist ein solches Beispiel dafür. Hier können Mitarbeiter ihre Arbeitgeber bewerten und Missstände öffentlich machen. Hier werden die Wechselwirkungen interner und externer Unternehmenskommunikation deutlich. Es geht heute schnell, negativ in die Schlagzeilen zu geraten. Kununu ist nämlich keine reine Plattform für Petzen und Denunzianten, wie mancher Arbeitgeber glauben mag, sondern auch ein beliebter Ort für redaktionelle Recherchen von TV-Sendern und Tageszeitungen, die zunehmend mehr auch über Unternehmen und deren soziales Engagement berichten – positiv und negativ. Wer sich schon einmal gefragt hat, woher die ganzen Mitarbeiter kommen, die sich öffentlich über ihren Arbeitgeber aufregen, findet hier eine Antwort. Auch das sind eben Soziale Netzwerke, die hier ihre Reichweite entfalten.

Das alles gilt umso mehr in Zeiten, die von psychischen Erkrankungen beherrscht werden, beispielsweise Depressionen und Burn-out. Diese Phänomene verstärken den Trend und das Interesse an solchen Themen. Derzeit sind rund 5 % der Bevölkerung im Alter von 18 bis 65 Jahren in Deutschland an einer behandlungsbedürftigen Depression erkrankt. Die Krankheit ist laut dem Rheinisch-Westfälischen Institut für Wirtschaftsforschung inzwischen Hauptursache für Arbeitsunfähigkeit oder Frühverrentung. Die volkswirtschaftlichen Kosten der Depression in Deutschland belaufen sich jährlich auf 15,5 bis 22 Mrd. Euro. Das sind bis zu 0,9 % der Wirtschaftsleistung eines Jahres. Und die Zahl der betrieblichen Fehltage aufgrund von Burn-out ist seit 2004 um fast 1400 % gestiegen, der Anteil der Burn-out-Erkrankten in Deutschland bei den 18- bis 79-Jährigen liegt bei 4,2 %. Menschen mit einem höheren sozioökonomischen Status sind wesentlich häufiger von Burn-out betroffen als solche mit einem niedrigeren. Daher stammt auch die Bezeichnung „Managerkrankheit" für das Syndrom. Denn es trifft vor allem Führungskräfte, die unter hohem Leistungsdruck viele Stunden arbeiten, sich keine Pause gönnen und in ihren Unternehmen immer stärker belastet werden.

Dass damit nicht zu scherzen ist, haben auch die Medien erkannt. Früher wurde Burn-out weggelächelt und als „Jammern auf hohem Niveau" abgetan – auch in der Berichterstattung. Das ist heute nicht mehr so. Die Medien berichten über Spitzensportler und „normale" Menschen mit Burn-out und haben für ein neues Bewusstsein bei der Erkrankung gesorgt. Eine Umfrage des Deutschen Führungskräfteverbandes im „Manager Monitor" (Januar 2012) hat ergeben, dass 64 % der Befragten betonen, dass die mediale Berichterstattung keineswegs übertrieben ist oder das Phänomen überbewertet wird. Das heißt: Die Rolle der Medien als Beobachter des und Kämpfer gegen das um sich greifende Burn-out wird als positiv angesehen.

Ein Unternehmen nun, das seine Angestellten sowohl bei einer akuten Erkrankung unterstützt als auch bereits im Vorfeld dafür sorgt, dass solche Erkrankungen im besten Falle überhaupt nicht auftreten, stärkt nicht nur generell sein Image in der Öffentlichkeit. Es positioniert sich auch als guter und verständiger Arbeitgeber und verschafft sich damit in Zeiten des demografischen Wandels, in denen sich Unternehmen bei Nachwuchskräften bewerben, nicht mehr andersherum, bei der Rekrutierung von neuen Mitarbeitern Vorteile gegenüber den Mitbewerbern.

Der Marketingbegriff lautet Employer Branding. „Employer Branding ist die identitätsbasierte, intern wie extern wirksame Entwicklung und Positionierung eines Unternehmens als glaubwürdiger und attraktiver Arbeitgeber. Kern des Employer Branding ist immer eine die Unternehmensmarke spezifizierende oder adaptierende Arbeitgebermarkenstrategie. Entwicklung, Umsetzung und Messung dieser Strategie zielen unmittelbar auf die nachhaltige Optimierung von Mitarbeitergewinnung, Mitarbeiterbindung, Leistungsbereitschaft und Unternehmenskultur sowie die Verbesserung des Unternehmensimages. Mittelbar steigert Employer Branding außerdem Geschäftsergebnis sowie Markenwert", definiert die Deutsche Employer Branding Akademie den noch nicht allzu alten Begriff.

Der Teil der Corporate Social Responsibility, der das Profil des Unternehmens auf dem Arbeitgebermarkt schärft, heißt betriebliches Gesundheitsmanagement. Das klingt etwas spröde und verwaltungstechnisch, die Sache selber gehört aber zu den Grundbedingungen jeder Arbeit und jeden Arbeitsplatzes. Hinter dem Begriff stecken alle Strukturen und Prozesse in einem Unternehmen, die sich mit gesundheitsfördernden Maßnahmen rund um Arbeit, Organisation und Verhalten am Arbeitsplatz befassen. Davon sollen die Beschäftigten und Unternehmen gleichermaßen profitieren, denn durch gesunde und motivierte Mitarbeiter können die Qualität des Produkt- und Dienstleistungsangebots, die Produktivität und auch die Innovationsfähigkeit von Unternehmen gefördert und ausgebaut werden. Spätestens hier verschmelzen CSR und Employer Branding. Dem Marketing nutzt es wenig bis nichts, wenn zwar ökologisch produziert wird, aber unter Bedingungen, die den beschäftigten Menschen nicht gerecht werden. Medien und Gesellschaft denken und prüfen heute ganzheitlicher – der allgegenwärtigen Verfügbarkeit von Informationen sei Dank.

Umfassende und ganzheitliche Gesundheit wird im 21. Jahrhundert zu einer wichtigen und relevanten Marketing- und Kommunikationsbotschaft, die sich dafür eignet, bestehende und potenzielle Mitarbeiter gezielt anzusprechen. Gesunde Mitarbeiter, die von einem systematischen Gesundheitsmanagement im Unternehmen profitieren, sind nicht nur leistungsfähiger und zufriedener. Sie übernehmen auch als Markenbotschafter des Hauses eine wichtige Rolle im Employer Branding. Diese Mitarbeiter transportieren positive Erfahrungen in die Öffentlichkeit und stärken das Markenimage. So können Unternehmen, durch die Implementierung eines betrieblichen Gesundheitsmanagements, zum „guten und beliebten Arbeitgeber, zum Arbeitgeber der Wahl" werden. Ein professionelles Gesundheitsmanagement hilft also dabei, sich als guter Arbeitgeber zu positionieren und bei den potenziellen Bewerbern bekannt zu machen und Mitarbeiter zu binden.

Die Bedeutung von Gesundheitsleistungen in Unternehmen bei der Mitarbeiterbindung und der Rekrutierung ist übrigens keine am grünen Tisch erdachte Marketingmaßnahme. Sie beruht vielmehr auf der Erkenntnis, dass bei der am meisten umworbenen Zielgruppe, den Hochschulabsolventen, ein Trend wahrgenommen werden kann, bei dem die Arbeit und die Karriere nicht mehr die zentralen Themen darstellen. Die sogenannte Generation Y ist am Zug. Der leistungsfähige, kreativ-innovative, flexible und hoch motivierte Mitarbeiter der Zukunft erwartet von seinem Unternehmen Lösungsansätze, die ihn bei der

Gewinnung seiner optimalen Gesundheit unterstützen. Eine ausgewogene Work-Life-Balance steht für die heutigen Berufseinsteiger im Fokus, eine internationale Laufbahn und hohe Gehälter sind eher zweit- oder sogar drittrangig. Statussymbole verlieren an Wert und das Sabbatjahr wird wichtiger als die Dynamik in der Gehaltsentwicklung. Selbstverwirklichung und persönliches Glück, wie auch immer das individuell definiert wird, rücken in den Fokus.

Wichtig ist auch hier eine strategische Unternehmenskommunikation. Unternehmen brauchen ein gut ausgearbeitetes Set verschiedener Themen im Rahmen der Kernbotschaft „Ich bin ein guter Arbeitgeber, eben eine Arbeitgebermarke". Alle Kommunikationsmaßnahmen sollten hier zwischen der Personal-, Marketing- und Kommunikationsabteilung abgestimmt werden, damit die Kommunikation glaubwürdig ist und das Unternehmen in jederlei Hinsicht authentisch wirkt. Die Kommunikation darf nicht unspezifisch sein, durcheinander oder planlos. Der Themenfundus muss sortiert, einzelne Meldungen müssen durch die Zuweisung konkreter Sachthemen untermauert werden. Ein Unternehmen beispielsweise beschäftigt einen Schlafberater, der sich am Arbeitsplatz um die Ruhephasen der Mitarbeiter kümmert. Die Botschaft für Medien und Bewerber ist jetzt natürlich nicht unspezifisch. Das Unternehmen hat nicht nur ein abstraktes betriebliches Gesundheitsmanagement, sondern ein konkretes Thema: In dem Haus kümmert sich ein Schlafberater um die Ruhephasen der Mitarbeiter. Dadurch verbessert das Unternehmen die Qualität des Arbeitsplatzes und die Leistungsfähigkeit sowie das Wohlbefinden der Mitarbeiter. Denn wie man weiß, verhilft guter Schlaf zu mehr Gesundheit. Das ist glasklar, präzise und sachdienlich. Und wer darum herum nun noch eine persönliche Geschichte entwickelt, die den Schlafberater und einen Mitarbeiter, der davon profitiert hat, in den Mittelpunkt stellt, kann einen medialen Erfolg verbuchen.

Ein Feedback in den Medien auf solche Aktivitäten ist so gut wie sicher. Denn dieser Ansatz lässt sich, mit dem richtigen Wording, immer wieder aufgreifen und als Alleinstellungsmerkmal in weiteren Medieninformationen verarbeiten. Redaktionen und Öffentlichkeit werden von solchen ganzheitlichen Konzepten, die zur persönlichen Gesundheit des Einzelnen ebenso beitragen wie zu einem gesamtgesellschaftlichen Wohlbefinden, positiv angesprochen.

Ein weiterer Bereich der Corporate Social Responsibility fasst Gesundheit von einer anderen Seite aus an. Unternehmerische Verantwortung für die Gesellschaft beinhaltet auch, den schwächsten, also am wenigsten gesunden Gliedern der Gesellschaft eine Möglichkeit zur beruflichen Betätigung zu geben. Deshalb ist die Integration von Menschen mit körperlicher oder geistiger Behinderung in den Betrieb Teil vieler CSR-Konzepte. Dass integrative Unternehmen früher oder später in den Blickpunkt der Medien und der Öffentlichkeit geraten, ist unvermeidlich – aber auch eine gute Chance, ihre gesellschaftliche Verpflichtung darzustellen und damit einen Imagegewinn zu schaffen. Im Sinne ihrer Verantwortung ist es für Firmen ratsam, in ihrer Kommunikation darauf zu achten, dass Menschen mit Behinderung nicht ausschließlich auf ihr Handicap reduziert werden. Formulierungen wie „an den Rollstuhl gefesselt" oder „leidet an" lassen negative Bilder im Kopf entstehen, die das öffentliche Bild behinderter Menschen prägen, formuliert das

Online-Portal Leidmedien.de. Für sie heißt das, dass sie oft nur als Leidende, Opfer oder eben kurzfristige Helden wahrgenommen werden. Andere Lebensbereiche rücken in den Hintergrund, zugunsten von „Schubladen", in die das Leben vieler behinderter Menschen nicht hineinpasst. Das gilt auch für die Medien. Es kommt eben auch auf die Sprache an. Nicht umsonst haben hier auch öffentliche Schulträger reagiert. Was früher die Behinderten- oder Sonderschule war, heißt heute Förderschule. Diesen veränderten Umgang mit Sprache sollten Marketing- und PR-Abteilungen lernen. Nicht nur aus Gründen einer politischen Korrektheit, sondern im eigenen Interesse.

1.5 Chancen nutzen – ein neuer Typ Manager rückt in den Fokus

In der schnellen Medienwelt werden Worte noch mehr auf die Goldwaage gelegt als früher. Positive Botschaften und gesellschaftliches Wohlverhalten werden belohnt – mehr denn je. Wahrhaftigkeit wird zum wichtigsten Kapital in der Medienwelt des sechsten Kondratieff-Zyklus. Unternehmer und Betriebe, Kommunikationsverantwortliche und Medienschaffende, sie alle werden sich diesem Trend nicht entziehen können. Der nächste Kondratieff kommt, ob wir es wollen oder nicht. Und mit ihm ein immer stärker werdendes Bewusstsein für grüne Technologien, nachhaltige Wirtschaft und gute Taten im weitesten Sinne. Wie immer bei starken Veränderungen, bei ersichtlichen Megatrends gilt es für Unternehmen und deren Entscheider, an der Spitze der Bewegung zu stehen, den Trend selbst mitzugestalten oder zumindest von ihm zu profitieren. Daneben stehen und abwarten ist keine Strategie. Herausforderungen wollen angenommen werden. Märkte und Menschen werden sich rasant verändern. Der monetäre Wert bekommt einen Partner, vielleicht sogar einen ganz großen Bruder: den gesellschaftlichen Wert. Längst schon ist das in den Medien absehbar. Modernes Management muss spätestens jetzt reagieren. Die alten Lehren funktionieren allenfalls noch in der betriebswirtschaftlichen Theorie. Denn die Praxis bestimmt der Verbraucher mit seinem Kaufverhalten. Das ist die schlechte – und zugleich die gute Nachricht. Denn das Marketing und die Art der Unternehmensführung bleiben in der Hand der Unternehmenslenker. Agieren diese klug und verpassen ihre Chancen nicht, steht einem weiteren Wachstum nichts entgegen. Nicht die Konsumfreude lässt nach oder der Wunsch nach hochwertigen Produkten und Dienstleistungen, sondern nur die Ohnmacht der Verbraucher gegenüber den großen Konzernen. Chancen vor allem für kleine und mittlere Unternehmen, aber auch für ein innovatives Führungsverhalten und neue wirtschaftliche Strategien. Chancen sehen und annehmen lautet jetzt die Devise. Gesundheit wird ein Riesenmarkt – auch für Unternehmen, die keine Medikamente herstellen, Kosmetik vertreiben oder unmittelbares Wohlempfinden bieten können. Auf die Themen kommt es an – diese zu gestalten und aktiv voranzutreiben wird zum Erfolgsfaktor. Kreativität wird mehr denn belohnt werden. Ein neuer Managertypus rückt in den Fokus, einer, der zwar hart arbeitet, aber auch auf sich und seine Gesundheit achtet, der dabei auch an seine Mitarbeiter denkt und an die Gesellschaft. Und der dabei noch telegen und medial vernetzt ist. Wer jetzt glaubt, dass es einen solchen Manager noch nicht gibt, ist gut beraten, sich an den Hochschulen umzusehen. Die Absolventen der Generation Y verkörpern viel von dem, was hier gesagt wird. Schon in wenigen Jahren werden die Vorstandsetagen andere Gesichtszüge tragen. Der Manager passt sich zunehmend dem Verbraucher an, nicht mehr der Verbraucher dem Unternehmen. Auch das wird zum gesellschaftlichen Megatrend – denn gesunde Menschen gewinnen an Selbstbewusstsein und besinnen sich auf ihr eigenes Potenzial, sekundiert durch mediale Vielfalt und crossmedial wirkende Themeninhalte.

1.6 Über den Autor

Falk S. Al-Omary ist der Experte für Selbstinszenierung, Medienreichweite und Egoselling. In mehr als 20 Jahren in politischen Ämtern und Mandaten und mehr als 50 Funktionen in Verbänden, Organisationen und Unternehmen hat er gelernt, wie strategisches Denken und Handeln in einem komplexen und meist rauen Umfeld funktioniert, wie sich starke Persönlichkeiten an die Spitze kämpfen und dort auch bleiben. Mit diesem Wissen leitet er heute seine eigene Unternehmensgruppe. Er ist Mentor, Marken- und Identitätsentwickler sowie zupackender Markenbotschafter für all diejenigen, die vor allem sich selbst verkaufen, sich mit ihrem Namen und ihrer Expertise durchsetzen und auf ein positives Meinungsklima sowie auf ein ihnen vorauseilendes Renommee angewiesen sind. Der Autor von „Bescheidenheit zieht Armut an" und anderen Werken rund um die Themen Marketing, PR und Selbstinszenierung arbeitet für viele prominente Persönlichkeiten sowie für namhafte Unternehmen und Eventveranstalter. Er sorgt dafür, dass Experten höhere Honorare mit ihrem Wissen und Können sowie maßgeschneiderten Produkten erzielen, ohne diese rechtfertigen zu müssen. Dafür spielt er die Klaviatur der Medien: von Print und Online über Radio und TV bis hin zu crossmedialen Kampagnen transportiert er Botschaften, Themen und Meinungen und sorgt so für starke Anziehungskräfte des Marktes. Der PR-Profi, Wirtschaftsjournalist, Autor, Top 100 Unternehmer, ausgebildete Business-Coach und professionelle Vortragsredner ist zudem gefragter Keynote-Speaker. Seine Vorträge und Workshops sind frech und spritzig, maximal provokant und ein schonungslos ehrlicher Blick hinter die Kulissen der Erfolgreichen.

Weitere Infos unter www.al-omary.de

Das LS-Syndrom – Warum Leistungsträger oft in der Freizeit erkranken

Birte Balsereit

Inhaltsverzeichnis

2.1	Erste Forschungen	20
2.2	Symptome	21
2.3	Wochenend- vs. Ferienzeit-Syndrom	21
2.4	Der Beginn des LS-Syndroms	21
	2.4.1 Eine kurze Einführung in die Entstehung des LS-Syndroms	21
	2.4.2 Das LS-Syndrom in Deutschland	26
	2.4.3 Die Expertenrunde	27
2.5	Experten-Meinungen zum Thema LS-Syndrom	27
	2.5.1 Anmerkungen der Experten	27
	2.5.2 Langanhaltender Stress und das LS-Syndrom	28
	2.5.3 Die innere Stimme – die eigenen Kognitionen	28
	2.5.4 Der Teufelskreis des LS-Syndroms	29
2.6	Das LS-Syndrom und seine wirtschaftlichen Auswirkungen	30
2.7	Forschung von Birte Balsereit – LS Betroffene	30
	2.7.1 Welche Symptome haben meine Betroffenengruppen?	30
	2.7.2 Wann tritt das LS-Syndrom generell auf?	31
	2.7.3 Wann begann das LS-Syndrom?	31
	2.7.4 Die Verbindung zwischen dem LS-Syndrom, Stress und Erholung	32
	2.7.5 Unsere Persönlichkeit und das LS-Syndrom	33

Birte Balsereit bedankt sich an dieser Stelle noch einmal bei ihrer Supervisorin Prof. Dr. Möller von der Internationalen Hochschule Bad Honnef-Bonn.

B. Balsereit (✉)
e-mail: Birte.Balsereit@gmail.com

© Springer Fachmedien Wiesbaden GmbH 2018
P. Buchenau (Hrsg.), *Chefsache Gesundheit I*,
https://doi.org/10.1007/978-3-658-16580-2_2

2.8 Erholung von dem LS-Syndrom – Was hilft? 33
    2.8.1 Erste Forschungen 33
    2.8.2 Ganz konkrete Denkanstöße meiner Betroffenengruppen und Experten 34
2.9 Birte Balsereits Experten stellten wohltuende Programme für LS-Betroffenen
    zusammen 36
2.10 Über die Autorin 40
Literatur. 40

Viele von uns assoziieren Wochenende, Ferien und Freizeit mit Erholung und Vergnügen. Doch leider wird diese Freizeit für immer mehr Menschen zur Zerreißprobe. Viele klagen in genau dieser Zeit über immense Müdigkeit, Rückenschmerzen, Migräne und grippale Infekte, aber auch von Herzinfarkten und Schlaganfällen während der Urlaubszeit wird erhöht berichtet. Dieses Phänomen hat einen Namen bekommen: Das Leisure-Sickness-Syndrom (LS-Syndrom).

Nach einer langanhaltenden Stressphase sind nun endlich die gewünschten Ferien und der wohlverdiente Urlaub in Sicht. Wie haben Sie sich auf diese Pause gefreut! Skifahren und Wandern in den Berge, Sonnen am Strand oder Faulenzen zu Hause. Doch kaum sind Sie weg aus dem stressigen Arbeitsumfeld, meldet sich Ihr Körper. Der erste, zweite Tag im Urlaub und die „Migräne klopft an". Sie liegen erschöpft und erkältet im Hotelzimmer, können sich vor Rückenschmerzen kaum bewegen oder im schlimmsten Fall: Der Herzinfarkt kommt ganz unerwartet.

Wie der Name schon sagt, ist das LS-Syndrom ein Phänomen, bei dem sich gesundheitliche Beschwerden während des Wochenendes und/oder in den Ferien bemerkbar machen. Für Sie als Leistungsträger ist es daher wichtig, mögliche vorhergehende und beeinflussende Faktoren hinsichtlich eines möglichen LS-Syndroms zu bestimmen, um daraus effektive Präventionsstrategien und Interventionen ableiten zu können.

Interessanter Zusatz Eine Tierstudie von Mason und Kollegen zeigte schon im Jahre 1961, dass Affen, die stressvolle Aufgaben erledigten, Magenbeschwerden und Geschwüre *erst in* der Verschnaufpause bekamen (Van Heck und Vingerhoets 2007). Die Krankheitssymptome zeigten sich also nach Erledigung der Aufgaben und nicht während des Stresses selber. Eine Studie an Ratten von Dhabhar et al. aus dem Jahr 1993 zeigte, dass individuelle Unterschiede bezüglich der eigenen Erholungsphasen eine wichtige Rolle spielen. Unter anderem auch, bezüglich der Produktion von Stresshormonen, zum Beispiel Kortisol (Van Heck und Vingerhoets 2007).

2.1 Erste Forschungen

Das LS-Syndrom wurde bereits 2002 in den Niederlanden von Prof. Dr. Vingerhoets und Kollegen untersucht (Vingerhoets et al. 2002). Vingerhoets ist Experte für Emotionen, Stress und Lebensqualität und ein Spezialist auf dem Gebiet von Stress und Freizeit. Seine

Studien zeigten, dass 3,2 % der niederländischen Männer und 2,7 % der niederländischen Frauen vom LS-Syndrom betroffen waren.

2.2 Symptome

Häufig auftretende Symptome des LS-Syndroms sind Kopfschmerzen, Übelkeit, Erbrechen, Energiemangel, Migräne oder Muskelschmerzen – speziell Rückenschmerzen oder generelle Schmerzen und erkältungsähnliche Symptome. Mittlerweile wurden auch weitreichendere Auswirkungen beobachtet. Studien berichten von einem Anstieg von Todesraten während der Ferien (Van Luijtelaar 1997 zit. nach Van Heck und Vingerhoets 2007), oftmals ausgelöst durch Herzinfarkte und Schlaganfälle (Kop et al. 2003).

2.3 Wochenend- vs. Ferienzeit-Syndrom

Das LS-Syndrom tritt grundsätzlich in zwei Formen in Erscheinung: Es zeigt sich entweder an Wochenenden oder in der Ferienzeit. Leider gibt es auch viele, die an beiden Gelegenheiten betroffen sind. So zeigte Vingerhoets et al. in einer Studie, dass über 65 % der Studienteilnehmer sowohl am Wochenende als auch in den Ferien von dem LS-Syndrom betroffen sind.

Die Wochenend-Symptome treten meist einen Tag nach dem letzten Arbeitstag auf, so zum Beispiel samstags. Vingerhoets Studie zeigte, dass 85,5 % der Betroffenen immer wieder *ähnliche* Krankheitssymptome hatten. Fieber, grippeähnliche Symptome und normale Erkältungen traten dagegen vermehrt in Urlauben auf, meistens innerhalb der ersten Woche beziehungsweise vermehrt in den ersten Tagen des Urlaubs (Vingerhoets et al. 2002).

Die am häufigsten auftretenden Wochenend- und Ferien/Urlaub-Symptome zeigt die Abb. 2.1.

2.4 Der Beginn des LS-Syndroms

2.4.1 Eine kurze Einführung in die Entstehung des LS-Syndroms

Vingerhoets et al. Studien zeigten, dass die ersten Symptome mit durchschnittlich 27 (26,7) Jahren begannen und häufig mit einer emotional stark belastenden Situation oder stressigen Lebensumständen assoziiert wurden, so wie Jobveränderungen oder Beziehungsproblemen (Vingerhoets et al. 2002). Doch was unterscheidet LS-Betroffene von Nicht-LS-Betroffenen? Zum einen wird vermutet, dass das LS-Syndrom in Verbindung mit der Art und Weise steht, wie Betroffene ihre Arbeit wahrnehmen bzw. wie ausgeprägt ihr Verantwortungs- und Pflichtbewusstsein gegenüber ihres (meist ersten) Jobs ist. So

Die am häufigsten auftretenden Wochenend-Symptome (in %)

Symptom	Männer	Frauen	Total
Kopfschmerzen/Migräne	71.8	64.7	67.7
Müdigkeit	20.5	45.1	34.4
Generelle Schmerzen	12.8	33.3	24.4
Energiemangel	17.9	17.6	17.8
Übelkeit	15.4	19.6	17.8
Rückenprobleme	15.3	7.8	11.1
Übelkeit/Erbrechen	12.8	9.8	11.1

Die am häufigsten auftretenden Ferienzeit-Symptome (in %)

Symptom	Männer	Frauen	Total
Kopfschmerzen/Migräne	60.7	51.6	54.4
Grippeähnliche Synptome/Erkältungen	46.4	50	48.9
Müdigkeit	17.9	32.3	27.8
Muskelschmerzen	28.6	25.8	26.7
Übelkeit	14.3	22.6	20.0
Energiemangel	25.0	12.9	16.7
Generelle Schmerzen	3.6	19.4	14.4

Abb. 2.1 Am häufigsten auftretenden Wochenend- und Ferien/Urlaub-Symptome

berichten viele LS-Betroffene von einem immensen Verantwortungs- und Pflichtbewusstsein gegenüber ihrem Beruf. Darüber hinaus steht das LS-Syndrom in Verbindung mit der Fähigkeit bzw. der Unfähigkeit mit Arbeitsstress umzugehen. Demnach haben LS-Betroffene häufig Probleme damit, nach der Arbeit abzuschalten und sich zu entspannen.

Theorien zur Entstehung des LS-Syndroms – nach Vingerhoets et al. Eine genaue Ursprungserklärung für das LS-Syndrom gibt es bislang noch nicht. Allerdings spekulieren Fachleute, dass die sogenannte *Home-Situation* oder *Nicht-Arbeits-Welt* mit dem LS-Syndrom zusammenhängt. So leiden viele Betroffene unter Problemen beim Übergang von Arbeit zur Freizeit, die das individuelle Erleben von Krankheitssymptomen hervorrufen und begünstigen können.

Ganz spezifisch wurde das LS-Syndrom mit den folgenden Situationen in Verbindung gebracht (vgl. Abb. 2.2).

1. Der Lebensstil-Unterschied in Frei – vs. Arbeitszeit *Tiefreichende Veränderungen des Lebensstils in Bezug auf den Übergang von Arbeit zu Freizeit, wie z. B.: Koffein- und Alkoholkonsum und Schlafgewohnheiten.*

Bei den meisten Menschen besteht ein relevanter Unterschied zwischen dem Arbeitsalltag-Lebensstil und dem Wochenend- und Ferien-Lebensstil. Oftmals schlafen wir am

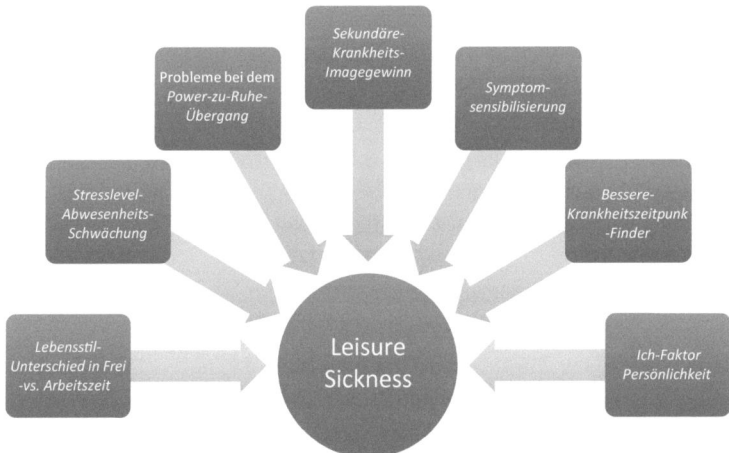

Abb. 2.2 Das LS-Syndrom

Wochenende und in den Ferien einige Stunden länger oder weniger, trinken mehr oder weniger Kaffee und Alkohol und zeigen damit eine klare Verhaltensveränderung unseres Lebensrhythmus zwischen Arbeitsalltag und Wochenende/Urlaub auf.

2. Die Stresslevel-Abwesenheits-Schwächung *Die Abwesenheit eines (hohen) Stresslevels kann zu einer Schwächung des Immunsystems führen.*

Schon 1980 machte Frankenhaeuser darauf aufmerksam, dass körperliche Prozesse eine wichtige Rolle in der Entwicklung von Gesundheitsproblemen spielen können (zit. nach Van Heck und Vingerhoets 2007).

Frankenhaeuser (1980) zitierte Elgerots Studien, die zeigten, dass die Adrenalinproduktion bei Mitarbeitern mit einer hohen Arbeitsbelastung nicht nur während der Arbeitsstunden und des Arbeitsalltags erhöht war, sondern auch in der Zeit nach der Arbeit. Vingerhoets et al. Studie (1996) zeigte ähnliche Resultate: Menschen mit vielen, eher vagen Beschwerden, unterschieden sich in ihrer Adrenalinproduktion von gesunden Kontrollgruppen. Interessant bei Vingerhoets Studien war, dass sich die Unterschiede in der Adrenalinproduktion nicht etwa zum scheinbar stressigen Zeitpunkt selbst (z. B. beim Schauen eines stressigen Filmes), zeigten sondern vielmehr in einer ruhigen Phase (z. B. nachts) beobachtet wurden, in der normalerweise ein Genesungsprozesseinsetzt (zit. nach Van Heck und Vingerhoets 2007).

3. Probleme bei dem Power-zu-Ruhe-Übergang *Psychophysiologische Probleme, ausgelöst durch den Übergang von Alltagsstress zu Freizeit und Ruhepausen*

Wie in Van Heck und Vingerhoets' Studie (2007) beschrieben, kann der Übergang von Arbeit zu Freizeit zu schnell sein und dieser ungünstige *Power-zu-Ruhe-Übergang* kann negative Auswirkungen auf die Gesundheit haben (McEwen und Stellar 1993, cited in Van

Heck und Vingerhoets 2007). Mit einer großen Arbeitsbelastung geht eine Last für unsere Körperfunktionen einher, welche ebenfalls zuständig für die Erhaltung unserer internen physischen Balance ist (Sterling und Eyer 1988, zit. nach Van Heck und Vingerhoets 2007). Wenn nun also ganz plötzlich die von außen einwirkende Belastung wegfällt – was der Fall ist, wenn wir von jetzt auf gleich aufhören zu arbeiten und uns entspannen wollen – dann fehlt dem Körper der rechtzeitige Gegendruck. Dies kann zu einer körperlichen Unausgeglichenheit führen, begleitet von einer erhöhten Anfälligkeit für Krankheiten.

4. Der Sekundäre-Krankheits-Imagegewinn *Eine höhere Aufmerksamkeit des Sozialen Umfeldes im Falle des Auftretens der Symptome*

Eine andere Theorie zur Erklärung des LS-Syndroms ist, dass wir eventuell eine Belohnung für unser Kranksein erhalten. Nichts wird mehr von uns erwartet und wir müssen an keiner der Freizeitaktivitäten teilnehmen. So werden nicht nur lästige Verpflichtungen umgangen, sondern wir bekommen auch noch wohltuende Aufmerksamkeit. Oftmals hat diese positive Verstärkung aus der Umwelt den Effekt, dass genau dieses Verhalten in Zukunft wiederholt auftritt.

5. Die Symptomsensibilisierung *Eine Symptomsensibilisierung aufgrund von Arbeitsreduktion.*

Erst wenn wir uns nicht mehr im Alltags-Stress-Hamsterrrad befinden, nehmen wir bestimmte Krankheitssymptome wahr. Das Pennebaker *Symptom-Wahrnehmungs-Modell* nimmt an, dass ein andauernder Wettkampf zwischen unseren internen Körpersignalen und externen Umweltstimulationen stattfindet (1994; 2000, zit. nach Van Heck und Vingerhoets 2007). Hierbei wird vermutet, dass interne Körpersignale bewusster wahrgenommen werden, wenn sie sehr stark sind und die konkurrierenden externen Impulse wie der Arbeitsdruck eher gering sind. Diese Theorie würde erklären, warum sehr beschäftigte Menschen erst in ihrer Freizeit auf ihre körperlichen Empfindungen aufmerksam werden. Abseits des Arbeitsumfelds ist es für die internen Körpersignale einfacher, mit den externen Impulsen zu konkurrieren und Aufmerksamkeit zu erlangen.

Krankheitssymptome und negative Emotionen scheinen wieder zu verschwinden, sobald wir erneut mit den Sorgen und dem Druck der Arbeitswelt in Kontakt kommen.

Wichtig aber: Diese Theorie kann nicht erklären warum Menschen faktisch vermehrt in ihrer Freizeit krank werden. Es ist vielmehr eine Frage der Symptomaufmerksamkeit und des Symptombewusstseins und dessen individuellem Erleben. Fachkräfte und Experten sprechen hier von einer Verschiebung des Aufmerksamkeitsfokuses. Das Pennebaker-Modell ist besonders geeignet, um relativ leichte körperliche Empfindungen wie Müdigkeit und generelle Schmerzen zu erklären. Grippale Symptome, Fieber oder schwere Migräne-Attacken können mit diesem Modell allerdings nicht erklärt werden.

6. Der Bessere-Krankheitszeitpunkt-Finder *Ein Aufschub der Krankheit: Krankheiten unbewusst auf einen besseren Zeitpunkt verschieben wie z. B. Freizeit.*

Einige Studien zeigten sogar, dass manche Menschen ihren Tod auf einen für sie passenderen Zeitpunkt verschieben können (Idler und Kasl 1992; Phillips und Smith 1990, zit. nach; Van Heck und Vingerhoets 2007), wie z. B. nach der Geburt eines Enkels oder nach einem wichtigen Event (Anson und Anson 2001), wie z. B. Weihnachten (Marriott und Harshbarger 1973).

So haben einige todkranke Personen einen gewissen Grad an Kontrolle über den genauen Zeitpunkt ihres Todes und können diesen gegebenenfalls hinauszögern.

7. Der Ich-Faktor Persönlichkeit Vingerhoets et al. (2002) vermuten sehr stark, dass einige Persönlichkeitseigenschaften mit dem LS-Syndrom in Verbindung stehen. Oftmals genannt werden hier die Ausprägungen des Arbeitsengagements und des Pflichtbewusstseins einer Person und deren Verbindung zu ihrem individuellen Wohlergehen (Riipinen 1997). Es ist noch nicht geklärt, wie dieser Zusammenhang genau aussieht und was ihn im Detail ausmacht. Besonders Perfektionisten mit einem hohen Arbeitspensum oder einer hohen Arbeitsbelastung, einem hohen Arbeitsengagement und einem starken, eventuell überentwickelten Verantwortungs- und Verpflichtungsgefühl gegenüber ihrer Arbeit, scheinen ein hohes Risiko aufzuweisen, von dem LS-Syndrom betroffen zu sein (Vingerhoets et al. 2002).

Darüber hinaus spielt es eine Rolle, wie Menschen den Übergang von Arbeit zu Freizeit empfinden und gestalten. Demnach kann die Schwierigkeit, von Arbeit auf Freizeit umzuschalten, ebenfalls auf Persönlichkeitseigenschaften zurückgeführt werden. Es ist also denkbar, dass hier ein direkter Zusammenhang besteht. Durch eine geringe Flexibilität in unserem Übergang von Arbeit zu Freizeit kann es passieren, dass wir selbst nach der Arbeit noch mit verschiedensten Arbeitsaufgaben beschäftigt sind. Diese Situation führt mit hoher Wahrscheinlichkeit zu einem Übermaß an Stress.

Diese Aussage geht auf die Verschiebung des Arbeitsumfeldes zurück. Wurde früher meist körperlich gearbeitet, dann war am Feierabend auch für den Körper Schluss. Heute hat sich die Arbeit in den meisten Arbeitsfeldern vom körperlichen ins geistige verschoben. Unser Gehirn ist demnach permanent „on" – wir denken immer, überall und ohne Pause.

Die Persönlichkeit eines Menschen kann allerdings auch indirekte Auswirkungen auf einen problematischen Übergang von Arbeit zu Freizeit haben. Ein Beispiel der Perfektionisten: Sie haben einen hohen Standard und streben Höchstleistung und großen Erfolg an. Dies macht sie vermehrt anfällig für Gesundheitsprobleme. Studien zeigten, dass Perfektionismus negative Aspekte mit sich brachte, unter anderem Erschöpfung und Abgeschlagenheit am Arbeitsplatz (Mitchelson und Burns 1998, zit. nach Van Heck und Vingerhoets 2007).

Unsere Recherche zeigte auch, dass Menschen mit einem starken Wunsch nach Kontrolle, den Übergang von Arbeit zu Freizeit als problematisch erleben. Freizeit ist oftmals strukturloser und bietet somit weniger Möglichkeiten für die Ausübung von Kontrolle. Der Job dieser Personen hingegen ist meist stark strukturiert und genau dieses bietet die Möglichkeit der Kontrollausübung (Suls und Rittenhouse 1990, zit. nach Van Heck und Vingerhoets 2007).

In all diesen Fällen ist es naheliegend, dass sich Betroffene speziell am Wochenende und in den Ferien besonders ruhelos fühlen und dies zu Anspannung anstatt Entspannung führt, vermutlich verursacht durch Schuldgefühle. Van Heck und Vingerhoets (2007) zitieren in ihrer Studie Burwell und Chen (2002), die nahelegen, dass Betroffene Schuldgefühle haben, weil sie eine Auszeit von ihrer Arbeit nehmen. Dies verursache dann wiederum Stress und führe zu gesundheitlichen Beschwerden. Diese Art von Stresserfahrung kann besonders deutlich bei Personen mit einer hohen Arbeitsverantwortung und einem hohen Arbeitsengagement beobachtet werden.

Interessanter Zusatz Was war zuerst da, das Huhn oder das Ei?

Die Frage einiger Wissenschaftler ist: Welche Situation war zuerst vorhanden? Das Unvermögen Freizeit zu genießen, woraus sich dann folglich Symptome entwickelten, oder die Situation, dass schon bestehende Symptome die Person daran hindern, effizient ihre Freizeit zu nutzen und zu genießen? Bis heute ist diese Frage unbeantwortet. Eines steht jedoch fest: Das LS-Syndrom hat eine negative Auswirkung auf unser Wohlbefinden und sollte erst genommen werde.

Ein etwas neuerer Erklärungsversuch – das Underload Syndrome Das *Underload Syndrome* beschreibt die Annahme, dass eine geringe geistige Stimulation bzw. psychische Herausforderung während der Freizeit eine negative Auswirkung auf manche Personen haben kann. Dieses betreffe meist den extrovertierten Typ. Es kann so verstanden werden, dass eine Person zu wenig Input bekommt, privat oder im Job, und deswegen krank werden kann, frei nach dem Motto: Ich „langweile mich zu Tode". Laut Dyer-Smith (zit. nach Van Heck und Vingerhoets 2007) bezieht sich das *Underload Syndrome* auf die Abnahme bestimmter Hormone wie z. B. Endorphine und auf den darauffolgenden Rückgang des Grundumsatzes dieser Hormone. Folgen sind oftmals Energiemangel, ein „träges" Immunsystem und eine höhere Anfälligkeit für Infektionen. Langeweile kann nach dieser Theorie also ähnliche Auswirkungen auf unseren Körper haben wie Stress. Menschen, die normalerweise stark beschäftigt sind, können so krank werden, wenn sie nicht genug zu tun haben, da Langeweile ihre Stresshormone in die Höhe schnellen lässt.

2.4.2 Das LS-Syndrom in Deutschland

Die niederländischen Zahlen scheinen zunächst einmal nicht sonderlich dramatisch, allerdings legte eine noch unveröffentlichte Studie der Internationalen Hochschule Bad Honnef Bonn (Etzkorn 2010) nahe, dass in Deutschland bereits ca. 50 % der Bevölkerung vom LS-Syndrom betroffen sind. 55,9 % (582 von 1041) der Befragten gaben an, dass sie von dem LS-Syndrom betroffen seien, darunter etwa 45 % Männer und etwa 55 % Frauen (Etzkorn 2010). Die „BKK exklusiv" spricht Ende 2016 von einer Viertelmillion Deutscher die betroffen seien.

2.4.3 Die Expertenrunde

Ich, Birte Balsereit, begann mich mit dem Thema Leisure Sickness im Rahmen meiner wissenschaftlichen Arbeit im Jahre 2012 zu beschäftigen und befragte die folgende Experten: Jens Reppahn, Thomas Wissing, Ingrun Kiel und Peter Buchenau zu diesem Thema.

Herr. J. Reppahn ist Diplom-Sozialarbeiter mit Zusatzausbildungen, u. a. als Suchttherapeut und als systemischer Berater. Er arbeitet heute als Mitarbeiter- und Führungskräfteberater und unterstützt Unternehmen bei psychosozialen Fragestellungen.

Herr T. Wissing ist Dip. CBT, hat breite psychologische Berufsspektren und viele Jahre Anwendungserfahrungen, so unter anderem beim Coaching und Mentoring und als Diskussions-, Musik-, Hypnose- und Verhaltenstherapeut, wie auch Experte in philosophischen Fragen.

Frau I. Kiel studierte Archäologie mit Schwerpunkt Medizin und Tanz. Heute arbeitet sie als integrative Tanztherapeutin DGT, spezialisiert im Bereich Depression und Paartherapie. Sie bringt viele Jahre Erfahrung in psychologischen Kliniken mit.

Herr P. Buchenau ist der Chefsache-Ratgeber im deutschsprachigen Raum. Der mehrfach ausgezeichnete Führungsquerdenker ist ein Mann aus der Praxis für die Praxis und gibt Tipps für Profis. Auf der einen Seite ist er Vollblutunternehmer und Geschäftsführer der The Right Way Group, einem der Marktführer für Vertriebsstrategien und Lobbyismus. Auf der anderen Seite Redner, Bestsellerautor, Kabarettist und Dozent an Hochschulen. Seinen Karriereweg startete er als Führungskraft bei internationalen Konzernen im In- und Ausland, bis er schließlich 2002 sein eigenes Beratungsunternehmen gründete. Buchenau war unter anderem Berater, der mit den Büchern Chefsache Gesundheit und Chefsache Prävention das Thema LS medienwirksam in die Führungsetagen trug.

2.5 Experten-Meinungen zum Thema LS-Syndrom

2.5.1 Anmerkungen der Experten

Ganz besonders der hormonelle Begründungsansatz ist vielen der Experten vertraut. Es ist eine normale Stressreaktion des Körpers, die bei kurzanhaltenden Stresssituationen durchaus von Vorteil ist, bei langanhaltenden Stressphasen hingegen jedoch schädlich werden kann. Die Experten weisen darauf hin, dass Menschen mit einer hohen Ausschüttung von Stresshormonen wie Adrenalin, Noradrenalin und Kortisol ein verringertes Risiko haben krank zu werden, da diese Stresshormone immunsuppressiv wirken. Sinkt das Stresslevel und somit das Level der Stresshormone, wie z. B. in den Ferien, haben Krankheitssymptome „freie Bahn" und brechen aus. Langanhaltende Stresssituationen können so zu einer Überreizung des Immunsystems führen, was Krankheitssymptome wiederum begünstigen kann (Wissing 2012, Interview).

Viele der Experten nannten auch den sogenannten *Sekundäre-Krankheits-Imagegewinn* als Ursache für das LS-Syndrom. Wenn eine Person krank ist, bekommt sie automatisch mehr Aufmerksamkeit von ihrem Umfeld. So hat der/die Betroffene oftmals weniger Verpflichtungen und muss keine Entscheidungen fällen. Stattdessen wird der/die Betroffene in dieser Situation rundum versorgt. Einer der Experten fügte einen weiteren interessanten Gedankengang hinzu: „Was bedeuten Krankheiten in der eigenen Familie und welche Funktion und Wertigkeit haben diese? Dieses Verhalten des Krankseins kann z. B. unbewusst genutzt werden, um bestimmte Dinge/Aufgaben zu vermeiden und z. B. besondere Fürsorge vom Partner zu bekommen." (Kiel 2012, Interview).

Bezüglich des Punktes *Persönlichkeit* wurde hinzugefügt, dass „*Der-Innere-Sklaventreiber*" (Wissing 2012, Interview) und die eigenen Kognitionen wichtig sind („Hans, werd' jetzt bloß nicht krank"). Wenn man dann nach einer langen Stressphase in den Erholungsmodus schaltet, kann das Immunsystem schon so geschädigt sein, dass man leicht krank werden kann. Einige Menschen denken in diesen Erholungsphasen über ihre psychologischen Probleme nach, wohingegen man in der Arbeitswoche einfach nur funktionieren muss und deswegen keine Symptome wahrgenommen werden können (Punkt: *Symptomsensibilisierung*).

2.5.2 Langanhaltender Stress und das LS-Syndrom

Die Experten sind sich einig: Negativer Stress (Distress) ist einer der Hauptgründe für das LS-Syndrom. Hier ist es jedoch anzumerken, dass Stress individuell empfunden wird – abhängig von den eigenen Bewertungsmustern und Einstellungen. Demnach verursacht das gleiche Geschehen in verschiedenen Personen verschiedene Reaktionen. Manche Menschen „machen sich Stress", wo andere noch keinen Stress empfinden. Es wird demnach vermutet, dass gerade diejenigen vom LS-Syndrom betroffen sind, die sehr empfänglich für Stress sind. „Ruhige und gefasste Menschen haben eine innere Stabilität" (Wissing 2012, Interview), welche dazu führt, dass sie Dinge als weniger stressig wahrnehmen und empfinden. Menschen, die eine geringere innere Stabilität haben, nehmen sich tendenziell viel zu Herzen und erleben so Dinge als stressiger. Menschen, die sich „selbst den Stress machen", sind anfälliger für das LS-Syndrom. Es ist wichtig zu wissen, welchen Wert „Arbeit" für die jeweilige Person hat. Wie viel steuert Arbeit zu der eigenen Selbstidentifizierung bei? Wie viel Anerkennung hat man in seiner Kindheit dafür bekommen und wie viel braucht man heute? Wie geht man damit um? Es wird erneut deutlich, dass das individuelle Empfinden von Stress von den eigenen Bewertungsmustern und Einstellungen abhängt, die teilweise bewusst, teilweise aber auch unbewusst ablaufen.

2.5.3 Die innere Stimme – die eigenen Kognitionen

„Dysfunktionale Kognitionen – der mentale Trojaner" „Der Mensch versucht alle ihn anströmenden Sinneseindrücke einzuordnen, zu benennen und vor dem Hintergrund seiner bisherigen Erfahrungen und Werte zu bewerten oder zu interpretieren. Deshalb sind Kognitionen nie objektive Wirklichkeit, sondern immer eine Auswahl an Interpretation von einem Individuum. Die Wirklichkeit bedingt die Interpretation. Die Interpretation bedingt die Wirklichkeit. Dysfunktional bedeutet hier „ungünstig", „unpassend" oder „behindert". Die konstruierte Wirklichkeit wird als übertrieben gefährlich oder bedrohlich angesehen, obwohl sie dies eigentlich objektiv nicht ist. Diese verzerrte Sicht der Realität des Individuums festigt immer wieder eine weitere Reihe von typischen logischen Fehler. „Aus diesem Grunde ist es wichtig, dass Sie so früh wie möglich Ihre Kognition in der Realität überprüfen" (Wissing 2012, Interview).

Teilweise können diese äußerst dysfunktional, also unpraktisch sein, wie z. B.: „Ich bin nur ein wertvoller Mensch, wenn ich kontinuierlich hart arbeite", „Jede Autorität soll mich lieben" oder „Für jedes Problem gibt es nur eine Lösung". Wenn diese innere Stimme ständig sagt: „Ich muss perfekt sein und immer nett sein", empfindet die Person einen hohen Level an Stress, da sie einfach nicht abschalten kann. „Diese Kognitionen lösen also Stress aus und machen Betroffene anfälliger für Stressempfindungen. Oftmals fühlen sich diese Menschen wie Verräter ihrer Arbeit gegenüber, wenn sie Pausen machen oder sich ausruhen" (Wissing 2012, Interview).

2.5.4 Der Teufelskreis des LS-Syndroms

Die Mehrheit der Experten hat die Erfahrung gemacht, dass LS-Betroffene ihre Arbeit und beruflichen Pflichten in der Freizeit nicht loslassen können. Sie haben einen besonders hohen Stresslevel während der Arbeitswoche, und am Wochenende wollen sie sich deshalb auch auf dem wohlverdienten *Maximallevel* erholen.

Jedoch ist das Dilemma folgendes: Um gesund zu sein und zu bleiben, sollte das Stresslevel nicht sinken. Allerdings führt langanhaltender Stress irgendwann zur Krankheit. „Menschen, die nicht krank werden, wenn der Stress wegfällt sind a) die ‚ruhigen', die nicht alles so ernst nehmen, oder b) diejenigen, die zusätzlichen Freizeitstress suchen, die mit hoher Wahrscheinlichkeit irgendwann sehr krank mit Burnout oder Depression enden" (Wissing 2012, Interview).

Hier spielt auch wieder die Frage mit hinein: Was bewertet die Person als sinnvolle Beschäftigung in der Freizeit? „Wenn die Person mit dem Muster *Liebe für Leistung* aufgewachsen ist, kann es durchaus passieren, dass der/die Betroffene sehr ehrgeizig ist, immer etwas zu tun haben muss und demnach nicht ruhen kann" (Kiel 2012, Interview).

Gerade die moderne Technik spielt hier eine Rolle. Man ist allzeit und überall erreichbar und arbeitsbereit. So sind viele Menschen selbst in ihrer Freizeit mit ihrer Arbeit beschäftigt oder denken zumindest daran und können nicht abschalten – im wahrsten Sinne des Wortes. Man checkt nur noch einmal kurz seine E-Mails, um „sicher" zu gehen, dass nichts Wichtiges angekommen ist und man nichts Weltbewegendes verpasst hat, mit dem Ziel sich nach dem Check ganz und gar entspannen zu können. Leider keine gute Idee, denn genau diese Handlungen erzeugen auch wieder Stress.

2.6 Das LS-Syndrom und seine wirtschaftlichen Auswirkungen

Peter Buchenau rechnet es für uns nach.

Mitarbeiter, die ein entspanntes und erfrischendes Wochenende hatten oder erholt aus den Ferien zurückkommen, sind montagmorgens erheblich leistungsfähiger.

Der Kölner Wissenschaftler Professor Winfried Panse geht davon aus, dass bei Mitarbeitern, die gestresst sind, egal ob nun dieser Stress aus Überlastung oder aufgrund eines nicht erholsamen Urlaubs entstanden ist, die Leistungsfähigkeit um bis zu 40 % zurückgeht. Anders ausgedrückt, warum bezahlen Sie einen Mitarbeiter fünf Tage die Woche, wenn er nur drei Tage leistet? Oder rechnerisch erklärt:

Gehen wir davon aus, dass Sie ein Mitarbeiter 5000 Euro im Monat kostet. Sozialversicherungen eingeschlossen. Nur mit der reinen Verdienstfrage verlieren Sie als Unternehmer 2000 Euro pro Mitarbeiter pro Monat. Sie bekommen ja keine Gegenleistung dafür. Nun gehen Sie weiter davon aus, dass jeder zweite Mitarbeiter in Deutschland vom LS-Syndrom betroffen ist und Sie führen ein Unternehmen mit 200 Mitarbeitern.
Nun folgt die einfache Rechnung:

2000 Euro pro Monat mal 12 Monate = 24.000 Euro
200 Mitarbeiter, davon 50 % = 100 Mitarbeiter
Sie zahlen für unproduktive Arbeit: 2.400.000 Euro pro Jahr.

Bei den 2,4 Millionen Euro sind eventuelle Produktionsausfälle, Workaround-Maßnahmen, Überstunden und weitere korrigierende Maßnahmen noch nicht eingerechnet. Kurzum: Nehmen Sie als Unternehmer oder Führungskraft das Thema Leisure Sickness nicht ernst, verlieren Sie einfach Geld, viel Geld.

Überlastende negativ wahrgenommene Arbeitszustände sind nach wie vor eine der Hauptgründe, warum Menschen Stress empfinden. Diese negativen Stressoren sind die Hauptgründe für Burnout und Depressionen. Negativer Stress reduziert die kognitiven Fähigkeiten und erhöht die Frustrationen, die dann Ärger am Arbeitsplatz verursachen. Der Kreislauf setzt sich weiter fort. Sie als Unternehmer verlieren einfach weiterhin Geld.

2.7 Forschung von Birte Balsereit – LS Betroffene

Zusätzlich zu den Experten befragte ich zwei Gruppen von LS-Betroffenen: Gruppe 1 bestand aus fünf Studenten mit einem durchschnittlichen Alter von 24 Jahren und Gruppe 2 aus vier Berufstätigen mit einem durchschnittlichen Alter von 49 Jahren.

2.7.1 Welche Symptome haben meine Betroffenengruppen?

Grippeinfektionen, Augenzucken, Ohrgeräusche, Hautprobleme, Probleme der Atemwege, Kreislaufprobleme, Schlafprobleme, Niedergeschlagenheit, Muskelschmerzen, Sinusitis,

Übelkeit, Migräne und/oder Müdigkeit traten zwei Tage nachdem der Stress reduziert wurde auf. Betroffene erklärten, dass die gleichen Symptome wiederholt auftraten.

Verbindung von Stress und Symptomen? Eine klare Verbindung wurde von beiden Gruppen zwischen ihrem Stresslevel und der Intensität der Symptome gesehen; je mehr Stress empfunden wurde, desto schlimmer wurden die Symptome wahrgenommen. Oftmals waren sich die Betroffenen darüber im Klaren und akzeptierten diesen Zustand, da sie dachten, sie könnten ihre Situation nicht ändern.

2.7.2 Wann tritt das LS-Syndrom generell auf?

Das Auftreten des LS-Syndroms war während der Ferien deutlich höher, verglichen zum Wochenende, an denen viele Betroffene keine Beschwerden hatten. Betroffene erklärten, dass sich während des Wochenendes ihr Stresslevel nicht wirklich veränderte, da sie konstant an ihre Arbeit dachten und dies der Grund sei, dass sie sich nicht erholen könnten. Wogegen im Urlaub die Symptome zwei bis drei Tage nach dem letzten Arbeitstag auftraten und sich in den folgenden drei bis sieben Tagen verstärkten. Betroffene gaben an, dass sie zwei bis sieben Tage benötigten, um in ihren Ferien eine Erholungsphase beginnen zu können. Wochenend-Migränebetroffene gaben an, dass sie samstagmittags und/oder sonntags Migräneattacken erlitten.

2.7.3 Wann begann das LS-Syndrom?

Gruppe 2 sah eine klare Verbindung zu einer stark emotional belastenden Situation, in denen sie ihre innere Balance verloren haben. So wurden z. B. drastische Arbeitsveränderungen in Kombination mit Familienstress, der Start des ersten Jobs und/oder eine Veränderung im eigenen Lebensstil in Kombination mit der Tatsache alleinerziehend zu sein, genannt. Betroffene sagten, dass sie funktionieren mussten, egal was das Leben mit sich brachte. Sie konnten sich nicht erlauben, auf ihren Körper zu hören oder sich um sich selbst zu kümmern, da sie darauf angewiesen waren, alles unter Kontrolle zu haben. Zusätzlich äußerten Betroffene, dass sie ja aus Erfahrung wissen, dass sie nur diese paar Tage „überstehen" müssten und dann die Symptome wieder verschwanden.

Gruppe 1 assoziierte den Beginn des LS-Syndroms mit enormer Versagensangst, speziell die Angst das Studium nicht zu schaffen. Bei manchen hat sich das LS-Syndrom bereits in der Abiturzeit abgezeichnet. Andere beschrieben, dass sie keine Zeit hatten, Angst zu empfinden, da sie so unter Druck standen, dass sie nur von Klausur zu Klausur gedacht haben. Sie konzentrierten sich ausschließlich auf das Durchhalten und dachten nicht an Konsequenzen. Betroffene erklärten sich ihre Situation so: „Der Körper braucht nun mal seine Pausen und wenn ich ihm diese nicht gebe, nimmt er sie sich irgendwann selbst bzw. zwingt mich diese zu nehmen".

2.7.4 Die Verbindung zwischen dem LS-Syndrom, Stress und Erholung

Betroffene sahen eine Verbindung zwischen LS, Stress und Erholung. Der stärkste Stress entstünde durch die Arbeit oder durch Universitäts-Klausurphasen. Allerdings zeigten vereinzelte Meinungen, dass gerade Familienprobleme zusätzlich mehr Stress auslösen. So z. B., wenn man kleine Kinder hat und deswegen keine freie Zeit mehr für sich selbst nutzen kann und so die eigenen Bedürfnisse nicht mehr erfüllen kann.

Einige Befragte unterschieden zwischen verschiedenen Arten von Stress und gaben an, dass diese unterschiedlichen Auswirkungen auf sie hatten. So gab es den Arbeitsstress, der z. B. von ihrem Vorgesetzten verursacht wurde, da sie darüber keinerlei Kontrolle hatten und der Stress, den sie sich „selber machten", über den sie glaubten, mehr Kontrolle zu haben. In diesen Gesprächen kristallisierte sich heraus, dass sich viele Betroffene darüber im Klaren waren, dass es die eigenen Wahrnehmungen und Bewertungen von Situationen sind, die ihren Zustand determinieren.

Erholung während der eigenen Freizeit
Betroffene legten Wert darauf, Zeit für sich selbst zu haben und eine innere Ruhe zu spüren. Befragte mit Kindern erklärten, dass sie keine freie Minute für sich haben und sie das stark belastete.

Soziale Interaktionen, Sport, Natur, allgemein sich bewegen und aktiv etwas zu unternehmen, wurde dagegen als förderlich angesehen. Vor allem eine örtliche Trennung zur Arbeit und zur bekannten Umgebung wurde als erholend empfunden. Jede Woche eine Gruppe von Freunden zu sehen, fix eingetragen im Terminkalender, wie ein Ritual – das wurde als sehr hilfreich empfunden, um Erholung wieder zu lernen. Ein Programm im Voraus zu planen, welches sich von den alltäglichen Aufgaben unterschied und in einer Gruppe realisiert wurde, außer-Arbeits-Konversationen zu haben und allgemein den Körper wieder in Balance zu bringen, wurde als positiv und hilfreich empfunden.

Allerdings kann man sagen, Natur hat bei den meisten Betroffenen einen hohen Stellenwert. Eine Umgebung mit wenig Input wirkt sich beruhigend und erholsam auf viele aus. Männliche Betroffene gaben an, dass sie vor allem Ablenkung von der Arbeit brauchen, um sich zu erholen. Ein Tag mit räumlicher Trennung und anderer Beschäftigung brächte mehr Erholung als eine Woche Zuhause, weil sie sich dort mental nicht von der Arbeit trennen könnten. Viele weibliche Betroffene gaben an, sich bei einer Massage besonders gut erholen zu können und durch diese Entspannung sich dann auch ihre Laune verbesserte.

Wie so oft gilt hier: Erholung ist individuell. Für Hans ist der Städtetrip nach Budapest der absolute Renner, Günther genießt zwei Wochen im All-Inclusive-5-Sterne-Hotel am Meer.

Einige Befragte wussten gar nicht mehr, wie sie sich erholen können. Sie haben sich so lange keine Auszeit mehr gegönnt, dass sie es schlichtweg verlernt haben. Glücklicherweise kann der Mensch nicht nur verlernen, sondern auch wieder erlernen.

2.7.5 Unsere Persönlichkeit und das LS-Syndrom

Speziell das Thema des Persönlichkeit-Faktors interessierte viele Betroffene. Viele glaubten, dass gerade sie als Migränepatient stark zum Perfektionismus neigten und sehr ehrgeizig seien. Speziell der Perfektionismus – „die Sorge, den inneren Ansprüche nicht zu genügen", belastete Betroffene stark, da sie Aufgaben nicht abgeben konnten, weil die Resultate ihren Ansprüchen nicht genügen und einfach nicht „gut genug" seien. Viele LS-Betroffene gaben an, dass sie anscheinend besonders taff, stark und eigenständig wirkten und ihr soziales Umfeld ihren täglichen Kampf nicht wahrnahm. Eine Interessante Beobachtung war, dass fast jeder Betroffene dazu tendierte, seine/ihre Freizeit mit obligatorischen Aufgaben zu füllen. So wird die „To-do-Liste" in der Freizeit abgearbeitet. Wenn die „To-do-Liste" nicht abgearbeitet wurde, empfanden viele Betroffene eine innere Unruhe und Rastlosigkeit. Zusätzlich zeigte sich, dass viele Betroffene extrinsisch motiviert waren, d. h. ihr Handeln ist von äußeren Reizen wie Belohnung z. B. Anerkennung und Bestrafung motiviert und nicht durch ein Interesse an der Aktivität selber.

2.8 Erholung von dem LS-Syndrom – Was hilft?

2.8.1 Erste Forschungen

Vingerhoets et al. Studie aus dem Jahr 2002 behandelt ebenfalls die Frage, wie eine Erholung vom LS-Syndrom und dessen Symptomen aussehen könnte. Auf diese Fragen gibt es leider keine genaue Antwort. Jedoch rückte die Studie von Vingerhoets et al. der Antwort auf die Fragestellung ein Stückchen näher.

Ein Großteil der Betroffenen gab an, dass eine spezifische Lebensveränderung für das Verschwinden/eine Erholung des LS-Syndroms verantwortlich war. Die am häufigsten angegebene Erklärung war ein Jobwechsel (55 %). 25 % der Studienteilnehmer gaben an, dass eine Veränderung ihrer Einstellung gegenüber ihrer Arbeit und eine generelle Veränderung ihrer Lebensgrundhaltung das LS-Syndrom verschwinden ließen. Die Arbeit wurde nicht mehr als das oberste und relevanteste Lebensfeld wahrgenommen und sie hörten mehr auf den eigenen Körpersignalen, sie legten z. B. eine Pause ein, wenn sie diese spürbar brauchten.

Weitere Empfehlungen, um dem LS-Syndrom entgegenzuwirken, sind körperliche Aktivitäten: Es muss nicht immer Sport sein. Einfach nur Bewegung reicht nach der Arbeit schon aus, um den Übergangskonflikt zwischen Arbeit und Freizeit von einer rein körperlichen Sichtweise zu verringern und ein Ritual von Arbeit zu Erholung einzuleiten. Vingerhoets et al. schlagen vor, dass einige Arten von Interventionen sehr effektiv für einige Betroffene sein können. Ein Beispiel hierfür seien bestimmte Arten von kognitiver Verhaltenstherapie, welche sich speziell auf eine Wiederherstellung des individuellen

Lebensgleichgewichts ausrichten, z. B. mehr Aufmerksamkeit auf Wertschätzung des sozialen Umfelds legt, ganz speziell auf das familiäre Umfeld.

Das LS-Syndrom sollte erst genommen werden, da es ein klares Signal unseres Körpers ist, der uns versucht mitzuteilen, etwas leichter an unseren Job heranzugehen und eine Balance zwischen Arbeit- und Freizeitaktivitäten anzustreben und beizubehalten.

2.8.2 Ganz konkrete Denkanstöße meiner Betroffenengruppen und Experten

Betroffene haben folgende Gedanken in Bezug auf das Thema *Arbeit:*

Arbeitgeber sollten Seminare anbieten, in denen man lernt, wie man ohne schlechtes Gewissen delegieren kann. Auch wäre es nützlich eine Zeit festlegen, in der das Telefon umgeleitet wird, um den allgemeinen Stimuli niedrig zu halten und produktiver arbeiten zu können. Eine Verbesserung des Zeitmanagements für Mitarbeiter wurde sich ebenfalls gewünscht, z. B. kein Meeting von 10 bis 13 Uhr und dann Anschlusstreffen im anderen Haus von 13 bis 18 Uhr. Nicht nur Mitarbeiter, sondern auch „hohe Tiere" sollten Stress-Reduktions-Methoden (SRM) nutzen („Top-Down-Approach") und diese als Vorbildfunktion „leben". Neue Mitarbeiter sollten von Anfang an, an dieses „Firmenambiente" herangeführt werden, es als selbstverständlich empfinden und schnell integriert werden. Schon existierende Methoden sollten erweitert werden, z. B. den Mitarbeitern zu helfen, sich von Freizeitstress zu entlasten (Liste von Scheidungsanwälten, mögliches Pflegepersonal für pflegebedürftige Verwandte). Nach der Arbeitszeit sollte man nicht mehr erreichbar sein (z. B. das Diensthandy abgeben), kein „Home-Office" haben, sondern eine örtliche Trennung von Arbeit und Privatleben. Ein anderer Gedanke war es, E-Mails zu blockieren, wenn man Ferien hat und gefilterte E-Mails erhalten, wenn man aus dem Urlaub wiederkommt.

Betroffene haben folgende Gedanken in Bezug auf das Thema *Freizeit:*

Die eigene Freizeit gleichwertig zur Arbeit priorisieren und so z. B. wohltuende Aktivitäten in der Freizeit fest zu terminieren. Sich ein bis zwei Tage vor und nach dem Urlaub frei nehmen, um sich ohne Stress um z. B. das Gepäck, den Haushalt wie auch andere organisatorische Dinge kümmern zu können.

Betroffene haben folgende Gedanken in Bezug auf das Thema *Persönlichkeit:*

Die eigene Situation und das Wohlbefinden häufig scannen; die Laune, die Sinnhaftigkeit der Tätigkeit, sich die eigene Lage bewusstmachen. Die Ansprüche an sich selbst verringern, um innere Ruhe und Gelassenheit zu erlangen. Delegieren lernen, ohne ein schlechtes Gewissen zu haben

Wie gehen Betroffene mit dem LS-Syndrom um?

Einige gaben an, dass sie sich die ersten Tage der Ferien aktiv beschäftigen, um nicht in „das Loch" zu fallen, sondern ihr Stresslevel langsam zu reduzieren. Andere versuchen bewusst, den Stress erst gar nicht so massiv aufkommen zu lassen, indem sie planen die Arbeit pünktlich zu verlassen, sich keine Arbeit mit nach Hause zu nehmen und keine

Schuldgefühle deswegen zu haben – „was ein täglicher innerer Kampf ist". Zusätzlich versuchen sie, Ressourcen – wichtige Lebensfelder, neben der Arbeit – aufzubauen und aktiv zu pflegen.

Manche Betroffene wendeten Übergangsrituale an und gaben an, dass ihnen z. B. das Radfahren von der Arbeit nach Hause, oder das Hören von Musik im Zug zur Arbeit, einen „Cut" gäbe. Eine andere genannte Strategie war: Während der Zeit im Übergangsritual nicht über Arbeit zu sprechen und soweit es möglich ist, auch nicht daran zu denken, sondern aktiv Themen aus einem anderen Lebensbereich als Mittelpunkt zu wählen. Diese Strategien funktionierten allerdings nur, wenn der Arbeitsstress sich in einem mittleren Level aufhielt.

Experten haben folgende Gedanken in Bezug auf das Thema *Übergang von Arbeit zu Freizeit:*

Ein Übergangsritual einzuführen, welches bewusst genutzt wird, um das Ende des Arbeitstages einzuläuten und zu kennzeichnen.

Experten haben folgende Gedanken in Bezug auf das Thema *Entspannung und Stress-Reduktions-Methoden (SRM):*

SRM reduzieren also das LS-Syndrom! Wenn auch nur für eine kurze Zeit und immer vorausgesetzt, es werden die richtigen Methoden angewandt. Es gibt keine Wundermethode, die bei allen Menschen hilft. Vielmehr kommt es auf die individuellen Bedürfnisse an. Es kann jedoch mit Sicherheit gesagt werden, dass jedes Auslassen von Stress LS-Prävention ist. Für die langfristige Verbesserung raten Experten neben SRM zu einer Veränderung von bestimmten Lebenseinstellungen. Zusätzlich sollten sich Betroffene darüber bewusstwerden, dass man sich manchmal durch die eigenen Bewertungsmuster den Stress „selber macht".

Experten gaben auch an, dass körperliche Betätigung die Basis ist, um Stress zu reduzieren. Da Sport besonders gut dazu geeignet ist, überflüssige Energie loszuwerden und sitzende Tätigkeiten auszugleichen, gilt Sport als Stressprävention. Heutzutage werden ausgeschüttete Stresshormone nicht mehr genutzt, um z. B. zu fliehen, und so bleiben sie im Blut und können Krankheiten begünstigen (sich in Form von Krankheiten manifestieren). Diese sportlichen Aktivitäten sollten – wenn möglich – mit Spaß ausgeführt werden, da sie sonst den *Positivtouch* verlieren. Sport kann ein Element von Konkurrenz und Wettbewerb beinhalten, was auf manche Menschen Stress ausübt – je nachdem, wie die individuellen Erfahrungen mit Wettbewerb erlernt wurden und heute bewertet werden.

Niemand kann eine andere Person „entspannen". Der Wunsch und die Initiative können nur aus der Person selbst entstehen. Firmen können tolle Programme anbieten, allerdings werden diese nicht wirksam sein, solange die Person ihre *„Negativ-Bewertungs-Brille* (Wissing 2012, Interview) aufhat, mit der sie die Welt sieht und interpretiert. Wenn einmal eine innere Stabilität und eine gewisse Art von Ruhe und Gelassenheit eintreten, dann können SRM höchst wirksam sein. Deshalb sollten Firmen einige Schritte früher ansetzen, nämlich an dem *Wahrnehmungs-Punkt* der Person. Atemtechniken können helfen die Symptome zu lindern, allerdings gehen sie nicht das Kernproblem an.

Bezüglich des Arbeitsalltages ist es auch wichtig, wie viel Kontrolle die Person empfindet. Allgemein wird vorgeschlagen, sich selbst einmal zu analysieren. Wie angespannt ist mein Körper gerade? Ideal wäre es, während des (Arbeits-)Tages ein mittleres Level an Anspannung zu haben. Allerdings ist dies leichter gesagt als getan, da viele von uns leider extrem angespannt den ganzen Tag herumeilen und abends versuchen, in einen vollständigen Erholungszustand zu gelangen. Diese extremen Zustände beanspruchen uns sehr.

LS-Betroffene und Experten sind sich einig:

Methoden sind am effektivsten, wenn sie sich zusammensetzen aus Entspannungsmethoden/SRM, kombiniert mit einer Form von individueller Unterstützung wie z. B. Coaching, Therapie oder Supervision. Generell gaben Betroffene an, dass ein Input von außen hilft die eigenen Gedanken und das Verhalten positiv zu verändern.

Der beste Stress-Regulierungs-Trainer ist man selbst. Die Experten raten, Coping-Strategien bewusst zu nutzen, kontinuierlich durchzuziehen und den inneren Schweinehund zu überwinden.

Experten haben folgende Gedanken in Bezug auf das Thema *SRM während der Arbeitszeit:*

Meine Experten sind sich einig: Arbeitgeber sollten SRM während der Arbeitszeit anbieten. Dies wird unabhängig von der Art des Stresses empfohlen. SRM sollten kontinuierlich ausgeübt werden, damit Arbeitnehmer entspannter an ihre Aufgaben herangehen können. Solange die Person offen gegenüber diesen Methoden ist, stellen diese ein hohes Erfolgspotenzial dar. „Leider ist es oft der Fall, dass Menschen, die sehr tief im LS-Syndrom drinstecken, diese Methoden als eine Zeitverschwendung ansehen und zusätzlich genervt und gestresst sind" (Kiel 2012, Interview).

Autogenes Training, Progressive Muskelentspannung und/oder Workshops können angeboten werden, um den Betroffenen zu zeigen, wie sie sich bewusst um sich selber kümmern können. Seminare mit grundlegenden Informationen „Wie beuge ich Stress am Arbeitsplatz vor", „wie könnte ich Stress angehen, damit er erst gar nicht in dem bekannten Ausmaß entstehen kann?" und/oder Motivation für sportliche Ertüchtigung und spezielle Diäten sollten ebenfalls Themen sein. Hier sollte darauf geachtet werden, dass diese Maßnahmen nicht als Stress wahrgenommen werden können. Deshalb empfiehlt es sich, „mit kleinen Maßnahmen wie z. B. einem wöchentlichen Newsletter anzufangen" (Wising 2012). Es ist ratsam, dieses Angebot in der Arbeitszeit anzubieten, da viele Mitarbeiter ihre Freizeit dafür nicht verwenden würden.

2.9 Birte Balsereits Experten stellten wohltuende Programme für LS-Betroffenen zusammen

Herr Repphan Das „Drei Minuten Scanning":

Es dient der bewussten Wahrnehmung der aktuellen Befindlichkeit und besteht aus 3 Schritten (jeweils eine Minute):

1) Wahrnehmung des eigenen Atems.
2) Sich selbst fragen: „Wo bin ich, was genau tue ich gerade, woran denke ich, was macht das mit mir?"
3) Den ganzen Körper „scannen" und ihn so bewusst spüren.

Es wird empfohlen, diese Methode mehrmals pro Tag auszuüben

Herr Wissing Beinhaltet 2 Komponenten:

1) Entspannungsmethoden (Atemtechniken) und
2) Emotionale Intelligenz Erziehung/Bildung – „Die Bedienungsanleitung für Emotionen" wie z. B. Definition von Wut, wie offenbart sich Wut eigentlich? Wozu ist das gut und warum werde ich überhaupt wütend in Situation A?

Frau Kiel Integratives Tanzen:
Beinhaltet Musik, die positive Laune fördert und schnelle Beats hat, um den Puls zu erhöhen.

Herr Buchenau Frische Luft in Kombination mit Laufen ist eine effektive Coping-Strategie, um Stresshormone zu reduzieren. Bitte mehrfach am Tag anwenden!

Außerdem: Buchenaus 5 Schnell-Tipps

1) Ich atme richtig „Erst mal tief durchatmen!", ist ein gutgemeinter und sehr hilfreicher Rat, wenn der Stress uns zu überrollen scheint. Stehen Sie im Büro auf, machen Sie mal das Fenster auf und holen Sie tief Luft. Bereits fünf bis sechs bewusste Atemzüge reichen oft aus, eine Distanz zum Stress zu schaffen. Bei der entspannenden Bauchatmung wird der Solarplexus massiert. Dieses Nervennetz liegt im oberen Bauchraum und wirkt beruhigend auf das Nervensystem. Dadurch werden nervöse Spannungen gelöst und Unruhe wird abgebaut.
Gähnen ist die einfachste Form der Körperatmung. Gähnen regt den Kreislauf an und die Energie- und Sauerstoffzufuhr im Gehirn wird verbessert. Zudem löst Gähnen Verspannungen im Kopf und an der Kiefermuskulatur.

2) Ich gönne mir eine Pause – die 50-Minuten-Stunde Nicht umsonst schreibt das Arbeitsschutzgesetz Pausen während der Arbeitszeit vor. Dass Überstunden und lange Arbeitszeiten langfristig zur Produktivitätssenkung führen, ist längst bekannt und erwiesen. Oft ist in diesen Situationen auch eine erhöhte Fehlerrate festzustellen. Machen Sie daher mal öfters eine kleine Pause. Fünf Minuten pro Stunde reichen voll und ganz aus. Gehen Sie zum Kaffeeautomat an einem offenen Fenster vorbei und verbinden Sie diesen Gang mit der Übung I „Richtig atmen". Damit versorgen Sie Ihre Blutbahn mit Sauerstoff, was die Denkfähigkeit im Gehirn anregt. Spitzenmanager gehen vor wichtigen

Meetings oft 30 Minuten im Park spazieren, um von Anfang an geistig fit teilhaben zu können.

Kleine Auszeiten können auch die Momente sein, in denen Sie einfach nur aus dem Fenster schauen und Körper und Geist entscheiden lassen, wonach Ihnen zumute ist. Vielleicht hören Sie auch einfach Musik und lassen Ihre Gedanken schweifen. Ziel ist es, den Geist zu beruhigen und nicht, ihn weiter zu beschäftigen. Nehmen Sie sich jeden Tag Zeit, in der Sie etwas tun, das nur für Sie ist. Das kann auch ein Nickerchen sein.

3) Ich sage Nein Es steht in jedem Management-Buch: ein Kapitel über das „Nein sagen". Dem Leser wird gesagt, wie er, nicht nur im Beruf, ohne andere zu verletzen, „Nein sagen" kann. „Nein sagen" kann, nein „Nein sagen" muss man heute erlernen. Meist haben wir aber Angst. Angst als nicht leistungsfähig, teamorientiert oder kollegial dazustehen. In der Regel stößt „Nein sagen" auf den Widerstand eines Freundes, Kollegen, Vorgesetzten oder Geschäftspartners. Dazu braucht es Mut und Verhandlungsgeschick.

„Nein sagen" ist ein erlerntes Verhalten. Seien Sie aber beruhigt, es gibt wohl kaum einen Menschen, der es in absolut jeder Situation schafft, „Nein" zu sagen. Häufig erleichtern Ihnen aber Stress, Wut und Ärger das „Nein sagen".

„Nein sagen" in gestressten Situationen heißt aber nicht, sich einfach zu verweigern, sondern heißt auch Alternativen anzubieten, die für Sie die Belastung reduzieren.

4) Ich bewege mich regelmäßig Mentale Spannung verkörpert sich oftmals in Verspannungen des Nackens und Rückens. Viele Rückenbeschwerden sind bekanntlich psychosomatisch, entspringen also einer emotionalen Belastung. Regelmäßige Bewegung ist die beste Möglichkeit, hier entgegenzuwirken. Vermeiden Sie aber bitte eine Vorbereitung auf den Marathon oder ähnliches, wenn Sie viel zu tun haben. Neben der Höchstleistung im Beruf auch noch im Sport alles geben zu wollen, leert das Energiekonto auf Dauer.

„Der Körper braucht aktiven Ausgleich zur Alltagshektik", so Uwe Dresel, Sportexperte der DAK. „Sport hilft, Stress besser zu bewältigen".

Gesunde Bewegung und Sport sind wirksame Beiträge, um mit Stress umzugehen. Bewegung baut die Stresshormone Adrenalin und Cortisol sowie Spannungen ab und macht resistenter gegen Stress. Außerdem fördert es das Glücks- und Selbstwertgefühl im Körper. Dabei ist es wichtig, eine Form der Bewegung zu wählen, die nicht noch zusätzlichen Stress verursacht. Wählen Sie daher eine Sportart, die Ihnen Spaß macht oder welche Sie immer und überall ausüben können.

Dies bringt nicht nur mehr Elan, es verringert sogar depressive Verstimmungen. Das Training sollte moderat starten und regelmäßig sein. „Am besten ist es als Ritual in den Alltag einzufügen", rät Dresel. Aerobes Herz-Kreislauf-Training ist genau das Richtige. Das bedeutet: Ausdauertraining unter Verbrennung von Sauerstoff.

Dreimal 30 bis 40 Minuten pro Woche reichen aus. Es kommt nicht auf die Schnelligkeit an, sondern auf die kontinuierliche Bewegung. Aber achten Sie dabei auf Ihren Körper. Auspowern bis zur Erschöpfung ist eher ein Betäubungsverhalten und führt nicht zum gewünschten Erholungszustand. Also für Ungeübte lieber drei Mal pro Woche einen satten Spaziergang von 30 Minuten als einmal 90 Minuten Joggen.

Stress setzt unheimlich viel Energie frei, die Sie im Alltag im Büro oder in der Wohnung oft nicht loswerden. Deshalb ist Bewegung ein gutes Ventil, um diese Energie abzuleiten. Erst dann ist eine echte Entspannung möglich. Sorgen Sie für Bewegung: Gerade in Stresszeiten glauben die meisten Menschen, dass sie keine Zeit und Energie für Sport oder Bewegung aufbringen können. Sie sind über jeden Augenblick froh, in dem sie mal Ruhe haben. Ein schlimmer Irrtum. Gerade in Stresszeiten brauchen Sie Bewegung ganz besonders, um Ihre angestauten Stresshormone wieder loszuwerden.

5) Ich schlafe ausreichend Wer morgens gut ausgeschlafen aufwacht, geht ausgeruht und mit mehr Energie in den Tag. Doch wie viel Schlaf brauchen wir? Sechs, sieben oder acht Stunden? Es gibt hierfür keine festen Regeln. Für gesunden und erholsamen Schlaf ist ein förderliches Umfeld unverzichtbar. Die richtige Temperatur, Beleuchtung und Ruhe machen den Schlaf angenehm. Idealerweise sollten Sie sich eine Schlafroutine aneignen, also zur gleichen Zeit ins Bett gehen und zur gleichen Zeit aufstehen. Ihre innere Uhr stabilisiert sich und Sie schlafen viel entspannter.

Allerdings ist es gerade in stressigen Zeiten schwieriger, gut zu schlafen. Zum ohnehin bestehenden Druck kommt dann noch der Stress der unbefriedigenden Nachtruhe hinzu.

Die Begleit- und Folgeerkrankungen bei stressbedingten Schlafstörungen sind nach neuesten Erkenntnissen viel gravierender als bisher angenommen. Das „Deutsche Zentrum für erholsames Schlafen" und die „Arbeitsgemeinschaft der wissenschaftlich-medizinischen Fachgesellschaften", die die Leitlinien der deutschen Schlafforschung und Schlafmedizin (DGSM) erarbeitet hat, führen auf, dass nichterholsamer Schlaf zu Erkrankungen führen kann.

Die Folgen dieser Schlafstörungen, oft verursacht durch dauerhaften negativen Stress und dem dadurch bedingten falschen Liegen, führen zudem zu dauernder Leistungsschwäche, daraus abgeleitet Arbeitslosigkeit und Frühverrentung.

Mit diesen einschneidenden Folgen ist die Liste der Beeinträchtigungen jedoch noch nicht abgeschlossen, denn Schlafstörungen können zu Durchblutungsstörungen aller Art, Bandscheibenprobleme, depressive Stimmungen, Leistungsabnahme, veränderte Hormonproduktion usw. führen.

Viele LS-Betroffene wissen leider noch nicht, wie sie ihrer misslichen Lage entgegenwirken können. Ich hoffe, dass Ihnen dieses Kapitel neben Aufklärung auch einige Denkanstößen lieferte, die Sie umsetzen können, um in Zukunft ihre freie Zeit gelassen und erholt genießen zu könne.

2.10 Über die Autorin

Birte Balsereit absolvierte einen Master in Kognitiver und Klinischer Neurowissenschaft und ein Postgraduierten-Diplom in Psychologie mit Auszeichnung. Zuvor schloss sie einen Bachelor mit den Schwerpunkten Freizeitmanagement und BWL ab. Ihre wissenschaftlichen Arbeiten befassen sich mit Themen zu Leisure Sickness, Stressempfindung, Coping-Strategien, Depressionen und subjektivem Wohlbefinden. Ihre praktischen Erfahrungen gewinnt Sie durch ihre Arbeit in psychiatrischen Einrichtungen in London. Zur Zeit arbeitet sie als „Low Intensity Cognitive Behavioural Therapist" für das englische Gesundheitssystem.

Literatur

Etzkorn , M. (2010). *Leisure Sickness: A study on the related literature, prevelance and phenomology of the health problem* (bachelor's thesis). Internationale Hochschule Bad Honnef Bonn.
Idler, E. L., & Kasl, S. V. (1992). Religion, disability, depression, and the timing of death. *American Journal of Sociology*, 97, 1052–1079.
Kop, W. J., Vingerhoets, A. J. J. M., Kruithof, G. J., & Gottdiener, J. S. (2003). Risk factors for myocardial infarction during vacation travel. *Psychosomatic Medicine*, 65, 396–401.
Marriott, C., & Harshbarger, D. (1973). The hollow holiday: Christmas, a time of death in Appalachia. *Omega*, 4, 259–266.
Riipinen, M. (1997). The relationship between job involvement and well-being. *Journal of Psychology,* 131(1), 81–89.
Van Heck, G. L., & Vingerhoets, J. J. M. (2007). Leisure sickness: A biopsychosocial perspective. *Psychological Topics*, 16(2), 187–200.
Vingerhoets, J. J. M., Van Huijgevoort, M., & Van Heck, G. L. (2002). Leisure sickness: A pilot study on its prevalence, phenomenology, and background. *Psychotherapy and Psychosomatics*, 71, 311–317.

Gesundheit wird zum Erfolgsfaktor – Unternehmen müssen beim Thema Strategie, Kultur und Führung umdenken

3

Peter Buchenau

Inhaltsverzeichnis

3.1	Chefs erwarten die Anwesenheit trotz Krankheit	42
3.2	Die wirtschaftliche Dimension des Burnout-Syndroms	43
	3.2.1 Schäden mangels Früherkennung	44
	3.2.2 Sozial- und Privatversicherungsrecht	44
	3.2.3 Unternehmensbewertung	45
	3.2.4 Volkswirtschaftliche Aspekte	45
	3.2.5 Juristische Aspekte	46
	3.2.6 Berufskrankheit der Gegenwart?	47
3.3	Gesundheitsbasierte Führung – Der Paradigmenwechsel zur Überwindung der Burnout-Kultur	47
3.4	Burnout 6.0 – Die Entwicklung einer Burnout-Kultur	48
3.5	Das System Mensch	49
3.6	Paradigmenwechsel im Managementansatz	49
3.7	Gesundheitsbewusste Führung	51
3.8	Einführung der gesundheitsbewussten Führung	52
3.9	Ansporn und Vorteile für Unternehmen	53
	3.9.1 Erstens: Gesundheitsförderung ist die Voraussetzung für wirtschaftlichen Erfolg	54
	3.9.2 Zweitens: Führungskräfte können die psychische Gesundheit fördern	55
	3.9.3 Drittens: Die psychische Gesundheit ernst nehmen	55
	3.9.4 Viertens: Sich über die psychische Gesundheit informieren	56
	3.9.5 Fünftens: Die Widerstandskräfte stärken	56
	3.9.6 Sechstens: Arbeitsbedingte psychische Belastungen reduzieren	57

P. Buchenau (✉)
Röntgenstraße 20, 97295 Waldbrunn, Deutschland
e-mail: peter.buchenau@chefsache24.de

© Springer Fachmedien Wiesbaden GmbH 2018
P. Buchenau (Hrsg.), *Chefsache Gesundheit I*,
https://doi.org/10.1007/978-3-658-16580-2_3

3.9.7 Siebtens: Psychisch belastete Mitarbeiter unterstützen   57
3.9.8 Achtens: Die Qualität externer Unterstützungsprogramme nutzen   57
3.10 Über den Autor.   58
Weiterführende Literatur.   59

3.1 Chefs erwarten die Anwesenheit trotz Krankheit

Führung sieht heute leider in deutschen Unternehmen so aus: 33 % aller Führungskräfte schicken ihre Mitarbeiter bei einer ernsten Erkrankung nicht nach Hause. 17 % sagen, von häufig kranken Mitarbeitern sollte man sich trennen. 10 % aller Chefs halten ein individuelles Prämiensystem bei wenigen Krankheitstagen für ein geeignetes Steuerungsinstrument. So das Ergebnis einer Umfrage der Hochschule Coburg aus dem Jahr 2012. Ein Armutszeugnis für deutsche Führungskräfte.

Ein Praxisbeispiel:

> **Beispiel**
>
> Sie sitzen mit Ihrem Team an einem dringenden und wichtigen Projekt. Ein Mitarbeiter erscheint mit einer fiebrigen Erkältung zur Arbeit. Die Medien berichten über eine akute Grippewelle in Ihrer Gegend. Was tun Sie? Leider zeigt die Praxis, dass nur zwei Drittel der Befragten der Coburger Umfrage angaben, den Mitarbeiter nach Hause zu schicken. Erstens, um den Mitarbeiter sich auskurieren zu lassen, und zweitens, was noch wichtiger ist, um das restliche Projektteam nicht anzustecken. Rund ein Viertel der Befragten würde auch versuchen, für ihn eine Heimarbeit zu organisieren.

Aber auch mit ihrer eigenen Gesundheit gehen Führungskräfte schonungslos um: 58 % von ihnen gehen auch mit einer mittelschweren Erkältung zur Arbeit, weitere 29 % arbeiten von zu Hause. Leider gilt in Deutschland die Anwesenheit am Arbeitsplatz immer noch als Leistungs- und Karrierekriterium. So oft habe ich das in meiner Führungslaufbahn am eigenen Leib erfahren müssen, auch wenn das zu Lasten der eigenen Gesundheit geht. Jeder sieht, wenn du um 16.00 Uhr nach Hause gehst, dir wird scherzhaft vorgeworfen, du hast einen Halbtagsjob. Keiner sieht aber, dass gerade du als Führungskraft oft schon um 5 Uhr in der Firma bist oder am Abend bis Mitternacht arbeitest. Dazu kommt noch erschwerend, dass 63 % der Manager, und ich betone hier Manager und nicht Führungskräfte, sagen, in ihrem Unternehmen würden nur Mitarbeiter mit besonders langen Arbeitszeiten bevorzugt befördert. Diese Manager haben wahrscheinlich die IBM-Studie aus dem Jahr 2010 nicht gelesen, die erläutert, warum Mitarbeiter tatsächlich befördert werden.

Leider, so viele der Befragten, habe dieses Verhalten nichts mit einem klassischen Anwesenheitswahn zu tun. Ohne Zwölf-bis-sechzehn-Stunden-Schichten ist das Pensum meist nicht mehr zu schaffen. Gerade in den Randzeiten, vor 8 Uhr und nach 18 Uhr, hat die Führungskraft eigentlich nur die Ruhe, sich echten Führungsaufgaben wie Vision, Strategie und Umsetzung zu widmen. In der Zeit dazwischen spielt sie Feuerwehrmann, löscht, wo immer es brennt, und beantwortet die tägliche E-Mail-Flut an unwichtigen Informationen. Gute Ergebnisse erzielt eine Führungskraft heute in den Randstunden und dies bedingt meist die Bereitschaft zu mehr Zeiteinsatz. Unsere Leistungsgesellschaft wird irgendwann kollabieren, denn das jetzige System frisst seine eigenen Leistungsträger. Verstärkt wird dieser Trend angesichts der demografischen Entwicklung und der Notwendigkeit zu längeren Lebensarbeitszeiten bei gleichzeitig abnehmender individueller Leistungsfähigkeit. Ein unternehmerisches Umdenken in Bezug auf Führung muss erfolgen.

Fragt man Führungskräfte weiter nach organisatorischen Möglichkeiten, den Krankenstand und damit die Kosten zu senken, geben erstaunlicherweise 81 % an, ein systematisches Gesundheitsmanagementsystem könne helfen. 72 % der Führungskräfte sehen in der Verbesserung des Betriebsklimas eine weitere sinnvolle und schnell umsetzbare Möglichkeit. Aber warum handeln Führungskräfte dann nicht entsprechend?

Erschrocken las ich in der Umfrage, dass 9 % der Chefs individuelle Prämien bei wenigen Krankheitstagen für geeignet halten. Dieses zeigt, dass die Bereitschaft, die eigene Gesundheit und die Gesundheit seiner Mitarbeiter als Erfolgsfaktor für Unternehmen anzusehen, in Deutschland noch sehr schwach ausgeprägt ist. Viele Unternehmen prahlen groß, was für ein tolles betriebliches Gesundheitsmanagement sie haben, schaut man aber hinter die Kulissen, erschreckt einen die nackte Wahrheit. So hat unter anderem der Kölner Wirtschaftswissenschaftsprofessor Winfried Panse wiederholt festgestellt, dass kranke Mitarbeiter bis zu 40 % weniger leisten. Anscheinend ist diese Erkenntnis bei unzähligen Managern noch nicht angekommen. Was passiert? Am Ende zahlt die Gesellschaft die Zeche für die steigende Zahl der Krankheitstage, mehr Burnout-Fälle, Frühpensionierungen, sinkende Produktivität und für eine abnehmende Leistungsfähigkeit der Volkswirtschaft.

3.2 Die wirtschaftliche Dimension des Burnout-Syndroms

Die Zahl der Burnout-Fälle steigt täglich. Leider verfolgen die Manager und Chefs dabei eine Vogel-Strauß-Strategie. Kopf einziehen und warten, bis die Gefahr vorüber ist. Ist diese Strategie angesichts des wachsenden betriebswirtschaftlichen Schadens die richtige?

Die in den letzten Jahren ansteigende Verbreitung des Krankheitsbildes Burnout hat in ganz verschiedene Gesellschaftsbereiche ausstrahlende Konsequenzen, die weiter gehen, als man auf den ersten Blick denkt. Oft wird Burnout als persönliches und individuelles Problem angesehen. Das ist leider nur die Spitze des Eisberges. Eine plötzliche schwere Erkrankung bedeutet für die betroffenen Personen und ihr Umfeld immer eine einschneidende Zäsur. Im Falle des Burnout-Syndroms ist dies jedoch insofern anders, als diese Erkrankung kein Schicksalsschlag ist, der einen aus heiterem Himmel trifft. Burnout wächst über Jahre, doch die Verantwortlichen haben ja zum Glück die Vogel-Strauß-Strategie.

Um diesen Trend zu stoppen, muss eine Burnout-Erkrankung in den Führungsetagen auf ihre wirtschaftlichen Faktoren reduziert werden. Das klingt vielleicht etwas inhuman, aber es ist leider die einzige Sprache, die in den meisten Führungsebenen verstanden wird. Betrachtet man den enormen Anstieg der Burnout-Fälle in den letzten Jahren, ist es gerade das Kostenargument, das den einen oder anderen Entscheidungsträger dazu bewegt, dieses Phänomen und seine ökonomischen Folgen vermehrt in seine strategischen Unternehmensüberlegungen einzubeziehen. Es bedarf dazu aber einer spezifischen psychischen und starken Führungspersönlichkeit sowie bestimmter äußerer Umstände.

3.2.1 Schäden mangels Früherkennung

Burnout ist ein schleichender Prozess, auch wenn der Kollaps zuweilen sehr plötzlich erfolgt. Bereits vor dem eigentlichen Zusammenbruch verursacht dieses Syndrom großen persönlichen und betriebswirtschaftlichen Schaden. Geht man davon aus, dass im Normalfall der Betroffene vom spürbaren Beginn der ersten Stressfolgeerkrankungen bis zum totalen Zusammenbruch 2 bis 4 Jahre arbeitet, wird klar, wie groß der potenzielle Schaden ist. Oft gar nicht oder viel zu spät erkennen die Betroffenen in der Regel selbst, dass sie Hilfe benötigen. Selbst wenn der völlige Erschöpfungszustand eingetreten ist, verneinen sie zudem ihren Zustand, denn wer möchte schon als „Loser" dastehen. Hier besteht die Pflicht der Führungskraft zur Früherkennung und Prävention. Das bedeutet wieder eine Abkehr von der Vogel-Strauß-Strategie hin zu frühem präventiven und unternehmerischen Handeln. Leider haben aber die meisten Führungskräfte nie gelernt, unternehmerisch zu handeln, sondern sind Marionetten der nächsthöheren Marionette. Spätestens aber wenn es im Unternehmen zu verminderter Produktivität, steigenden Absenzen, Fehlern im Arbeitsablauf, aber auch zur Beschädigung intangibler Güter des Arbeitgebers wie beispielsweise der Reputation des Unternehmens oder des Betriebsklimas kommt, ist Handeln angesagt.

3.2.2 Sozial- und Privatversicherungsrecht

Vom Moment der Arbeitsunfähigkeit an entstehen weitere Kosten, zunächst einmal bei den Sozialversicherungen (Krankenkasse, Krankentagegeldversicherung, Invalidenversicherung, Pensionskasse). Zweifellos entsteht bereits hier ein beträchtlicher volkswirtschaftlicher Schaden. Ein kleines, stark vereinfachtes Beispiel aus der Schweiz mag dies illustrieren:

> **Beispiel**
>
> Ein 55-jähriger Arbeitnehmer mit einem Einkommen von Fr. 96.000.– wird von einem Tag auf den anderen für ein Jahr zu 100 % arbeitsunfähig geschrieben. Dann kann er wieder eine Arbeits- und Erwerbstätigkeit zu 50 % aufnehmen, verdient also Fr. 48.000.–. Er findet sofort wieder eine Arbeitsstelle, an welcher er seine Rest-Erwerbsfähigkeit ausschöpfen kann. Unter dem Strich präsentiert sich die Rechnung wie folgt:

Lohnfortzahlung Arbeitgeber 30 Tage 100 % = Fr. 8000.–;
Lohnfortzahlung Krankentagegeldversicherung 11 Monate zu 80 % = Fr. 70.400.–;
IV-Rente 9 Jahre (9 Jahre 50 %, inkl. Ehegattenrente; Basis Fr. 1300.–/Mt.) = Fr. 140.400.–;
IV-Rente Pensionskasse 9 Jahre (9 Jahre 50 %, Basis Fr. 1200.–/Mt.) = Fr. 129.600.–;
Heilungskosten Krankenkasse (stationärer Rehabilitationsaufenthalt 6 Wochen Fr. 9000.–, Allgemeinmediziner, Psychotherapie, Medikamente) = Fr. 35.000.–.

Zusammengerechnet resultieren für Arbeitgeber und Sozialversicherung direkte Kosten von nicht weniger als Fr. 391.400.–, so Dr. Frank Th. Petermann, Generalsekretär von Swiss Burnout.

3.2.3 Unternehmensbewertung

Das Burnout-Syndrom kann mittlerweile mit modernsten bildgebenden und labortechnischen Diagnoseverfahren abgebildet werden. Das heißt, es ist sichtbar geworden. Genau das war bis dahin das Problem der Führungskräfte. Es war nicht sichtbar, nicht greifbar. Doch nun machen HRV-Messung oder Thermographie es möglich. Ein Manager braucht eben Papier, schwarz auf weiß. Somit kann das Syndrom sehr wohl statistisch erfasst werden; diese Zahlen wiederum können aufbereitet werden und erlauben Rückschlüsse. Firmen betonen immer wieder, wie wichtig ihr Humankapital sei, auch wenn dieses in der Unternehmensbilanz genauso wenig erscheint wie das Know-how, über welches es verfügt.

Produkte, Patente und Dienstleistungen hingegen sind in der Bilanz aufgeführt. Wird ein Unternehmen verkauft, so prüft der potenzielle Käufer meist nur die rechtliche und finanzielle Situation des Unternehmens. Das wichtigste Aktivum, das Humankapital, wird hingegen nicht oder kaum geprüft. Eventuell wird ein flüchtiger Blick auf die Fluktuationsrate oder den Krankheitsstand des Unternehmens beim Personal geworfen. Dies erstaunt umso mehr, als die Rate der Langzeiterkrankungen, so unter anderem auch der Burnout-Fälle in einem Unternehmen, insbesondere im Quervergleich mit anderen Unternehmen der Branche, aussagekräftige Informationen enthält über den Zustand des Humankapitals. Dieser verrät weiterhin die längerfristigen Perspektiven des Unternehmens und sogar etwas über den Führungsstil des Managements. Wird das Unternehmen durch einen gesunden Führungsstil geleitet, hat das sofort positive Auswirkungen auf das Betriebsergebnis (Buchenau und Hofmann 2011).

3.2.4 Volkswirtschaftliche Aspekte

Im Jahr 2000 veröffentlichte das Staatssekretariat für Wirtschaft (Seco) erstmals unter dem Titel „Die Kosten von Stress in der Schweiz" eine sehr sorgfältig erarbeitete Umfrage-Studie. Darin war ersichtlich, dass sich alleine die durch Stress verursachten Kosten für Unternehmen in der Schweiz auf 4,2 Mrd. SFR, in Österreich auf 1,9 Mrd. SFR und in Deutschland sogar auf 45 Mrd. SFR beliefen. Diese Studie sorgte in ganz Europa für

Aufsehen. Kein anderes Land innerhalb Europas hätte sich getraut, so eine Studie im Jahre 2000 zu veröffentlichen. Die Schweiz machte es vor.

Diese Studie wurde im Jahre 2010 wiederholt. Die Ergebnisse waren erschreckend. So stellte die neue Studie fest, dass in der Schweiz die Kosten auf 10 Mrd. SFR angestiegen sind und in Deutschland gar auf 80 Mrd. Euro. Im Jahr 2012 hat das Hamburger Wirtschaftsinstitut sogar die Zahl von 265 Mrd. Euro für Kosten genannt, welche durch Stress und die dadurch bedingten Folgeerkrankungen für deutsche Unternehmen entstehen. Das ist volkswirtschaftlich nicht mehr haltbar, deshalb muss das Thema Gesundheit für eine Führungskraft zum Erfolgsfaktor werden. Genau wie es ein Umsatz- oder Produktivitätsziel gibt, muss es ein Ziel Mitarbeitergesundheit geben und dieses muss in die Zielvereinbarung der Führungskraft integriert werden.

Hinsichtlich der Schweizer Studie ist zudem bemerkenswert:

1. Mit über vier Millionen Erwerbstätigen steht mehr als die Hälfte der Schweizer Bevölkerung im Arbeitsleben. Trotz ihres guten allgemeinen Gesundheitszustandes fühlen sich laut der Umfrage rund ein Drittel der Erwerbstätigen häufig oder sehr häufig gestresst.
2. Das Erleben von Stress korreliert vor allem mit langen Arbeitstagen, unklaren Anweisungen, emotionalen Anforderungen und dem Erledigen von Arbeitsaufgaben in der Freizeit. Ein gutes Führungsverhalten des direkten Vorgesetzten korreliert mit höherer Arbeitszufriedenheit und niedrigem Stressempfinden.
3. Die Studie stellt fest, dass der Anteil der Personen, die „häufig" und „sehr häufig" Stress empfinden, von 26,6 % (Jahr 2000) auf 34,4 % (2010) angestiegen ist. Im Vergleich zum Jahr 2000 sind damit rund 30 % mehr Erwerbstätige chronisch, d. h. länger andauernd gestresst.
4. Der Anteil der Personen, die „nie" und „manchmal" Stress empfinden, ist von 17,4 % auf 12,2 % gesunken. Von den betroffenen Personen fühlen sich im Vergleich zur früheren Studie 11 % weniger imstande, ihren Stress völlig zu bewältigen (Rückgang von 31 % auf 20 %).

3.2.5 Juristische Aspekte

Die Problematik wirft für Unternehmen und Führungskräfte aber auch rechtliche Fragen auf, neben den erwähnten versicherungsrechtlichen vor allem auch arbeitsrechtliche. So hat der Arbeitgeber bekanntlich die Pflicht, die psychische und physische Gesundheit des Arbeitnehmers zu schützen. Das heißt, das Unternehmen hat dafür zu sorgen, dass der Mitarbeiter wenn möglich erst gar nicht krank wird. Vernachlässigt der Arbeitgeber diese Pflicht, wird er dem Arbeitnehmer gegenüber schadensersatzpflichtig. Dieser Grundsatz des Arbeitsrechts besteht seit Jahrzehnten; neu hingegen ist, dass Arbeitnehmer vermehrt auf die ihnen daraus zustehenden Rechte pochen und klagen.

So gibt es unter anderem in Italien das Arbeitsschutzgesetz 82/08, das jedes Unternehmen ab einer Personalgröße von 10 Mitarbeitern dazu verpflichtet, Gesundheitspräventionsmaßnahmen durchzuführen und einmal jährlich die Aktivitäten an das Gesundheitsministerium zu melden. Das Europäische Parlament fordert zwischenzeitlich mit dem Entschließungs-Antrag Nr. A4-0050/99, neue arbeitsrechtliche Problembereiche zu untersuchen, welche von den derzeitigen Rechtsvorschriften nicht erfasst werden. Genannt werden unter anderem Stress und auch – explizit – das Burnout-Syndrom. Auch das schweizerische Arbeitsrecht bietet bereits heute genügend Möglichkeiten des Arbeitnehmerschutzes; sinnvoll wäre es aber sicher, im Interesse einer größeren Rechtssicherheit diese Bestimmungen durch entsprechende Rechtsprechung griffiger auszugestalten, wie das beispielsweise im Bereich Mobbing (BGE 125 III 73) erfolgt ist.

3.2.6 Berufskrankheit der Gegenwart?

Heute ist Burnout der Herzinfarkt von gestern. Berufskrankheiten hat es immer schon gegeben und wird es auch immer weiter geben. Mit der beginnenden Industrialisierung Ende des 18. Jahrhunderts waren es zunächst vor allem Arbeitsunfälle, welche die Gesundheit des Arbeitnehmers bedrohten. Bis in die sechziger und siebziger Jahre des letzten Jahrhunderts resultierten Berufskrankheiten häufig aus dem Umgang mit gefährlichen Stoffen, wie beispielsweise Asbest. Später waren es vielfach psychosomatische Probleme, wie Rücken-, Muskel- und Wirbelsäulenerkrankungen, welche die Sozialversicherungen stark belasteten. Betrachtet man heute die Statistik der Invalidenversicherung, so ist die größte Krankheitsgruppe die der psychischen und neurologischen Erkrankungen. Zusammen machen die beiden Erkrankungen rund 55 % aller Fälle aus, welche Individuen aus dem Arbeitsleben schleudern, Tendenz steigend. An zweiter Stelle stehen heute Erkrankungen des Bewegungsapparates mit rund 21 % der Invaliditätsfälle.

Stress zu regulieren, psychische Belastung am Arbeitsplatz zu mindern und auch das Burnout-Syndrom präventiv anzugehen, sind komplexe, aber lösbare Aufgaben. Betrachtet man die volkswirtschaftlichen Kosten, den Verlust von unersetzbarem Know-how, die Auswirkungen des demografischen Wandels und den Aufwand für die Rekrutierung und Einarbeitung neuer Mitarbeiter, wird deutlich, dass Unternehmen und Führungskräfte mit einem Problem konfrontiert sind, dessen Lösung auch aus betriebswirtschaftlicher Sicht ein Gebot der Stunde ist. Gestandene, weltoffene Führungskräfte werden es schaffen, diese Wende einzuleiten. Manager werden scheitern.

3.3 Gesundheitsbasierte Führung – Der Paradigmenwechsel zur Überwindung der Burnout-Kultur

Gesundheit wird zukünftig als Produktivitätsfaktor innerhalb von Unternehmen betrachtet werden. Es wird auch ein Messfaktor im direkten Mitbewerb sein. Dieses wird weitreichende Auswirkungen für das Verständnis von nachhaltiger Leistung haben und die Notwendigkeit eines Paradigmenwechsels im Management voraussetzen. Neue Führungsinstrumente wie zum Beispiel eine Gesundheitsbewusste Führungsmethode (GbFM) müssen etabliert und als Leitidee für die Weiterentwicklung von betrieblichem Gesundheitsmanagement dargestellt und verankert werden. Nur so ist ein nachhaltiger, für Unternehmen und Mitarbeiter sinnvoller Umgang mit den Bereichen „Persönliches Leistungsmanagement", „Gesundheitsfokussierte Mitarbeiterführung" und „Gesundheitsbasierte Organisationsentwicklung" sicherzustellen.

Volkswirte warnen daher auch vor der sechsten „Wachstumswelle", die erstmals von dem Wirtschaftswissenschaftler Leo A. Nefiodow (2006) als sechster Kondratieff benannt wurde. Nach den Wachstumsschüben durch Automatisierung und Informationstechnik rückt jetzt als aktuell wirksamer Wachstumsfaktor „Psychosoziale Gesundheit und Kompetenz" und damit das „System Mensch" zentral in den Mittelpunkt des Wirtschaftens. Leider schlägt sich der sechste Kondratieff eher im Negativen nieder, durch deutliche Zunahmen psychischer Erkrankungen als Grund für Zeiten von Arbeitsunfähigkeit und vorzeitiges Ausscheiden aus dem Arbeitsleben, mit den dazugehörigen Folgekosten für das einzelne Unternehmen sowie auch insgesamt für die Volkswirtschaft und die Gesellschaft.

3.4 Burnout 6.0 – Die Entwicklung einer Burnout-Kultur

Das Phänomen Burnout, heute in aller Munde – keine Zeitschrift, kein Fernseh- oder Radiosender, der nicht darüber berichtet –, wurde ursprünglich bei helfenden Berufen wie zum Beispiel bei Krankenschwestern, Ärzten oder Psychologen beobachtet. Etwas später kamen dann auch die Leistungsträger im wirtschaftlichen Bereich, wie Führungskräfte, Selbstständige und Unternehmer, hinzu. Katholische Priester folgten an dritter Stelle. Vereinfacht gesagt, handelt es sich beim Burnout-Syndrom um eine zunehmende Überlastung durch Arbeit aus einer einseitigen „Übermotivation" heraus. Diese betroffenen Menschen überfordern sich dann in ihrer tatsächlichen Leistungsfähigkeit und Energie mehr und mehr. Unbemerkt leiten sie einen sozialen Rückzug ein, Desinteresse an Kontakten entsteht, sie geraten mehr und mehr in die Erschöpfungsspirale und erkranken psychisch und psychosomatisch.

Interessanterweise ist mittlerweile eine sehr viel größere Gruppe der in ihrer Gesundheit und Leistungsfähigkeit bedrohten Menschen in Unternehmen, Verwaltungen oder Organisationen – sei es im Management oder auf der Ebene der Sachbearbeiter – nicht durch diese Art von „Übermotivation" gefährdet.

Die letztendlich krank machenden Einflüsse kommen hier aus den Organisationen des Unternehmens oder der Verwaltungen selbst und nicht aus der „falschen Einstellung" des einzelnen Arbeitnehmers. Permanente Erreichbarkeit durch mobile Kommunikation und Infrastruktur, zunehmender Leistungsdruck, zunehmendes Tempo der Reorganisationen und zunehmend virtuelle Arbeitsbeziehungen greifen immer tiefer in die Lebenssituation des Einzelnen ein. Der Arbeitnehmer hat häufig keinen geregelten Feierabend mehr, er hat auch das Gefühl, dass er nie genug arbeitet, wird zu wenig gelobt und er hat auch durch stetige Wechsel im Management keine vertraute Ansprechperson mehr. Der Arbeitnehmer hat Angst. Dadurch werden zusätzlich die Phasen der notwendigen Regeneration gestört. All dies führt den Arbeitnehmer weiter zu einem zunehmenden Kontrollverlust. Diese Arbeitnehmer brauchen aber eine Erfolgsbestätigung der eigenen Wirksamkeit. Sie wollen wissen, wofür sie im Unternehmen eingesetzt werden und wo sie Mehrwert leisten können. Hier wird extrem deutlich, welchen großen Einfluss die Führungskräfte, die institutionellen Bedingungen, die Unternehmen selbst und die Organisationen besitzen, um eine gesunde Leistungsfähigkeit der Führungskräfte und Angestellten zu erzielen. Diesen Einfluss gilt es dringend positiv zu nutzen! Gesundheitsbewusstes Führen (GbFM) ist so einfach, die Führungskraft oder der Unternehmer muss sich nur trauen. Der Erfolg ist bereits programmiert.

3.5 Das System Mensch

Die Frage, die sich letztendlich jede Führungskraft – egal in welcher Hierarchiestufe – stellen muss, ist: Wie können die Unternehmen, aber auch ich selbst diese Burnout-Kultur überwinden? Burnout lässt sich als ein nachhaltiges massives „Aus-der-Balance-Sein" des sich normalerweise selbstregulierenden „Systems Mensch" verstehen. Denn dieses „System Mensch" ist grundsätzlich gesund, wenn es nachhaltig in der Balance ist. Ist der Mensch ausgeglichen im Beruf und auch im Privatleben, dann kann er nachhaltig enorme Leistung erbringen.

Bis heute sind es die Führungskräfte gewohnt, nur in den Kategorien Gesundheit und Krankheit zu denken. In Zukunft wird aber der Zusammenhang von Gesundheit und Leistung betrachtet werden. Daraus resultierende Potenziale sind zu erkennen und ein Nutzen für sich selbst und auch für das Unternehmen ist zu ziehen. Gesundheit heißt in dieser zukünftigen Betrachtungsweise, das System Mensch ist in Balance. Dies ist die Voraussetzung für nachhaltige Leistung und der positive Gegenpol zum Burnout. Sich mit nachhaltiger Gesundheit zu identifizieren und weiter zu entwickeln sind künftige Führungsaufgaben. Die Qualität der Führungskraft entscheidet künftig, ob die Produktivitätsziele effektiv erreicht werden. Das Erleben der „sechsten Welle", also Gesundheit endlich im positiven Sinne zu nutzen, wird über den nächsten Jahresbericht entscheiden.

3.6 Paradigmenwechsel im Managementansatz

Das Zusammenspiel von Leistung und Gesundheit ist in den bisherigen Managementansätzen nicht etabliert. Dort geht es hauptsächlich nur um das kurzfristige maximale „Abgreifen" von Leistung und Gewinn. Eine Integration von Leistungsfähigkeit und der Gesundheit eines Einzelnen wäre dabei eher zufällig. Wann der Einzelne letztendlich mit seiner Aufgabe überfordert ist, wird erst bemerkt, wenn die Leistungsfähigkeit und Produktivität sinkt – also im übertragenen Sinne auf ein Auto reflektiert, wenn der Motor anfängt zu stottern oder gar nach gewisser Zeit im Extremfall stehen bleibt. Liebe Manager, den Motor eines Fahrzeuges muss man regelmäßig warten, man wechselt regelmäßig das Öl aus, man überprüft die Ventile. Nur so bringt das Fahrzeug auf lange Sicht Fahrfreude und kann viele Kilometer zurücklegen. Tun Sie das auch bei Ihren Mitarbeitern? Warten Sie diese? Sie lassen den Motor Ihres Fahrzeuges ja auch nicht über einen längeren Zeitraum im roten Bereich drehen.

Heute wird leider der Vorsorge- oder Präventivansatz im Management nur bei Maschinen angewendet. In jedem Maschinenbau- oder auch betriebswirtschaftlichen Studium wird den Studenten beigebracht, dass es immer kostengünstiger ist, eine Maschine zu warten, als diese später zu reparieren. In der Regel im Verhältnis 1 : 10, das heißt, für jeden Euro, den ich in die Wartung einer Maschine investiere, spare ich 10 Euro Reparaturkosten.

Daher ist eine Abkehr vom sogenannten „Reparaturansatz" im Managementverständnis nicht nur unbedingt notwendig, sondern diese Abkehr ist zudem als eine notwendige Weiterentwicklung oder Investition zu betrachten. Einzelne Führungskräfte haben dies zwischenzeitlich erkannt und versuchen, gesundheitsintegrierte Führung in ihren Unternehmen einzuführen. Ihnen gilt mein Dank. Leider geschehen diese Maßnahmen aber oft nur mit schwachem oder sehr schleppendem Erfolg. Größter Hemmschuh sind dabei die anderen Managementkollegen, welche nicht das Rückgrat haben, der einen Führungskraft zur Seite zu stehen, um gemeinsame Verbesserungen zu erreichen. Nein, diese Manager stellen sich massiv gegen eine Veränderung. Eine Veränderung heißt immer, sich aus dem Gefühl der Sicherheit zu entfernen und neue Wege zu gehen. Dazu sind aber diese Manager (meist) zu feige oder auch zu bequem.

So wird deutlich, warum die bisherigen Managementansätze, welche die Integration von Gesundheit und Leistung betreffen, weder für das Management oder die Mitarbeiter noch für die Unternehmen und Organisationen zurzeit produktiv oder sinnvoll sind. Der notwendige Paradigmenwechsel in Zukunft muss heißen: Weg vom Kriterium „kurzfristiges maximales Abgreifen" hin zum Kriterium „nachhaltige Leistung durch Gesundheit". Gesunde Mitarbeiter, Führungskräfte und auch Unternehmer leisten einfach mehr.

Ferner werden sich Unternehmen aufgrund der demografischen Entwicklung einem weiteren gefährlichen Gesichtspunkt stellen müssen. Das Angebot an qualifizierten Mitarbeitern und Führungskräften wird zukünftig deutlich knapper. Es stehen nicht mehr genug Spezialisten und Experten zur Verfügung. Gerade der Mittelstand hat heute schon in der ganzen Region DACH (Deutschland, Österreich, Schweiz) erhebliche Schwierigkeiten, geeignetes und qualifiziertes Personal zu finden. Daher kann ein ausgebrannter Mitarbeiter nicht ohne weiteres ersetzt werden. Bei der Neurekrutierung werden Unternehmen verstärkt in Konkurrenz miteinander stehen. Das Image des Unternehmens oder der Organisation am entsprechenden Arbeitsmarkt wird hier zunehmend den Ausschlag dabei geben, wer den Wettbewerb um qualifizierte Kandidaten gewinnt.

Unternehmen, denen der Ruf anhaftet, ihre Mitarbeiter über kurz oder lang ausbrennen zu lassen, werden verlieren. Welche Führungskraft möchte schon für ein Unternehmen arbeiten, wenn sich nachweislich alle Freunde von ihr abwenden, weil dieses Unternehmen einen schlechten Ruf hat. Früher haben die Großen die Kleinen gefressen, heute fressen die Schnellen die Langsamen, doch morgen, da fressen die Gesunden die Kranken. Was nützt Ihnen das beste Produkt, die beste Idee oder der beste Absatzmarkt, wenn Ihr Unternehmen nur noch kranke Führungskräfte und Angestellte beschäftigt?

Andererseits werden Unternehmen, die sich nachhaltig um die Gesundheit und Leistungsfähigkeit ihrer Mitarbeiter kümmern, einen deutlichen Wettbewerbsvorteil haben. Tue Gutes und berichte darüber. Teilen Sie Ihren Kunden mit, dass gerade in Ihrem Unternehmen das Thema Gesundheit extrem großgeschrieben wird. Die Kunden werden Sie lieben, und übrigens: Kundenzufriedenheit fängt bei Mitarbeiterzufriedenheit an. Die Ausrichtung hin zur Gesundheitsbewussten Führungsmethode (GbFM) ist somit die zukunftssicherndste Investition.

3.7 Gesundheitsbewusste Führung

Gesundheitsbewusste Führung führt zu einer nachhaltigen und positiven Leistungsspirale. Diese neue Führungsmethode stellt sowohl für Mitarbeiter und Führungskräfte als auch für das Unternehmen oder die Organisation eine Win-win-Situation dar. Organisationen punkten durch eine niedrige Krankheits- und Fluktuationsrate, ein positives Marktimage, eine bessere nachhaltige Produktivität und somit schlussendlich durch mehr Gewinn. Mitarbeiter und Führungskräfte werden punkten durch nachhaltige Leistung, kurzfristig umsetzbaren Erfolg, gesteigerte Leistungszufriedenheit, verstärkte Identifikation mit dem Unternehmen und schlussendlich vielleicht sogar auch durch mehr Gehalt und Anerkennung. Um das aber zu erreichen, muss die Gesundheitsbewusste Führungsmethode (GbFM) in drei Dimensionen umgesetzt werden.

Erstens in Bezug auf das persönliche Leistungsmanagement. Hier geht es um die gesundheitsbewusste Selbstführung der Führungskräfte und Mitarbeiter. Die Eigenverantwortung des Einzelnen steht im Sinne einer ganzheitlichen Work-Life-Balance im Mittelpunkt. Dies ist allerdings zugleich auch die schwierigste Aufgabe, denn der innere Schweinehund lässt grüßen. Sie wissen ja, die schwierigste Turnübung ist, sich selbst auf den Arm zu nehmen. Genau das müssen Sie aber tun.

Zweitens in Bezug auf die gesundheitsbewusste Mitarbeiterführung. Diese fängt bei Selbstführung an. Sie können Ihren Mitarbeitern nicht gesundheitsbewusstes Handeln und Arbeiten predigen, wenn Sie selbst bei jeder kleinen und schwierig erscheinenden Situation mit dem Kopf durch die Wand rennen. Das heißt, Sie als Führungskraft müssen immer authentisch bleiben. Als Vergleich möchte ich hier nur manche Ernährungsberater nennen. Sie können kein Ernährungsberater sein, wenn Sie bei einer Körpergröße von 170 cm achtzig, neunzig oder gar über einhundert Kilogramm wiegen. Das wird Ihnen keiner Ihrer Zuhörer abnehmen. Sie können auch nicht ins Wasser springen ohne nass zu werden.

Dagegen werden gesundheitsbewusste Führungskräfte durch ihr authentisches Verhalten die Bedingungen der Mitarbeiter für nachhaltige Leistung positiv beeinflussen. Eine wesentliche Rolle spielen hierbei unter anderem die soziale Zuwendung, die Anerkennung und Wertschätzung, eine offene Kommunikation und konstruktive Konfliktlösung, aber auch ein Entscheidungsspielraum und teamorientierte Mitbestimmung. Bei diesen Aufgaben ist es wichtig, dass die Führungskräfte persönlich nicht alleine gelassen werden. Sie brauchen einerseits Hilfe und Unterstützung von ihren eigenen Vorgesetzten, also vom Chefchef und so weiter, und andererseits auch professionelle Hilfe von erfahrenen externen Ratgebern und Coaches. Studien zeigen: Je psychisch gesünder eine Führungskraft ist, desto größer sind ihre Erfolge oder auch anders ausgedrückt, mit weniger Misserfolgen ist zu rechnen.

In diesem Sinne werden psychisch gesunde Führungskräfte auch die Rahmenbedingungen ihrer Mitarbeiter leistungsbewusster gestalten. Letztendlich geht es auch darum, eine Führungspersönlichkeit zu sein und nicht nur ein Vorgesetzter. Führung muss man lernen und Führung funktioniert heute anders. Hierarchie-, Angst- und Machtführung haben ausgesorgt. Der neue Ansatz heißt personenkonzentriertes Führen, bei dem der Mitarbeiter präventiv durch Ehrlichkeit, Loyalität und Vertrauen motiviert wird. Es wird eine Grundhaltung gefördert, welche die Basis für ein leistungsorientiertes, aber gesundheitsbewusstes Arbeitsumfeld bildet, auf der Grundlage von eigener Kongruenz und Akzeptanz sowie Empathie. Und glauben Sie mir, am Anfang werden Ihre Führungs- und Managerkollegen Sie belächeln, vielleicht legen sie Ihnen auch Steine in den Weg. Spätestens aber wenn Sie zwei Quartale nacheinander Ihre Produktivität gesteigert haben und Ihre Gewinne in den Orbit zielen, will man Ihnen nacheifern. Aller Anfang ist schwer. Sie wissen ja, wenn ich als Landwirt im Herbst Getreide ernten will, muss ich im Frühjahr säen, dazwischen das Feld bestellen, pflegen und wässern. Nur dann habe ich Aussicht auf eine ertragreiche Ernte.

Daraus folgt drittens die gesundheitsbewusste Entwicklung der Organisation. Inzwischen in der Top-Führungsetage angekommen, wird nun die Gesundheitsbewusste Führungsmethode (GbFM) als Erfolgsfaktor in der Unternehmensvision verankert. Jetzt können Sie starten.

3.8 Einführung der gesundheitsbewussten Führung

Die Einführung kann nur unter einem Gesichtspunkt erfolgen, „Top-Down". Wenn sich die Unternehmensführung nicht verpflichtet, Sie bei dieser Aufgabe zu unterstützen, lassen Sie es sein. Sie werden scheitern. Lapidar werden die Mitarbeiter sagen: „Wenn die da oben nicht mitmachen, warum sollen wir es dann tun?" Schon sind wir wieder beim Thema Selbstverantwortung. Mitarbeiter werden es nicht tun, wenn ihre Vorgesetzten nicht mitmachen. Daher schauen Sie, dass Sie Ihre Unternehmensführung dafür gewinnen, mehr noch, begeistern können. Gelingt es Ihnen, diese Begeisterung in der Top-Führungsetage zu wecken und auch die Top-Manager dafür zu gewinnen, dann stehen Ihnen alle Türen offen und Sie werden erfolgreich. Wenn nicht, dann haben Sie nur die Möglichkeit, es abteilungsbezogen durchzuführen. Für Ihre Abteilung, unabhängig von den

Nachbarabteilungen. Dieser Weg wird steinig und hart, aber aus eigener Erfahrung kann ich Ihnen sagen: Es lohnt sich. Besondere Wichtigkeit kommt aus gelebter Veränderung.

Tödlich ist es auf alle Fälle, wenn lediglich ein neues Etikett „Gesundheitsgeprüft" aufgeklebt wird. Leider kenne ich viele, auch große internationale Konzerne, die das machen. Nicht jede Rückenschule, nicht jede Yoga-Stunde ist gesundheitsbewusstes Führen. Aus Alt mach Neu funktioniert hier leider nicht.

Gesundheitsbewusste Führung muss als Erfolgsfaktor im Leitbild des Unternehmens verankert werden. Nun gilt es durch intensive Schulungen der Führungskräfte einen Kulturwandel zu vollbringen. Dass sich das lohnt, hat die London Underground bewiesen. Seit der Einführung von gesundheitsbewusster Führung konnten jährlich die Personalkosten um 455.000 Pfund reduziert werden, ohne einen Mitarbeiter zu entlassen.

Wie das im Einzelnen umgesetzt wird, ist von Unternehmen zu Unternehmen, von Führungskraft zu Führungskraft unterschiedlich. Bekanntlich führen viele Wege nach Rom. Sie müssen den für Sie sichersten und effektivsten Weg suchen. Wichtig aber ist: Das Ziel muss klar definiert sein. Ziele sind immer so zu wählen, dass sie messbar und erreichbar sind, aber was erzähle ich Ihnen, das wissen Sie selbst. Eine besondere Chance für Sie liegt aber auch darin, den Paradigmenwechsel, also hin zur gesundheitsbewussten Führung, in die Führungskräfteausbildung zu integrieren und damit im Selbstverständnis zukünftiger Führungskräfte zu verankern. Einige Firmen haben das bereits getan.

3.9 Ansporn und Vorteile für Unternehmen

Nach Umfragen der DIHK sehen viele Betriebe im Fachkräftemangel eine gravierende Gefahr für ihre künftige wirtschaftliche Entwicklung. Jede Branche ist mittlerweile davon betroffen, nicht nur die Dienstleistungsbereiche in der Gesundheitswirtschaft wie Ärzte, Psychologen oder Pfleger. Es wird Zeit zu handeln, also packen Sie, die Unternehmer und Führungskräfte, es endlich an. Machen Sie das Beste aus der Situation, um dem Fachkräftemangel und der dadurch zunehmenden Belastung kreativ zu begegnen.

Niemand hindert Sie daran, aktiv nach neuen Absatzmärkten und Arbeitskräften zu suchen, auch nicht im Ausland. Ist es aber nicht besser, das heimische Fachkräftepotenzial zunächst effektiver und gesundheitsbewusster einzusetzen?

Unternehmen müssen sich zukünftig mit vielen Aspekten der Personalpolitik befassen, die früher eher Nischenthemen waren, wie zum Beispiel die Vereinbarkeit von Familie und Beruf oder auch das betriebliche Gesundheitsmanagement. Lange Zeit unbeachtet, heute aber ein wichtiges Einstellungskriterium. Wussten Sie, dass bereits 90 % der mittelständischen Unternehmen flexible und familienfreundliche Arbeitszeitmodelle anbieten? Dieses Engagement entscheidet immer häufiger darüber („Tue Gutes und berichte darüber"), ob potenzielle Bewerber in ein Unternehmen gehen, dort bleiben und auch nach einer Familienpause wieder zurückkommen. Gerade jetzt, wo die Bundesregierung jeden Betriebs-Kita-Platz massiv finanziell fördert, ist das ein echter Wettbewerbsvorteil. So bekommt jedes Unternehmen, das 10 Betriebs-Kita-Plätze schafft, 96.000 Euro Zuschüsse vom Staat. Dazu kommen noch die freiwilligen Beiträge der Eltern. So kommen locker und leicht 150.0000 bis 200.000 Euro zusammen.

Natürlich können Unternehmen nicht alles alleine stemmen und nicht jedes von den Beschäftigten gewünschte Angebot ist immer machbar. Aber dafür gibt es ja Ratgeber und Experten für das jeweilige Aufgabengebiet. Oft führen auch Kooperationen zum Erfolg. So gibt es diverse Industriegebiete, in denen sich alle dort ansässigen Firmen einen Kindergarten teilen. Warum solche Kooperationen nicht auch in Bezug auf gesundheitsbewusstes Führen eingehen? Der Einsatz wird sich lohnen, die Mitarbeiter fühlen sich gewürdigt, wertgeschätzt, gut aufgehoben und sind motivierter. Was muss demnach getan werden?

3.9.1 Erstens: Gesundheitsförderung ist die Voraussetzung für wirtschaftlichen Erfolg

Die Erkenntnis ist nicht neu, dass motivierte und gesunde Mitarbeiter das Erfolgsrezept für wirtschaftlichen Erfolg sind. Weiter wird die arbeitende Belegschaft in den kommenden Jahren immer älter. Die Führungskräfte haben daher dafür zu sorgen, dass gerade die älteren Arbeitnehmer dennoch fit und motiviert sind. Aber auch die jüngeren Beschäftigten trifft es, sie haben oft mit doppelten Belastungen zu Hause und bei der Arbeit zu kämpfen.

Die Gesunderhaltung der Mitarbeiter umfasst auch alle Tätigkeitsfelder und sollte im BGM, dem betrieblichen Gesundheitsmanagement, beschrieben sein. Je nach Branche vom typischen Schreibtischmitarbeiter, der es „im Rücken hat", bis hin zu schwerer körperlicher Arbeit, etwa auf dem Bau. Keine Branche darf ausgelassen werden, es gibt überall Verbesserungspotenzial, auch bei den psychisch sehr belastenden Berufen wie im Fall der Ärzte, Psychologen oder Pflegeberufe.

Der Unternehmer und auch die Führungskraft müssen künftig Impulse geben, Angebote machen und ihre Mitarbeiter motivieren, an gesundheitsförderlichen Aktivitäten teilzunehmen. Ohne das Engagement der Chefs geht es nicht. Letztlich sind sie für ihre Mitarbeiter ebenso verantwortlich wie für neue Produkte oder Verfahren. Nach wie vor sind die Mitarbeiter das größte und wertvollste Gut in Unternehmen. Leider vergessen das viele Manager immer wieder. Deshalb müssen Sie als Führungskraft künftig dabei helfen, dass Ihr Personal fit bleibt – im Geiste wie auch körperlich. Der Einsatz zahlt sich unmittelbar aus in Form von niedrigeren Krankenständen, größerer Motivation, geringerer Fehlerrate, höherer Qualität, mehr Produktivität und schlussendlich in Form von mehr Gewinn.

Gerade kleine und mittlere Unternehmen (KMU) sind besonders herausgefordert. Sie verstecken sich hinter Ausreden wie wenig Zeit, knappe Ressourcen und das Tagesgeschäft drängt. Aber auch diese Unternehmen können gewinnen. Studien, wie die vom Institut Herdecke, gehen davon aus, dass der „Return on Investment" betrieblicher Gesundheitsförderung zwischen drei und sieben Euro je eingesetztem Euro liegen kann. Wie bei der Vereinbarkeit von Familie und Beruf zahlt sich das Gesundheitsengagement monetär aus.

KMU brauchen aber häufig noch die richtigen Ansprechpartner und praktische, einfache Instrumente, die ihnen schnell weiterhelfen. Unternehmerverbände, IHKs, die gesetzlichen Krankenkassen, die Unfallkassen oder auch private renommierte Dienstleister können weitere Hilfe bieten.

Die Führungskräfte von morgen müssen selbst fit sein und vorausschauend handeln. Nur so können sie überleben und betriebliches Gesundheitsmanagement gehört dazu. Auch wenn Sie als Unternehmer nicht alles beeinflussen können und die Einflüsse auf die Gesundheit vielfältig sind, gilt: Schauen Sie nicht weg, Sie können unterstützen, hinschauen und oft mit einfachen Mitteln viel bewirken. Diese Möglichkeit sollten Sie sich nicht entgehen lassen. Sie sind Unternehmer und nicht Unterlasser.

3.9.2 Zweitens: Führungskräfte können die psychische Gesundheit fördern

In Deutschland fehlen immer mehr Arbeitnehmerinnen und Arbeitnehmer aufgrund von psychischen Erkrankungen am Arbeitsplatz. Inzwischen gehen ca. 13 % aller AU-Tage auf psychische Erkrankungen zurück. Diese Erkrankungen führen häufig zu besonders langen Krankschreibungen und sind seit mehr als zehn Jahren Hauptgrund für das vorzeitige Ausscheiden aus dem Arbeitsleben. So wurden laut einer Recherche des Bayerischen Rundfunks im Jahr 2011 in Bayern 70.000 Arbeitnehmer aufgrund von psychischen Erkrankungen frühverrentet.

Es ist selbsterklärend, dass dieses Krankheitsbild die Leistungsfähigkeit und Motivation der Beschäftigten beeinflusst. Führungskräfte stehen damit vor der neuen Herausforderung, Leistungseinschränkungen und Fehlzeiten aufgrund von psychischen Störungen präventiv zu vermeiden oder nach Eintritt zumindest zu begrenzen. Die psychische Gesundheit wird durch eine Vielzahl von internen und externen Faktoren beeinflusst. Das heißt, nicht immer sind die Ursachen im beruflichen Umfeld zu suchen, oft hängen die Belastungspunkte auch mit dem privaten Umfeld zusammen. Die Führungskraft muss mehr sein als wiederum nur ein Vorgesetzter. Die Kunst liegt hier in dem salutogenem Ansatz. Das heißt: Die Gesundheit fördern anstatt die Krankheit zu heilen. Wussten Sie zum Beispiel, dass im alten China die Ärzte danach bezahlt wurden, wie lange der Kaiser gesund war? Diese Methode sollte man doch mal in Deutschland der Gesundheitspolitik vorschlagen. Ich würde mich nicht wundern, wenn dadurch die Krankheitskosten massiv gesenkt werden könnten.

3.9.3 Drittens: Die psychische Gesundheit ernst nehmen

Psychische Erkrankungen können jeden treffen, egal ob Angestellter, Führungskraft oder Unternehmer. Wichtig ist auch: Psychisch kranke Menschen sind weder Arbeitsverweigerer noch Versager. Gegen psychische Krankheiten hilft keine Willenskraft. Denn wo ein

Wille ist, ist noch lange kein Weg oder Gebüsch. Gerade beim Burnout erkranken nicht selten diejenigen, die sich beruflich und privat zu viel zugemutet haben. Die gebrannt haben, die Feuer und Flamme für etwas gewesen sind. Ausbrennen ohne Brennen geht nicht, merken Sie sich das. Sehr oft trifft es leider Menschen, bei denen man es eigentlich nicht vermutet hätte. Aussagen wie „Dem ging es ja gestern noch spitze, der war letzte Woche noch in New York" sind keine Seltenheit. Dennoch werden psychische Erkrankungen gesellschaftlich nicht so ernst genommen wie körperliche Erkrankungen. Außer man ist berühmt. Die Gesellschaft unterscheidet leider zwischen berühmt und nicht berühmt. Heiße ich Rangnick, Enke oder Meckel, dann darf ich eine psychische Erkrankung haben, dann habe ich etwas geleistet, die Gesellschaft hat Bedauern oder Mitleid mit einem. Heiße ich Meier, Müller oder Schmitt und bin nicht berühmt, dann war ich leider der Aufgabe nicht gewachsen.

3.9.4 Viertens: Sich über die psychische Gesundheit informieren

Stellen Sie sicher, dass in Ihrem Unternehmen offen über psychische Belastungen und psychische Erkrankungen gesprochen wird, und zwar unabhängig von Macht und Hierarchie. Hier sind Betriebsräte und Personalentwickler geeignete Ansprechpartner. Binden Sie diese Berufsgruppen frühzeitig ein und seien Sie als Führungskraft dabei ein gutes Vorbild. Achtsamkeit und offene Kommunikation bieten die Chance, psychischen Erkrankungen frühzeitig vorzubeugen oder rechtzeitig Rat bei einer Fachinstanz aufzusuchen. Informationsmaterial über psychische Gesundheit gibt es z. B. bei der Bundeszentrale für gesundheitliche Aufklärung, bei vielen Gesundheitskassen oder auch bei Gesundheitsverbänden.

3.9.5 Fünftens: Die Widerstandskräfte stärken

Sehr wirksam ist auch, die Widerstandsfähigkeit der Beschäftigten gegen psychische Belastungen zu stärken. Nochmals, die Gesundheit zu fördern ist besser als die Krankheit zu heilen. Dazu gehören spezifische Angebote wie präventive Achtsamkeits-, Stress-, Ernährungs- oder Konfliktbewältigungstrainings. Auch Gesundheitscoachings erfreuen sich immer größer werdender Beliebtheit, weil hier die Anonymität gewährleistet ist. Sorgen Sie als Führungskraft immer für ausreichende Bewegung. Halten Sie mal ein Personalgespräch im Freien ab oder führen Sie ein Meeting mal an Stehtischen durch. Solche kleinen Veränderungen wirken sich nachweislich sofort positiv auf die psychische Gesundheit aus. Die Kunst für Sie als Führungskraft besteht darin, kleine veränderbare Einheiten zu finden und umzusetzen, welche in den normalen Arbeitsablauf Ihrer Mitarbeiter integriert werden können. Überlegen Sie doch im Rahmen der betrieblichen Gesundheitsförderung gemeinsam mit den Beschäftigten, wie das Arbeitsumfeld genutzt werden kann, um die Widerstandsfähigkeit des Einzelnen zu stärken.

3.9.6 Sechstens: Arbeitsbedingte psychische Belastungen reduzieren

Wie können arbeitsbedingte Risiken für die psychische Gesundheit im Rahmen des betrieblichen Gesundheitsmanagements verringert werden? Haben Sie in Ihrem Unternehmen schon mal eine Gefährdungsanalyse veranlasst? Zunächst werden arbeitsbedingte psychische Belastungen identifiziert. Die einfachste Methode, das zu tun, ist die Erstellung eines persönlichen Stressregulierungsplans. Nach der Identifizierung werden diese Ergebnisse strukturiert und analysiert, um die Belastungen anschließend in dritter Instanz mit geeigneten Maßnahmen zu reduzieren. Die daraus resultierenden Ergebnisse können von Schulungsmaßnahmen für Mitarbeiter und Führungskräfte bis zur Umgestaltung von Arbeitsbedingungen und Arbeitsorganisation reichen. Wieder ist es Ihre Aufgabe als Führungskraft, hier den Anstoß zu geben und das Thema betriebliches Gesundheitsmanagement in die Personal- und Organisationsentwicklung zu integrieren.

3.9.7 Siebtens: Psychisch belastete Mitarbeiter unterstützen

Nicht nur Betroffene, sondern auch Unternehmer und Führungskräfte müssen künftig im Umgang mit psychisch belasteten Mitarbeitern professionell unterstützt werden. Neben der Prävention (primär, sekundär oder tertiär) und der therapeutischen Behandlung spielt noch ein dritter Faktor eine maßgebliche und entscheidende Rolle. Es geht darum, dass Sie als Führungskraft die betriebliche Wiedereingliederung des therapierten Mitarbeiters erfolgreich mitgestalten. Leider beträgt die Rückfallquote nach Wiedereingliederung heute 60 %. Das heißt, bei zweidrittel aller Mitarbeiter verläuft die Rückkehr ins Unternehmen erfolglos. Weitere Kosten kommen auf Sie als Führungskraft oder Unternehmer zu. Nehmen Sie daher diesen Eingliederungsaspekt nicht auf die leichte Schulter.

3.9.8 Achtens: Die Qualität externer Unterstützungsprogramme nutzen

Gerade zurzeit wachsen Stressreduzierer, Burnout-Experten oder Life-Balance-Trainer wie Sommerpilze nach einem warmen Regenschauer aus dem Boden. Jeder hat ein besseres, intensiveres oder wirksameres Programm. Für wen sollen Sie sich aber entscheiden? Aufgrund der Masse sinken auch sofort die Stunden- oder Tageshonorare. Psychische Belastungen sind zum Massenmarkt geworden. Prüfen Sie daher als Unternehmer oder Führungskraft ganz genau, wofür Sie Ihr Geld ausgeben. Daher:

> Es gibt kaum etwas auf dieser Welt, das nicht irgendjemand ein wenig schlechter machen könnte, und die Menschen, die sich nur am Preis orientieren, werden die gerechte Beute solcher Machenschaften. Es ist unklug, zu viel zu bezahlen, aber es ist noch schlechter, zu wenig zu bezahlen. Wenn Sie zu viel bezahlen, verlieren Sie etwas Geld, das ist alles. Wenn Sie dagegen zu wenig bezahlen, verlieren Sie manchmal alles, da der gekaufte Gegenstand die ihm zugedachte Aufgabe nicht erfüllen kann. Das Gesetz der Wirtschaft verbietet

es, für wenig Geld viel zu erhalten. Nehmen Sie das niedrigste Angebot an, müssen Sie für das Risiko, das Sie eingehen, etwas hinzurechnen. Und wenn Sie das tun, dann haben Sie auch genug Geld, um für das etwas Bessere zu bezahlen (John Ruskin, engl. Sozialreformer 1819–1900).

Wenn Sie als Unternehmer oder Führungskraft in Bezug auf die „Chefsache Gesundheit" den geeigneten Anbieter suchen, achten Sie bei der Auftragsausschreibung und der Auftragsvergabe auf eine Reihe von Qualitätskriterien und nicht nur auf den Preis. Treffen Sie Ihre Entscheidung weise. Nur dann kann es Ihnen gelingen, Ihre Mitarbeiter durch richtige Beratung und ggf. Behandlungsempfehlungen rasch individuell zu unterstützen, und zwar ganzheitlich und nachhaltig – von der Prävention über die Therapie bis hin zur Wiedereingliederung.

Fazit
„Jeder ist seines Glückes Schmied", so Appius Claudius Caecus (röm. Konsul im Jahre 307 und 296 v. Chr.). Sie als Unternehmer, Chef oder Führungskraft haben es selbst in der Hand, ob Sie morgen erfolgreich und zudem gesund sind. Ich kann Ihnen nur den Rat geben, was Sie zu tun haben – wann und wie Sie es tun, ist Ihre Aufgabe. Handeln müssen Sie, denn Gesundheit ist Chefsache.

3.10 Über den Autor

Peter Buchenau gilt als der Indianer in der deutschen Redner-, Berater- und Coaching-Szene. Er versteht es wie kaum ein anderer auf sein Gegenüber einzugehen, zu analysieren, zu verstehen und zu fühlen. Er liest Fährten, entdeckt Wege und Zugänge und bringt Zuhörer und Klienten auf den richtigen Weg. Peter Buchenau ist Ihr Gefährte, er begleitet Sie bei der Umsetzung Ihres Weges, damit Sie Spuren hinterlassen – Spuren, an die man sich noch lange erinnern wird. Der mehrfach ausgezeichnete Chefsache Ratgeber und Geradeausdenker (denn der effizienteste Weg zwischen 2 Punkten ist immer noch eine Gerade) ist ein Mann von der Praxis für die Praxis, gibt Tipps vom Profi für Profis. Auf der einen Seite Vollblutunternehmer und Geschäftsführer, auf der anderen Seite Sparringspartner, Mentor, Autor, Kabarettist und Dozent an Hochschulen. In seinen Büchern, Coachings und Vorträgen verblüfft er die Teilnehmer mit seinen einfachen und schnell nachvollziehbaren Praxisbeispielen. Er versteht es vorbildhaft und effizient ernste und kritische Sachverhalte so unterhaltsam und kabarettistisch zu präsentieren, dass die emotionalen Highlights und Pointen zum Erlebnis werden.

Weitere Infos unter www.peterbuchenau.de

Weiterführende Literatur

BGW Mitteilungen Ausgabe 3/2011. *Gesundheit wird zur Führungsaufgabe*. Hamburg.

BKK Bundesverband (2010). *BKK-Gesundheitsreport 2010: Gesundheit in einer älter werdenden Gesellschaft*. BKK interne Zeitschrift. Druck: Schröers-Druck, Essen.

Buchenau, P., & Hofmann, A. (2011). *Die Performer-Methode – Gesunde Führung*. Wiesbaden: Gabler Verlag.

Checkliste der Bundesvereinigung der Deutschen Arbeitgeberverbände. www.bptk.de.

Deutsche Gesellschaft für Personalführung (2011). *Mit psychisch beanspruchten Mitarbeitern umgehen: ein Leitfaden für Führungskräfte und Personalmanager*. PraxisPapier Bd. 6. Düsseldorf.

Fundraising Akademie (2008). *Fundraising: Handbuch für Grundlagen, Strategien und Methoden* (4. Aufl). Gabler Verlag.

Kuhlmann, T. (1998). Manchmal hilft ein intensives Gespräch. *Unternehmermagazin ASU/BJU*, 46(46), 44–45.

Nefiodow, L. A. (2006). *Der sechste Kondratieff: Wege zur Produktivität und Vollbeschäftigung im Zeitalter der Information*. St. Augustin: Rhein-Sieg Verlag.

Petermann, F. T., & Studer, D. (2003). Burnout – Herausforderung an die anwaltliche Beratung. *Aktuelle Juristische Praxis AJP*, 7, 761–767.

Pichler, M. (2011). Wie Leistungsträger an sich selbst scheitern. *wirtschaft+weiterbildung 09*, 38–41.

Vereinbarkeit von Familie und Beruf bzw. Studium. Studienarbeit Semesterklasse 05/06. Hochschule Coburg Studie. Wintersemester 2005/06.

Vom Zeitmanagement zur Zeitintelligenz: Produktivität steigern, Stress senken!

4

Zach Davis

Inhaltsverzeichnis

4.1	Weit verbreitete Denkfehler	62
4.2	Aufgaben des Top-Managements	65
4.3	Aufgaben der Führungskraft	67
4.4	Zeitspar- und Nervenschonungs-Strategien	71
4.5	Das Ziel, an dem alle arbeiten müssen	73
4.6	Über den Autor	76

Schlechtes Zeitmanagement führt zu mittelmäßigen Ergebnissen und einem hohen Stressniveau. Gutes Zeitmanagement führt zu guten Ergebnissen und einem mittelmäßigen Stressniveau. Jedoch sind die Zeiten vorbei, in denen klassisches Zeitmanagement reicht, um eine hohe Produktivität und ein gesundes Stressniveau sicherzustellen. In den meisten Zeitmanagement-Ansätzen geht es darum, Aufgaben nach Wichtigkeit und Dringlichkeit einzuordnen (Stichwort: Die vier Quadranten im Eisenhower-Diagramm) und dann entsprechend der Kategorisierung abzuarbeiten. Aber wenn man viel zu viel zu tun hat und viel zu wenig Zeit hierfür: Wer macht sich dann schon Gedanken über irgendwelche Quadranten?

Warum reicht klassisches Zeitmanagement nicht mehr? Weil die Anzahl der Aufgaben, die eine Person zu erledigen hat, gestiegen ist. Weil der arbeitende Mensch viel häufiger unterbrochen wird als früher. Weil die Erreichbarkeit und Fremdsteuerung überhandgenommen haben. Weil die Informationsflut enorm zugenommen hat. Anders formuliert:

Z. Davis (✉)
Peoplebuilding – Institut für nachhaltige Effektivität, Blumenstr. 17, 82538 Geretsried, Deutschland
e-mail: info@peoplebuilding.de

© Springer Fachmedien Wiesbaden GmbH 2018
P. Buchenau (Hrsg.), *Chefsache Gesundheit I*,
https://doi.org/10.1007/978-3-658-16580-2_4

Die Anforderungen sind in allen Bereichen gestiegen und die Lösungen von gestern sind heute keine Lösungen mehr. Dies bedeutet, dass die Anforderungen an ein gutes Zeitmanagement, d. h. eines, das die Produktivität erhöht und den Stress senkt, gestiegen sind. Neue Herausforderungen erfordern neue Lösungen. Jede Zeit hat ihre speziellen Herausforderungen. Aktuell stellt sich ein sehr hoher Anteil der Fach- und Führungskräfte verständlicherweise Fragen wie: Wie soll ich das bloß alles schaffen? Wie soll ich allen Anforderungen gerecht werden? Wie soll ich beruflich erfolgreich sein und dennoch ausreichend Zeit haben? Für Freizeit, Familie, Freunde, Hobby – und Gesundheit.

Dieser Beitrag ist in fünf Teile gegliedert: Im ersten Teil geht es um weit verbreitete Denkfehler, die entweder zu einer niedrigeren Produktivität oder einem unnötig hohen Stresspegel führen – oder gar beides. Im zweiten Teil behandeln wir die Rolle der Unternehmensleitung bei der Schaffung von guten Rahmenbedingungen für die Zielgrößen Produktivität und Stress. Im dritten Teil geht es um die Rolle der Führungskräfte unterhalb der Unternehmensleitung beim Managen, Führen und Entwickeln des Bereichs und der Mitarbeiter, für die sie zuständig sind. Im vierten Teil geht es um den Aufgabenbereich von Mitarbeitern ohne Führungsverantwortung. Im fünften Teil geht es um das mittelfristige, gemeinsame Ziel, das alle Ebenen im Zusammenwirken haben sollten, um hinsichtlich Produktivität und Stressniveau in eine Positivspirale zu gelangen.

4.1 Weit verbreitete Denkfehler

Wenn hier von Denkfehlern die Rede ist, dann soll dies nicht den Tenor des erhobenen Zeigefingers haben. Vielmehr geht es um – in meiner Seminar-, Vortrags- und Beratungstätigkeit – sehr häufig beobachtete Denkmuster, die üblicherweise mehr Nachteile als Vorteile mit sich bringen.

Denkfehler Nr. 1: Wenn ich gestresst bin, dann bin ich besonders produktiv. Vermutlich wird nur selten jemand diesen Zusammenhang bewusst denken. Aber ist es nicht so, dass wir alle Gefahr laufen, zu meinen, dass wir besonders produktiv sind, nur weil wir gerade einen hohen Zeitdruck haben? Ein hoher Zeitdruck führt mitnichten automatisch zu einer hohen Produktivität. Dies ist eine Illusion! Welcher Zusammenhang besteht wirklich zwischen der Produktivität und dem Stressniveau einer Person? Um Antworten hierauf zu finden, müssen wir aus dem Thema keine Wissenschaft machen. Jeder kennt Situationen, in denen man selbst sehr produktiv und sehr gestresst war. Ebenso hat jeder schon erlebt, dass beides niedrig war. Ebenso vertraut sind uns Situationen, in denen eines von beidem hoch war und die andere Dimension auf niedrigem Niveau. Bezogen auf die berufliche Zeitverwendung: Menschen verbringen unterschiedliche Anteile ihrer Zeit mit hoher bzw. niedriger Produktivität, mit einem hohen oder niedrigen Stresspegel. Es gibt Menschen, die überwiegend hochproduktiv und sehr gestresst sind (zunehmender Anteil). Es gibt Menschen, die überwiegend hochproduktiv und wenig gestresst sind (unsere Ziel-Kombination). Es gibt Menschen, die überwiegend wenig produktiv sind und wenig gestresst (nicht Ihr Ziel). Und zu guter Letzt gibt es Menschen, die überwiegend nicht produktiv sind, aber sehr gestresst (tragisch und definitiv nicht Ihr Ziel). Beobachten Sie sich selbst hin und wieder aus der Vogelperspektive und fragen sich: Wie produktiv bin ich gerade? Wie gestresst bin ich gerade?

Multitasking führt übrigens zur Kombination „nicht besonders produktiv und ziemlich gestresst". Zwei Dinge, die beide eine Konzentration erfordern, können wir nicht gleichzeitig mit voller Konzentration durchführen. Den Ratschlag, nicht zu viel Multitasking zu betreiben, haben Sie vermutlich schon ein paar Mal gehört oder gelesen. Selten jedoch wird hierbei ausgeführt, was das Gegenteil des Multitasking und somit die Handlungsempfehlung darstellt. Wir könnten nun Begriffe erfinden: Monotasking und Singletasking sind hierbei sicher Optionen. Nur führen Anglizismen – entgegen der Ansicht mancher Menschen – nicht zwangsläufig zur Erhöhung der inhaltlichen Qualität. Das Gegenteil von Multitasking nenne ich „abschnittsweises Konzentrieren". Hiermit meine ich, dass man sich voll auf die eine, aktuell zu erledigende Aufgabe konzentriert. Dies bedeutet wiederum, alles andere so gut wie möglich auszublenden – geistig und praktisch.

Denkfehler Nr. 2: Um ein guter (interner) Dienstleister zu sein, muss ich erreichbar sein. Das Thema Erreichbarkeit ist nicht einfach. Warum nicht? Weil es einen Zielkonflikt in sich trägt. Wenn Sie erreichbar sind, dann können Sie schnell reagieren und die andere Person muss nicht lange warten. Wenn Sie nicht erreichbar sind, können Sie produktiver arbeiten. Was ist die Lösung? Eine gewisse Erreichbarkeit wird erwartet. Aber machen Sie sich klar, dass Erreichbarkeit alleine keine Wertschöpfung darstellt. Natürlich sollte jemand für den externen oder internen Kunden erreichbar sein. Dies sollte zumindest die Zeiten abdecken, die für den Bereich bzw. die Branche üblich sind. Aber solange dies gewährleistet ist, geht es ansonsten darum, dass die Produktivität möglichst hoch ist. Das Ziel sollte daher sein, dass Menschen einen möglichst hohen Anteil ihrer Arbeitszeit mit ihrer eigentlichen Arbeit verbringen.

In diesem Zusammenhang empfehle ich Kunden, mehr Mut zu einer SMMS zu haben. Eine SMMS ist eine „Stunde mit mir selbst". Dies ist eine Zeit, die Sie für eine wirklich wichtige (wertschöpfende) Aufgabe reservieren. Reservieren bedeutet, dass die Zeit so eingeplant wird wie ein Termin mit einer anderen Person – nur dass keine andere Person anwesend ist. Wenn Sie eine SMMS bspw. am Dienstag von 8 bis 9 Uhr eingeplant haben und jemand möchte sich zu der Zeit mit Ihnen treffen, dann behandeln Sie diesen Termin wie eine bereits bestehende Zusage gegenüber einer anderen Person. In einem Notfall würden Sie diesen Termin mit einer anderen Person verschieben, aber eben nur im Notfall. Genauso gehen Sie meiner Empfehlung nach mit der SMMS um. So gut wie jeder Mensch, mit dem ich über dessen Erfahrung über eine regelmäßige SMMS im Nachgang gesprochen habe, berichtet positiv über den Produktivitätsgewinn und die Verringerung des Stressniveaus. Der Vollständigkeit halber sei erwähnt, dass man es hiermit natürlich auch übertreiben kann. Es gibt Personen, die ein Jahr im Voraus für jeden Tag von 8 bis 9 Uhr einen Platzhaltertermin eintragen. Dies ist ein bisschen viel der empfohlenen Strategie.

Ich kenne Teams, die (auf mein Anraten hin) ausprobiert haben, was passiert, wenn von vier Personen immer eine Person eine SMMS einlegt. Zum Beispiel ist die eine Person von 8 bis 9 Uhr, die zweite Person von 9 bis 10 Uhr usw. nicht erreichbar. Die meisten Personen haben hierbei anfangs ein etwas mulmiges Gefühl. Das Fazit fällt fast immer umso positiver aus. Die meisten Personen und Teams ziehen sogar das Fazit, dass sie durch diese teilweise Nicht-Erreichbarkeit der bessere externe oder interne Dienstleister sind.

Nun gehe ich sogar so weit zu behaupten, dass die hohe Erwartung an unsere Erreichbarkeit zwei Facetten besitzt: Einerseits ist diese ein Resultat einer Entwicklung (Kommunikationsmittel, zunehmende Interdependenz, mehr Informationen etc.), die Sie und ich nicht aufhalten werden. Andererseits ist die gestiegene Erwartung oft auch selbstgezüchtet. Was meine ich hiermit? Ein (stellvertretendes) Beispiel eines Kunden von mir: Es gab mal den Ansatz, auf E-Mails innerhalb von 24 Stunden zu antworten. Was passierte – selbst wenn der Kunde bis dahin keine Erwartungshaltung hatte – nach einer Weile mit dessen Erwartung? Natürlich dass diese Organisation auch zukünftig innerhalb von maximal 24 Stunden antworten wird. Nun wollte man den Servicegrad erhöhen und entschied, immer innerhalb eines halben Werktags zu antworten. Was passierte nach einer Weile mit der Erwartung des Kunden? Natürlich dass zukünftig immer innerhalb eines halben Werktags geantwortet wird. Nun wollte man dies weiter unterbieten ... Dieses Beispiel könnte ich nun bis ins Absurde weiterführen. In vielen Organisationen und bei vielen Einzelpersonen ist dieses Thema bereits ins Absurde geführt worden – das meine ich mit selbstgezüchtet.

Denkfehler Nr. 3: Menschen brauchen den Druck. In Einstiegsrunden zu Seminaren gestehen mir Teilnehmer regelmäßig, dass sie mit der Erledigung immer warten bis auf den letzten Drücker. Meistens folgt dann die Rechtfertigung vor sich selbst und anderen Teilnehmern, dass man den Druck brauche, um produktiver zu arbeiten. Ja, es stimmt, dass viele Personen unter Zeitdruck produktiver sind, als sie es sonst sind. Ich könnte nun etwas provokativ sein und behaupten, es liege nicht daran, dass die Person unter Druck besonders produktiv ist, sondern dass die Person sonst besonders unproduktiv ist. Dies wäre sicher etwas überspitzt formuliert, aber ich vertrete durchaus die Meinung, dass die beschriebenen Personen ohne Zeitdruck zumindest nicht so produktiv sind, wie sie sein könnten. Anders formuliert: Zeitdruck ist keine notwendige Voraussetzung für eine hohe Produktivität. Den Zeitdruck zu benötigen, ist meiner Ansicht nach eine schlechte Ausrede für eine mangelhafte Prioritätensetzung, meistens begründet durch eine mangelnde Übersicht oder gar Selbstdisziplin. Eine hilfreiche Frage, die Sie sich in diesem Zusammenhang stellen können, ist: Welcher Preis ist höher? Ein kleines bisschen mehr Selbstdisziplin durch frühzeitigeres Angehen der Aufgabe bzw. ein kleiner Tritt in den eigenen Hintern oder der Stress, die Opferung von Freizeit und das Nicht-wahrnehmen-Können anderer Gelegenheiten dadurch, dass Sie auf den letzten Drücker keine Handlungsfreiheit mehr besitzen? Braucht es wirklich eine drohende Deadline, also eine drohende Todeslinie, um produktiv zu werden?

Immer noch höre ich aus den Schilderungen manch einer Person heraus, diese sei fest davon überzeugt, dass andere Menschen Druck brauchen, um produktiv zu sein. Für andere Menschen gelten diesbezüglich natürlich dieselben Zusammenhänge wie für einen selbst. Warum sollte dies bei anderen Menschen anders sein? Es gibt haufenweise Seminarinhalte und Bücher, die einen Verzicht auf Druck als überwiegende Überzeugungsstrategie – natürlich zu Recht – fordern. Gleichzeitig habe ich den starken Eindruck, dass immer mehr Menschen sich (im Berufsleben und im Leben als Ganzes) überfordert fühlen, was zu einem verstärkten Egoismus zu führen scheint. Jemand, der selbst nicht weiß, wie er seine Aufgaben schaffen soll, versucht, diese vermehrt jemand anderem aufs Auge zu drücken. Ob das höhere Bewusstsein in Sachen Menschlichkeit oder die zunehmende Überforderung saldiert stärker wirkt, vermag ich nicht zu beurteilen. Letztlich kann nur jeder für sich selbst entscheiden, wie man – zumindest überwiegend (jeder hat mal einen schlechten Moment) – mit anderen Personen umgehen möchte. Dies gilt im Allgemeinen sowie in Bezug auf das zeitliche Unter-Druck-setzen anderer Personen im Speziellen.

Was ist ein „gesundes" Maß an Stress? In den meisten Bereichen war es früher so, dass es vollere Tage/Wochen/Monate und leerere Tage/Wochen/Monate gab. Ein Auf und ein Ab – sei es saison-, zufalls- oder anderweitig bedingt. Ich glaube, dass dies einen Beitrag zur beruflichen Zufriedenheit eines Menschen geleistet hat. Wir Menschen sind, glaube ich, auf einen Wechsel zwischen Anspannung und Entspannung gepolt. Wach- und Schlafphasen wechseln sich ab. Arbeit und Freizeit ebenso. Wie ist es heutzutage? Meiner Beobachtung nach gibt es diesen Wechsel in den meisten Bereichen nicht mehr. Die Kurve der beruflichen Belastung (und oft auch des Freizeitstresses) verläuft nicht mehr wellenartig, sie ist vielmehr so gut wie immer weit oben. Wann hatten Sie zuletzt im Job einen richtig ruhigen Tag oder gar eine richtig ruhige Woche? Manchmal höre ich Sätze wie „Darum kümmere ich mich mal, wenn es wieder ruhig ist" oder „Das mache ich, wenn die ganzen Projekte vorbei sind". Hierbei weiß ich nicht, ob ich lachen oder weinen soll – als ob dies eine vorübergehende Erscheinung sei. Interessanterweise scheinen die meisten Menschen einer beliebigen Berufsgruppe der Meinung zu sein, dass es bspw. mit den Veränderungen, den Unterbrechungen, der Fremdsteuerung etc. in ihrer Branche ganz besonders schlimm ist. Dies ist subjektiv gut nachvollziehbar, aber ungefähr so realitätsnah, wie wenn sich fast 90 % der Autofahrer für überdurchschnittlich gute Autofahrer halten – dies ist übrigens kein erfundener Sachverhalt. Abrundend sei erwähnt, dass es wohl tatsächlich das Phänomen des Bore-out, mit sehr ähnlichen Symptomen wie beim Burn-out, gibt. Ich sehe hier allerdings die wesentlich geringere Gefahr für Einzelpersonen, Abteilungen, Organisationen und uns als Gesellschaft, weil es zunehmend starke Kräfte gibt, die in die entgegengesetzte Richtung wirken.

4.2 Aufgaben des Top-Managements

Ein erfolgreiches Unternehmen hat es leichter, Rahmenbedingungen zu schaffen, die human sind. Oder sind Unternehmen, die humane Rahmenbedingungen schaffen, erfolgreicher? Vermutlich ist dies eine klassische Henne-und-Ei-Situation: Was war zuerst da, die Henne oder das Ei? Zum Zeitpunkt des Schreibens dieses Beitrags ist Google ein erfolgreiches Unternehmen. Das Unternehmen ist Marktführer, innovativ und finanziell mit erheblichen Mitteln ausgestattet. Das Unternehmen bot (und bietet teilweise noch) den Mitarbeitern ungewöhnlich großzügige Zusatzleistungen: kostenfreie Haarschnitte, Reinigungsdienst, Fitnessstudio und die 20 % ihrer Zeit, die Mitarbeiter frei wählbar in ihre persönlichen „Pet-Projects" stecken dürfen. Die Formel Zusatzleistungen = Unternehmenserfolg ist sicher zu kurz gegriffen. Aber die Zusatzleistungen haben einen Beitrag geleistet zur Innovationskraft, zur geringeren Fluktuation und zur Rekrutierung überdurchschnittlich guter Mitarbeiter. Diese Folgen wiederum leisten einen Beitrag zum Unternehmenserfolg. Wir haben also einen Positivkreislauf.

Selbstverständlich gibt es auch Negativkreisläufe. Mit Verzicht auf die Nennung eines konkreten Unternehmens: Stellen Sie sich ein Unternehmen vor, das viele Jahre lang einen durchschnittlichen Gewinn abgeworfen hat. Nun hat sich die Branche verändert, der Preisdruck ist enorm, man ist abhängig von wenigen Kunden, die häufig das Unmögliche fordern. Man schreibt seit einigen Jahren rote Zahlen. Was ist die typische Reaktion hierauf? Man spart Kosten ein, d. h., man verschiebt manche Investitionen, baut (primär) Stellen ab, verzichtet auf Gehaltserhöhung, streicht Weiterbildungskosten, etc. Diese durchaus nachvollziehbaren Entscheidungen mindern die Innovationskraft des Unternehmens. Der Abbau zentraler Stellen führt – die Arbeit (bspw. die Pflege bestimmter Daten) muss schließlich weiterhin gemacht werden – zu mehr Arbeit in der Fachabteilung oder gar bei der jeweiligen Führungskraft. Dies führt zu einer Mehrbelastung und weniger Zeit für die eigentlichen Fach- und/oder Führungsaufgaben. Die Wirkung ist also eine stresserhöhende und produktivitätsmindernde. Das Unternehmen ist also mittendrin im Negativkreislauf.

Wer ist verantwortlich für den Unternehmenserfolg und das Schaffen von Rahmenbedingungen für eine hohe Produktivität und ein humanes Stressniveau? Natürlich primär die Unternehmensleitung. Jetzt kann aber nicht jedes Unternehmen der Marktführer sein, der finanzielle Reserven hat wie Google. Wenn man mit Führungskräften und Unternehmern, die schon vor 20 bis 30 Jahren in der Verantwortung standen, spricht, dann hört man oft sinngemäß: Früher reichte es, ein ordentliches Produkt zu haben, dieses einigermaßen kosteneffizient zu produzieren und einigermaßen geschickt zu vermarkten und man hatte ein zumindest ausreichend erfolgreiches Unternehmen. Der Konkurrenzdruck um Kosten, Marktanteile, Innovation, Werbewirksamkeit und gute Mitarbeiter ist in den meisten Bereichen enorm gestiegen. Es ist zunehmend eine Herkulesaufgabe, als Unternehmensleitung zuzusehen, dass die Produkte überdurchschnittlich gut sind, besonders geschickt vermarktet werden, die Kosten unter dem Durchschnitt der Branche liegen und die besten Mitarbeiter gefunden und gehalten werden. Umso wichtiger ist es, dass sich die Unternehmensleitung auf die wirklich wertschöpfenden, strategischen Tätigkeiten konzentriert, um die überdurchschnittliche Wettbewerbsfähigkeit des Unternehmens zu sichern. Die Zeitverwendungsentscheidungen der Unternehmensleitungen sind hierbei absolut essentiell. Wenn sich die Unternehmensleitung primär um das Löschen von Bränden oder andere weniger wichtige Aufgaben kümmert, statt sich primär um Strategisches zu kümmern, dann wird es mittelfristig nicht die Rahmenbedingungen geben, die notwendig sind, um die Weichen auf eine hohe Produktivität und ein gut erträgliches Stressniveau zu stellen.

Ein deutlich einfacheres Thema als die hohe Aufgabe einer erfolgreichen Unternehmensführung ist die „Erwartungskultur" eines Unternehmens in Bezug auf die Erreichbarkeit von Mitarbeitern. Es liegt in der Hand der Unternehmensführung, den Erreichbarkeitswahn einzudämmen. Ist es wirklich normal, dass Mitarbeiter nach dem Abendessen auf dem Smart Phone ihre E-Mails bearbeiten? Ist es wirklich normal, dass Mitarbeiter in Urlaubssituationen nur zwischen zwei Übeln wählen können: Entweder sie arbeiten im Urlaub regelmäßig E-Mails ab oder sie tun dies nicht und haben nach ihrer Rückkehr mehrere hundert E-Mails, die zu einem tage- bis wochenlangen rein reaktiven Hinterherlaufen führen. Zum Zeitpunkt des Schreibens dieses Beitrags ist es gerade erst ein paar Wochen her, dass einige Unternehmen, d. h. deren Unternehmensleitungen, sich hingestellt haben und Entscheidungen gefällt haben wie: Mitarbeiter müssen im Urlaub keine E-Mails beantworten. Darum kümmert sich der Stellvertreter. Ich befürworte eine solche Entscheidung. Wenn solche Regelungen notwendig sind, frage ich mich, was im Vorfeld schiefgelaufen ist – sei es eine fehlende Stellvertretungsregelung oder die Unternehmensphilosophie. Oder: E-Mails werden ab einer Stunde nach Dienstschluss nicht mehr an das Smart Phone weitergeleitet. Auch dies halte ich für einen guten Schritt, der der Unternehmensleitung nicht leichtgefallen sein dürfte. Aber wie ist es überhaupt dazu gekommen, dass Menschen meistens abends noch E-Mails beantworten müssen? Die technische Möglichkeit ist erst vor einigen Jahren entstanden. Nun müssen Organisationen und Einzelpersonen lernen, nicht nur die zweifelsfrei vorhandenen Vorteile zu nutzen, sondern die Nachteile einzudämmen. Meine Meinung zur Notwendigkeit des abendlichen (und wochenendlichen) Bearbeitens von E-Mails lautet: Es ist nicht notwendig. Es ist durchaus möglich, Probleme während der normalen Arbeitszeit zu lösen. Und wenn man 24 Stunden produziert oder mit Übersee und somit Zeitverschiebungen zu tun hat, dann muss man eben Menschen einstellen, die zu dieser Zeit ihre reguläre Arbeitszeit haben. Ein abschließendes kleines Beispiel hierzu: In meinem Büro herrscht 9-to-5-Arbeit. Ich sehe es als meine Aufgabe als Unternehmensleiter an, zuzusehen, dass die Arbeit in dieser Zeit machbar ist und die Freizeit nicht investiert werden muss. Wenn die Kapazität der vorhandenen Mitarbeiter nicht ausreicht, dann muss ich eben weitere Mitarbeiter einstellen oder mich um externe Dienstleister kümmern. Wenn ich mir das nicht leisten kann, dann habe ich als Unternehmensleiter etwas falsch gemacht und darf dies nicht auf dem Rücken der Mitarbeiter austragen. Und wenn ich die strategische Entscheidung treffe, bspw. den amerikanischen Markt zu bedienen, dann muss ich ebenfalls sicherstellen, dass die Erreichbarkeit für Kunden, zu deren Geschäftszeiten, gegeben ist. Ich kann aber nicht erwarten, dass dies meine Mitarbeiter beim oder nach dem Abendessen tun, wenn dies nicht die Zeit ist, für die sie eingestellt wurden.

4.3   Aufgaben der Führungskraft

Führungskräfte, die sich nicht in der Unternehmensleitung befinden, sind in einer nicht ganz einfachen Lage der vielbeschriebenen Sandwichposition. Die Freiheiten, die

Führungskräfte besitzen, sind oft nicht so groß, wie es sich viele Menschen auf den Ebenen darunter vorstellen. Sie müssen ebenfalls Vorgaben „von oben" mit Rahmenbedingungen (auch marktseitig), die oft nicht einfach sind, umsetzen. Konzentrieren wir uns in diesem Teil des Beitrags auf Faktoren, die die Führungskraft durchaus beeinflussen kann – wiederum um die Produktivität zu erhöhen und den Stresspegel zu reduzieren. Diese werde ich Hebel nennen.

Hebel 1: Mitarbeiter nicht mit Aufgaben zuschütten Als Führungskraft ist man typischerweise nicht so tief in der jeweiligen Materie drin wie die Fachkraft. Dies ist ein wesentlicher Grund, weshalb Führungskräfte (verständlicherweise) die Neigung haben, den Aufwand einer Aufgabe zu unterschätzen. Auch weiß die Führungskraft von vielen kleineren Aufgaben, die der Mitarbeiter erledigt, nichts. Umso wichtiger ist es, darauf zu achten, den Mitarbeiter nicht mit viel zu vielen Aufgaben zuzuschütten. Hilfreich ist es, den jeweiligen Mitarbeiter zu fragen, wie hoch dieser den Aufwand einschätzt. Wenn Sie als Führungskraft realistisch sein wollen, dann multiplizieren Sie diesen Wert noch mit dem Faktor zwei. Zudem sollte man als Führungskraft zwar mehrere Themen gebündelt delegieren, aber die Anzahl der Aufgaben, die auf einmal weitergegeben werden, auch nicht übertreiben. Sie können durchaus schon übernächste Aufgaben vorbereiten, diese aber erst dann weitergeben, wenn der Mitarbeiter die meisten der bereits übertragenen Aufgaben erledigt hat.

Hebel 2: Realistische zeitliche Vorgaben und gute Planung Die Anzahl der delegierten Aufgaben und die zeitliche Erwartung hierzu sollten natürlich in einem realistischen Verhältnis zueinander stehen. Zu kurze Fristen für die Erledigung von Aufgaben wirken letztlich genauso wie zu viele Aufgabe für einen bestimmten Zeitraum. Schließlich geht es immer um die Relation zwischen benötigtem Aufwand und hierfür zur Verfügung stehender Zeit. Auch hier ist die Weitsicht der Führungskraft gefordert, gut zu planen. Diese gute Planung bezieht sich im ersten Schritt auf deren eigene Planung. Wenn eine Führungskraft für sich selbst und die Ziele, die zu erreichen sind, nicht gut plant, dann schlägt dies zwangsläufig zu den Mitarbeitern durch. Letztere müssen dann die nicht bzw. schlecht geplanten Themen, die nicht frühzeitig auf dem Radar waren, als letztes Glied in der Kette ausbügeln – was nicht ihre Aufgabe ist, sofern es aus einer schlechten Planung der übergeordneten Ebene resultiert.

Hebel 3: Nicht permanent die Prioritäten ändern Das ständige Ändern von Prioritäten setzt unmittelbar auf einer schlechten Planung auf. Warum betone ich diesen Punkt? Wenn ich mit Mitarbeitern ohne Führungsverantwortung arbeite, dann ist der vielleicht häufigste Frustrationspunkt, dass der jeweilige Chef (oder die jeweiligen Chefs) permanent die Prioritäten verändert. So beschrieb mir neulich ein Teilnehmer in einer Veranstaltung folgende stellvertretende Situation: Er hat eine als wichtig kommunizierte Aufgabe von seinem Chef erhalten und sollte aufgrund dessen alles andere liegenlassen. Der Mitarbeiter war zu ca. zwei Dritteln mit dieser Aufgabe fertig, als sein Chef mit einem erneuten „Alles liegenlassen, das Thema hier sofort" reinkommt. Interessant finde ich bei solchen Schilderungen, dass ein hoher Anteil der anderen Teilnehmer typischerweise heftig nickt – wohl weil sehr viele Menschen dies in ähnlicher Form erleben. Stellen Sie als Führungskraft (wenn Sie die Information nicht ohnehin schon besitzen) die Frage, was der Mitarbeiter gerade macht. Dann stellen Sie sich selbst die Frage, ob sich die Sachlage tatsächlich so sehr verändert hat, dass die bisherige Planung komplett umgekrempelt werden muss. Jede Planänderung (manche sind sinnvoll bzw. notwendig) kostet Zeit, Geld und Nerven – und selten hat man diese Faktoren im Überfluss.

Hebel 4: Meetings eindämmen Verstehen Sie mich bitte nicht falsch: Es gibt durchaus sehr produktive Meetings – bestimmt hat jeder irgendwann einmal im Laufe seines Berufslebens ein solches miterlebt. Ernsthaft: Es ist meiner Ansicht nach primär die Aufgabe der jeweiligen Führungskraft, eine Begrenzung der Anzahl der Meetings und deren Dauer einzudämmen. Dies gilt sowohl für die durch die Führungskraft selbst angesetzten Meetings als auch für diejenigen, zu denen Mitarbeiter des Bereichs anderweitig eingeladen werden. Hier ein paar schnelle, aber wirkungsvolle Tipps in diesem Zusammenhang: Schärfen Sie das Bewusstsein Ihrer Mitarbeiter, genau zu hinterfragen, ob die jeweilige Meetingteilnahme wirklich die bestmögliche Zeitverwendung darstellt. Häufig hilft es, die entgehenden wertschöpfenden Tätigkeiten und somit den Preis, der für die Anwesenheit gezahlt wird, aufzuzeigen. Sehen Sie selbst zu, dass es nur so viele Regelbesprechungen gibt wie notwendig und dass hierbei nur solche Punkte Eingang in die Agenda finden, die wichtig zu besprechen sind. Gerade bei Regelbesprechungen ist die Gefahr groß, dass immer dieselben Punkte auf der Agenda landen, auch wenn es nichts Wesentliches oder zu Entscheidendes gibt. Versehen Sie die Agendapunkte mit einer Maximaldauer. Achten Sie dann selbst auf die Einhaltung oder legitimieren Sie einen Teilnehmer, auf die Zeit zu achten und bei Bedarf einzugreifen. Sorgen Sie dafür, dass immer nur diejenigen beim jeweiligen Teil des Meetings anwesend sind, die für diese Themen benötigt werden. Wer sagt denn, dass alle von Anfang bis Ende dabei sein müssen? Dies ist eine unausgesprochene, aber weit verbreitete und zugleich meiner Ansicht nach unsinnige Regel. Machen Sie sich klar, was eine Stunde (oder einfach nur eine Minute) Meetingzeit kostet, auch wenn niemand hierfür tatsächlich eine Rechnung stellt. Zusammengefasst: Gehen Sie gerade zum Thema „Meetingitis eindämmen" mit sehr gutem Beispiel voran. Alle Beteiligten und die Produktivität in Ihrem Bereich werden es Ihnen danken.

Hebel 5: Informationsflut beherrschen Die Informationsflut nimmt immer weiter zu. Dies ist keine neue Erkenntnis. Neu hingegen ist für uns arbeitende Menschen, dass wir für diese verhältnismäßig junge, aber zunehmende Problematik immer bessere Lösungen benötigen. Auch hier gilt es, dass die Führungskraft zu diesem Thema bei sich selbst und bei den Mitarbeitern des Bereichs ein Bewusstsein zur untereinander versendeten Menge an Informationen schafft. Mittlerweile habe ich manchmal den Eindruck, dass Menschen bei jedem wichtigen Thema – wie einem fehlenden oder gefundenen Regenschirm – gerne die ganze Belegschaft informieren. Häufig soll die „cc-E-Mail" auch eine Absicherung darstellen, nach dem Motto „Ich habe es Ihnen am 7.5. letzten Jahres geschickt – auf Seite 143 unten rechts in Schriftgröße minus 6. Ich habe darauf hingewiesen". Gerade wenn das Team gemeinsam an einem Thema bspw. im Rahmen eines Projekts arbeitet, kann man oft auch durch Bewusstsein und technische Lösungen die E-Mail-Flut reduzieren. Stichworte zu Letzterem sind bspw. interne Wikis, Blogs, Sharepoint-Lösungen etc. Ein Vorteil ist unter anderem, dass jeder Involvierte Informationen wie den Bearbeitungsstand zentral einträgt. So muss der Einzelne nicht per E-Mail den Stand mitteilen oder per E-Mail danach fragen. Sorgen Sie als Führungskraft auch nach Möglichkeit dafür, dass Ihre Mitarbeiter nicht auf allen Verteilern landen und dass nicht alles von jedem gelesen wird. Oftmals ist es sinnvoll, dass eine Unterlage von einer Person gelesen wird und die wenigen für den Bereich wichtigen Punkte kurz für alle zusammenfasst werden.

Hebel 6: SMMS unterstützen Menschen brauchen im Job nur dann unterbrechungsfreie Zeit, wenn man von ihnen erwartet, dass sie produktiv sind. Wenn man als Führungskraft diese Erwartung nicht hat, dann müssen Menschen auch nicht konzentriert arbeiten. Dies schildere ich in einer ironischen Weise, um zu zeigen, wie absurd es ist, wenn eine Führungskraft eine regelmäßige SMMS (siehe oben) nicht unterstützt. Meine Empfehlung lautet, geblockte Zeit (in einem vernünftigen Umfang natürlich) aktiv zu unterstützen. Ihre Mitarbeiter werden es Ihnen mit einer höheren Produktivität und mehr Gelassenheit danken. Wer dies nicht macht, handelt ähnlich wenig weitsichtig wie der Holzfäller, der keine Zeit hat, die Säge zu schärfen.

Hebel 7: Der „wie es geht-Ordner" Der „wie es geht-Ordner" ist ein hervorragendes Beispiel für weitsichtiges Handeln. Was ist ein „wie es geht-Ordner"? Hierbei geht es darum, wiederkehrende Aufgaben in Form einer simplen Beschreibung schriftlich festzuhalten. Was sind die Voraussetzungen für die Nützlichkeit? Jemand (die Führungskraft) muss hierfür den Hut aufhaben und das Thema zum Leben erwecken und aktiv am Leben erhalten. Die Beschreibung muss aktuell gehalten werden und auch für jemanden, der geistig nicht so gesegnet ist wie Sie, verständlich sein. Selbstverständlich gehört hierzu auch ein logischer Aufbau und idealerweise eine Suchfunktion. Technisch kann man dies in einem elektronischen Ordner (daher auch der Name „wie es geht-Ordner") mit Unterordnern und Worddateien realisieren. Natürlich gibt es auch elegantere Lösungen, bspw. Microsoft OneNote oder CUEcards. In beiden Programmen können Sie eine Vielzahl von Informationen strukturiert in nur einer Datei organisieren. Was bringt ein solcher „wie es geht-Ordner"? Er macht Prozesse unabhängiger von einer einzelnen Person: Vertretungen aufgrund von Urlaub, Krankheit oder Ausscheiden aus dem Unternehmen werden leichter zu bewältigen. Einarbeitungszeiten werden kürzer, der Erklärungsaufwand reduziert sich dramatisch. Arbeitsspitzen können abgefedert und somit Stresssituationen vermindert werden. Dies sind in meinen Augen sehr sinnvolle Handlungsmotive für eine Führungskraft, die ernsthaft an einer Produktivitätssteigerung und Stressminderung interessiert ist.

4.4 Zeitspar- und Nervenschonungs-Strategien

Strategie 1: Nein sagen Vorweg: Es geht hierbei nicht darum, nur noch Nein sagend und abblockend umherzulaufen. Dies ist ebenso unsinnig und undifferenziert wie das undifferenzierte Ja-Sagen, also das Annehmen von allen Anliegen anderer Personen. Viele Menschen tun sich schwer, eine Anfrage abzulehnen. Man will höflich sein, die andere Person nicht vor den Kopf stoßen, möchte ein guter interner oder externer Dienstleister sein. Auf der anderen Seite stellt natürlich nicht alles, was an einen herangetragen wird, eine sinnvolle Zeitverwendung dar. Wenn Sie auf jedes Anliegen reagieren, dann kostet Sie dies erheblich an Produktivität und Sie haben vermutlich das unbefriedigende Gefühl, überwiegend fremdgesteuert zu sein. Um häufiger (und dann, wenn angebracht) Nein zu sagen, hilft es vielen Menschen, sich klar zu machen, dass an jedem Ja auch ein Nein dranhängt – und umgekehrt. Was meine ich damit? Wenn Sie „Ja" zu einer Zeitverwendung bezüglich einer Sache sagen, dann erkaufen Sie sich dies mit einem „Nein" zur Zeitverwendung bzgl. einer anderen Sache – zumindest für den betrachteten Zeitraum. Umgekehrt gilt: Wenn Sie „Nein" sagen zu etwas, dann gewinnen Sie ein „Ja" bezüglich eines anderweitigen Zeiteinsatzes, d. h. in Bezug auf eine andere Tätigkeit in diesem Zeitabschnitt. Häufig hilft diese Betrachtung, um dann – wenn man „Nein" meint – auch „Nein" zu sagen.

Strategie 2: Zusagen-Management Warum ist der Umgang mit Zusagen entscheidend? Weil wir arbeitenden Menschen viele Male am Tag kleine oder große Zusagen von anderen Menschen erhalten bzw. diesen Zusagen unsererseits geben. Dies ist schlichtweg ein Resultat unserer zunehmend arbeitsteiligen und komplexeren Arbeitsorganisation. Wer arbeitet heutzutage schon noch völlig oder gar nur überwiegend losgelöst von anderen Menschen? Meine Hauptempfehlung zum Thema Zusagen-Management lautet: Machen Sie keine Schnellschüsse! Halten Sie kurz inne. Überlegen Sie einen Moment, bevor Sie etwas zusagen. Dies führt häufig zu einer etwas konservativeren und somit realistischeren Zusage. Die resultierenden Vorteile sind: Sie haben weniger unnötigen Stress (was nicht heißt, dass Sie langsamer arbeiten) und Sie gewinnen an Flexibilität (es soll ja schon vorgekommen sein, dass etwas Unerwartetes dazwischengekommen ist) und Zuverlässigkeit (die andere Person kann sich auf Ihre Zusage verlassen). Fragen Sie doch auch die andere Person, bis wann diese die Angelegenheit braucht. Ich behaupte, Sie werden öfters überrascht sein, dass es doch nicht so dringend ist, wie es in der ersten Einschätzung erschien. Wir Menschen neigen dazu, Annahmen zu treffen, bspw. dass etwas unheimlich dringend ist, weil es von einer bestimmten Person oder Hierarchieebene kommt. Ein Teilnehmer einer Veranstaltung schilderte mir eine E-Mail, die er – kurz bevor er in den Feierabend gehen wollte – erhielt. Gewissenhaft wie er war, hing er die benötigten drei Überstunden dran, schickte das Arbeitsergebnis per E-Mail zurück und erhielt die Abwesenheitsnotiz „Bin 14 Tage im Urlaub".

Strategie 3: Prioritäten-Management Dieses Thema verdient vermutlich ein eigenes Buch, weil es nicht trivial ist und Pauschalempfehlungen schwierig sind. Bei einer Prioritätenfestlegung besitzen nach wie vor die Kriterien Wichtigkeit und Dringlichkeit eine wesentliche Bedeutung. Dringlichkeit ist leicht definiert: Hier geht es um die zeitliche Dimension: Wie viel Zeit ist noch übrig (streng genommen: in Relation der für die Aufgabe benötigten Zeit)? Bei der Wichtigkeit fällt die Definition meistens schon schwerer. Meiner Ansicht nach trifft es das Wort Wertschöpfung sehr gut. Kritisch anmerken möchte ich, dass es beim Prioritätenmanagement in den letzten Jahren eine deutliche Verschiebung hin zu einer höheren Gewichtung der Dringlichkeit zu Lasten der Bewertung der Wichtigkeit gegeben hat. Dies hört sich sehr theoretisch an, bedeutet aber in der Praxis, dass es bei der Aufgabenplanung immer weniger um die Wertschöpfung (also den wirklichen Nutzen) geht und immer mehr nur noch danach, welche Deadline als Nächstes eingehalten werden muss. Dies halte ich für gefährlich – gefährlich im Kontext des Produktivitätsstrebens. Zurück zu Ihnen: Ich empfehle Ihnen, sich ein paar Minuten zu nehmen und sich – abhängig von Ihrem Tätigkeitsfeld – Gedanken über Prioritätskriterien zu machen. Vielleicht mögen Sie auch mit Ihrem Vorgesetzten hierüber sprechen. Dies kann – muss aber nicht – sehr fruchtbar sein.

Was ist zu tun, wenn man viel zu viele wichtige Dinge zu erledigen hat und viel zu wenig Zeit hierfür? Die theoretische Antwort lautet: Prioritäten setzen. Die praktische Antwort lautet: Machen Sie sich Gedanken, nach bestem Wissen und Gewissen! Wenn Sie dann noch unsicher sind, sprechen Sie mit Ihrem Vorgesetzten über die Situation – nicht beschwerend, sondern unter dem Tenor „Was macht hier am meisten Sinn?". Je nach Vorgesetztem werden Sie dann vermutlich eine von drei Kategorien von Führungsverhalten erleben. Stufe 1: Der Vorgesetzte sagt „Alles gleich wichtig" oder „Muss halt alles fertig werden". Meine Meinung: Mieses Führungsverhalten! Stufe 2: Der Vorgesetzte entscheidet, was in welcher Reihenfolge anzugehen ist. Meine Meinung (sofern dieser dazu steht und das Rückgrat besitzt, Ihnen später nicht in den Rücken zu fallen): Gutes Führungsverhalten! Stufe 3: Der Vorgesetzte legt mit Ihnen gemeinsam Kriterien fest, mit denen Sie zukünftig besser entscheiden können. Meine Meinung: Gratulation zu Ihrem Chef (zumindest in diesem Punkt)!

Strategie 4: Sein täglich Werkzeug gut beherrschen Die meisten arbeitenden Menschen verbringen den überwiegenden Teil ihrer Arbeitszeit an einem Computer. Ist es dann nicht erstaunlich, dass es Menschen gibt, die ihren Computer und dessen benutzte Programme nicht hervorragend beherrschen? Dies ist nicht vorwurfsvoll, sondern produktivitätsanregend gemeint. Das Thema hat zwei Facetten. Zum einen geht es darum, dass das Werkzeug einem dient und nicht umgekehrt. Mir geht es hier beispielsweise darum, dass man selbst entscheidet, wann und wie oft man in seine E-Mails schaut – Vorschaufenster und Signaltöne lassen sich deaktivieren. Tipp: Wenn Sie telefonieren oder eine andere Aufgabe durchführen, dann schalten Sie den Monitor oder zumindest das E-Mail-Programm (sofern in dem Moment nicht benötigt) einfach aus. Sie ersparen sich damit Multitasking-Wahn-Stress und werden sicher nicht unproduktiver. Zum anderen geht es darum, seine Software gut zu beherrschen. Erlernen Sie, sofern Sie es noch nicht gut können, das Zehn-Finger-Schreiben. Erlernen Sie Tastenkürzel über „Strg+C" und „Strg+V" (nennen böse Zungen die Guttenberg-Kürzel) hinaus. Wenn Sie eine übersichtliche Liste von Tastenkürzeln haben möchten, dann gehen Sie auf: www.peoplebuilding.de/Tastenkuerzel. Missbrauchen

Sie zudem die Autokorrektur bzw. Autovervollständigungsfunktion, damit Sie mit eigenen Kürzeln Wörter, Sätze, Links oder gar ganze Vorlagen hinterlegen können. Wenn Sie Tipps zu einem Programm haben möchten, das solche zeitsparenden Vervollständigungen noch wirkungsvoller realisiert (oder auch zu einem Programm zum Erlernen des Zehnfingerschreibens sowie diversen anderen Empfehlungen), dann schauen Sie gerne unter: www.peoplebuilding.de/tipps-empfehlungen/effektivitaets-tools. Wenn Sie eine Weile mit diesen Werkzeugen gearbeitet haben, werden Sie nie wieder darauf verzichten wollen.

Strategie 5: Verantwortung übernehmen (oder gerade nicht) Wir Menschen können immer „nur" zwei Kategorien von Dingen entscheiden: unsere Handlung und unsere Einstellung. Nun gibt es drei Bereiche, die es klar zu unterscheiden gilt. Bereich 1: Dinge, auf die Sie keinen Einfluss haben. Den meisten Menschen schießt hier als Beispiel das Wetter in den Kopf. Welche Handlung macht in Bezug auf das Wetter (das einem gefällt oder nicht gefällt oder total egal ist) Sinn? Natürlich keine. Welche Einstellung ist sinnvoll? Sich zu freuen, wenn es einem gefällt, und Gelassenheit, wenn es nicht den eigenen Vorstellungen entspricht. Bereich 2: Dinge, auf die Sie einen Einfluss haben, welche aber nicht vollständig unter Ihrer Kontrolle sind. Was gehört hierzu? Beispielsweise alles, was mit anderen Menschen zu tun hat (ein offensichtlich sehr großer Bereich). Falls Sie keine Kinder haben: Glauben Sie mir, Kindererziehung gehört eindeutig in diesen Bereich. Welche Handlung macht in diesem Bereich Sinn? Aktiv zu werden und seinen positiven Einfluss auszuüben. Welche Einstellung ist sinnvoll? Verantwortung für den Einfluss, den man hat, zu übernehmen – nicht mehr (!) und nicht weniger (!). Bereich 3: Dinge, die vollständig im eigenen Einflussbereich liegen. Hierzu gehört fast alles, was mit unseren eigenen Handlungen, Gedanken und Emotionen zusammenhängt. Welche Handlung macht Sinn? Aktiv zu werden (sofern es sich um einen relevanten Bereich handelt). Welche Einstellung ist sinnvoll? Die volle Verantwortung zu übernehmen.

Warum behandle ich dieses Thema mit Ihnen? Es gibt in jeder Branche und in jeder Organisation Dinge, die einem passen, und Dinge, die einem nicht schmecken. Machen Sie sich klar, in welchen der drei Bereiche etwas in Ihrem beruflichen Umfeld gehört – speziell wenn es etwas ist, das Ihnen nicht gefällt.

Dieser endende vierte Teil dieses Beitrags mit dem Schwerpunkt auf Zeitspar-Tipps verdient meiner Ansicht nach ein eigenes Buch. Die gute Nachricht lautet: Es ist bereits geschrieben, von einem Autor, den ich sehr schätze (meiner Person), hat u. a. 40 Zeitspar-Tipps und trägt den Titel „Zeitintelligenz". Kaufen Sie es! Ich habe Kinder zu füttern.

4.5 Das Ziel, an dem alle arbeiten müssen

Letztlich wird das Ziel der Produktivitätserhöhung und des „zumindest in Schach halten" des Stresspegels nur dann nachhaltig funktionieren, wenn Vertreter aller Ebenen hieran mitwirken. Es gibt jedoch einen sehr weit verbreiteten Irrtum, der Einzelpersonen und sogar ganze Organisationen daran hindert, dies zu erreichen. Am Ende dieses Teils des

Beitrags werden Sie verstehen, was ich meine, und manches vermutlich für immer mit etwas anderen Augen betrachten.

Es geht um Ihre Zeitverwendung! Stellen Sie sich hierzu eine Zielscheibe mit vier Ringen (konzentrischen Kreisen) vor. Im äußersten Ring (Ring 1) gibt es am wenigsten Punkte, im innersten Ring (Ring 4) gibt es am meisten Punkte. Was sind die Punkte in Bezug auf die eigene Zeitverwendung? Natürlich geht es wiederum um unsere zentralen Zielgrößen Produktivität und Stress. Wenn Sie auf diese Zielscheibe zielen, beispielsweise mit Pfeil und Bogen, dann geht es natürlich darum, möglichst viele Punkte zu erzielen, also möglichst oft das Bullauge zu treffen – wissend, dass wir hierbei immer besser werden können, aber nie so gut sein werden, dass wir eine 100-prozentige Trefferquote erlangen werden. Nähern wir uns dem Kern der Sache von außen nach innen:

Ring 1: Welche Kombination bringt am wenigsten Punkte? Natürlich die Kombination „nicht wichtig und nicht dringend". Ein Beispiel hierfür ist eine Umorganisation, die zwar Veränderung, aber keine Verbesserung der Situation darstellt – also Aktivitäten ohne Fortschritt. Wenn jemand den überwiegenden Teil seiner Zeit hier verbringen würde, würde dies zu einer niedrigen Produktivität und einem kurzzeitig geringen Stressniveau führen. Warum kurzzeitig? Weil einen die wichtigen Themen einholen werden. Wenn Menschen Zeit hier verbringen, dann ist dies meistens fluchtmotiviert (fliehend vor unliebsamen Aufgaben, viel Aufwand, bestimmten Personen etc.). Ich nenne diesen Ring daher den Fluchtbereich.

Ring 2: Welche Kombination bringt am zweitwenigsten Punkte? Hier gibt es in Veranstaltungen schon die ersten Diskussionen. Meistens findet sich eine Mehrheit für „nicht wichtig, aber dringend". Dass an dieser Stelle schon diskutiert wird, zeigt schon eine gewisse Absurdität in Bezug auf Prioritäten auf: Wie kann die Dringlichkeit wichtiger sein als die Wichtigkeit? Wie kann Rot blauer sein als Blau? Ein Beispiel für diese Kategorie ist eine Statistik, die heute (turnusmäßig) fertig werden muss, in die aber keiner hineinschauen wird bzw. auf dessen Basis keine besseren Entscheidungen getroffen werden. Wenn jemand den überwiegenden Teil seiner Zeit in diesem Ring verbringt, führt dies zu einer geringen Produktivität und einem hohen Stressniveau. Diesen Ring nenne ich den Bereich der Illusion, weil die Gefahr besteht zu meinen, dass man produktiv sei, nur weil man gestresst ist. Dass es zwischen diesen beiden Faktoren keinen Kausalzusammenhang gibt, haben wir bereits hinreichend erörtert.

Ring 3: Hier sind sich über 95 % meiner Veranstaltungsteilnehmer einig: Hier gehört die Kombination „wichtig, aber nicht dringend" hinein. Entschiedener Widerspruch meinerseits: Hier gehört die Kombination „wichtig und dringend" hinein! Warum? Weil wir in diesem Bereich zwar sehr produktiv sind, aber auch sehr gestresst. Ich nenne diesen Bereich denjenigen der Feuerwehr. Die Feuerwehr verbringt den überwiegenden Teil der Zeit mit dem Löschen von Bränden. Warum ist Brandlöschen wichtig und dringend? Wenn man es nicht macht, dann brennt die Hütte ab (negative Konsequenz, schlechtes Ergebnis). Wenn man es erst in drei Tagen macht, kann man noch so effizient löschen – es ist zu spät.

Ring 4: Hier soll also meiner Ansicht nach die Kombination „wichtig, aber nicht dringend" hinein? Der Beweis: Ich habe das Modell erfunden – daher darf ich es bestimmen! Ernsthaft: Ja, es ist das Ziel, mittelfristig so viel Zeit wie möglich in der „Zeitintelligenz-Zone" zu verbringen. Warum „Zeitintelligenz-Zone"? Ich mag den Begriff. Sie wissen schon, warum: Ich habe ihn erfunden. Nein, es geht nicht um mich, sondern um Sie. Was würde passieren, wenn Sie (gilt natürlich nicht nur für Sie) den überwiegenden Teil Ihrer Zeit hier verbringen würden? Richtig, in dieser Zone ist man hochproduktiv (mindestens so produktiv wie in Ring 3, ich behaupte sogar produktiver) und deutlich weniger gestresst.

Wie bekommt man eine erhebliche Erhöhung des Zeitverwendungsanteils in Ring 4 hin?

Schritt 1: Reduzieren Sie alle Aktivitäten in Ring 1 und 2 auf das absolut (gesetzlich, moralisch oder anderweitig) notwendige Minimum. Das Leben ist zu kurz, um sich hiermit unnötig aufzuhalten.

Schritt 2: Schauen Sie in den Spiegel und fragen Sie sich, an welchen Stellen Dinge von Ring 4 nach Ring 3 wandern, obwohl Sie es leicht hätten verhindern können. Es gibt eine wichtige, wertschöpfende Tätigkeit, die in drei Monaten fertig sein muss. Der Aufwand beträgt einen vollen Arbeitstag. Es gibt Menschen, die bis zum letzten Tag warten. Vielleicht kennen Sie solche Menschen, denen dies schon mal passiert ist – vielleicht sogar sehr gut. Selbstverständlich spreche ich kritische Punkte immer nur dann an, wenn sich diese auf andere Personen beziehen. Zu den aufgeschobenen Aufgaben zählen natürlich nicht nur die Klassiker der Steuererklärung und der Geschenke zu einem Geburtstag oder zu Weihnachten, sondern auch berufliche Tätigkeiten.

Schritt 3: Identifizieren Sie Personen und Bereiche, die Sie immer wieder unnötigerweise zeitlich in Bedrängnis bringen. Beispielsweise erhält man eine E-Mail mit dem Hinweis, dass das Thema unbedingt heute erledigt werden muss – nur um dann zu sehen, dass die E-Mail drei Wochen beim Absender in sich ruhte wie ein tiefenentspannter Mönch. Was macht man dann mit solchen Zeitgenossen (dem Absender, nicht dem Mönch)? Das Thema sachlich ansprechen und um eine Verhaltensänderung bitten. Wie Sie dies tun und mit welcher Hartnäckigkeit Sie hier am Ball bleiben, ist natürlich Ihnen überlassen. Welchen Erfolg hat man beim Versuch, bei anderen Menschen Verbesserungen herbeizuführen? Es gibt drei Kategorien: Kategorie 1 hört den Wunsch einmal und ändert sich – ein Traum! Bei Kategorie 2 benötigen Sie verschiedene kommunikative Ansätze und Wiederholungsgeduld, aber es fruchtet nach einer Weile. Bei Kategorie 3 können Sie Kommunikations- und Überzeugungstrainings besucht haben, so viel Sie wollen – diese Personen sind resistent.

Werden Sie von heute auf morgen plötzlich nur noch Zeit in Ring 4 verbringen? Natürlich nicht. Manche Dinge können Sie selbst sofort ändern – manche davon sind leicht, manche sind schwer, beispielsweise weil es um Gewohnheitsänderungen geht. Andere Dinge setzen die Kooperation anderer Menschen und/oder veränderte, verbesserte Prozesse voraus. Abschließend (und bevor Sie mich als Referenten buchen – Sie wissen ja, ich habe Kinder zu füttern) ein Bild, das Ihnen hoffentlich in Erinnerung bleibt und hilft. Stellen Sie sich eine Feuerwehr A vor. Diese ist den ganzen Tag mit Aufgaben aus Ring 3 (Feuerwehrzone: wichtig und dringend) beschäftigt und macht dies auch überdurchschnittlich gut. Man ist also eine „high-performing" Feuerwehr. Feuerwehr B ist ebenfalls den überwiegenden Teil des Tages mit dem Löschen von Bränden beschäftigt, ebenfalls „high-performing". Immer wenn ein wenig Zeit da ist – bspw. auf der Rückfahrt von einem Einsatz oder zwischendurch – investiert Feuerwehr B ein wenig Zeit in Ring 4 (Zeitintelligenz-Zone: wichtig, aber nicht dringend). Man findet hierdurch einen Weg, um von 20 Bränden, die in einer bestimmten Zeiteinheit durchschnittlich entstehen, zwei Brände zu verhindern. Man findet für weitere vier Brände, die zu einem bestimmten Brandtypus gehören, eine Löschmethode, die 50 % schneller ist. Man hat sich im Laufe der Zeit also Freiräume von 20 % erarbeitet. Nun kommt aus Kostengründen eine Gebietsreform. Diese führt dazu, dass sowohl Feuerwehr A als auch Feuerwehr B 25 % mehr Brände pro Zeiteinheit zu löschen haben. Feuerwehr B hat nun im Gegensatz zu den vorangegangenen Wochen auch deutlich mehr zu tun und eine stressigere Zeit. Aber man kommt relativ gut zurecht. Feuerwehr A liegt nun bei 125 % Auslastung, kann also nicht mehr alle Brände löschen (geschweige denn, sich proaktiv um Prävention oder bessere Prozesse zu kümmern). Feuerwehr A kann also nur noch mit den größten, bedrohlichsten Bränden anfangen und hoffen, dass die etwas kleineren, aber schnell wachsenden Feuer keinen allzu großen Schaden anrichten, bis man sich um diese kümmern kann – während wieder andere Feuer heranwachsen. Für Feuerwehr A, die durchaus ihr Bestes gibt, ist dies eine sehr schweißtreibende Angelegenheit.

Die Moral von der Geschichte
Entwickeln Sie sich und den Bereich, für den Sie zuständig sind, vom „besten Brandlöscher der Welt" zum „besten Brandverhinderer der Welt" – das ist der Unterschied zwischen „gutem" Zeitmanagement und wahrer Zeitintelligenz.

4.6   Über den Autor

Zach Davis ist Bestseller-Autor, spezialisiert auf Lösungsbeiträge zu den Problemen „zu viele Informationen" und „zu wenig Zeit". „PoweReading" (Optimierung der Leseeffizienz) und „Zeitintelligenz" (Produktivität erhöhen, Erreichbarkeit und Fremdsteuerung im Griff haben) sind seine Vortrags- und Seminarthemen. Nach seinem Studium der Betriebswirtschaftslehre war er von 2000 bis 2002 Human Resources Berater bei der KPMG. Seit 2003 ist er als Referent (deutsch und englisch muttersprachlich) unterwegs mit einem „Infotainment auf höchstem Niveau" (Handelsblatt über seine Arbeit). Zach Davis ist mehrfacher Hochschullehrbeauftragter, Autor von 12 Buch-, Audio- und Videoprodukten – darunter mehrere Bestseller. Der Vortragsredner des Jahres 2011 wurde in 2012 als jüngster und achter deutschsprachiger Referent überhaupt in Indianapolis/USA zum CSP (Certified Speaking Professional) gekürt. In seinen Veranstaltungen erleichtert er Fachkräften, Führungskräften, Studierenden, Selbstständigen und dem Top-Management das Berufsleben und wird sehr oft auf fachlich orientierten Veranstaltungen als „nichtfachliches Highlight" gebucht.

Weitere Infos unter www.peoplebuilding.de

Als Chef souverän mit Konflikten umgehen 5

Konflikte im Unternehmen gefährden die Gesundheit und kosten Geld

Stéphane Etrillard

Inhaltsverzeichnis

5.1	Konfliktvermeidung – eine Aufgabe der Führungskräfte.	80
5.2	Gute Gespräche – gute Geschäfte	81
5.3	Kommunikationsfähigkeit ist eine Schlüsselkompetenz	81
5.4	Auf den Führungsstil kommt es an	83
5.5	Souveräne Führungsarbeit	86
5.6	Konstruktiv mit Konflikten umgehen.	93
5.7	Über den Autor.	97

Führungskräfte sind sehr oft aus- und manchmal auch überlastet. Das führt dazu, dass eine ihrer wichtigsten Aufgaben liegenbleibt oder auf die lange Bank geschoben wird: die Führungsarbeit. Dieser Teil der Arbeit beinhaltet – was schnell vergessen wird – vor allem Gespräche mit den Mitarbeitern. Wer als Chef glaubt, sich diese Gespräche schenken zu können, dadurch sogar Zeit zu sparen, irrt leider gleich in mehrfacher Hinsicht. Denn Führungskräfte stehen im Fokus der allgemeinen Aufmerksamkeit. Ihre Worte haben Relevanz, in Gesprächen mit ihnen geht es um wichtige Dinge, die für ihre Gesprächspartner nicht folgenlos bleiben. Sie müssen Anweisungen erteilen, schwierige Situationen klären, auf ihre Mitarbeiter eingehen, Lob oder Kritik anbringen und ganz häufig auch schwierige Gespräche führen – und meistern. Werden all diese Gespräche nicht geführt, ist das Unternehmen im wahrsten Sinne des Wortes führungslos. Das hat Folgen: Frust und Demotivation der Mitarbeiter, zunehmende Konflikte, steigende Fehleranfälligkeit, nachlassende Produktivität, erhöhter Krankenstand. Wer sich also nicht genügend Zeit für Gespräche

---

S. Etrillard (✉)
Top Performance Group GmbH, Schloss Elbroich, Am Falder 4, 40589 Düsseldorf, Deutschland
e-mail: info@etrillard.com

© Springer Fachmedien Wiesbaden GmbH 2018
P. Buchenau (Hrsg.), *Chefsache Gesundheit I*,
https://doi.org/10.1007/978-3-658-16580-2_5

mit den Mitarbeitern nimmt, hat mit einer ganzen Palette von negativen Folgeerscheinungen zu kämpfen und wird folglich viel Zeit investieren müssen, um die entstandenen Probleme wieder abzufangen.

5.1 Konfliktvermeidung – eine Aufgabe der Führungskräfte

Viele Führungskräfte sind fachlich zwar hochkompetent, zeigen jedoch erhebliche Mankos bei der Gesprächsführung. Doch ist gerade in diesem Bereich wenig Spielraum für Unsicherheiten, Missverständnisse und Kommunikationsstörungen jeglicher Art. Denn all dies gefährdet die Beziehungen zu den Mitarbeitern und lässt unterschiedlichste Konflikte entstehen. Allen kontraproduktiven Möglichkeiten zu entgehen ist hierbei selbstverständlich nicht immer leicht, zumal die Worte einer Führungskraft schnell auf die Goldwaage gelegt und mit Vorliebe von ihren Mitarbeitern interpretiert werden.

Ganz unbestritten erleichtert es gerade Führungskräften die Arbeit, wenn ihre Führungsqualitäten und Kompetenzen nicht infrage gestellt werden und sie zudem noch über eine positive Ausstrahlungskraft verfügen. Ihre allgemeine Anerkennung und Souveränität wird dabei zu großen Teilen an ihrem Verhalten in Gesprächssituationen gemessen. So findet bspw. selbst größte Kompetenz nur geringe Anerkennung und wenig Resonanz, wenn die Professionalität im Gespräch verloren geht. Einige Führungskräfte versuchen dieser Falle zu entgehen, indem sie im Gespräch ein Gebaren an den Tag legen, das eher einer Mischung aus Überheblichkeit, Selbstprofilierung und autoritärem Verhalten als tatsächlicher Souveränität entspricht. Sie sind währenddessen gleichwohl davon überzeugt, insgesamt souverän aufzutreten und auch zu wirken, während sich ihren Gesprächspartnern jedoch ein ganz anderes Bild darstellt.

Eine souveräne Gesprächsrhetorik ist nicht auf Darstellung der eigenen Person fixiert, sondern bezieht die Perspektive des Gesprächspartners mit ein. Gerade im geschäftlichen Beziehungskomplex ist die Konfliktvermeidung ein wesentliches Ziel. Wer es versteht, in Gesprächen die eigene Souveränität – fernab jeglicher Überheblichkeit und aufgesetzter oder schön geschminkter Verhaltensweisen – zu wahren, unterstreicht damit immer seine Glaubwürdigkeit, wirkt verbindlich, erhöht die Aufmerksamkeit der Gesprächspartner, verbessert die eigene Ausstrahlungskraft und trägt dazu bei, unnötige Konflikte zu vermeiden.

Auf dieser Grundlage gewinnt nicht nur die eigene Persönlichkeit, es lassen sich auch die Gesprächsinhalte wesentlich effektiver transportieren. Es ist ein klares Zeichen einer starken Persönlichkeit, im Gespräch durch Gradlinigkeit und eine aufrechte Art zu überzeugen, wodurch sich auch ein gesundes (jedoch nicht übersteigertes) Selbstbewusstsein zeigt. Ein effektiver Umgang mit der Sprache, insbesondere im persönlichen Gespräch, ist immer eine tragende Säule für den eigenen Erfolg. Für rhetorisch völlig unbegabte Menschen, die nicht oder kaum in der Lage sind, die Sprache zielgerichtet und wirkungsvoll einzusetzen, gehen viele Chancen verloren. Ihr Weg ist voller Stolpersteine, die sie sich auch noch selbst auslegen, die jedoch mit entsprechender Sachkenntnis der rhetorischen Prinzipien schnell beiseite zu schaffen sind.

5.2 Gute Gespräche – gute Geschäfte

Die Sprache ist das wichtigste Instrument im Management überhaupt – ohne entsprechende Kommunikation kann kein Prozess in Gang gesetzt oder erfolgreich abgeschlossen werden. Die Qualität der Gespräche entscheidet darüber, ob ein Ziel gut erreicht wird. Wer als Führungskraft darin investiert, seine Gesprächsrhetorik zu verbessern, optimiert seine persönliche Wirkung, benötigt weniger Zeit und Energie, um negative Prozesse im Zaum zu halten, und agiert in vielfältiger Weise zum Vorteil seines Unternehmens.

Beim Gespräch geht es zunächst einmal um einen gegenseitigen Austausch von Informationen. Hierfür reicht es allerdings längst nicht aus, dass die Gesprächspartner einfach nur hören und sprechen können. Sie müssen vielmehr in der Lage sein, sich gegenseitig und möglichst ohne Reibungsverluste zu verstehen. Das Ziel eines Gesprächs ist es, etwas zur gemeinsamen Sache zu machen. Die Gesprächsrhetorik umfasst also die effektive Gestaltung von Gesprächen. Es geht darum, eine gelungene Verständigung zu erreichen. Ob das gelingt, unterliegt allerdings zahlreichen Einflussfaktoren, wovon die emotionale Komponente die wohl bedeutendste ist. Gerade die zwischenmenschliche Kommunikation ist dadurch gekennzeichnet, dass die Effektivität eines Gesprächs in hohem Maße von psychologischen Aspekten abhängt. Hierdurch kann entweder ein fruchtbares Klima der gelungenen Verständigung entstehen oder das gegenseitige Verstehen ganz erheblich beeinträchtigt, sogar völlig gestört und in destruktive Bahnen gelenkt werden. Das kann (nicht nur) im beruflichen Umfeld zu enormen Defiziten führen und dabei eine echte Hürde für viele positive Entwicklungen darstellen.

Mithilfe einer professionellen Beherrschung der unterschiedlichen Elemente der Gesprächsrhetorik und deren umsichtiger Anwendung können Sie selbst entscheidend auf die Effizienz der Kommunikation im Unternehmen einwirken. Es liegt auf der Hand, dass gerade im Dialog die emotionale Situation der Gesprächspartner eine herausragende Rolle spielt. Wer die Regeln und Prinzipien der Gesprächsrhetorik kennt und praktiziert, macht Erfolg oder Misserfolg von Gesprächen nicht mehr vom Zufall abhängig. Vielmehr sind Sie in der Lage, Gesprächssituationen im Unternehmen gezielt zu beeinflussen, wodurch Sie zugleich eine Optimierung der Geschäftsprozesse sicherstellen.

5.3 Kommunikationsfähigkeit ist eine Schlüsselkompetenz

Die Gesprächsrhetorik, und das ist eine spezifische Eigenart dieser Disziplin, ist immer Theorie und Praxis zugleich. Nur mit Kenntnis der theoretischen Grundlagen kann das Gespräch in der Praxis seine volle Wirkung entfalten und so zum unternehmerischen Erfolg beitragen. Das ist in der heutigen Zeit von größter Bedeutung, auch für den eigenen Erfolg. Denn mit der wachsenden Bedeutung von Kommunikation in der gesamten Gesellschaft und aufgrund der insgesamt zunehmenden Komplexität sprachlicher Prozesse entwickeln sich kommunikative Fähigkeiten immer mehr zu Schlüsselqualifikationen. Was für jeden Mitarbeiter in einer auch nur halbwegs anspruchsvollen Position gilt, hat umso mehr Bestand für Führungskräfte.

Eine Führungskraft nimmt eine Sonderstellung innerhalb eines Unternehmens ein, mit ihrer Funktion als Leiter einer Gruppe (gleich welcher Größe) sind zunächst ganz grundsätzlich die folgenden Aufgaben verknüpft:

- Koordination, Organisation und Kontrolle aller Aktivitäten,
- Festigung und Aufrechterhaltung des Zusammenhalts aller Mitarbeiter,
- Koordination der Zusammenarbeit der eigenen Gruppe mit anderen Gruppen,
- Definition der Ziele bestimmter Aktivitäten.

Bei der Wahrnehmung all dieser Aufgaben wird von jeder Führungskraft erwartet, dass sie in der Lage ist, sich den Gegebenheiten der Gesamtsituation anzupassen: Es gilt, alle Ziele im Auge zu behalten, den Bedürfnissen, Erwartungen und Interessen der Mitarbeiter gerecht zu werden und die übergeordneten Aspekte des Unternehmensmanagements jederzeit zu beachten. Um diese Aufgaben erfolgreich und dies auch dauerhaft bewältigen zu können, sind unterschiedliche Fähigkeiten erforderlich. Wie auch immer diese Fähigkeiten im Einzelfall geartet sind, keiner der oben angeführten Aspekte kann ohne Gespräche gelöst werden. Das heißt, die Führungseffektivität hängt immer und in allererster Linie von der Kommunikationsfähigkeit ab. Würde man eine Skala unentbehrlicher Kompetenzen einer Führungskraft erstellen, stünde ganz sicher die Kommunikationsfähigkeit mit Abstand an erster Stelle und damit noch vor vielen anderen wichtigen Fachkompetenzen.

Keine Führungskraft kommt daran vorbei, tagtäglich meist sogar zahlreiche Gespräche (mit Kunden, Mitarbeitern, anderen Führungskräften, Zulieferern usw.) zu führen. Die Qualität und Effektivität dieser Gespräche ist mitentscheidend für alle anschließenden Geschäftsprozesse, insbesondere jedoch für die Zufriedenheit der Mitarbeiter (was sich wiederum auf den unternehmerischen Erfolg auswirkt) und nicht zuletzt für die Stärkung der eigenen Position. Denn zwischen der Ausstrahlungskraft, dem gesamten Auftreten einer Führungskraft und der Art und Weise der Gesprächsführung, also ihrer Kommunikation, besteht ein ganz unmittelbarer Zusammenhang. Eine Führungskraft wird erst als eine solche anerkannt, wenn auch ihre Ausstrahlung stimmt: Kommunikationsschwäche wird mit einer schwachen Persönlichkeit gleichgesetzt – Kommunikationsstärke mit einer starken Persönlichkeit. Mangelerscheinungen hinsichtlich der persönlichen Kompetenz bei der Gesprächsführung können sich nur negativ auswirken. Das kann zu weitreichenden Konsequenzen führen.

Ganz unabhängig davon können es sich viele Unternehmen in Anbetracht der meist verschärften Wettbewerbssituation schlichtweg nicht mehr leisten, wenn aufgrund von Kommunikationsstörungen und Defiziten im Gespräch Potenziale ungenutzt bleiben oder verloren gehen. Und natürlich sind hier zuallererst die Führungskräfte gefragt. Gerade sie können sich eben nicht aus der Verantwortung stehlen. Bspw. ist es in vielen Unternehmen noch immer gängige Praxis, dass einige Verantwortliche vor Konfrontationen geradezu fliehen oder Konflikte unter den Teppich kehren. Dies bekommt keinem Unternehmen gut und ist zudem ein Zeichen fehlender Souveränität der Führungskräfte, zeigen sie sich damit doch unfähig oder wenigstens nicht willens, sich der Situation zu stellen und Probleme zu lösen.

Ähnlich verhält es sich mit der Informationspolitik. Häufig wird es als quälende Pflicht angesehen, einer der wichtigsten Verpflichtungen nachzukommen und die Informationsversorgung sicherzustellen. Mittlerweile dürfte längst klar sein, dass eine zähe oder nachlässige Informationsversorgung der Mitarbeiter nicht nur die Motivation rapide sinken lässt, sondern obendrein noch einen effektiven Ablauf der Arbeit gefährdet. Es kommt eben doch darauf an, ob notwendige Informationen erst mühsam herbeigeschafft werden müssen oder ob sie ganz selbstverständlich weitergegeben werden. Wenn an dieser Stelle das große Schweigen herrscht, ist dies nicht weniger kontraproduktiv als – auch das kommt natürlich vor – ein ins Überflüssige abdriftendes Gerede. Denn auch das kommt vor: In zahlreichen Gesprächen geht es nur noch um Belanglosigkeiten, Nebensächliches und um ein Abspulen austauschbarer Phrasen, wobei das Wesentliche auf der Strecke bleibt.

Die Aufgabe der Führungskraft ist es, hier mit gutem Beispiel voranzugehen und lenkend, im Sinne des Unternehmens, eine Optimierung der Gesprächssituationen herbeizuführen. Es geht darum, die Instrumente der Gesprächsrhetorik intelligent und durchaus auch einfühlsam einzusetzen. In zukunftsfähigen Unternehmen steht Kooperation aller Zugehörigen an vorderster Stelle; es ist einfach nicht sinnvoll, wenn jeder im engen Rahmen für sich selbst agiert – schließlich ist es wesentlich effektiver, wenn alle an einem Strang ziehen, und zwar in dieselbe Richtung. Effektive Gespräche können hier in die richtige Richtung lenken und obendrein – etwa durch die Verminderung von Störungen, Missverständnissen und Fehlinterpretationen – eine positive Dynamik freisetzen.

Es ist eine Frage der Loyalität zur Unternehmensgemeinschaft, dass jede Führungskraft die Potenziale der Mitarbeiter als wichtige Ressourcen nutzen und nicht etwa blockieren sollte. Mit Gesprächen können, neben der Kommunikation von Sachinhalten, auch Beziehungen aufgebaut und gepflegt werden. Dafür ist es allerdings auch notwendig, dass vor allem bei den Führungskräften eine Selbstreflexion einsetzt. Wer noch immer partout der Meinung ist, aufgrund seiner hervorgehobenen Stellung aus Prinzip auf starren Positionen beharren zu können, flieht damit vor einer Realität, die nämlich auch die Möglichkeit bereitstellt, dass Gespräche keine Wortgefechte sind. Gelungene Gespräche kennen daher auch keine Verlierer, hier geht es um die gemeinsame Sache, also um einen Zugewinn für alle Seiten.

5.4 Auf den Führungsstil kommt es an

Menschen zu führen, anzuleiten, sie zur Entfaltung ihrer Potenziale hinsichtlich einer gemeinsamen Aufgabe zu bewegen und die entstehenden Kräfte auch noch effektiv zu bündeln, ist schwierig. Wenn es dann noch gilt, nachhaltig erfolgreich zu führen, was voraussetzt, dass auch die Interessen und Bedürfnisse der Mitarbeiter ernst genommen und berücksichtigt werden, liegt es auf der Hand, dass die wichtigsten Voraussetzungen in der

Persönlichkeit der Führungskraft liegen. Eine Führungskraft kann sich zwar allein auf ihre Position berufen und hieraus ihre Autorität beziehen, allerdings werden sich die Menschen dann der Position unterordnen, sich jedoch nicht gemeinsam mit einer herausragenden Persönlichkeit einer Sache widmen. Eine beständige und dynamische Kooperation kann auf diese Weise weder entstehen noch bestehen, wenn die Grundlage aus dünnem Eis und aus nicht mehr als einer Mischung aus Gehorsam und Unterordnung gebaut ist. Eine solche, doch sehr eindimensionale Form der „Zusammenarbeit" ist immer brüchig und permanent von Widerständen unterschiedlichster Ausprägung bedroht.

Der machtgestützten, auf der Autorität kraft eines Amtes basierenden Führung steht eine Führung durch Persönlichkeit gegenüber. Wo Potenziale, Kreativität, Motivation und Freude an der Arbeit ansonsten oft schon im Keim erstickt werden, bewirkt die Führung durch eine starke Persönlichkeit genau das Gegenteil: Die Menschen sind motiviert und bereit, große Leistungen zu bringen, und wollen sich viel eher konstruktiv am gemeinsamen Prozess beteiligen. Das Arbeitsklima wird entscheidend verbessert, das gesamte Leistungsvermögen gesteigert, der Krankenstand gesenkt und folglich der Erfolg eines Unternehmens vergrößert, wenn an der Spitze Persönlichkeiten mit einer besonderen Ausstrahlungskraft stehen.

Gemeint sind souveräne Persönlichkeiten, die über ein besonderes Charisma verfügen. Individuelle Souveränität findet sich dabei, wie zuweilen vielleicht missverständlich gemeint wird, immer fernab jeder Überheblichkeit. Es gilt nicht, abgehoben über den Dingen zu stehen, sondern mittendrin und im Zentrum der Realität. Das souveräne Individuum ist in der Lage, sein Denken und Handeln eigenverantwortlich und selbstbestimmt zu gestalten. Es hat es nicht nötig, sich mit fremden Federn (oder eben der Macht einer Position) zu schmücken und agiert aus einer inneren Sicherheit heraus. Die souveräne Führungskraft ist sich ihrer Verantwortung bewusst, sie verfügt dabei über ein gesundes Selbstwertgefühl und ausreichend Selbstvertrauen, um auch schwierige Phasen und Herausforderungen zu bewältigen. Ihr positives Selbstwertgefühl ermöglicht es ihr, Mitmenschen und Situationen aufgeschlossen gegenüberzutreten, statt sich von ihnen abzugrenzen. Natürliche Souveränität kommt aus der Tiefe der eigenen Persönlichkeit und ist niemals positionsgebunden.

Und eben einer solchen Führungspersönlichkeit folgen die Menschen nicht aus einem diffusen Pflichtgefühl, sondern weil ihre Führungskraft authentisch ist, weil sie ihr glauben und vertrauen. Ein souveräner Führungsstil basiert also auf einer starken, möglichst sogar charismatischen Persönlichkeit und offenbart sich vornehmlich im Kommunikationsverhalten, im Dialog mit den Mitarbeitern. Im Gespräch zeigt sich meist sehr schnell, inwieweit es sich bei einer Führungskraft tatsächlich um eine gefestigte und souveräne Persönlichkeit handelt. Tatsächlich erfordert es eine gewisse Charakterstärke, sich auf einen Gesprächspartner einzustellen und dabei die grundsätzliche Unterschiedlichkeit der kommunizierenden Menschen überhaupt wahrzunehmen und auch anzuerkennen und dann zum Ausgangspunkt eines konstruktiven Gesprächs zu machen. Nirgendwo sonst treffen verschiedene Persönlichkeiten so unmittelbar aufeinander wie im Gespräch. Und jedes Gespräch endet nicht allein mit einer Informationsübertragung oder -weitergabe, sondern immer auch mit einem bestimmten Gefühl. Eben dieses Gefühl ist es, das einen Mitarbeiter empfinden lässt, ob er die Führungskraft als souveräne Persönlichkeit – und also als tatsächlich legitimierte Führungspersönlichkeit – annimmt oder nicht.

Längst nicht in allen Fällen sind die Führungskräfte eines Unternehmens dazu in der Lage, explizit darzulegen, wie es um die Gesprächskultur im eigenen Unternehmen bestellt ist. Der Grund dafür ist manchmal so erschreckend wie einfach: Sie haben sich noch gar keine Gedanken darüber gemacht, wie es um die interne Unternehmenskommunikation steht. Wird sie dann doch einmal thematisiert, kommt es nicht selten zu Fehleinschätzungen, die oftmals eher einer Wunschvorstellung entsprechen als der Realität. Denn welche Gesprächskultur im Unternehmen herrscht, wird von mehreren Instanzen, nämlich sowohl von den Führungskräften als auch von den Mitarbeitern (um noch gar nicht von den Kunden zu sprechen), beurteilt und von diesen Instanzen sind die Führungskräfte zahlenmäßig immer die Minderheit. Um hier zu einem der Realität entsprechenden Ergebnis zu kommen, erfordert es also eine genaue Wahrnehmung, die der Objektivität verpflichtet ist.

Ob die im Unternehmen praktizierte Kommunikation in der Lage ist, eine Gesprächskultur zu tragen, oder ob hier eher von einer Unkultur gesprochen werden sollte, lässt sich an den elementaren Bausteinen Authentizität, Vertrauen und Wertschätzung festmachen. Nur eine authentische Kommunikation ist glaubwürdig und dazu geeignet, Vertrauen zu wecken.

Leider verleitet eine eingehendere Beschäftigung mit den Themen Kommunikation und Gesprächsrhetorik viele Führungskräfte dazu, ihre Rhetorik im Sinne einer Kampfrhetorik quasi als Waffe einzusetzen, nicht aber als Instrument eines konstruktiven Managements. Deshalb ist der Begriff Rhetorik mittlerweile auch schon fast negativ besetzt: Zu häufig findet er sich nur noch im Kontext bestimmter Techniken und Strategien, die auf Manipulation abzielen, einen Gesprächspartner „abwehren" oder „mundtot" machen wollen. In Aussicht steht dann ein demonstrativer Beweis der Durchsetzungskraft und Führungsstärke. Dies wird eine souveräne Führungskraft einerseits nicht nötig haben, trifft andererseits auch nicht die Tatsachen und widerspricht zudem allen Regeln der Gesprächsrhetorik. Mithilfe entsprechender Techniken lassen sich allenfalls sehr kurzfristige Triumphe feiern, auf Dauer greifen sie zu kurz und beschwören Konflikte und destruktive Prozesse geradezu herauf.

Eine kultivierte Gesprächsrhetorik basiert zuerst auf der Authentizität der Gesprächspartner. Diese geht zwangsläufig verloren, sobald an irgendeiner Stelle eine Rolle gespielt oder eine fadenscheinige Maske aufgesetzt wird. Die Authentizität geht dann vor allem deshalb verloren, weil ein Gesprächspartner fast gar nicht so naiv sein kann, nicht zu spüren, dass er es mit einem aufgesetzten Verhalten zu tun hat. Dadurch wird nicht nur das Ansehen einer Person geschmälert, die Folge ist immer ein Verlust der Glaubwürdigkeit. Dies gilt übrigens nicht nur für den Einsatz einer wie auch immer gearteten Kampfrhetorik, sondern nicht weniger auch für die „soften" Manipulationen durch Schmeicheleien, unaufrichtiges Loben usw. Eine starke Führungskraft ist in sich kongruent und wird dementsprechend kommunizieren. Eine Führungskraft, die meint, was sie sagt, und dazu steht, wirkt echt, während jede Kaschierung für den Gesprächspartner immer eine gekünstelte Komponente beinhaltet.

Die Folge ist ein Vertrauensverlust: Alle Gesprächsinhalte, fast jedes Wort und sogar der Gesprächspartner als Persönlichkeit selbst, werden angezweifelt, wodurch letztendlich eine vergiftete Atmosphäre entsteht. Und ein einmal verspieltes Vertrauen lässt sich bekanntlich so schnell nicht wieder zurückgewinnen. Seien Sie sich sicher, Ihre Mitarbeiter spüren (wie alle anderen Gesprächspartner auch), wo ein Schauspiel beginnt und an welcher Stelle Authentizität aufhört.

Eine Führungskraft, die ihren Mitarbeitern etwas vormacht, zeigt zugleich – und das sollte nicht vergessen werden –, dass auch sie ihren Mitarbeitern nicht vertraut. Dies beinhaltet dann immer auch einen Mangel an Wertschätzung des Mitarbeiters. Denn wem wir selbst nicht vertrauen, der wird uns nicht nur kein Vertrauen schenken – er könnte es dahingehend empfinden, er sei es nicht wert, dass ihm Vertrauen entgegengebracht wird. Mit einem authentischen Gespräch können sachliche Aspekte auf der einen Seite geklärt werden, zugleich können wir parallel unsere Wertschätzung des Gegenübers verdeutlichen. Und eben damit wird eine solide Basis für eine kooperative, konfliktfreie Zusammenarbeit ohne Reibungsverluste geschaffen.

Gesprächskultur im Unternehmen bedeutet eine offene Begegnung auf gleicher Augenhöhe mit dem Ziel, wirklich vorwärtszukommen und etwas zu bewirken. Hier stehen sich Partner gegenüber, die ein gemeinsames Ziel haben und einen entsprechenden Umgangston pflegen und sich gerade deshalb auf das Wesentliche konzentrieren können. Alles andere weckt störende Emotionen, weshalb eine gute Führungskraft im Gespräch durchaus auch Einfühlungsvermögen zeigen kann, um situationsgerecht und personenspezifisch den jeweils richtigen Umgangston zu treffen.

5.5 Souveräne Führungsarbeit

Die Souveränität einer Führungskraft zeigt sich in konkreten Gesprächssituationen. Mit vielen Gesprächen ist eine ganz klare Absicht verbunden, bspw. einen Mitarbeiter zu motivieren oder auch zu kritisieren. Allerdings ist nicht von vornherein gewährleistet, dass die ursprüngliche Zielsetzung auch erreicht werden kann. Um beispielsweise einen Konflikt zu entschärfen, bedarf es einer sensiblen Vorgehensweise. Ein solches Gespräch kann nur dann erfolgreich verlaufen, wenn hier alle Zufallselemente zugunsten einer zielgerichteten Systematik ausgeklammert werden. Dies gilt vor allem für schwierige Gesprächssituationen: Nicht selten führen falsch geführte Gespräche, mit denen etwa ein Konflikt beseitigt werden soll, eher noch zur Verhärtung oder sogar zur Eskalation von bestehenden Konflikten. Fehler bei der Gesprächsführung können hier zu überaus kontraproduktiven Auswirkungen führen und sind immer für alle Beteiligten wenig erfreulich. Gelungene Gespräche vertiefen dagegen die Beziehungen, verbessern auch das künftige Kommunikationsverhalten und leisten einen oft entscheidenden Beitrag zum effektiven Ablauf der Unternehmensprozesse.

Motivationsgespräch: Materielles ist nicht der stärkste Motivator Jedes Unternehmen braucht leistungsfähige und motivierte Mitarbeiter. Deshalb zählt es zu den wichtigsten Fähigkeiten der Führungskräfte, dass sie es verstehen, ihre Mitarbeiter zu motivieren. Mittlerweile dürfte allen bekannt sein, dass bei unmotivierten Mitarbeitern nicht nur die generelle Leistungsbereitschaft abnimmt – unmotivierte Menschen sind zudem auch eine Gefahr für das allgemeine Betriebsklima. Tatsächlich ist fehlende Motivation geradezu ansteckend, schnell ist ein Mitarbeiter von der Lustlosigkeit eines anderen infiziert. Folglich ist es eine sehr wichtige Aufgabe der Führungskräfte, Motivationsgespräche zu führen. Allerdings erfordern effektive Motivationsgespräche immer ein psychologisches Hintergrundwissen. Denn die Motivation, eine bestimmte Handlung auszuführen (oder zu unterlassen), hängt zunächst von zwei grundlegenden Faktoren ab:

Zum einen muss der Handlungszweck für wichtig und bedeutsam gehalten werden. Handlungszwecke, die von der Person als unwichtig und unbedeutend eingestuft werden, können keine Leistungsbereitschaft wecken. Wichtiger noch ist der zweite Faktor, denn der Mitarbeiter muss die Situation so interpretieren, dass er die Verwirklichung der Handlungszwecke in einen kausalen Zusammenhang mit seinem eigenen Handeln bringt. Das heißt, die Motivation der Mitarbeiter hängt nicht nur davon ab, dass sie eine Sache als wichtig einstufen, sie müssen auch erkennen, dass ein Ziel auch wirklich durch das eigene Handeln erreichbar ist.

Plumpes Lob und anspornende Worte allein sind also zur Mitarbeitermotivation mitunter völlig ungeeignet. Motivationsgespräche eignen sich einerseits, um einem Nachlassen der Leistungsbereitschaft vorzubeugen, und sind andererseits ein Mittel, um neue Motivation zu wecken. In beiden Fällen geht es darum, den Mitarbeitern zunächst den Sinn einer Sache zu verdeutlichen. Das Motivationsgespräch ist also vor allem ein Informationsgespräch, mit dem die notwendigen Hintergrundinformationen geliefert werden. Erst diese verdeutlichen den Sinn und die Relevanz einer Angelegenheit. Dabei ist es unerlässlich, dass eine Zielsetzung im Bereich des Erreichbaren liegt, also realistisch ist. Ein Mitarbeiter, der erkennt, dass seine persönliche Leistung ein wichtiger Beitrag zum Ganzen ist, gewinnt eine größere Motivation als ein anderer, der die Bedeutung seines Einsatzes nicht klar erkennen kann.

Schließlich benötigt jeder Mensch noch eine von außen zugeführte Motivation. Diese gibt einen weiteren Anreiz, um die Leistungsbereitschaft zu halten oder neu zu wecken. Häufig wird hier Geld als Lockmittel eingesetzt. Die materiellen Aspekte sind hier jedoch nur eine Seite der Medaille. Tatsächlich hat hier die Zufriedenheit der Mitarbeiter einen weitaus höheren Stellenwert. Selbstverständlich ist ein angemessenes Gehalt eine wichtige Basis für eine hohe Leistungsbereitschaft der Mitarbeiter, wichtiger noch ist jedoch die persönliche Zufriedenheit im Arbeitsumfeld.

Bei Motivationsgesprächen geht es deshalb also auch darum, die Bedürfnisse der Mitarbeiter zu erkennen und die materielle Frage „Wie viel wollen Sie?" durch die immaterielle Frage „Was wollen Sie?" zu ersetzen. Eine Motivation der Mitarbeiter an deren eigentlichen Bedürfnissen vorbei ist generell nur sehr bedingt möglich. Die Motivation und Zufriedenheit der Mitarbeiter ist zu großen Teilen vom Führungsstil ihrer Vorgesetzten abhängig. Und dieser offenbart sich vor allem im Kommunikationsstil. Deshalb ist gerade bei Motivationsgesprächen besonderes Einfühlungsvermögen gefragt.

Beachten Sie bei allen Motivationsgesprächen:

- Ein extrem wichtiger Faktor für die Motivation der Mitarbeiter sind Informationen.
- Machen Sie den Sinn einer Sache transparent und verständlich.
- Verdeutlichen Sie, was welche Folgen mit sich bringt.
- Vermeiden Sie Floskeln und platte Allgemeinsätze.
- Nehmen Sie auch die Bedürfnisse Ihrer Mitarbeiter ernst, hören Sie ihnen zu, und suchen Sie nach einer partnerschaftlichen Lösung, von der alle Seiten profitieren.
- Stellen Sie Ihren Mitarbeitern Fragen!
- Bieten Sie Anreize und denken Sie dabei nicht nur an materielle Aspekte; in vielen Fällen sind es gerade Dinge wie zum Beispiel mehr Selbstständigkeit, ein größerer Verantwortungsbereich und mehr Handlungsspielraum, die die Motivation steigern.
- Motivieren Sie nicht um jeden Preis, übertreiben Sie also nicht damit, Mitarbeiter zu motivieren. Wenn Sie einen Mitarbeiter permanent motivieren wollen, zeigen Sie damit zugleich auch, dass Sie seine aktuelle Motivation anzweifeln und für nicht ausreichend halten.
- Motivierbarkeit hat ihre Grenzen – wer diese nicht anerkennt, bewirkt oft nur das Gegenteil.

Anerkennungsgespräch: Viele Führungskräfte tun sich schwer damit Wenn Anerkennung dauerhaft ausbleibt, wird dies von Ihren Mitarbeitern als Missachtung ihrer Leistungen und als mangelnde Wertschätzung betrachtet. Die Folge ist häufig ein Motivationsverlust. Anerkennungsgespräche sind damit immer auch zugleich Motivationsgespräche, allerdings steht hier nicht die Leistungssteigerung, sondern allein das Aussprechen der Anerkennung selbst im Vordergrund. Obwohl es für die Mitarbeiter eines Unternehmens eine echte Wohltat ist, Anerkennung ausgesprochen zu bekommen, und ein Anerkennungsgespräch ausschließlich erfreuliche Seiten hat, tun sich viele Führungskräfte erstaunlich schwer, ihre Wertschätzung zum Ausdruck zu bringen. Statt mit einem echten Gespräch werden die Mitarbeiter lieber mit etwas steifen Belanglosigkeiten im Vorbeigehen oder einfallslosen Standardformulierungen „belohnt". Anerkennung auszusprechen, wird von einigen Führungskräften als lästige Verpflichtung wahrgenommen und zuweilen tatsächlich ganz vermieden. Im Gegensatz zu Kritikgesprächen (die müssen schließlich sein) werden Anerkennungsgespräche eher als unbedeutende Nebensächlichkeit eingestuft oder fehlen ganz im rhetorischen Repertoire der Führungskraft.

Doch wenn Sie sich über etwas gefreut haben, mit den Leistungen oder über die Entwicklungen eines Mitarbeiters wirklich zufrieden sind: Warum sollten Sie es nicht auch sagen? Anerkennungsgespräche sind eine Auszeichnung für den Mitarbeiter und sind obendrein fester Bestandteil einer guten Unternehmenskommunikation. Mit dem Aussprechen von Anerkennung steigern und erhalten Sie die Leistungsbereitschaft Ihrer Mitarbeiter und investieren außerdem hinsichtlich der Zufriedenheit des Einzelnen.

Darüber hinaus zeigen Sie mit Anerkennungsgesprächen, dass Sie über die internen Abläufe auf dem Laufenden sind. Denn während sich Fehler und Probleme meist schnell herumsprechen, verpuffen gute Leistungen weitaus schneller – sie werden nur von einer aufmerksamen Führungskraft wahrgenommen.

Anerkennungsgespräche sollten niemals konstruiert werden, sondern nur stattfinden, wenn es einen echten Grund dafür gibt – dann allerdings gilt es, keine Chance zu verpassen, um den Mitarbeitern Anerkennung auszusprechen.

Effektive Anerkennungsgespräche folgen einer festen Struktur:

- Achten Sie darauf, dass Sie das Gespräch positiv beginnen und ebenso positiv beenden.
- Gehen Sie nach der Begrüßung auf den Sachverhalt als solchen ein, und stellen Sie die positiven Seiten in den Vordergrund.
- Geben Sie anschließend dem Mitarbeiter Gelegenheit, sich ebenfalls zum Sachverhalt zu äußern.
- Formulieren Sie danach ganz klar Ihre persönliche Anerkennung und nennen Sie Gründe, warum Sie eine Leistung anerkennen.
- Vergessen Sie nicht, vor der Verabschiedung etwaige positive Perspektiven oder Folgeeffekte aufzuzeigen.

Sehr wichtig ist bei Anerkennungsgesprächen, dass Sie ganz klar Ihre persönliche Sichtweise ausdrücken. Außerdem sollten Sie es grundsätzlich vermeiden, die geäußerte Anerkennung direkt wieder zu relativieren. Und es gilt der Grundsatz, Anerkennung niemals mit Kritik zu verknüpfen.

Kritikgespräch: Hier geht es um die Sache, nicht um den Menschen! Einem Kritikgespräch geht immer ein unerfreulicher Anlass voraus: Meist ist einem Mitarbeiter ein schwerwiegender Fehler, vielleicht sogar eine ganze Kette von Patzern unterlaufen, die sich dann summieren und zu negativen Folgeeffekten führen; oder es hat ein Fehlverhalten gegeben, das Sie als Führungskraft nicht dulden können. Wo gearbeitet wird, unterlaufen nun einmal große und kleine Fehler, gerade in Stresssituationen. Vor notwendig gewordenen Kritikgesprächen gilt es daher zunächst immer, die jeweils gegebene Situation gründlich zu analysieren. Es macht durchaus einen Unterschied, unter welchen Umständen und Rahmenbedingungen etwas schiefgelaufen ist und ob es sich bei einem Fehler um eine seltene Ausnahme oder um ein wiederholtes Auftreten handelt. Auch ist zu berücksichtigen, ob ein Fehler oder ein Fehlverhalten auf kontinuierlicher Nachlässigkeit beruht oder einem ansonsten sehr zuverlässigen Mitarbeiter, der gerade extrem viel um die Ohren hat, unterlaufen ist. Einige Fehler können ganz einfach passieren und sind in bestimmten Situationen auch kaum zu vermeiden, andere wiederum können durchaus als echtes Ärgernis angesehen werden.

Ein Kritikgespräch hat die Aufgabe, die entsprechenden Relationen herzustellen, die Sachlage und auch die Rahmenbedingungen offen beim Namen zu nennen und entweder eine Korrektur herbeizuführen oder eine Fehlerprophylaxe für die Zukunft zu erreichen.

Ein effektives Kritikgespräch erfordert dabei immer etwas Geschick, denn niemand lässt sich gerne kritisieren.

Bei Kritikgesprächen geht es vor allem darum, eine vertrauensvolle, konstruktive, offene und sachliche Atmosphäre zu schaffen. Der oberste Grundsatz heißt dabei: Es geht um die Sache, nicht um den Menschen! Der Fehler, der konkrete Vorfall steht im Vordergrund des Gesprächs, nicht aber der Mensch, der ihn verursacht hat. Es gilt, objektiv und mit Sachverstand über die Angelegenheit selbst zu sprechen und nicht den Menschen anzugreifen und in die Defensive zu drängen. Sieht sich ein Mitarbeiter als Person infrage gestellt, wird er dies als persönlichen Angriff interpretieren und mit Widerstand, Abwiegelungen oder auch Gegenangriffen reagieren. Damit wäre das eigentliche Ziel des Gesprächs, die Korrektur und/oder Vermeidung von Fehlern, verfehlt.

Für Kritikgespräche gelten die folgenden Grundsätze:

- Sprechen Sie über die Sache, nicht über den Menschen.
- Sprechen Sie den Fehler direkt und offen an und nicht über drei Ecken.
- Vergewissern Sie sich vor dem Gespräch, dass Sie den Sachverhalt tatsächlich kennen.
- Geben Sie dem Kritisierten Gelegenheit zur eigenen Stellungnahme.
- Bieten Sie Auswege und Lösungen an. Versuchen Sie, gemeinsam mit dem Mitarbeiter Korrekturvorschläge und Möglichkeiten zur Fehlervermeidung zu finden.
- Kritikgespräche finden immer unter vier Augen und niemals vor Dritten statt.

Gruppengespräch: Nur mit klarer Zielsetzung und Struktur Wo mehrere Menschen aufeinandertreffen, um wichtige Angelegenheiten und ungeklärte Fragen zu besprechen, entstehen schnell Kontroversen, und nur selten herrscht harmonisches Einvernehmen. Bei Gruppengesprächen kommt es zu Konstellationen, die eine unvorhersehbare Dynamik – im positiven wie auch im negativen Sinne – entwickeln können. Die Teilnehmer werden nicht nur mit unterschiedlichen Meinungen, sondern auch mit verschiedenartigen Charakteren konfrontiert. Einige Teilnehmer sind möglicherweise leicht aufbrausend, andere sind eher zurückhaltend; einer neigt dazu, das eigentliche Thema aus den Augen zu verlieren, ein anderer ist für seine systematische Vorgehensweise bekannt usw.

Deshalb ist es schwierig, den Ansprüchen der einzelnen Teilnehmer gerecht zu werden und sich dabei auch noch der ursprünglichen Zielsetzung effektiv anzunähern. Wichtig ist daher ein möglichst kontrollierter Ablauf, damit die Besprechung nicht aus dem Ruder läuft und anschließend doch wieder nichts erreicht wurde. Keinesfalls dürfen die Teilnehmer im Nachhinein oder schon während des Meetings das Gefühl erhalten, mit der Besprechung nur ihre Zeit zu verplempern. Damit der Erfolg eines Gruppengesprächs nicht dem Zufall überlassen bleibt, ist immer ein Moderator erforderlich, der für einen klar strukturierten Ablauf sorgt. Wichtig ist hierbei, dass die Zielsetzungen und Themenstellungen des Gruppengesprächs schon im Vorfeld möglichst präzise eingegrenzt und im Rahmen einer Agenda schriftlich fixiert werden. Dieser Besprechungsplan sollte schon vor dem Gespräch an die Teilnehmer ausgegeben werden, damit sie sich angemessen auf die Thematik vorbereiten können.

Während des Gesprächs ist es die Aufgabe des Moderators, für eine konstruktive Atmosphäre zu sorgen, auch dadurch, dass die Redeanteile gleichmäßig verteilt werden. Es ist darauf zu achten, dass jeder, der einen Beitrag zu leisten hat, ihn auch anbringen kann. Fingerspitzengefühl ist dabei erforderlich, das Gespräch immer wieder auf das Wesentliche zurückzuführen. Sobald sich endlose Diskussionen entwickeln, Nebensächlichkeiten in den Fokus geraten oder wichtige Aspekte nur noch zerredet werden, ist ein entschlossener Eingriff notwendig, weil die Besprechung andernfalls entgleitet und unfruchtbar zu werden droht.

Gruppengespräche dürfen sich nicht endlos und unnötig in die Länge ziehen. Gespräche, die sich nicht vom Fleck bewegen oder immer nur um die gleichen Dinge kreisen, führen zu keinen brauchbaren Resultaten. Eine Agenda mit klar definierter Zielsetzung und logisch aufbauender Struktur ist am besten geeignet, um einen Fortschritt in der Diskussion für alle Teilnehmer sichtbar zu machen.

Unerlässlich ist ein Gesprächsprotokoll (wofür zuvor ein Protokollführer zu bestimmen ist), das die Kernaussagen des Gesprächs nochmals zusammenfasst. Aus dem Protokoll wird auch ersichtlich, welche Einigungen gefunden wurden, an welchen Stellen Konsens besteht und welche Aspekte ggf. ungeklärt geblieben sind. Unbedingt sollte im Protokoll auch enthalten sein, wie sich die weitere Vorgehensweise gestaltet, was also bis wann umgesetzt wird.

Trennungsgespräch: Hier zeigt sich das wahre Gesicht einer Führungskraft Das mit Abstand unerfreulichste aller Gespräche ist ganz gewiss das Trennungsgespräch. Das Ziel ist extrem klar definiert und ohne Alternative: die Beendigung des Arbeitsverhältnisses. Ein Trennungsgespräch gehört zu den schwierigsten Gesprächen überhaupt und sollte keinesfalls unterschätzt werden. Falls einige Führungskräfte denken mögen, dass es doch nun wirklich nicht mehr auf die Form und Art der Durchführung des Gesprächs ankommt, ist dies ein großer Irrtum. Gerade im Ablauf eines Trennungsgesprächs offenbart sich das wahre Gesicht eines Unternehmens. Zugleich ist ein professionell geführtes Trennungsgespräch mehr als eine Frage des Stils. Sie können sich ganz sicher sein, dass die gesamte Belegschaft den Verlauf jeder Kündigung genauestens, mit gespitzten Ohren und offenen Augen verfolgt. Gleichzeitig ist ein gekündigter Mitarbeiter meist nur zu gerne bereit, über etwaige Taktlosigkeiten im Trennungsgespräch Auskunft zu geben. Die verbleibenden Mitarbeiter erfahren also alles (und manchmal noch etwas mehr) und werden sich im Zweifelsfall mit dem gekündigten Kollegen solidarisieren. Dadurch kann, verursacht durch schlecht geführte Trennungsgespräche, eine nur schwer wieder zu überbrückende Kluft zwischen den Mitarbeitern und der Geschäftsführung entstehen. Und hierbei handelt es sich um unnötige Spannungen, die vermieden werden sollten.

Wenn Sie also generell auf eine gute Unternehmenskultur setzen, können Sie sich nicht ausgerechnet im Trennungsgespräch davon verabschieden – andernfalls ist Ihre Glaubwürdigkeit ernsthaft in Gefahr. Fehler, Taktlosigkeiten und fehlende Sensibilität im Trennungsgespräch bleiben (nicht nur beim Gekündigten) haften. Auch wäre es nicht das erste Mal, dass derartige Kapriolen auch nach außen dringen, wodurch dann das gesamte

Unternehmen diskreditiert wäre. Es kann nicht von Vorteil sein, wenn Kunden, Lieferanten oder wer auch immer den Eindruck gewinnen, dass ein Unternehmen bei der Kündigung ruppig mit seinen Mitarbeitern umspringt.

Gerade bei Trennungsgesprächen ist also höchste Professionalität, zugleich aber auch Entschlossenheit gefragt. Auch hinsichtlich der Rahmenbedingungen dürfen keine Unstimmigkeiten oder gar Widersprüche auftreten – alle involvierten Führungskräfte müssen unbedingt an einem Strang ziehen und über denselben Kenntnisstand verfügen.

- Klären Sie zunächst, wer das Gespräch führen wird – beachten Sie dabei, dass hier Erfahrung hilfreich ist. Der entsprechende Mitarbeiter muss seine Gesprächspartner unbedingt kennen und sollte nicht den Eindruck gewinnen, dass sich hier jemand aus der Affäre ziehen will. Das Trennungsgespräch wird von maximal drei Personen geführt (der Mitarbeiter plus maximal zwei Führungskräfte).
- Treffen Sie zuvor exakte interne Absprachen hinsichtlich der genauen Vorgehensweise inkl. der administrativen Aspekte, und klären Sie auch, ob und wo ggf. noch Spielräume sind, die verhandelt werden können.
- Klären Sie den genauen Austrittstermin unter Berücksichtigung von Resturlaubstagen, Überstunden etc. Bedenken Sie dabei, dass eine sofortige Freistellung als echter Rausschmiss interpretiert werden kann.
- Listen Sie detailliert auf, welche Zahlungen noch ausstehen (Gehalt, Abfindung, Urlaubs- und Weihnachtsgeld, Überstundenvergütung).
- Denken Sie daran, dass dem Mitarbeiter ein Zeugnis zusteht.

Das Trennungsgespräch selbst ist eine heikle Aufgabe, zumal wenn Sie bedenken, dass eine Kündigung den Mitarbeiter zuweilen völlig unvorbereitet trifft und eine persönliche Tragödie sein kann. Berücksichtigen Sie daher die folgenden Aspekte:

- Führen Sie das Gespräch entschlossen, jedoch nicht gefühllos. Ihre persönliche Anteilnahme können Sie durchaus zum Ausdruck bringen.
- Nennen Sie dem Mitarbeiter den wahren Grund für die Kündigung, ohne dabei zu weit auszuholen. Wenn der Mitarbeiter zu erkennen gibt, dass ihm die Gründe nicht ausreichen, können Sie ausführlicher werden.
- Floskeln jeder Art sind hier völlig fehl am Platz („Das wird schon wieder").
- Machen Sie dem Mitarbeiter keine falschen Hoffnungen, geben Sie keine Versprechungen, die Sie nicht halten können. Vermeiden Sie Missverständnisse jeder Art und bleiben Sie bei den Fakten.
- Nehmen Sie sich für Trennungsgespräche ausreichend Zeit, lassen Sie keine Eile aufkommen und sorgen Sie unbedingt dafür, dass Sie nicht gestört werden.
- Seien Sie nachsichtig, wenn beim Mitarbeiter Emotionen hochkochen – die Situation ist für ihn wesentlich dramatischer als für Sie.

- Versuchen Sie den Drang, unangenehme Gesprächspausen mit weiteren Ausführungen zu füllen, zu unterbinden. Gerade hier zeugt der Mut, auch einen Augenblick zu schweigen, von Stil und Format. Lassen Sie den Mitarbeiter unbedingt ausreden.

Denken Sie nach einem Trennungsgespräch immer daran, die übrigen Mitarbeiter zu informieren. Warten Sie damit nicht zu lange, denn Ihre Mitarbeiter erfahren ohnehin, was vorgefallen ist. Eine offizielle, direkte Information ist einer ins Brodeln geratenden Gerüchteküche immer vorzuziehen. Eine Selbstverständlichkeit ist natürlich, dass der zu kündigende Mitarbeiter als Erster von seiner Kündigung erfährt, niemals darf er es über geheimnisvolle Umwege schon vor dem Trennungsgespräch erfahren!

5.6 Konstruktiv mit Konflikten umgehen

Wenn Sie Ihre kommunikativen Fähigkeiten gezielt einsetzen und in Gesprächen auf die oben beschriebenen rhetorischen Grundsätze achten, haben Sie und Ihr Unternehmen einen großen Vorteil: weniger destruktive Konflikte, die den Geschäftsablauf und ein reibungsloses Miteinander stören. Doch die zwischenmenschliche Interaktion und Kommunikation verläuft selbst unter guten Vorzeichen nicht immer reibungslos. Im Gegenteil: Gegensätzliche oder voneinander abweichende Meinungen sind ein ganz normaler Bestandteil des menschlichen Miteinanders. Auch Konflikte sind normal und keineswegs etwas, was es unter allen Umständen zu vermeiden gilt. Denn Konflikte können durchaus sinnvoll sein. Es kommt jedoch in entscheidendem Maße darauf an, wie man mit Meinungsverschiedenheiten und Konflikten umgeht. Das Ziel ist immer eine konstruktive Lösung des Problems, denn nur diese kann nachhaltig und für alle Beteiligten zufriedenstellend sein. Gerade als Führungskraft stehen Sie in der Verantwortung, den Umgang mit Konflikten und Auseinandersetzungen positiv zu beeinflussen, um negative Folgen eines unangemessenen Austragens von Konflikten auszuschließen. Vor allem ist es jedoch Ihre Aufgabe, das Entstehen von destruktiven Konflikten zu vermeiden und dennoch auftretende Konflikte zu lösen.

Ohne Gespräche keine Konfliktlösung Hat sich ein Konflikt manifestiert, kommt es darauf an, dass die Lösungsversuche möglichst systematisch verlaufen. Holzhammer-Methoden nach dem Motto „Raus mit der Sprache – jetzt schaffen wir das aber ein für alle Mal aus der Welt" sind in der Regel unangebracht und wenig hilfreich. Gute Konfliktlösungsgespräche verlaufen systematisch. Deshalb geht den Lösungsversuchen stets auch eine eingehende Analyse des Konflikts voraus. Durch die Analyse gewinnt man einen gewissen (emotionalen) Abstand zum Geschehen und kann sich auf der Metaebene ein sachliches Bild von der Situation machen. Grundvoraussetzung ist, dass der Konflikt an sich auch akzeptiert und nicht geleugnet oder heruntergespielt wird. Auf dieser Basis können gezielte Fragen und aufmerksames Zuhören Aufschluss geben über die Eigenschaften des vorliegenden Konflikts.

Suchen Sie vor dem Gespräch aussagekräftige Antworten auf folgende Fragen:

- Was ist der sachliche Gegenstand des Konflikts? Worum wird gestritten? Welches Problem gilt es zu lösen?
- Wer ist an dem Konflikt beteiligt?
- Welche Auswirkungen hat der Konflikt?
- Wo liegt der emotionale Anteil des Konflikts?
- Welche besonderen Empfindlichkeiten gibt es bei den einzelnen Parteien?
- Was wurde bisher von den Beteiligten gesagt? Was haben sie dabei gemeint und welche Botschaften kamen tatsächlich beim Gegenüber an?
- Welche Art von Konflikt liegt vor? Gibt es Vermischungen mit anderen Konfliktarten?

Für den Erfolg des Konfliktgesprächs ist eine bewusste und souveräne Gesprächsführung der ausschlaggebende Faktor. Da die Art und Weise, wie Konflikte und Konfliktlösungsprozesse gehandhabt werden, einen sehr starken subjektiven Eindruck hinterlässt, sind diese Prozesse für die zwischenmenschlichen Beziehungen ebenso bedeutsam wie das Ergebnis selbst. Die Folgen eines ungünstig verlaufenden Konfliktgesprächs dürfen deshalb nicht unterschätzt werden. Problematisch sind in diesem Zusammenhang auch vorschnelle Lösungsversuche. Schnelle Lösungen sind nicht immer die besten, denn vorschnell ergriffene Maßnahmen können die Nachhaltigkeit der Lösung verhindern.

Bei kaum einer anderen Gesprächsform gilt der bekannte Grundsatz „Der Ton macht die Musik" in ähnlich ausgeprägter Weise wie bei einem Konfliktgespräch. Der Erfolg eines solchen Gesprächs hängt damit zu großen Teilen von Ihrem persönlichen Geschick und Ihrem Einfühlungsvermögen ab. Vor allem auch deshalb, weil Konfliktgespräche fast immer mit Befürchtungen in Verbindung stehen. Der eine fürchtet, auf Trotzreaktionen zu stoßen und die Situation durch das Gespräch womöglich noch zu verschlechtern oder zumindest nicht zu einer Verbesserungen beitragen zu können; der andere fürchtet, im Gespräch an den Pranger gestellt zu werden und dass seine Sicht der Dinge nicht verstanden wird. Und alle Beteiligten fürchten in der Regel die direkte Konfrontation – mit dem Kontrahenten und mit dem eigenen bisherigen Verhalten. Als Folge werden Konfliktgespräche von beiden Seiten nur zu gern auf die lange Bank geschoben. Verschließen Sie dennoch nicht so lange die Augen, bis die Situation untragbar geworden ist. Gerade dadurch werden aus anfangs eher kleinen Problemen im Laufe der Zeit ernsthafte Schwierigkeiten, die dann nur noch mit großem Aufwand (wenn überhaupt) zu reparieren sind.

Nach der oben genannten Konfliktanalyse verläuft ein Konfliktgespräch systematisch in sechs Schritten und ist prinzipiell auf Kooperation und Verständigung ausgerichtet. Achten Sie bei allen Konfliktgesprächen peinlichst genau darauf, dass absolute Störungsfreiheit gewährleistet ist.

1. Noch vor Beginn eines Gespraraf, dass absolute Stfliktgespruf Kooperation und Verstt. Gerade dadurch werden aus anfangs eher kleinen Problemen im Laufe der Zeit ernsthafte Schwierigkeiten, die dann nur noch mit grch vor dem Gespräch also eine Pause, in der Sie die gesamte Situation sachlich überdenken können.
2. Der Gesprächseinstieg: Beim Gesprächsanfang geht es vor allen Dingen darum, eine konstruktive und angemessene Gesprächssituation herzustellen. Höflichkeit, Aufrichtigkeit, Direktheit und auch die Gestaltung der Rahmenbedingungen (Störungen ausschließen, Zeitdruck vermeiden etc.) sind die Hauptelemente dieser Phase. Dies sind erste Schritte, um ein vertrauensvolles Gesprächsklima zu fördern und eine Beziehung zum Gesprächspartner herzustellen, damit die Lösungssuche gemeinsam vollzogen werden kann. Auch der Anlass des Gespräches wird hier angesprochen und gleichzeitig geklärt, welches Ziel mit dem Gespräch verbunden wird.
3. Vertrauensbildung: Im dritten Schritt geht es primär um die Vertrauensbildung, schließlich ist das Vertrauen zwischen den Konfliktbeteiligten meist verloren gegangen oder zumindest beschädigt. Also ist es in dieser Phase besonders wichtig, sehr aufmerksam zu kommunizieren. Durch eindeutige Selbstaussagen beider Parteien zum Konfliktanlass – ohne in den direkten Dialog zu treten – wird gegenseitiges Verstehen erreicht. Dabei ist es wichtig, sehr präzise zu kommunizieren und aufmerksam dem Gegenüber zuzuhören, aktives Zuhören und Nachfragen sollen Missverständnisse vermeiden. Bei der Darstellung des eigenen Standpunktes sollten Ich-Botschaften verwendet werden. Generalisierungen, Vorwürfe, Appelle und vorgezogene Lösungsvorschläge müssen hier unbedingt vermieden werden. Ein guter Übergang zur nächsten Phase ist, nun die positiven Seiten des Konflikts zu erörtern, also in Worte zu fassen, welche Erfahrungen und Lehren Sie aus dem Konflikt ziehen können oder welche positiven Folgen sich aus der Konfliktlösung ergeben können.
4. Konfliktdialog: In diesem Schritt wird der tatsächliche Konfliktdialog vollzogen. Ziel ist es, gemeinsam eine Lösung zu finden, die das Problem löst und für beide Seiten einen Gewinn darstellt. Entscheidend ist, dass die Aussprache unter gegenseitiger Wertschätzung stattfindet, auch die Akzeptanz der verschiedenen Standpunkte, der Bedürfnisse und Interessen des Gegenübers hat hier eine große Bedeutung. Es geht darum, den Sachverhalt und die emotionalen Gründe des Konflikts zu klären, die Hintergründe zu beleuchten und so auf den Kern des Konflikts zu stoßen. Dabei sind Provokationen unbedingt zu vermeiden. Versuchen Sie stattdessen, die Interessen Ihres Gegenübers zu verstehen. Denn hinter Standpunkten stecken immer Interessen. Und ein Interessenausgleich ist sehr viel einfacher zu erzielen als das Aufgeben von Standpunkten. Deshalb ist es wichtig zu erfahren, welche Interessen Ihr Gesprächspartner hat. Warum vertritt er diese oder jene Position? Was steckt dahinter? Sprechen Sie jedoch auch Ihre eigenen Interessen offen aus. Versuchen Sie, anschließend gemeinsame Interessen zu finden. Eine solche Überschneidung von Interessenlagen ist der beste Ansatzpunkt für eine Konfliktlösung. Nun können auch die verbliebenen strittigen Punkte diskutiert werden. In dieser sensiblen Phase des Gesprächs kommt es darauf an, auch weiterhin

konstruktiv bei der Sache zu bleiben und sich nicht von den eigenen Emotionen überwältigen zu lassen. Die gemeinsamen Interessen sind eine gute Grundlage, auf der sich eine Konfliktlösung entwickeln lässt, mit der beide Seiten zufrieden sind.
5. Vereinbarungen treffen: Mit der fünften Phase endet das Gespräch. Hier werden gemeinsam Vereinbarungen getroffen und die gefundenen Lösungen abgesichert. Dazu werden die bisherigen Gesprächsergebnisse zusammengefasst, Wünsche geäußert, bewertet und für die praktische Umsetzung konkretisiert. Die Absprachen werden noch einmal ausdrücklich zusammengefasst und fixiert, dann wird das weitere Vorgehen vereinbart. Wichtig ist hierbei, die Details genau zu besprechen und nicht voreilig zu einem Abschluss zu kommen.
6. Rückblick: Der letzte Schritt betrifft die Situation nach dem Gespräch. Nehmen Sie sich etwas Zeit, um sich persönlich mit dem Gesprächsergebnis auseinanderzusetzen, es zu verarbeiten und zu akzeptieren. Dazu gehört auch, dass etwaige Rachegefühle aufgelöst und Enttäuschungen verarbeitet werden. Es geht darum, der Vereinbarung innerlich aufrichtig zuzustimmen.

Ziel eines so verlaufenden Konfliktgespräches ist, eine Konfliktlösung ohne Verlierer zu erreichen. Denn in Konflikten prallen immer unterschiedliche Interessenlagen aufeinander. Dies ist grundsätzlich mit der Intention verknüpft, die eigenen Bedürfnisse durchzusetzen, die dabei in eindeutiger Opposition zu den Bedürfnissen der Kontrahenten stehen. Wer hier nun die größte Durchsetzungskraft zeigt, kann in der Regel seine Interessen durchsetzen. Die Folge: Es gibt einen Gewinner und einen Verlierer der Auseinandersetzung. Das Verhaltensmuster, unbedingt einen Sieg davontragen zu wollen, ist kennzeichnend für viele Konflikte und verhindert oftmals eine faire Lösung.

Bei der Konfliktbewältigung im Gespräch kommt es daher darauf an, festgefahrene Strukturen zu lösen und dabei das Gewinner-Verlierer-Verhalten zu vermeiden. Dieses Verhalten ist für eine der streitenden Parteien immer unbefriedigend und hat zudem die negative Begleiterscheinung, dass der Gewinner (vom Triumphgefühl) angespornt wird, sich in künftigen Konflikten noch unnachgiebiger zu verhalten. Bei der Konfliktlösung sollte stattdessen immer eine Win-win-Situation geschaffen werden. Hierbei werden Konflikte für beide Seiten gewinnbringend ausgetragen, weil eine für beide Seiten gleichermaßen akzeptable Lösung gefunden wird. So entstehen auch keine destruktiven Wechselwirkungen, die sich aus Sieg und Niederlage ergeben würden.

Nicht immer sind Gesprächspartner in der Lage, im Gespräch den Konflikt beizulegen. In diesen Fällen ist es ratsam, einen Streitschlichter oder Mediator einzuschalten. Mediatoren erhalten eine professionelle Ausbildung und werden inzwischen in den verschiedensten Bereichen erfolgreich eingesetzt. Als neutrale Dritte helfen sie dabei, unter Einhaltung einer verständigungsorientierten Gesprächsführung die inhaltliche Auseinandersetzung konstruktiv zu beschreiben, um Einigungsoptionen zu finden, die die Interessen beider Seiten berücksichtigen und eine nachhaltige Lösung sichern.

In vielen Fällen ist es jedoch schon hilfreich, wenn eine neutrale dritte Person zwischen den Kontrahenten vermittelt. Und in der Praxis scheuen viele Menschen noch davor zurück, einen professionellen Mediator in Anspruch zu nehmen, obwohl hierbei fast immer sehr gute Ergebnisse erzielt werden. In Unternehmen ist es daher oft eine zusätzliche Aufgabe der Führungskräfte, die Konfliktmediation zu übernehmen. Dabei sind ein ausgeprägtes kommunikatives Geschick und das erforderliche Fachwissen unverzichtbare Voraussetzungen für den Erfolg der Mediation.

Reibungsverluste machen krank und kosten Geld Führungskräfte sind es gewohnt, Projekte umzusetzen und dabei die Kosten für das eigene Unternehmen möglichst gering zu halten. Und es gibt zahlreiche Möglichkeiten der Gewinnmaximierung – viele davon werden regelmäßig ausgeschöpft. Doch ausgerechnet ein Posten, der in besonderem Maße zu Buche schlägt, wird vielfach etwas stiefmütterlich behandelt: nämlich die Reibungsverluste durch schlechte Kommunikation und Kosten infolge von internen Konflikten. Tatsächlich sind Konflikte nicht nur anstrengend, sie kosten auch Arbeitszeit und damit Geld. Außerdem gefährden sie die Gesundheit der Beteiligten und erhöhen den Krankenstand. Und wo besonders drastische Konflikte ausgetragen werden, wird es oftmals zum Problem, überhaupt noch neue Mitarbeiter zu finden, die sich dem aussetzen wollen. Krankheit, Reibungsverluste, unbesetzte Stellen, Fluktuation von Mitarbeitern, steigende Fehleranfälligkeit, gescheiterte Projekte und mangelhafte Arbeit – all dies kommt Unternehmen teuer zu stehen. Die Gesamtkosten, die auf diese Weise entstehen, sind immens. Als Führungskraft haben Sie es in der Hand, für eine effiziente Zusammenarbeit der Menschen im Unternehmen zu sorgen und souverän mit Konflikten umzugehen. Gespräche sind hierbei Ihr wichtigstes Werkzeug!

5.7   Über den Autor

Stéphane Etrillard ist international tätiger Keynote-Speaker und zählt zu den meistgefragten Business-Coaches im deutschsprachigen Raum. Der mehrsprachige Business-Philosoph und Vortragsredner gilt als Experte für „Unternehmer-Souveränität" und lebt in der Kulturmetropole Berlin, wenn er sich nicht frische Inspiration für seinen Unternehmeralltag und seine Kunden in Sydney, in Kalifornien, in New York, Paris oder Tel Aviv holt. In seiner Freizeit beschäftigt er sich leidenschaftlich mit Philosophie, Literatur und Klaviermusik und lernt mit großer Begeisterung das Klavierspielen. Sein einzigartiges Knowhow ist seit bald 25 Jahren in der Beobachtung und Begleitung von mehreren Tausend

Unternehmern, Experten, Künstlern, Führungs- und Nachwuchskräften aus unterschiedlichsten Branchen entstanden. Mit seinen Privatissima und Masterclasses im Bereich Rhetorik, Dialektik und Selbstvermarktung verhilft er seinen Kunden zu mehr Souveränität in allen Lebenslagen. Zu seinen Klienten zählen Vorstände, Top-Manager, mittelständische Unternehmer, Solopreneure, Künstler, Freiberufler, Experten und Politiker. Er ist Autor zahlreicher Bücher, darunter Prinzip Souveränität und Unternehmer-Souveränität.

Weitere Infos unter www.etrillard.com

Der Ton macht die Musik

Stimmgesundheit als wirtschaftlicher Erfolgsfaktor

6

Arno Fischbacher

Inhaltsverzeichnis

6.1	Wie die Stimme funktioniert	101
6.2	Auf die Stimme „hören" und Warnzeichen rechtzeitig erkennen	102
6.3	Was Sie für Ihre Stimme tun können	104
6.4	Abenteuerland „Stimme"	105
6.5	Wer sprechen will, muss hören können	107
6.6	Nicht nur die innere Haltung entscheidet	108
6.7	Zeit für die Stimme heißt Zeit für sich	110
6.8	Wirkung und Wohlbefinden	110
6.9	„Stimmung machen": mentale und praktische Gesprächsvorbereitung	111
6.10	Das magische erste Wort	113
6.11	Aus einem Guss: durch Stimme Vertrauen schaffen	114
6.12	Einflüsse auf die Stimme – von innen und außen	115
6.13	Was Sie für Ihre Stimmfitness tun können	117
6.14	Spiegelneuronen und Eigenton im Duett	119
6.15	Stimmgesundheit ist Lebensfreude	121
6.16	Über den Autor	122

Heinz Müller ist Verkäufer – und fühlt sich krank, müde, irgendwie aus dem Gleichgewicht geraten. Seine Stimme versagt. Dabei ist seine Herbsterkältung schon eine ganze Weile vorbei. So langsam dämmert ihm, dass seine Heiserkeit kein Ausläufer des letzten Infektes mehr ist, sondern andere Ursachen haben muss. Zu gern würde er eine Kur beantragen – aber vier Wochen raus aus dem Verkauf, wenn nur das Fixum weiterläuft? Bei zwei Kindern und den Raten fürs Haus? Ausgeschlossen. Seine Frau sorgt sich bereits. „Du siehst müde aus, Schatz – und unzufrieden. Ist auf der Arbeit alles okay?"

A. Fischbacher (✉)
Fischbacher KG, Franz-Josef-Straße 3/2, A-5020 Salzburg, Österreich
e-mail: arno.fischbacher@stimme.at

© Springer Fachmedien Wiesbaden GmbH 2018
P. Buchenau (Hrsg.), *Chefsache Gesundheit I*,
https://doi.org/10.1007/978-3-658-16580-2_6

„Ja, ja, alles bestens." Heinz Müller versucht, seiner Stimme einen beruhigenden Klang zu geben. Aber seine Angetraute hakt nach: „Du krächzt und du räusperst dich oft die letzte Zeit. Liegt dir was auf der Seele, das raus will?" „Ach du schon wieder mit deiner Laienpsychologie … " Müller reagiert unwirsch. „Mach dir keine Sorgen!" Er greift nach seinem Mantel, drückt seiner Frau einen Kuss auf die Wange und rauscht davon. Noch auf dem Weg zum Auto fischt er in seiner Manteltasche nach einem Hustenbonbon. Der Tag wird hart. Erst zum Meeting ins Head Office, dann raus auf die Straße. Sechs Kundentermine stehen an. Den ganzen Tag reden, reden, reden. Mittags schnell was auf die Hand. Weiter geht's. Und immer öfter mit einem Frosch im Hals …

Das Auto anlassen und eine Zigarette anstecken sind eins. Nervös inhaliert er den ersten Zug. „Oje, das Hustenbonbon! – Egal, dann eben ein Menthol-Glimmstängel."

Das Meeting mutiert zum reinsten Horrorkabinett. Die Verkaufszahlen werden schlechter, die Umsatzziele aber gehen durch die Decke. Alle gestikulieren und reden wild durcheinander. Ziemlich anstrengend, sich Gehör zu verschaffen. Irgendwann gibt Heinz Müller auf und sackt in seinem Stuhl zusammen. Seine Stimmbänder fühlen sich an, als seien sie aus Schmirgelpapier. Als die Kollegen ausschwärmen, um die Firmenwagenarmada zu entern, schleicht er mit hängenden Schultern hinterher. „Herr Müller?!" Der Vertriebschef. Heinz Müller will etwas sagen, aber es kommt nur ein heiseres Krächzen heraus.

„Was ist denn mit Ihnen los, Herr Müller? Geht's Ihnen nicht gut? Sie wollen doch wohl so nicht zum Termin?"

„Ach Chef, was soll ich machen? Mit Rumsitzen verdient man kein Geld. Es wird schon irgendwie gehen."

„Nix da, Herr Müller. Ich bitte Frau Schneider, Ihre Termine zu verlegen. Was nicht kritisch ist, kann auch der Neue übernehmen. Was haben wir davon, wenn Sie krank im Termin sitzen? Am Ende klappen Sie zusammen und wir müssen länger auf Sie verzichten als nötig. Ich sehe die Stimme eines Verkäufers als eines seiner Werkzeuge an. Und wie ein Handwerker auf seine Gerätschaften achtet, so sollten auch Sie als Verkäufer das tun. Machen Sie sich keine Gedanken um Ihre Umsätze. Das regeln wir. Ihre Stimme ist auch das Kapital der Firma. Und jetzt gehen Sie erst mal zum Arzt und lassen sich untersuchen."

Das Wartezimmer ist rappelvoll. Grippezeit. Schniefen und Schnaufen überall. Zum Glück ist Frank, der HNO-Arzt, ein Freund von ihm und wird ihn nicht lange warten lassen. Ein erlösender Gong ertönt: „Herr Müller? Raum 4 bitte!"

„Na, Heinz, alter Treppenterrier, was führt dich zu mir?" Irgendwie ist Franks gute Laune heute nicht wirklich ansteckend. „Meine Stimme ist weg, und ich bin total ausgelaugt. Kannst du mir was verschreiben?" „Nix da, mein Lieber. Erst mal wollen wir dich untersuchen. Hat deine Frau dich geschickt?" „Nö, mein Chef. Aber Marlene meckert auch schon. Du weißt doch, wie die Frauen sind – lesen das Apotheken-Blättchen und halten sich für Internisten!"

„Jetzt mach mal halblang. Sei doch froh, dass sie ein Auge auf dich hat. Du könntest doch tot umfallen und würdest es nicht merken, weil du zum Termin musst. Sag mal, wir waren doch im Theater zuletzt. Ist die Erkältung ganz weg? Ich hör dich mal ab."

„Dauert's lang? Ich hab noch Termine!"

Frank schüttelt ungläubig den Kopf. Aber so ist Heinz eben. Immer unter Strom, immer Volldampf unterwegs. Nur, dass der Körper das nicht ewig mitmacht. Und die Seele ebenso. „Tief einatmen – und jetzt langsam aus! Du rasselst wie eine Klapperschlange. Rauchst du immer noch so viel?"

6.1 Wie die Stimme funktioniert

So wie Heinz Müller geht es vielen Menschen in sogenannten Sprechberufen. Zu ihnen gehören neben Verkäufern unter anderem auch Call-Center-Mitarbeiter, Lehrer, Pastoren, Sänger, Synchronsprecher und viele andere mehr. Wenn man davon ausgeht, dass die menschliche Stimme auf maximal drei Stunden Sprechen unter Belastung am Tag ausgelegt ist, haben weitaus mehr Menschen einen solchen „Sprechberuf", als man auf den ersten Blick annimmt.

Dass Menschen über einen Stimmapparat verfügen, der hochkomplexe Lautfolgen erzeugen kann, ist eines der großen Wunder der Natur. Doch während sich Philosophen, Linguisten und Biologen seit Jahrhunderten mit der Sprache auseinandersetzen, fristet das Phänomen „Stimme" im Bewusstsein der meisten Menschen nur ein Schattendasein. Zum Thema wird sie oft erst dann, wenn sie Probleme verursacht. Diese allerdings können sehr langwierig sein. Deshalb empfiehlt es sich, seiner Stimme gegenüber aufmerksam und wertschätzend zu sein. Sie stellt eine wichtige Brücke zur Welt und zu den anderen dar.

Wenn Sie ein modernes Mittelklasseauto oder einen Wagen der oberen Kategorie fahren, wissen Sie: Je komplexer eine Maschine konstruiert ist, desto leistungsfähiger, aber auch anfälliger wird sie. Das Grobe ist oft viel robuster als das Filigrane. Und mit der Stimme ist es genauso. Denn ob Sie eine helle und klare oder eine eher kräftige, tiefe Stimme haben – die fein abgestimmte Apparatur dahinter ist ein Meisterstück der Evolution.

Der Stimmapparat des Menschen sitzt in Kehlkopf, Mund und Rachenraum. Wenn eine Stimme erklingt, modulieren die Stimmlippen im Kehlkopf den Schall, der schließlich in Mund und Rachen des Sprechers oder Sängers zu verstehbaren Lauten geformt wird. Die eigentlichen Stimmbänder sind nur Teile der Stimmlippen. Sie geraten zwar in Bewegung, dass sie aber ähnlich wie Gitarrensaiten schwingen, ist eine weitläufig geglaubte Legende.

Die Stimmlippen zertrennen durch Schließen und Öffnen den Luftstrom aus der Lunge in einzeln nicht wahrnehmbare Pakete, die als Ganzes zu Schallwellen werden. Je schneller die Stimmlippen arbeiten und je mehr Pakete sie ausliefern, desto höher wird der Ton. Weil den Stimmlippen eine entscheidende Funktion beim Sprechen zukommt, hat ihre Beschaffenheit einen großen Einfluss auf die Stimme des Menschen. Dickere, weniger flexible Stimmlippen arbeiten nicht so schnell und lassen tiefere Töne entstehen. Diese werden dann in Rachen, Mund und Nase – der sogenannten Artikulationszone – endgültig zur Stimme. Dass die Resonanz ein wichtiger Mitspieler ist, können Sie leicht prüfen: Wenn Sie beispielsweise den gleichen Ton in verschieden großen und verwinkelten Räumen aussenden, hört sich das Ergebnis unterschiedlich an.

Diese Beschreibung lässt schon erahnen, wie komplex diese Vorgänge sind und welches Wunder es bedeutet, dass so feine Strukturen derart robust sind und auch unter Volllast nicht in die Knie gehen. Doch „Stimmstress" verhält sich wie jeder andere Stress auch. Was sich temporär sehr gut verarbeiten lässt, wird bei Dauerbelastung zum Problem.

6.2 Auf die Stimme „hören" und Warnzeichen rechtzeitig erkennen

„Wie ist denn die Auftragslage? Ich hab gelesen, in eurer Branche ist ganz schön was los?"

Wie immer will Frank mehr wissen als nur medizinische Fakten. Das macht ihn als Arzt so gut und als Freund so wertvoll.

„Ach hör mir auf. Es ist das reinste Käuferparadies. Die Billigheimer aus Asien machen uns zu schaffen. Aber irgendwie hab ich auch das Gefühl, die Kunden glauben mir nicht mehr. Dabei bin ich so wie immer. Nur diese Heiserkeit ist blöd. Gestern wollte ich meinem Sohn die Leviten lesen, hab aber nur gekrächzt. Der hat mich gar nicht für voll genommen. Was ist nun mit meinem Rezept?"

„So schnell geht das nicht, Heinz. Dauerhafte Heiserkeit kann auf Überlastung hindeuten, aber auch auf eine ernste Erkrankung. Und das Zweite müssen wir erst mal ausschließen – nur um ganz sicherzugehen. Ich lass dir einen Termin geben. Wir wollen zuerst mal deinen Kehlkopf checken. Die zwei Tage bis zum Wochenende bleibst du zuhause. Sprich nicht so viel, kauf dir ein paar gute Halsbonbons – ohne Menthol, das ist zu scharf – und trink regelmäßig, um die Stimmbänder feucht zu halten. Wenn du rausgehst, zieh einen Schal an bei dem Wetter. Wärme ist wichtig. Und rauch nicht so viel! Wir sehen uns Montag."

Auch wenn Heinz Müller gerne weiterpowern würde. Es ist gut, dass er auf seinen Arzt und Freund hört. Wenn akute Stimmprobleme auftreten, sind Schonung und Ruhe die erste Medizin. Außerdem sollte man alles dafür tun, die Stimmbänder wieder geschmeidig zu machen. Viele Probleme lösen sich dann von selbst. Länger anhaltende Beschwerden gehören in die Hände eines Arztes. Bei einem früh erkannten und lokal begrenzten Kehlkopfkarzinom etwa sind die Heilungschancen heute mit 80 bis 100 % sehr groß.

Der Kehlkopfkrebs ist einer der häufigsten bösartigen Tumore im Hals- und Kopfbereich. In Deutschland erkranken jedes Jahr ca. 4000 Menschen daran, vorzugsweise nach dem 50. Lebensjahr. Betroffen sind vor allem Männer. Auf 3500 männliche Erkrankte kommen nur 500 Frauen. Die Ursachen sind nicht zu 100 % geklärt. Es gibt allerdings einen sicheren Zusammenhang mit Nikotin und Alkohol sowie mit Berufen, in denen regelmäßig Staub, Quarz, Asbest oder andere Partikel eingeatmet werden müssen. Wiederkehrende Viruserkrankungen im Hals können die Entstehung eines solchen Krebses ebenso begünstigen.

Häufig beginnen bösartige Veränderungen an den Stimmlippen und greifen dann auf das umliegende Gewebe des Kehlkopfes über. In späteren Stadien können sich Metastasen in den Lymphdrüsen bilden, die eine Ausdehnung im ganzen Körper begünstigen. Wer einschlägige Warnzeichen dauerhaft ignoriert, setzt sich einer tödlichen Gefahr aus. Doch so weit muss es natürlich nicht kommen.

Eine Gefahr im Verzug kündigt sich in aller Regel folgendermaßen an:

- Heiserkeit über mehr als drei Wochen
- Das Gefühl eines Fremdkörpers im Hals
- Schmerzen und Schwierigkeiten beim Schlucken
- Eine „kloßige", klebrig klingende Stimme
- Das häufige Bedürfnis, sich zu räuspern
- Husten mit blutigem Auswurf
- Sich verschärfende Atemnot
- Ein Pfeifen beim Einatmen
- Unangenehmer, anhaltender Mundgeruch
- Geschwollene Lymphknoten am Hals
- Plötzlicher Gewichtsverlust

Trotz der geschilderten Gefahr und ihrer Anzeichen sollte Heinz Müller nicht übermäßig besorgt sein. Alle Symptome können auch auf weniger dramatische Probleme verweisen, wie etwa eine Kehlkopfentzündung oder gutartige Veränderungen der Stimmlippen.

Sollte sich ein Karzinom bestätigen, ist üblicherweise eine Operation nötig, die sich im Frühstadium auf den betroffenen Bereich beschränkt. In späteren Phasen muss der Kehlkopf ganz oder teilweise entfernt werden, wodurch der Patient seine Stimme und den Geruchssinn verliert. Durch ein gezieltes und regelmäßiges Training lässt sich eine verständliche Artikulation meist wiederherstellen. Die Entfernung der Lymphdrüsen ist ein spätes Mittel und oft der letzte Versuch, eine weitere Ausbreitung der Krankheit im Körper einzudämmen.

„Hallo Heinz, ich hab hier das Ergebnis deiner Kehlkopfuntersuchung. Die gute Nachricht lautet: Du hast keinen Tumor. Das habe ich aber auch nicht unbedingt erwartet. Was du hast, ist ein Ödem, das deine Stimmbänder verändert." „Ein Ödem?" „Ja, wir Mediziner nennen es das Reinke-Ödem. Eigentlich eher ein Frauenproblem. Ein Ödem ist immer eine Wassereinlagerung im Körper, die in aller Regel durch Krankheit, Verletzung oder Überlastung entsteht. Jogger haben sowas oft im Knie. Klar, da kann dir nichts passieren, weil du so ein Sportmuffel bist, aber deine Stimme ist natürlich immer im Stress. Wer so viel reden muss wie du, sollte auf keinen Fall rauchen. Mal ganz abgesehen davon, dass Rauchen ohnehin … Aber das weißt du ja selbst."

„Ist das gefährlich? Ohne meine Stimme und meinen Führerschein bin ich aufgeschmissen."

„Ja und nein. Fast jede dauerhafte Störung kann, wenn es ganz dumm kommt, in eine bösartige Komplikation umschlagen. Mach dir aber mal keinen Kopf. Das kriegen wir in den Griff. Aber du musst mit dem Rauchen aufhören. Und ich leg dich zwei Wochen auf Eis. In der Apotheke holst du dir ein Cortison-Spray. Übernächste Woche sehen wir uns hier in der Praxis wieder. Dann gehen wir auch abends mal raus und reden privat über deine Stimme und deinen Job. Mir scheint, da kann man eine Menge tun."

Es gibt eine Reihe gutartiger Phänomene, die eine Stimme beeinträchtigen können. Zu ihnen gehören einige Veränderungen, die auch an anderen Stellen im Körper auftreten können: Polypen, Zysten und die weitläufig bekannten Knötchen, die sich auf den Stimmbändern bilden können. Auch ein sogenanntes Granulom ist möglich, das durch eine Fehlleitung des Magensaftes über den Kehlkopf entsteht. Da alle diese Veränderungen inklusive des Kehlkopfkarzinoms zu mehr oder minder ähnlichen Symptomen führen, ist eine genaue Diagnose so wichtig. Und genau deshalb sollte man für seine Stimme immer „ein offenes Ohr" haben. Wenn diese sich außerhalb akuter HNO-Erkrankungen dauerhaft verändert, ist eine Untersuchung ratsam.

6.3 Was Sie für Ihre Stimme tun können

„Hallo Frank. Schön, dass mein Doc heute Abend Zeit für mich hat. Auch ein Bier?"

„Klar Heinz, wie immer. Na, wie bekommen dir deine ersten Schritte als Nichtraucher nach zwanzig Jahren?"

„Ehrlich? Die Lust ist kaum auszuhalten, aber die Pflaster helfen mir über das Gröbste hinweg. Zumindest bin ich nicht mehr so nervös. Und meiner Stimme geht's ja auch schon besser. Danke noch mal im Übrigen."

„Keine Ursache, für dich immer. Aber lass uns mal über deinen Job reden. Du hast mir gesagt, es läuft nicht mehr so gut? Und deine Stimme klingt zwar wieder voller, aber irgendwie niedergeschlagen."

„Kann sein, ich trete ziemlich auf der Stelle. Bis letztes Jahr habe ich die Umsatzziele immer erreicht, aber seit ein paar Monaten ist der Wurm drin. Dabei rede ich mir den Mund fusselig. Ich habe mich doch nicht verändert und bin technisch voll auf der Höhe. Wenn das so weitergeht, ist mein Jahresbonus über den Jordan. Manchmal habe ich das Gefühl, die Einkäufer nehmen mir nicht mehr ab, was ich sage. Vielleicht ist ja meine Körpersprache schuld."

„Sprache ja, Körper vielleicht. Ich kenne dich ja schon ein paar Jährchen. Ich höre zwar, dass deine Stimme sich erholt hat, aber du klingst, als hättest du ein Stück Lebensfreude verloren. Wenn du früher von deinem Job erzählt hast, warst du immer Feuer und Flamme. Jetzt spür ich da nur noch ein Flämmchen. Glaub mir, deine Stimme ist der Spiegel deiner Seele. Und sie verrät auch ganz unterschwellig ganz viel über dich. Du und dein Gegenüber nehmen es gar nicht bewusst wahr – und trotzdem spürt der andere, dass du nicht in der Balance bist. Und dann fällt es viel schwerer, Vertrauen zu entwickeln."

Heinz Müller senkt den Kopf: „Es ist aber auch stressig. Jedes Jahr pusht die Geschäftsleitung die Ziele. Die Konkurrenz drückt den Preis ohne Ende. Meine alten Einkaufs-Spezis sind auch nicht mehr da. Nur noch junge Kerle. Die haben unglaublich viel Ahnung, sind aber furchtbar unzugänglich. Vielleicht bin ich zu alt für die. Und ein paar Innovationen könnten uns auch nicht schaden. Zuverlässigkeit schön und gut. Aber wenn der Preis nicht passt und die Technik stagniert, kann man schlecht was verkaufen."

„Ich hab dein Problem öfter in meiner Praxis, als man glauben mag. Für jemanden wie dich gibt es immer drei Möglichkeiten, wenn der Organismus selbst in Ordnung ist.

1. Eine Therapie, wenn es in Richtung Depression geht. Und da gibt es neben den klassischen Therapeuten auch solche, die über den Körper gehen oder über Atmung und Stimme. Das ist es, was ich so faszinierend finde: Die Stimme lässt deine Seele spüren, aber sie wirkt auch auf deine Seele zurück.
2. Ein Logopäde, wenn du schlechte Sprechgewohnheiten hast, die sich trainieren lassen. Das geht aber weniger in die Tiefe und zielt eher auf die Artikulation und die Effizienz beim Sprechen. Wenn du zum Beispiel lispeln würdest oder eine falsche Atmung hättest, kann ein Logopäde helfen.
3. Ein Stimmtraining, und das finde ich gut für dich. Nur weil du die Flügel gerade hängen lässt, bist du nicht gleich depressiv. Ein Stimmtraining hat den Vorteil, dass es auch auf deine Bedürfnisse im Job eingeht. Du lernst, beim Sprechen deine Kraft zu dosieren und Energie zu sparen, während du dabei in jeder Situation den rechten Ton triffst – auch wenn es mal kritisch wird. Wenn das Training erfolgreich ist, wirkst du glaubwürdiger und entspannter. Vielleicht hat so ein Coach auch ein paar Motivationstipps für dich. Denn ohne Spaß geht es nicht. Hier, ich hab dir ein Buch mitgebracht. Lies dich mal ein. Viel Spaß damit und … Prosit!"

Frank und Heinz haben viel Spaß an diesem Abend. Am nächsten Morgen ist Marlene sauer: „Du hättest wenigstens anrufen können, dass es später wird. Jens hat eine Fünf in Mathe nach Hause gebracht."

Heinz Müller hat sich gerade aus dem Bett getrollt und schon wartet eine Konfliktsituation auf ihn. Doch der Abend zuvor war nicht nur unterhaltsam, sondern auch informativ:

„Ich bin zwar Arzt und kein Stimmcoach, aber einen Tipp kann ich dir geben: Wenn du mal plötzlich aus der Ruhe gerissen wirst und in einer schwierigen Situation zum Chef musst, lass dir Zeit oder verschaff dir welche. Wenn du hektisch reagierst, sagst du nicht nur leicht das Falsche, sondern tust das auch auf die falsche Art. Selbst wenn dein Standpunkt richtig ist, wird dein Boss auf Konfrontation schalten, wenn deine Stimme zu schroff ist. Und das Beste – das funktioniert auch bei Marlene … "

6.4 Abenteuerland „Stimme"

„Eine solche Stimme hätte ich auch gerne", schießt es Heinz Müller durch den Kopf.

Der Händedruck seines Gegenübers war so angenehm kräftig und warm wie die Stimme, die ihn begrüßte. Offenbar lebte der Mann, was er coachte. Ganz unvorbereitet ist Heinz Müller nicht. Er hatte das Buch gelesen, das Frank ihm geliehen hatte, und ein paar interessante Dinge erfahren:

Die Stimme ist nicht nur ein wichtiger Indikator für das körperliche und seelische Befinden, sondern wirkt auch in einer Feedbackschleife auf beides zurück. Ebenso wie die entspannte Stimme eines Sprechers zur Beruhigung des anderen führen kann, ist es auch möglich, sich selbst von der Hochspannungsleitung zu holen, indem man die Stimme bewusst moduliert. Unglücklicherweise funktioniert das natürlich auch umgekehrt. Wer sich unter Druck stimmlich nicht kontrolliert, erhöht seine Spannung zusätzlich. Dadurch, dass man die eigene Stimme immer im Ohr hat, schaukelt sich dieser Effekt hoch. Hinzu kommt, dass der andere im Konfliktgespräch den gleichen Prozessen unterworfen ist, was leicht zur Eskalation führt. Der Volksmund spricht dann davon, dass ein Wort das andere gibt. Dieser Effekt trifft aber nicht nur auf das zu, was man sagt, sondern ebenso auf die Art und Weise, wie man es sagt.

„Hallo Herr Müller. Schön, Sie zu sehen. Was kann ich für Sie tun?"

Heinz Müllers Stimme überschlägt sich fast, als er von seinen Schwierigkeiten berichtet. Er spricht ohne Punkt und Komma und ohne aufzuhören. Sein Coach hat alle Hände voll zu tun, ihn höflich aber bestimmt auszubremsen. Er lächelt: „Zumindest, wenn Sie in Wallung sind, liefern die Worte, die Sie sagen, und die Art, wie Sie sie sagen, ein einheitliches Bild. Ich kann dem Tenor Ihres Vortrages schon fast mehr entnehmen als dem Inhalt Ihrer Sätze.

Ich fasse mal eben zusammen: Die Kommunikation mit Ihrer Frau ist problematisch, Ihr Sohn pubertiert Ihnen auf der Nase herum und im Job bleiben die Erfolge aus, obwohl Sie doch alles genau so machen und sagen, wie Sie das immer getan haben. Da ist es ja fast ein Glück, dass wir noch keine Autos mit Sprachsteuerung haben. Stellen Sie sich vor: Sie wollen nach Wiesbaden und Ihr Auto fährt nach Barcelona … "

Heinz Müller entspannt sich. Offenbar hat der Mann nicht nur Ahnung von der Stimme und vom Sprechen, sondern obendrein auch Humor. Mit einem Mal fühlt er sich ein ganzes Stück wohler in seiner Haut. Der Stress des Ungewissen dieses Termins macht freudiger Erwartung Platz.

„Wenn ich das richtig sehe, haben Sie kein rhetorisches Problem, sondern stehen vor der Herausforderung, Ihre Stimme so zu entwickeln, dass Sie mit dem Gesagten die gewünschte Wirkung erzielen. Und weil es im Moment an allen Fronten brennt, erleben Sie Misserfolge, die sich zusätzlich auch negativ auf Ihr Gesamtbefinden auswirken. Beim Arzt waren Sie ja schon. Und prima, dass Sie mit dem Rauchen aufgehört haben. Das ist echtes Gift für die Stimme. Denken Sie bitte daran, auch immer genug zu trinken. Ihre Stimmlippen nehmen das wohlwollend zur Kenntnis. Haben Sie im Auto auf dem Weg zu Terminen immer eine Flasche Wasser dabei?"

Wie auf Knopfdruck hat Heinz Müller sein gesamtes Sündenportfolio vor Augen: Sport nur im Fernseher, jahrelanges Rauchen, Stress bis zum Anschlag, zu wenig Schlaf, falsches Essen und mehr Kaffee als Wasser über den Tag. Die Vorsorge beim Internisten hatte aber zum Glück nicht viel ergeben. „Was für dein Herz gefährlich ist, schadet auch deiner Stimme", hatte Frank ihm erklärt und irgendwie war es ja auch ein „Stimminfarkt", der ihn auf den Stuhl eines Stimmcoachs befördert hatte.

„Wenn Sie sprechen, Herr Müller – Hand aufs Herz – was haben Sie für ein Gefühl dabei?"

„Wenn ich's genau überlege … Ich fühle mich manchmal auf eine Art phasenverschoben, so ähnlich wie bei einem Film, wo die Synchronstimme nicht zur Mimik passt. Manchmal habe ich das Gefühl, ein Fremder redet. So kenne ich mich gar nicht. Und ich finde das viele Sprechen den Tag über mittlerweile mega-anstrengend. Das war früher anders. Wenn ich dann abends nach Hause komme, bin ich total mundfaul und will nur noch meine Ruhe."

„Gut. Wir haben scheinbar drei gemeinsame Aufgaben vor der Brust:

1. Eine achtsame und erfolgreiche private und berufliche Kommunikation
2. Das Erlernen einer schonenden, aber wirksamen Sprechweise
3. Die Verbesserung Ihres Wohlbefindens und Ihres Lebensgefefes

Das Dritte können wir natürlich nicht direkt beeinflussen. Aber die positive Beschäftigung mit Ihrer Stimme beruht auch auf einem besonderen Köperbewusstsein. Und dieses neue Körperbewusstsein wird sich ebenso positiv auf Ihre Seele auswirken wie auch die Kommunikationserfolge, die sich sicher einstellen werden."

6.5 Wer sprechen will, muss hören können

„Was wir gemeinsam tun werden, ist zu analysieren, wo es genau hakt bei Ihnen. Zunächst werden wir Ihre Aufmerksamkeit wecken und Ihre stimmliche Achtsamkeit schärfen: sich selbst und anderen gegenüber. Wer sprechen will, muss hören können. Denn nur wenn Sie die Signale Ihres Dialogpartners wahrnehmen und verstehen, können Sie Ihre Stimme so anpassen, dass Sie Ihre Gesprächsziele erreichen.

Im zweiten Schritt werden wir Ihre Stimme zunächst allgemein, später stärker situationsbezogen entwickeln. Je mehr Bandbreite Ihnen möglich und je besser Ihre Technik ist, desto feiner können Sie Ihren Klang in spezifischen Situationen modulieren.

Das Ganze soll drittens in eine Art Hilfe zur Selbsthilfe münden. Wenn Sie mich am letzten Tag verlassen, haben Sie eine Reihe von Tipps, Tricks und Techniken im Gepäck, mit denen Sie Ihre Stimme langfristig stärken, mittels derer Sie sich vor einem Gespräch stimmlich in Schwung bringen, sich ‚warm machen' können, und solche, die Ihnen einen Kompass für akute Gesprächssituationen an die Hand geben. Was wir hier tun, ist aber nur ein Baustein von vielen, um Sie wieder nach vorne zu bringen. Sie sollten unbedingt mit Sport anfangen."

Heinz Müller zuckt zusammen: „Na klasse, aller guten Dinge sind drei: erst der HNO, dann der Internist und jetzt Sie. Was Sie alle mit Ihrem Sport haben … "

„Sie haben es eben selbst gesagt, Herr Müller. Was dem Herzen schadet, tut auch der Stimme nicht gut. Das gilt aber auch umgekehrt. Viele Leute glauben, dass es zum

Sprechen nur ein bisschen Luft aus den Lungen und eine flinke Zunge braucht. Das greift aber zu kurz. Wenn Sie es genau nehmen, sprechen Sie mit Ihrem gesamten Körper. Und je besser die Muskeln in Form sind, die Sie beim Reden benötigen, desto fitter ist auch Ihre Stimme. Das ist wie bei einem Auto, das ein paar PS mehr hat als andere. Bei normaler Reisegeschwindigkeit läuft es ruhig und unangestrengt. Wenn es aber mal brenzlig wird, hat es immer noch eine Reserve. Im Moment müssen Sie schon Vollgas fahren, um Ihr normales Tagespensum abzuwickeln. Kein Wunder, dass Sie stimmlich keinen Spielraum haben, sich flexibel auf die akuten Gesprächsbedürfnisse anderer einzustellen.

Stellen Sie sich die Lunge wie einen Schwamm vor, der Luft anstelle von Wasser aufnimmt und wieder abgibt. So wie ein großer Schwamm beider Hände bedarf, die ihn drücken, braucht auch Ihre Atmung zwei Kräfte: einerseits die Muskulatur im Brustkorb, die Ihre Lunge weitet und verengt, und andererseits die Arbeit des Zwerchfells, das den Brustkorb gegenüber dem Bauch abschließt und den Hauptteil der Atemarbeit leistet. Sie können das mit dem Kolben einer Luftpumpe vergleichen. Bei der Brustatmung heben und senken sich die Schultern, während das Zwerchfell bei der Bauchatmung zu einer Erweiterung von Bauch und Lenden führt. ‚Richtige' Atmung als ideale Voraussetzung für eine klangvolle Stimme und eine verständliche Sprechweise profitiert von einer ausgeglichenen, wechselseitigen Unterstützung der beiden Atemkräfte.

Klingt simpel, ist es aber nicht, auch wenn der Körper da immer hin will. Der Alltag sorgt mit seinen vielfältigen Ansprüchen für Störungen dieses Gleichgewichtes und schnell ist es mal zu wenig und mal zu viel des Guten.

Wie ist das mit Ihrem Stress, Herr Müller? Immer auf der Autobahn, entweder zu schnell unterwegs oder genervt im Stau. Immer auf den letzten Drücker beim Kunden, weil Sie Ihre Kontaktquote bringen und Ihre Provision reinholen müssen. Das ist Stress pur; und der führt zu Hochatmung. Durch Stress entsteht eine erhöhte Muskelspannung im Körper und Ihre Atmung verlagert sich nach oben in Richtung Brust und Schultern. Beim Einatmen heben sich Ihre Schultern sehr stark und Sie haben das Gefühl, als würde der Atem die obere Hälfte des Brustkorbs füllen. So werden aber nur die oberen Bereiche der Lunge mit ‚Frischluft' versorgt, während der Rest Ihres Körpers zu kurz kommt. Unwillkürlich atmen Sie schneller und mehr Luftmenge ein. Dadurch werden Sie kurzatmig, wie beim zügigen Dauerlauf. Und deshalb klingt Ihre Stimme unter Stress gepresst und angestrengt.

6.6 Nicht nur die innere Haltung entscheidet

Wenn Sie im Gespräch sind oder am Telefon – sitzen Sie dann so, wie Sie mir gerade gegenübersitzen? Nachlässigkeit oder gar Schlaffheit beim Sitzen torpediert ebenfalls Ihre Stimmwirkung. Ihr zentraler Atemmuskel braucht Raum zum Arbeiten. Wenn Sie mit rundem Rücken sitzen und Ihr Bauch auch nach oben drückt, oder wenn Ihr Gürtel Sie einschnürt, ist das Einatmen behindert. Gleichzeitig fehlt nun auch in all jenen Muskeln

in der Körpermitte die Spannung und Energie, die das Zwerchfell zur Unterstützung so dringend benötigt. Die Stimme klingt deshalb oft kraftlos, manchmal auch zu leise oder rau und holprig. Auch im Stehen wirkt sich eine lasche Haltung hörbar aus.
Haben Sie Lust auf eine kleine Übung, um das zu demonstrieren?"
Jetzt ist Heinz Müller gespannt. Sein Coach fährt fort:

- „Setzen Sie sich aufrecht auf die Vorderkante des Stuhls, die Füße fest auf dem Boden.
- Atmen Sie ganz normal und entspannt ein und aus. Schließen Sie die Augen einen Moment. So spüren Sie die Bewegung in Bauch und Brust noch intensiver.
- Legen Sie nun eine Hand auf Ihre Brust und atmen Sie bewusst in die Stelle, wo Ihre Hand nun liegt.
- Jetzt legen Sie eine Hand flach auf den Unterbauch, am besten unterhalb des Gürtels. ‚Zielen Sie mit Ihrer Atmung' jetzt dorthin und lassen Sie den Atem tief einströmen.

Spüren Sie, wie Ihr Atem sich fast automatisch zu Ihrer Hand verlagert? Das passiert auch, wenn Sie die Hand auflegen und nicht bewusst zu ihr hin atmen. Das, was Ihr Körper tut, wirkt sich auf Ihre Atmung aus und weil Ihre Stimme aus der Atmung kommt, eben auch auf Ihre Stimme. Bewusst zu atmen ist wichtig. Vielleicht haben Sie ja schon einmal von Atemtherapeuten gehört, die seelische Schwierigkeiten mit Atemarbeit angehen. Körper und Seele sind eine Einheit. Erinnern Sie sich an die Telefonschulungen, in denen Sie schon oft gehört haben, dass Ihr Lächeln am Telefon sich auf Ihren Gesprächspartner überträgt? Es gibt auch Untersuchungen, dass gespieltes Lächeln oder Lachen die Laune hebt. Die Muskeln, die Sie dabei bewegen, signalisieren dem Gehirn, dass es offenbar Grund zur Freude gibt und Ihr Gehirn schüttet die passenden Botenstoffe aus.
Legen Sie einfach ab und zu eine kleine Atempause ein. Während der Entspannung lenken Sie Ihre Aufmerksamkeit auch für eine kurze Zeit auf etwas ganz anderes. Das hilft sogar dabei, eben Erlerntes ins Gedächtnis zu transportieren, wie die Forschung zeigt."
Kaum hat Heinz Müller das Gehörte verarbeitet, geht es schon weiter.
„Noch eine Übung: Jetzt zum Unterschied zwischen Ruheatmung und Sprechatmung:

- Bleiben Sie einfach aufrecht sitzen und lassen Sie Ihren Atem einfach nur kommen und gehen. Wenn Sie präzise in sich hinein ‚hören', spüren Sie genau, wann Ihr Körper Arbeit leistet. Ist es beim Einatmen oder beim Ausatmen?
- Jetzt stellen Sie sich vor, Sie wollen eine Kerze ausblasen. Dazu stützen Sie Ihre Hände seitlich in die Lenden. Jetzt pusten Sie die Kerze aus: ‚fffffh!' ‚fffffh!'

In welcher Atemphase arbeiten Ihre Muskeln dieses Mal und wann lassen sie los?
Und? Haben Sie es bemerkt? Wenn Sie ruhig sind, arbeiten die Muskeln beim Einatmen, das Ausatmen ist dann eine Art Loslassen. Beim Sprechen geschieht das genau umgekehrt."

6.7 Zeit für die Stimme heißt Zeit für sich

Heinz Müller ist verblüfft. Nicht nur über die Reaktionen seines Körpers, sondern auch darüber, dass er bei den Übungen seines Coachs zur Ruhe kommt, so als fiele alle innere Hektik von ihm ab. Als er geht, freut er sich schon auf die nächste Sitzung und ist gespannt, wohin ihn diese Reise führen wird. Über den Zusammenhang von Atmung und Wohlbefinden hatte er sich nie Gedanken gemacht. Dabei war das doch eigentlich ganz logisch. Atmen ist Leben. Er brannte darauf, Marlene davon zu erzählen, und würde gleich anschließend Frank anrufen und sich für den Tipp bedanken. Heinz Müllers Frau wundert sich. Ihr Mann war heute besser drauf als die letzte Zeit. Eigentlich hatte sie noch ein Hühnchen mit ihm zu rupfen, weil das Laub noch nicht weg war. Aber das konnte warten.

„Wer kommt eigentlich so zu Ihnen?" Heinz Müller schaut den Coach neugierig an.

„Das ist total unterschiedlich. Zuletzt kam ein Pastor, dem zu Ohren gekommen war, seine Predigten seien zu emotionsarm und sein Beileid wirke auf manche gekünstelt. In vielen Situationen sprach er auch zu leise, weil er sich das in der Kirche so antrainiert hatte. Bei ihm habe ich stark an der inneren Einstimmung, der mentalen und emotionalen Vorbereitung gearbeitet. Im Gespräch hatte sich herauskristallisiert, dass er zwar die Freude einer Taufe und die Trauer bei einer Beerdigung nachfühlen konnte, diese Empfindungen aber durch eine gewisse Routine zum Teil verschüttet waren. Wir erarbeiteten gemeinsam, wie er diese Gefühle neu aktivieren und angemessen ausdrücken kann. So ist es zum Beispiel eine Riesenherausforderung, sein Beileid auszusprechen, ohne sich von der Trauer selbst übermannen zu lassen.

Oder der Dozent, der didaktisch tolle Vorlesungsmanuskripte hatte, dem aber die Zuhörer fast einschliefen – wenn sie denn überhaupt anwesend waren. ‚Langeweile hat einen Namen …' hieß es auf dem Campus hinter vorgehaltener Hand. Ich weiß, es klingt fast unglaublich, aber nach unserer gemeinsamen Zeit füllte sich sein Hörsaal wieder und die Leistungen seiner Studenten wurden tatsächlich besser.

Häufig habe ich auch mit Führungskräften zu tun. Die Stimme ist da ein echtes Führungswerkzeug, ganz egal, ob sie ein Meeting leiten, einen Mitarbeiter loben oder kritisieren, ob sie mit einem Dienstleister verhandeln oder dem Chef eine Panne melden müssen. Und das alles an einem Tag wild durcheinander und in vielen Fällen unvorbereitet."

6.8 Wirkung und Wohlbefinden

„Im Prinzip geht es bei all meinen Klienten um zwei essenzielle Dinge: Wirkung und Wohlbefinden. Und bei beidem kommt es sehr darauf an, authentisch und natürlich zu sein. Wenn Sie sich verstellen, um Ihre Ziele durchzuboxen, spürt Ihr Gesprächspartner das ganz unwillkürlich. Deshalb liegt mein Hauptaugenmerk darauf, Ihre Persönlichkeit in Ihr Sprechen zu transportieren. Wenn wir hier nur Techniken pauken, ohne auf den Menschen Heinz Müller einzugehen, wirken Sie im Extremfall wie ein Zombie. Und das wäre schlimmer, als es derzeit ist. Im Moment glaubt Ihr Kunde vielleicht noch, Sie seien von Ihrem Produkt nicht überzeugt. Wenn wir hier Unsinn machen, denkt er, Sie seien unehrlich, um die schnelle Mark zu machen."

„Euro muss es heißen!", schießt es Heinz Müller durch den Kopf. Aber ansonsten hatte das offenbar Hand und Fuß, was er da hörte. Dieses ungute Gefühl, vom jungen Nachbohrer X und vom notorischen Zweifler Y in Zweifel gezogen zu werden, beschlich ihn des Öfteren. Und das brachte ihn dann vollends aus dem Takt. Früher, als jeder jeden noch kannte und man Geschäfte per Handschlag besiegelte, war das anders und einfacher. Aber ein paar Jährchen hatte er noch und wollte mehr, als die nur zu verwalten. Und kritische Einkäufer sind ja auch legitim. „Zum Überzeugen braucht es Überzeugung", hatte sein erster Chef immer gesagt. Aber das reichte heute nicht mehr. Die Kunden waren immun geworden gegen die Floskeln und Abschlusstechniken der Verkaufs-Antike. Heute musste man dem Einkaufsleiter seine Überzeugung auch tief implantieren können, wenn der am Ende die Schatulle öffnen sollte.

„Sie haben mir von Ihrem Sohn erzählt. Ihnen ist schon klar, dass Sie nicht wirklich glaubhaft waren, als Sie ihn wegen der heimlichen Zigarette zur Schnecke machen wollten. In dem Moment waren Sie schon nach äußeren Maßstäben nicht authentisch. Jetzt, wo Sie dem blauen Dunst abgeschworen haben, ist Ihre Position schon mal deutlich besser. Zeit für einen neuen Anlauf – aber ohne es wieder zum Einlauf werden zu lassen. Was Sie auf keinen Fall machen sollten, ist brüllen oder schreien. Mal ganz abgesehen davon, dass Ihr Filius dann schneller dichtmacht, als ein Opossum sich totstellen kann.

Wenn Sie schreien, vergewaltigen Sie Ihren Stimmapparat aufs Äußerste. Sie zwingen die Sprechmuskeln, Dinge zu tun, die weder ihrer natürlichen Kraft noch ihrem Bauplan entsprechen. Sie rennen sich quasi die Seele aus dem Hals, wo auch ein zügiger Marsch vollkommen ausreichend und vor allem zielführender wäre. Und abgesehen davon, dass so was ungesund ist, geht Ihnen auch jede Möglichkeit verloren, Ihrer Stimme durch Betonung Nachdruck zu verleihen. Ihr Sohn hört schon gar nicht mehr, was Sie genau sagen, weil es nur um Dezibel geht. Da ist ‚Ohren auf Durchzug' reinste Notwehr. Nicht ohne Grund heißt es ‚jemanden zur Ordnung rufen' und nicht ‚ihn zum Wohlverhalten brüllen'. Und schon haben Sie Ihre zwei Grundpfeiler wieder mit Füßen getreten. Sie erinnern sich: Wirkung und Wohlbefinden.

6.9 „Stimmung machen": mentale und praktische Gesprächsvorbereitung

Wenn nicht gerade eine Katastrophe droht, die ein sofortiges Eingreifen verlangt, sollten Sie nur vorbereitet in solche Gespräche gehen. Vorbereitet heißt dabei aber nicht nur, dass Sie sich Ihre Argumente im Vorfeld überlegen – so etwa, warum Ihr Sohnemann nicht rauchen soll oder darf, obwohl Sie es seinerzeit selbst noch getan haben. Es ist auch eine Einstimmung nötig, die jedem planbaren Gespräch eine höhere Qualität verleiht. Überlegen Sie mal, was Ihr Sohn da tut, in welchem Rahmen und warum er es tut. Fühlen Sie sich ein oder erinnern Sie sich an Ihre eigene Jugend. Spüren Sie die Suche nach Orientierung in ihm? Das Streben nach Unabhängigkeit und nach Symbolen, diese zu demonstrieren?

Manche Jugendliche rauchen, weil die Eltern es nicht tun, um sich abzugrenzen. Ihr Sohn tut es vielleicht, weil er Rauchen, Ihrem Vorbild nach, für eine erwachsene Handlung hält. Und bevor Sie dann loslegen, führen Sie sich vor Augen, warum er ein toller Junge ist, der blöderweise halt zum Glimmstängel greift. Wenn Sie ihm das Nikotin ausreden möchten, zeigen Sie ihm, dass Sie das tun, weil Sie ihn lieben. Geben Sie ihm nicht das Gefühl, dass Sie ihn verurteilen. Wenn Sie Ihre Stimme im Zaum halten und Ihre Stimmung wohlwollend ist, erhalten Sie die Möglichkeit, zu modulieren. Und da, wo Nachdruck wirklich nötig ist, wird er auch so empfunden, eben weil er sich vom restlichen Tenor des Gesprächs deutlich abhebt. In einem Schallschwall ist alles nur ein Ohrenpüree, in dem es kein Gut und Schlecht, kein Richtig und Falsch mehr gibt.

Es gibt viele Berufe im Lärmumfeld, in denen man eine gewisse Lautstärke benötigt, um den Hintergrund zu übertönen. Wer da viel und unnötig quatscht, bekommt auf Dauer ein Problem durch die Überanstrengung der Stimme. Oder nehmen Sie mal junge Sänger, die zwar über viel Talent und Eifer verfügen, aber all die Tricks der alten Hasen noch nicht kennen, den stimmlichen Motor zu tunen und in Schuss zu halten.

Bei Ihrer Frau ist es etwas anderes. Sie ist viel mehr daheim als Sie, hat eine Doppelbelastung durch ihren Job und den Haushalt. Sie kommen oft spätabends von der Autobahn, wenn sie schon schläft. Morgens wollen dann alle Baustellen aus ihr raus. Sie ist schon ein Weilchen wach, hat schon einen Koffeinkick im Blut, und Sie haben sich gerade aus dem Bett getrollt. Da ist natürlich keine Zeit, sich innerlich auf Konsens zu polen. ‚Du hörst mir ja gar nicht zu! Das interessiert dich offenbar gar nicht!' – und so weiter und so weiter. Die ganze Palette. Wenn Sie jetzt noch impulsiv den Mund aufmachen, knallt es vermutlich, und aus einer Amöbe wird ein Mammut. Hier hat das aber auch organische Gründe. Selbst wenn Sie das Richtige sagen, hört es sich vielleicht falsch an. Ihre Sprechmuskeln sind noch nicht warm. Die Stimmlippen sind durch die Untätigkeit der Nacht erstarrt und Ihre Stimme ist noch belegt. Weil die Stimmmuskeln noch verkürzt und dicker sind, sprechen Sie tiefer als gewohnt. Sagen Sie deutlich, dass Sie einen Moment brauchen, sich dann aber ganz ihr widmen möchten. Recken und strecken Sie sich und verdrücken sich für eine Weile ins Bad. Husten (nicht räuspern!) Sie sich frei. Dann machen Sie ein paar Aufwachübungen unter der Dusche:

- Summen Sie im warmen Wasser – nicht singen! – oder käuen Sie ein langgezogenes ‚m' wieder. Das tut Ihren Stimmlippen gut.
- Wenn Sie sich abtrocknen, lassen Sie Ihre Zunge kreisen und die Lippen flattern. Das macht fit für eine verständliche Artikulation.
- Spucken Sie beim Zähneputzen den Schaum oder das Wasser mit Nachdruck aus. Das aktiviert Ihr Zwerchfell.

Praktisch dabei: Die Integration in Ihren gewohnten Ablauf schafft Situationsanker. Nach einiger Zeit wird Ihnen die Stimmaktivierung beim Morgenritual in Fleisch und Blut übergehen. Dann haben Sie zumindest alles Notwendige getan, um nicht über Ihre schlaftrunkene Stimme zu stolpern, wenn es mit Ihrer Frau ans Eingemachte geht. Und machen Sie es wie hier. Setzen Sie sich bequem, aber aufrecht hin, lassen Sie sich nicht wie ein Gelee auf den Stuhl gleiten. Sorgen Sie für Luft in Brust und Bauch und hören Sie erst mal aufmerksam zu. Aktives Zuhören bedeutet, sich auf den anderen einzulassen, das Wahrnehmen und Verstehen des anderen hin und wieder durch einen Bestätigungslaut oder ein kurzes Wort zu quittieren. Es gibt auch eine Technik, nochmals nachzuhören in der Form ‚Du meinst also … ' und dann den Inhalt in eigenen Worten zu spiegeln. Wenn Sie das tun, spürt Ihre Frau, dass Sie sie verstehen wollen. Außerdem regt es sie an, Dinge so zu präzisieren, dass Sie sie nicht missverstehen können.

Wenn Sie dann antworten, und es geht um etwas mit emotionalem Touch, geben Sie ihr einen Moment Zeit, innerlich Platz zu nehmen in Ihren Worten. Das wird Ihnen auch bei der Gesprächseröffnung im Verkauf helfen. Nutzen Sie das ‚magische erste Wort':

6.10 Das magische erste Wort

Dieses Wort ist einerseits oft total unspektakulär, ist aber der Schlüssel zur Kontaktaufnahme durch seine Betonung und eine kurze Pause danach. Das erzeugt einen Neugier-Reflex und sichert Ihnen sofort die Aufmerksamkeit: ‚Wenn [Pause] du meinst, wir sollten … '

Wenn Sie Ihre Stimme erheben, dann aber kurz innehalten, bevor Sie zu sprechen beginnen, senden Sie eine Art ‚Achtungssignal'. Die Neugier auf das, was folgt, sichert Ihnen die größtmögliche Aufmerksamkeit. Damit haben Sie Ihre Zuhörer voll bei sich, egal ob es sich um Ihre Frau handelt, Ihren Sohn oder Ihren Kunden. Bei Ihrer Frau hat es den Vorteil, sie aus der Ich-Zentrierung zu holen. Im Moment Ihrer Sprechpause hat sie die Zeit, sich Ihnen innerlich zuzuwenden. Sie wird das, was Sie äußern, aufmerksamer wahrnehmen und mehr bei Ihren Argumenten sein als in ihrer Verärgerung.

Probieren Sie den Trick mal im Meeting oder bei einer Präsentation. Anstatt Ihr übliches ‚Guten Morgen, meine Damen und Herren!' herunterzubeten, beginnen Sie mit ‚Einen … ' und halten kurz inne, bevor Sie mit Ihrem ‚ … schönen guten Morgen, meine Damen und Herren' fortfahren. Es wird viel geschrieben darüber, wie man Zuhörer in seinen Bann schlägt, aber dieser Kniff ist unbezahlbar, weil er so unglaublich einfach ist. Im Verkaufsgespräch bewährt sich dieses Vorgehen ebenso. Sie sagen Ihr magisches Wort und formulieren Ihren Satz so, dass Ihr Gesprächspartner anschließend am Ball ist. Wenn Sie verbal im Stakkato loslegen, haben Sie den anderen schon verloren, bevor Sie ihn gewonnen haben. Bei den alten Hasen im Einkauf, die Sie schon ewig kennen, sind Sie logischerweise ganz entspannt. Das gegenseitige Urvertrauen ist da und man kauft, wenn der Bedarf gegeben und Ihr Preis akzeptabel ist. Die ‚jungen Wilden', mit denen Sie jetzt vielfach zu tun haben, ticken aber anders. Die kommen knallhart von der betriebswirtschaftlichen Seite und fassen den Kampf um Konditionen so sportlich auf, wie auch die besten Verkäufer es tun. Außerdem sind sie erst mal misstrauisch, weil sie eben noch nicht wissen, dass man sich auf Heinz Müller verlassen kann.

6.11 Aus einem Guss: durch Stimme Vertrauen schaffen

Deshalb ist es so ungemein wichtig, dass Sie ein Bild ‚aus einem Guss' abgeben, wenn Sie diesen Einkäufern, Abteilungsleitern oder gar Unternehmern begegnen. Wenn Sie nur die gleichen echt guten Produktargumente vorbringen wie immer, werden Sie Ihr Gegenüber nicht gewinnen, sobald Ihre Stimme nicht zu Ihren Worten passt. Wenn Sie von der Verlässlichkeit einer Maschine schwärmen oder Ihren superschnellen After Sales Service anpreisen, wird man Ihnen nicht glauben, wenn Ihre Stimme unsicher klingt.

Wie überall im Leben und immer, wenn Sie etwas von und mit Menschen wollen, geht es um Vertrauen. Das gilt für alle, nicht nur für Verkäufer oder Führungskräfte. Wenn Sie dieses Vertrauen nicht gewinnen, frustrieren Sie sich. Und weil wir Menschen soziale Wesen sind, schlägt Ihnen das zuerst auf die Seele und dann auf den Körper. Was glauben Sie, wie viele Menschen beim Therapeuten sitzen, die ein Problem mit sich selbst haben, aber eher darunter leiden, dass dieses Problem die Sozialkontakte torpediert. Ihre Worte, Ihre Gestik und Mimik und Ihre Stimme: Das gehört zusammen und macht in Verbindung mit Ihren Handlungen die Basis dessen aus, wie andere Sie erleben und wonach man Sie beurteilt. Daran entscheiden sich Geschäfte, Freundschaften, Liebe, ob man Ihnen einen Gefallen tut oder eine Entschuldigung als aufrichtig empfindet. Und wenn Sie mehr Vertrauen erleben, weil Sie das Richtige richtig sagen, verbessert das Ihr Lebensgefühl immens."

Heinz Müller staunt Bauklötze. So hatte er das noch nie gesehen. Immer wenn ihm einer was von Ganzheitlichkeit und Achtsamkeit erzählte, sprang seine Esoterikallergie an. Dabei war ihm der Umgang mit Systemen doch sehr vertraut. Wie konnte er diese Systeme technisch schätzen, menschlich aber bisher ablehnen? So langsam dämmerte ihm, wie wichtig das Sprechen und mit ihm die Stimme ist und wie arglos man meistens damit umgeht. Dass seine stimmlichen Probleme Teil seiner sozialen und geschäftlichen Schwierigkeiten waren, hätte er nicht bemerkt, wenn es keine organische Krise gegeben hätte. Es lohnt sich also, an seinem Ausdruck auch dann zu arbeiten, wenn man noch lange kein medizinisches Problem hat. Deshalb kamen ja auch Pastoren, Dozenten, Schauspieler, Führungskräfte und andere zu seinem Coach.

„Wenn Sie sprechen, Herr Müller, dauert es etwa 0,2 Sekunden, bis im Kopf des Hörers ein verstehbares Wort entsteht. Bis dahin hat sein Gehirn aber schon längst abgecheckt, ob eine Gefahr von Ihnen droht. Das ist durch die Evolution bedingt. Pferde als reine Fluchttiere zum Beispiel rennen schon los, bevor sie überhaupt analysiert haben, ob das neue Geräusch wirklich Bedrohliches signalisiert. Erst wenn eine Gefahr durch Sie ausgeschlossen ist, tritt das limbische System auf den Plan, das ‚Beziehungshirn'. Und noch bevor Ihr Satz verstanden ist, vorurteilt es schon darüber, ob Sie sympathisch oder unsympathisch sind, ob Sie einen Vertrauensvorschuss verdienen oder zum Aufschneider abgestempelt werden. Natürlich ist das alles noch revidierbar, aber das kann ein steiniger Weg werden. Sie kennen ja den Spruch: ‚Es gibt nur eine Chance für den ersten Eindruck.' Die meisten Menschen, vor allem beim Date und im Verkauf, überlegen lange, was sie als Erstes sagen. Schön, gut und richtig – aber das ist schon der zweite Eindruck.

In gewisser Weise eilt also die Stimme Ihren Worten voraus. Und daran arbeiten wir gemeinsam."

Heinz Müller runzelt die Stirn: „Klingt nach dem heiligen Gral. Aber ist das nicht eine Selbstvergewaltigung? Ich habe doch nun mal meine Stimme schon ewig. Sie ist, wie sie ist. Soll ich mich zukünftig verstellen? Und außerdem würde ich gerne meine Geschäftspartner überzeugen und nicht mit Stimmtricks manipulieren."

„Keine Sorge, Herr Müller. Was wir hier tun, ist, das Potenzial Ihrer Stimme zu wecken, also mit dem zu arbeiten, was ganz natürlich schon immer da, aber noch nicht entwickelt ist. Wie Sie klingen, hat ja ganz viel auch damit zu tun, wie fit Ihre Atmung ist und wie Sie sich innerlich auf ein Gespräch einstimmen. Für Luft im Oberkörper zu sorgen, weil Sie nicht rauchen, ist ebenso ganz normal wie sich gerade hinzusetzen. Auch sich beispielsweise auf einer Beerdigung ins Herz der Trauernden hineinzuversetzen, bevor Sie kondolieren, ist keine Selbstmanipulation. Natürlich werde ich Ihnen aufzeigen, wo Sie Fehler machen. Wenn ich Ihnen aber Dinge beibrächte, die nicht zu Ihnen gehören, laufen Sie bei Ihrer Frau, Ihrem Sohn und Ihren Einkäufern vor die Wand. Sie wären überhaupt nicht mehr authentisch. Damit würde ich Ihnen am Ende sogar schaden."

6.12 Einflüsse auf die Stimme – von innen und außen

Ihre Stimme ist Einflüssen unterworfen – kurzfristigen und langfristigen. Die langfristigen kennen Sie schon aus anderen Bereichen der Biologie: Anlage und Lernen.

- Die biometrisch erfassbaren Grundvoraussetzungen der Stimme: langfristig stabile Charakteristika des Menschen, die sich messen lassen und unverwechselbar einem Menschen zuzuordnen sind. Darauf haben Sie keinerlei Einfluss.
- Der erlernte Stimmgebrauch: Er ist geprägt durch jahrelange Gewohnheit. Die Art und Weise, wie Sie Ihre Stimme nutzen. Diesen Bereich können Sie mit einiger Übung beeinflussen.

Vom ersten Brabbeln als Kind an haben Sie unbewusst Ihre Stimme und Sprechweise ‚trainiert'. Dabei reagiert die Stimme seit den ersten Lebensjahren in jeder Sekunde auf vielfältige Einflüsse. Unzählige Male wiederholt, entsteht so über Jahre hinweg Ihre persönliche Art und Weise, Ihre Stimme zu nutzen.

Die wichtigsten Einflussfaktoren, die zu Ihrem typischen Stimmgebrauch führen, sind:

- Vorbilder (Eltern und andere ‚Rollenmodelle'): Kinder erlernen nicht nur die Sprache durch Hören und Nachahmen, sondern auch den Stimmgebrauch und die Sprechweise. Vielleicht haben Sie es schon einmal erlebt, dass Sie am Telefon die Tochter mit der Mutter verwechselten, weil beide sehr ähnlich klingen.
- Ihre Körperhaltung und Ihre typischen Bewegungsmuster, ebenso Ihre Mimik und Gestik.

- Ihr Temperament – Sie, als eher extrovertierter Mensch, sprechen lauter als andere.
- Ihre Atmung. Das hatten wir ja schon ausgiebig.
- Ihr Hörvermögen, Ihre Hörverarbeitung: Um Ihre Stimme zu steuern, ist es wichtig, sich selbst zu hören. Deshalb reden Sie in lauter Umgebung auch automatisch lauter und in ruhigem Umfeld leiser.
- Die Menge an Stress in Ihrem Leben und Ihr Umgang damit.
- Und natürlich Ihre Ernährungs- und Trinkgewohnheiten. Da waren wir auch schon.

Unmittelbare und kurzfristige Einflüsse verändern Ihre Stimme aber ebenso und manche haben Sie durchaus in der Hand:

- Ihr Gefühl, Ihre Stimmung und Laune
- Wie Sie formulieren und was Sie sagen
- Die Tageszeit
- Das Verhalten Ihrer Gesprächspartner
- Ihre innere Bereitschaft, sich zu äußern
- Ihre inhaltliche Sicherheit
- Ob Sie nervös sind oder Lampenfieber haben
- Räumliche Gegebenheiten wie Raumgröße, Bodenbelag und so weiter
- Ja, auch Ihre Kleidung, Ihre Schuhe
- Ihre Körpersprache und -haltung etwa im Sitzen oder Stehen, Ihre Gestik und Mimik
- Die Umgebungslautstärke
- Luftfeuchtigkeit und Luftqualität
- Ganz wichtig: Ihr Flüssigkeitshaushalt und
- Genussmittel: Kaffee, Koffein allgemein, Suchtmittel und Zigarettenrauch

Ich gebe Ihnen bis zum nächsten Mal eine kleine Aufgabe mit. Überlegen Sie einfach mal, was von all den Dingen Sie in welcher Form in der Hand haben und wo Sie am besten ansetzen könnten. Bis dahin alles Gute für Sie."

Die Aufgabe, die sein Coach ihm aufgeladen hatte, war ein bisschen schwieriger als gedacht. Vor allem die kurzfristigen Faktoren waren knifflig. Auch Marlene war keine echte Hilfe. Wie sollte er sein Lampenfieber bekämpfen, wenn er erfahren hatte, dass der neue Chefeinkäufer bei Mager und Söhne ein ganz harter Hund sein sollte? Was könnte er tun, wenn der Termin vor der Tür stand, ihm aber nicht nach Reden zumute war? Um Mittag herum tat er sich auch immer schwer – egal ob hungrig oder mit vollem Magen – beides lähmte ihn gleichermaßen. Und was tat er, wenn jemand schlicht und ergreifend unsympathisch war? Damit hatte er sich schon immer schwergetan. In einer Welt, in der Freundlichkeit die Basis war, bedeutete pure Höflichkeit eine Zurücksetzung, die zwar nicht mit Liebes-, aber mit Vertragsentzug geahndet wurde. Ach egal, er würde ein paar Sachen aufschreiben und mal hören, was sein Coach noch für Ideen hatte.

6.13 Was Sie für Ihre Stimmfitness tun können

„So, dann wollen wir mal. Heute steigen wir knietief in die Praxis ein. Haben Sie Ihre kleine Hausaufgabe erledigt? Wir gehen jetzt nicht einfach Ihre Antworten und meine Vorschläge durch. Wir hangeln uns im Coaching vom einen zum andern. Dabei erledigen wir auch die Fragen, die ich Ihnen gestellt habe.

Fangen wir mit Ihrer ‚Stimmfitness' an, Herr Müller. Für Sie als Vielsprecher kommt es darauf an, dass Ihre Stimme jeder Situation gewachsen ist – in mehrfacher Hinsicht. Einerseits wollen Sie bei jeder Gesprächsherausforderung den rechten Ton treffen. Andererseits soll Ihre Stimme auch Durchhaltevermögen haben. Es nutzt Ihnen nichts, eine tolle Stimmausbildung zu haben, wenn bei einem längeren Vortrag oder abends, nach einem vollen Tag, die Stimmlippen versagen. Unter solchen Problemen leiden übrigens 75 % aller Lehrer. Bewährt haben sich tägliche Aktivierungsmaßnahmen, mit denen Sie Ihre Stimme bereit für die Tour machen können.

Wir reden hier von den drei Körperregionen, die für Ihren stimmlichen Ausdruck zuständig sind:

- Die Atmung und mit ihr alle Muskeln, die für Ihre Köperhaltung und Ihre Gestik benötigt werden,
- Ihr Kehlkopf und Ihre Stimmmuskulatur,
- Mund- und Rachenraum, Ihre Artikulationszone also, und die Muskeln des Gesichts, die für Ihre Mimik verantwortlich sind.

Über die ‚Duschübungen' haben wir ja schon mal gesprochen. Damit kommen Sie schnell von null auf fünfzig. Das ist wie das Aufwärmen auf dem Sportplatz. Jetzt kommen wir zum Training, um

Kraft und Energie für Atmung und Zwerchfell aufzubauen Beginnen Sie am besten mit sanften Bewegungen. Schütteln Sie alle Spannungen ab und mobilisieren Sie vorsichtig Schultern, Brustkorb und Wirbelsäule.

- Erhöhen Sie Ihr Atemvolumen, indem Sie Ihre Schultern langsam in beide Richtungen kreisen lassen und dabei spüren, wie sich Ihr Oberkörper weitet.
- Strecken Sie langsam Ihre aufgestellten Handflächen seitwärts von sich weg, als wollten Sie zwei schwere Paravents auseinanderschieben. Das aktiviert die Muskeln in Brustkorb und Wirbelsäule und öffnet die Atmung.
- Stellen Sie sich eine Geburtstagstorte mit vielen Kerzen vor. Pusten Sie nun die vielen Flammen mit einem kräftigen ‚ffff!' aus.
- Wenn Sie eine langsam in Schwung kommende Dampflokomotive imitieren, motiviert das Ihr Zwerchfell zu Höchstleistungen! ‚Sch! Sch! Sch! Sch!' Schleudern Sie

dabei aktiv Ihre Hände und Finger von sich weg, das setzt zusätzlich Ihren gestischen Aktionsradius in kürzester Zeit frei.
- Erinnern Sie sich an die guten alten Hula-Hoop-Reifen? Lassen Sie für dreißig Sekunden einen imaginären Reifen elegant um Ihre Hüften schwingen. Das mobilisiert die Atemstützmuskulatur.
- Lachen bringt den gesamten Kreislauf auf Touren – und versüßt sicher auch Ihren Alltag.

Geschmeidigkeit für die Tongebung In dieser Zone stehen die feinen Stimmmuskeln im Hals im Vordergrund, die so präzise die unterschiedlichsten Tonhöhen einstellen können. Hier kommt es vor allem darauf an, dass Sie Spannungen lösen, ein angenehmes Gefühl von Weite erleben und Ihre Stimme langsam ‚warmbrummen'.

- ‚Gähnräkeln': Räkeln und dehnen Sie sich wie eine Katze, gähnen Sie dabei genussvoll und spüren Sie, wie Ihr Gaumen, Ihr Zungengrund und Ihr Rachen weit werden. Das vergrößert hörbar Ihr Stimmvolumen.
- Und dann: Summen Sie. Schließen Sie einfach leicht die Lippen und spüren Sie das leichte Vibrieren. Das löst Spannungen im Kehlkopf und lässt Sie Ihren Wohlfühlton hören. Wenn Sie dabei auch noch an Ihre Lieblingsspeise oder Ihren Traumurlaub denken, verdoppeln Sie die Wirkung.

Lockerheit für die Artikulation Hätten Sie gewusst, dass Ihre Muskeln im Mund zu den schnellsten Bewegungen im ganzen Körper fähig sind? Aus ihrem präzisen Zusammenspiel entsteht verständliche Sprache. Aber dafür müssen die Muskeln diese Arbeit gewöhnt und locker sein.

- Schneiden Sie große und kleine Grimassen: Ziehen Sie zuerst ein ganz schmales Schnäuzchen, spitzen Sie die Lippen, legen Sie die Stirn in Falten und lassen Sie ein langgezogenes ‚üüüü' hören. Danach ziehen Sie Ihr Gesicht genüsslich in die Breite, bis Sie wie Kermit der Frosch aussehen – nur nicht so grün. Welcher Laut entsteht nun bei Ihnen? Normalerweise ist es ein langes ‚eeeee'.
- Danach lassen Sie Ihre Lippen flattern wie ein schnaubendes Pferd. Schütteln Sie auch mal Ihre Wangen aus. Prusten Sie nach Herzenslust. Eine besonders wirkungsvolle Variante dieser Übung nenne ich ‚Baby isst Spinat!' Können Sie es sich vorstellen? Es genügt, die Zunge zwischen die Lippen zu nehmen, und los geht's!
- Dann spielen Sie ‚blubbernde Motorjacht': Die Konsonantenfolge ‚b' und ‚d' aktiviert Ihren Lippen- und Zungenspitzenbereich und das nachfolgende ‚u' lässt Ihren Unterkiefer locker sinken. Lassen Sie Ihre Wangen locker, als wären Sie betrunken, und lassen Sie es klingen wie platzende Blasen: ‚bdub, bdub, bdub … '

- Zungenkreisen: Diese Übung aktiviert besonders wirkungsvoll Ihren zentralen Artikulationsmuskel, Ihre Zunge: Trachten Sie danach, mit Ihrer Zungenspitze Ihren Mund bis in alle Winkel zu erforschen.

Wir machen jetzt mal eine Pause, Herr Müller – oder anders: Ich mache eine Pause, bin in zehn Minuten zurück. Sie nehmen diesen Spiegel und üben mal ein bisschen. Und hinterher erzählen Sie mir, wie es war … "

Heinz Müller braucht ein paar Minuten, bis er richtig „drin" ist. Dass man sich auch selber peinlich sein kann, ist ein Gefühl, mit dem er sich immer schon schwergetan hat. Aber nach ein paar Minuten hat er den Dreh raus und aus Zurückhaltung wird Spaß. Seine Laune hebt sich deutlich. Er fühlt sich wacher und aufmerksamer.

„Na, wie war's? Wenn Sie das jetzt jeden Morgen machen, sind Sie in ein paar Minuten fit für den Tag. Das Spinatessen, den Kermit, die Motoryacht und die Zungenübungen können Sie auch im Auto mehrmals wiederholen. Für einen Durchgang allerdings sollten Sie sich morgens einen Moment für sich reservieren. Denn es kommt auch aufs Spüren an, nicht nur aufs Abarbeiten.

6.14 Spiegelneuronen und Eigenton im Duett

Kommen wir jetzt zum Gespräch mit dem Kunden. Die Sachen, die wir jetzt besprechen, können Sie und alle anderen ‚Vielsprecher' immer dann einsetzen, wenn Sie ein wichtiges Gespräch haben – mit wem auch immer. Haben Sie schon mal was von Spiegelneuronen gehört?"

Heinz Müller hatte. In irgendeinem Verkaufstraining hatte man ihm mal erzählt, er solle seine Kunden „pacen" – eine Haltung annehmen ähnlich der Haltung des Kunden. Das würde unbewusst ein Harmoniegefühl im Gegenüber auslösen. Sein Feuereifer wurde aber jäh gebremst, als ihn ein Kunde mit einem breiten Grinsen im Gesicht darauf ansprach. Wohl gefühlt hatte er sich dabei auch nie, weil er permanent anders sitzen musste, als es seiner Gewohnheit entsprach.

„Die Spiegelneuronen sind tatsächlich dazu da, uns sozial mit anderen zu vernetzen. Wenn Sie gähnen, gähnt der andere, wenn Sie nach Ihrem Glas greifen, tut es der andere auch. In einem Experiment mit Studenten konnte sogar gezeigt werden, dass der Vortag eines heiseren Redners die Stimmen der Zuhörer heiser werden ließ. Und so, Herr Müller, ist es auch in Ihren Gesprächen. Wenn Ihre Stimme unsicher klingt, wird auch Ihr Kunde an Ihnen zweifeln. Wenn Sie unter Stress stehen, arbeiten Ihre Stimmlippen schneller, Ihre Stimmlage wird höher und dieser Stress überträgt sich auf den Einkäufer, der gerade eine Menge Geld und Vertrauen in Sie investieren soll. Auch seine Stimme geht hoch und schon haben Sie ein hitziges Gefecht statt eines ruhigen Gesprächs. Durch die Spiegelneuronen spüren wir oft schon, was im anderen vorgeht, bevor wir es bewusst reflektieren.

Ihre Stimme macht mehr als ein Drittel Ihres persönlichen Eindrucks aus. Deshalb ist es wichtig, sich unmittelbar vor dem Termin in einen Modus zu bringen, in dem Sie mit Achtsamkeit und Selbstbewusstsein agieren können. Stimmung kommt von Stimme und auf die richtige ‚Einstimmung' kommt es an. Dazu sollten Sie sich des sogenannten Eigentons Ihrer Stimme bewusst sein und diesen vor dem Zusammentreffen aktivieren.

Der Eigenton ist das, was Stimmexperten auch die ‚Wohlfühllage' Ihrer Stimme nennen. Es handelt sich dabei um den Ton, der entsteht, wenn Ihre Stimmlippen ganz entspannt und ohne Anstrengung schwingen. Wenn Menschen Stimmen mögen, liegt das meistens nicht daran, ob sie höher oder tiefer sind, auch wenn viele Menschen glauben, dass tiefere Stimmen besser ankommen. Dieses Mögen hat viel mehr damit zu tun, wie sehr eine Stimme ‚in sich ruht' und sich im Umfeld ihres Eigentons orientiert.

Bevor Sie die Höhle des ‚Einkaufslöwen' betreten, hilft Ihnen die Konzentration auf den Eigenton nicht nur, diesen zu einer Art Achse zu machen, um die herum Sie sich bewegen. Weil er so angenehm und so natürlich ist, trägt die Konzentration auf ihn auch dazu bei, ‚runterzukommen' vom Stress des Tages oder vom nervigen Verkehr. Sie finden buchstäblich zu sich selbst.

- Machen Sie sich die Wohlfühllage Ihrer Stimme möglichst oft bewusst, um eine Referenz für Ihr Ohr zu schaffen. Brummen Sie bei jeder nur denkbaren Möglichkeit ein wohliges, kurzes ‚mmhhh'! Ob beim Essen, beim Telefonieren oder im Zwiegespräch – horchen Sie dabei ganz bewusst auf den Klang Ihrer Stimme.
- Beobachten Sie auch, wie sich die Tonhöhe verändert, wenn Sie von dort weg anfangen zu sprechen. Sie können das auch ganz gezielt ausprobieren, indem Sie zuerst ‚mmhhh, mmhhh' von sich geben und danach einen Satz beginnen. Können Sie an die angenehme Wohlfühllage anknüpfen?

Wenn Sie Ihren Eigenton gefunden haben – viele kennen den noch nicht einmal –, üben Sie ihn so lange, bis er Ihnen ganz vertraut ist und Sie ihn jederzeit abrufen können. Im Gespräch bewegen Sie sich in Ihren Betonungen zwar immer wieder nach oben und unten von ihm weg, kehren aber auch immer wieder zu ihm zurück. Das beruhigt einerseits Sie, steigert aber auch das Vertrauen des anderen in Ihre Person. Sie wirken ruhig, ‚bei sich' und voller Selbstvertrauen. Und durch die Spiegelneuronen wird auch Ihr Pendant in diesen Zustand ‚aktiver Ruhe' versetzt.

Außerdem sollten Sie sich im Vorfeld des Gespräches auch mental einstimmen. Wenn Sie Ihr Gegenüber kennen, überlegen Sie, was Sie menschlich an ihm schätzen, und quälen sich nicht damit, dass er stets versucht, den letzten Rabattteller aus Ihnen herauszuquetschen. Hat er Humor, ist er bei aller Härte nicht eine ehrliche Haut, auf dessen Wort auch ohne Unterschrift Verlass ist? Und so machen Sie das auch bei Kollegen, beim Chef, bei Ihrer Frau und Ihrem Sohn. Probleme mit dem Bauamt wegen Ihres Anbaus? Diskussionen mit der allzu strengen Lehrerin Ihres Sohnes oder Dauerzwist mit den Schwiegereltern? Diese Maßnahmen helfen immer.

6.15 Stimmgesundheit ist Lebensfreude

Wie ich schon sagte: Es kommt auf zwei Dinge im Leben an – Wirkung und Wohlbefinden. Wie schaffen Sie es, Ihre Ziele wirklich zu erreichen, ohne sie mit Gewalt erzwingen zu wollen und ohne sich zu frustrieren, bis Sie im Burn-out landen? Wir werden in den nächsten Sitzungen noch spezielle Gesprächssituationen angehen: Präsentationen, Meetings und auch Telefonate. Das, was wir bisher erarbeitet haben, diente zuerst mal dazu, Ihnen bewusst zu machen, dass Ihre Stimme ein wichtiger Indikator für Ihr körperliches und seelisches Befinden ist und was Sie tun können, um Ihre Stimme in Schuss zu halten. Sicher ist Ihnen auch klar geworden, wie wichtig eine gesunde Lebensweise mit etwas Sport und knapp dosierten Genussgiften ist. Körper, Seele und Geist sind eine Einheit. Und Ihre Atmung versorgt nicht nur Ihren Körper mit Luft. Sie lässt auch Ihre Stimme erklingen."

Auf dem Weg nach Hause führt sich Heinz Müller nochmals vor Augen, was sein Coach meint, wenn er von Wirkung und Wohlbefinden spricht.

„Wenn meine Stimme Vertrauen vermittelt und Sicherheit – mir selbst und anderen, habe ich mehr Erfolg in kniffl4igen Situationen, überzeuge Kritiker, gewinne Freunde und schaffe es endlich, meine Konflikte auf einer sachlicheren Ebene anzugehen. Wenn ich in mir ruhe, überträgt sich das positiv auf andere. Und mit mehr Erfolg und schönen Beziehungen verbessert sich mein Leben. Meine Stimme kann mir ‚sagen', wenn ich krank bin, aber vor allem kann sie dafür sorgen, dass es mir gut geht – aber nur, wenn ich dafür sorge, dass es meiner Stimme gut geht."

„Hallo, Herr Müller, ich hab die neuen Quartalszahlen für Sie. Seit Ihrer Auszeit läuft es ja wieder wie am Schnürchen."

Die Stimme des Vertriebschefs klingt aufgekratzt. Schließlich hat er heute die angenehme Aufgabe, nicht nur seine Mitarbeiter über die Zuwächse zu informieren, sondern auch, die Zahlen an die Geschäftsleitung zu reporten.

„Oh ja, ich bin wieder voll auf dem Damm. Danke noch mal, dass sie darauf bestanden haben, dass ich zum Arzt gehe und dass Sie das Stimmcoaching mitgetragen haben. Das hat echt was gebracht."

„Wissen Sie, Herr Müller, ich hab das auch erst lernen müssen. Ich hab ja meinen Druck von der Geschäftsleitung. Aber auch dort hat sich mittlerweile die Einsicht durchgesetzt, dass Investitionen in die Gesundheit unserer Leute zwar Geld kosten, aber unterm Strich betriebswirtschaftlich sinnvoll sind. Vorbeugung ist immer billiger als Heilung. Das ist nicht nur eine Floskel. Man vergisst das ganz gerne, wenn die Umsätze, sicher zu Recht, im Vordergrund stehen. Aber gesunde Umsätze ohne fitte Mitarbeiter? Das funktioniert nicht. Schönen Feierabend und bis morgen … "

Heinz Müller lenkt seinen Firmenwagen in die Einfahrt. Bevor er jedoch aussteigt, lächelt er in den Spiegel, lässt die heutige Sitzung noch einmal Revue passieren und befolgt den letzten Rat seines Coachs: „mmmmh". Dann schnappt er seine Aktentasche vom Beifahrersitz und den Mantel von der Rückbank und geht ins Haus. Dabei hofft er insgeheim ein kleines bisschen, dass es mit Marlene etwas zu besprechen gibt …

6.16 Über den Autor

Arno Fischbacher ist Wirtschafts-Stimmcoach, Speaker, Trainer und Autor. Er ist der Experte für die unbewusste Macht der Stimme in Kundenservice, Führung und Vertrieb und bereitet Führungskräfte und Mitarbeiter der Top-Unternehmen in Deutschland und Österreich auf Gespräche, Präsentationen und Medienauftritte vor. In seiner modernen Trainingsmethode verbindet Fischbacher seine Erfahrungen mit neuem Wissen aus Psycholinguistik und Wahrnehmungsforschung. Arno Fischbacher ist amtierender Präsident des Chapter Österreich der German Speakers Association.

In seinem Buch „Geheimer Verführer Stimme" gibt er gut verständlich und leicht nachvollziehbar zahlreiche Tipps und Hintergründe zum Thema Stimme. Arno Fischbacher ist Gründer und Vorstand von www.stimme.at, dem europäischen Netzwerk der Stimmexperten und trägt damit heute wesentlich zum gesellschaftlichen Bewusstsein für den Wirtschaftsfaktor Stimme bei. Er besticht durch mitreißendes Auftreten und eine Fülle an praktischen, sofort anwendbaren Tipps. Stimme wirkt!

Weitere Infos unter www.arno-fischbacher.com

Trotz Facebook, Mails und Twitter – sicher durchs Burnout-Gewitter

7

Jürgen W. Goldfuß

Inhaltsverzeichnis

7.1　Über den Autor.. 140

Die Umsätze der Mobilgeräte-Hersteller steigen permanent. Im Wochentakt werden neue Geräte auf den Markt geworfen. Wie werden die Apparate eigentlich eingesetzt, und vor allem – wie sinnvoll? Eine Frage, die viele Fragen auslöst.

Süßer die Handys nie klingeln. Es gab einmal eine Zeit, in der man in einem Restaurant ungestört speisen konnte. Man wurde zwar vom Qualm rücksichtsloser Raucher beim Genuss der Mahlzeiten gestört, aber ansonsten herrschte elektronische Ruhe. Die Zeiten ändern sich. Heute kann man, in fortschrittlichen Bundesländern zumindest, rauchfrei speisen. Neu jedoch sind die Belästigungen durch klingelnde und piepsende elektronische Geräte. Für einen Notarzt ist die sofortige Information über einen Einsatz wichtig, das gehört zu seinem Job. Inwieweit jedoch belanglose „Informationen" Priorität vor einem gemeinsamen Essen oder Gespräch haben sollten, das muss jeder selbst entscheiden. Selbst Mr. Unentbehrlich könnte die Austaste drücken und irgendwann mal die Mailbox abhören. Wieweit man sich fremdbestimmen lässt von technischen Geräten, von elektronischen Maschinen, von unnötigen Kontakten, das muss jeder selbst bestimmen, wenn Stress nicht zu einem Störfaktor in seinem Leben werden soll.

J.W. Goldfuß (✉)
Denkinger Straße 3, 78549 Spaichingen, Deutschland
e-mail: goldfuss-mtd@t-online.de

© Springer Fachmedien Wiesbaden GmbH 2018
P. Buchenau (Hrsg.), *Chefsache Gesundheit I*,
https://doi.org/10.1007/978-3-658-16580-2_7

Und damit sind wir genau bei unserem Thema, die Verantwortung des Einzelnen für seinen persönlichen Umgang mit neuen Medien – und diese Verantwortung können Sie nicht delegieren, diese Verantwortung nimmt Ihnen niemand ab.

Als die ersten Handys, die ob ihrer Bauform diesen Namen eigentlich gar nicht verdienten, in der Öffentlichkeit gesichtet wurden, da konnte man noch von echten Statussymbolen sprechen. Wer so viel Geld für so ein Gerät aufwenden konnte, der wurde bewundert, der musste wichtig sein. Wenn aber heute bereits Sechsjährige mit ihrem dritten Handy telefonieren, dann kann von Statussymbol keine Rede mehr sein. Trotzdem stellen sich heute Technikfreaks bereits Stunden vor Ladenöffnung zum Kauf eines neuen, von der Werbung hochgejubelten Geräts vor den Eingangstüren der Elektroniktempel in langen Warteschlangen an.

Und die Besitzer der neuesten Gerätegeneration ernten neidische Blicke, wenn sie mit ihrem teuren Spielzeug demonstrativ telefonieren. Schließlich hat jeder Mensch immer noch Kindheitsträume, die er sich erfüllt. War es früher die elektrische Eisenbahn, so sind es heute Hightech-Spielereien. Und da bietet die Industrie wöchentlich neue Gadgets.

Nichts gegen sinnvolle, informative Telefonate. Wer aber dann sinnentleerte Botschaften wie „Ich bin gleich da, pünktlich, wie vereinbart" in die Welt bläst, vielleicht noch mit seinem Konterfei versehen, der beweist den Entwicklungsstand eines Dreijährigen. Süß, wie der „Kleine" sich freut, denkt man unwillkürlich, wenn man ihn da so sieht, den Nerd, der mit Inbrunst auf dem Gerät herumtippt.

Neue Technik bringt auch neue Gefahren. Dank der neuen Smartphone-Generation gibt es auch neue Krankheitsbilder. Es ist hier nicht von den Viren in Softwareprogrammen die Rede, sondern von richtigen, lebenden Viren. Wie das Wall Street Journal berichtet, ist die Bakterienbelastung von Smartphones gegenüber PC-Tastaturen recht hoch. Die Geräte seien häufig in der Nähe von Nasen, Mündern und Ohren eingesetzt, warme Stellen, die von Bakterien bevorzugt werden. Durch das permanente Schieben und Reiben auf dem Display setzen sich Bakterien auf der Oberfläche fest. Bei Untersuchungen fanden sich coliforme Bakterien, die normalerweise aus Fäkalien stammen. Auch die Reinigung mit Microfasertüchern sei keine Abhilfe. Reiner Alkohol oder das Sterilisieren mit UV-Licht sei der beste Schutz gegen Infektionen. Bis es den Herstellern gelingt, Bakterien hemmende Oberflächen zu produzieren, sollte man also regelmäßig auf Virenjagd gehen, nicht nur in den Apps, sondern auch auf dem Gehäuse. Neue Techniken, neue Probleme.

Nun sei es fern, moderne Technik zu verdammen. Die Zeit der Bilderstürmer ist schon lange vorbei. Die moderne Technik hilft, sich das Leben zu erleichtern, es einfacher zu gestalten. So weit die Theorie. Was wir aber erleben, sind Menschen, die trotz (oder wegen) moderner Kommunikationsmittel ärztlicher, psychologischer Hilfe bedürfen. Neue Techniken sollte man nicht stoppen, neue Krankheiten jedoch auf jeden Fall.

Stichwort: Burnout. Hinter dem populären Oberbegriff verbergen sich eine ganze Menge Krankheitssymptome, die sich auf verschiedene Art auswirken können. Nach Muskel- und Skeletterkrankungen sind psychische Probleme heute bereits der zweitwichtigste Grund für Krankmeldungen. Dass es sich dabei nicht um eine saisonale „Modekrankheit" handelt, beweisen die Zahlen. So gab es im Jahre 2011 59 Millionen Arbeitsunfähigkeitstage wegen psychischer Erkrankungen, ein Anstieg um mehr als 80 % in den letzten 15 Jahren.

Die jährlichen Behandlungskosten für psychische Erkrankungen belaufen sich auf etwa 28 Mrd. Euro. Nun könnte man argumentieren, dass dadurch Arbeitsplätze im medizinischen Sektor gesichert seien. Der einzelne Betroffene würde dieses Argument aber eher für schwarzen Humor halten. Der Produktionsausfall durch psychisch geschädigte, ausgebrannte Mitarbeiter wird auf 26 Mrd. Euro geschätzt. Solche Zahlen allerdings betreffen die gesamte Volkswirtschaft. Ernstzunehmende Fakten vor dem Hintergrund internationaler Wettbewerbsfähigkeit.

Schnellere, bessere Werkzeuge und gleichzeitig höhere Verluste. Paradox, oder? Wir haben einerseits modernere Hilfsmittel, können diese aber offenbar nicht richtig anwenden.

Das menschliche Verhalten hinkt irgendwie der technischen Entwicklung hinterher, die Evolution kommt mit der Technik nicht mehr mit. Wir sind in der Situation des Indianers, der seine erste Eisenbahnfahrt hinter sich gebracht hat. Am Ziel angekommen, fragte man ihn nach seinen Eindrücken: „Phantastisch, unglaublich. Ich bin hier, aber mein Geist ist noch zu Hause."

In der Rolle des Indianers befinden sich heute viele, die zwar über die neuen Werkzeuge verfügen, sich aber noch nie ernsthaft mit dem sinnvollen Einsatz der Geräte beschäftigt haben.

Wir können zwar schneller mehr erledigen dank der vielen neuen „Tools". Muss aber die Arbeit deshalb in Hektik und Stress ausarten? Muss deshalb jeder seine persönliche Taktzahl erhöhen? Was hat sich eigentlich geändert gegenüber „früher", wann immer das gewesen war?

Ein kurzer Blick zurück. Als die Angebote noch per Schreibmaschine erstellt wurden, da musste die Arbeit zwar auch termingerecht erledigt werden, es gab aber immer Spielraum für kreative Ausreden. Wartete der Kunde noch auf die ersehnten Informationen, so rief er an und erkundigte sich nach dem aktuellen Stand. Man konnte hart am Rande der Wahrheit vorbei argumentieren, das Angebot sei bereits in der Post, selbst wenn man schlicht vergessen hatte, die Schreibmaschine in Gang zu setzen. Dann kam das Faxgerät auf den Markt. Nun wurde es schon etwas knapper mit den Ausreden, denn der Kunde forderte nun: „Dann schicken Sie mir doch bitte schon einmal schnell eine Kopie per Fax." Die Taktzeiten wurden also kürzer.

Als dann das neue Medium E-Mail die Welt eroberte, da fielen die Ausreden ganz weg. Zum ersten Mal in der Geschichte der Menschheit dauerte die Erstellung eines Dokuments länger als der Transport der Botschaft. Gleichzeitig stiegen aber auch die Anforderungen an die einzelnen Empfänger der Mails, denn nun konnte man den zuständigen Sachbearbeiter zeitnah direkt ohne Verzögerung erreichen und eine qualifizierte Antwort einfordern. Da kam so mancher, der eine eher behördliche Arbeitsweise gewohnt war, schnell an seine Leistungsgrenze. Der Umgang mit dem neuen Medium wurde aber keinem so richtig beigebracht. So wie beim Übergang von der Schreibmaschine auf elektronische Textverarbeitungssysteme, so wurde auch hier keine begleitende Betreuung angeboten, es wurden lediglich die technischen Funktionen erläutert. Wer aber die Straßenverkehrsordnung beherrscht, der kann noch lange nicht Auto fahren.

Ein Problem bei der Erstellung von Mails ist die mangelnde Ausbildung der Schreiber. Wer sich an die Tastatur setzt und einfach losschreibt, was ihm gerade so in den Sinn kommt, der schreibt nicht im Telegrammstil, sondern produziert eher Lyrik oder Prosa. Die zu entschlüsseln, kostet den Empfänger wertvolle Arbeitszeit, die allerdings humorvoll aufgelockert wird von den vielen Fallstricken der deutschen Sprache und den typischen Tippfehlern.

Wer nicht in der Lage ist, in die Betreffzeile die gesamte Botschaft zu verpacken, ähnlich der Überschriften der BILD-Zeitung, der sollte einmal ein Texter-Seminar besuchen. Die Empfänger seiner Mails werden es ihm danken.

Eine beliebte Unsitte der Mailerei: Um mehr oder minder Interessierte zu informieren, setzt man einen erweiterten Personenkreis auf den Verteiler, etwas, was man ohne Mails, per Briefpost, wohl nie gemacht hätte. Viele Verteiler entstehen auch aus Selbstschutz, um sich abzusichern, falls etwas schiefläuft. Die Amerikaner sprechen von CYA-Mails (Cover your ass). Bei etwa einer Milliarde Mails pro Tag, die alleine in Deutschland kursieren, kann sich jeder so etwa ausrechnen, wie effektiv das Medium E-Mail die Produktivität hemmen kann.

So lassen sich dank des neuen Mediums zwar viele Menschen informieren, vielleicht verunsichern, auf jeden Fall aber von der Arbeit abhalten. Laut einer Untersuchung der University of California in Irvine werden Bürokräfte etwa alle 3 Minuten unterbrochen, oder sie unterbrechen sich selbst. Für die Selbstunterbrechung können aber nicht die neuen Werkzeuge verantwortlich gemacht werden, sondern nur der Mensch selbst. Denn hier handelt es sich um mangelnde Konzentrationsfähigkeit – oder einfach keinen Bock auf den Job. Wenn Mitarbeiter erst einmal abgelenkt sind, könne es bis zu 23 Minuten dauern, bis sie wieder an ihrer ursprünglichen Arbeit weitermachen, so die Studie.

Wer von seinen eigentlichen Arbeiten abgelenkt wird, dem fehlt logischerweise ein Stück Arbeitszeit. Die fehlende Zeit wird dann nachgearbeitet, sprich der Feierabend wird verschoben. In Zahlen ausgedrückt: 35 % der Mitarbeiter arbeiten mehr als 40 Stunden, 64 % arbeiten auch samstags, 38 % werkeln auch an Sonn- und Feiertagen. 26 % beklagen sich darüber, dass sie keine Pausen machen können. Die Zahlen stammen aus dem Stressreport 2000 der Bundesanstalt für Arbeitsschutz und Arbeitsmedizin (BAuA) bei dem 18.000 Erwerbstätige telefonisch befragt wurden. Der aktuelle Stressreport 2012 zeigt keine wesentlichen Änderungen auf, die Klagen sind geblieben.

Nun kann man eine solche Entwicklung bedauern, als nicht änderbar hinnehmen. Man kann aber auch konsequent Abläufe und Störfaktoren analysieren, hinterfragen, verbessern oder gar abstellen.

In Seminaren über Zeit- und Selbstmanagement werden die verschiedensten Werkzeuge angeboten und meist als sinnvoll akzeptiert. Und damit hat sich das Thema auch bereits meist wieder erledigt. Zurück im Alltagstrott hat man schnell wieder die übliche Drehzahl im Hamsterrad erreicht.

Ohne konsequente Verbesserungen und Reduzierungen in den Abläufen wird sich nichts ändern. Ein häufiger Grund für die selbst verursachten Stresssituationen ist auch die Unfähigkeit, nein zu sagen. Aus falsch verstandener Höflichkeit oder Angst vor den Konsequenzen lassen sich Viele Aufgaben aufs Auge drücken, die gar nicht zu ihrem eigentlichen Aufgabengebiet gehören.

Weibliche Mitarbeiter tun sich mit diesem Thema noch schwerer als ihre männlichen Kollegen. Dabei ist es ganz einfach, nein zu sagen. Allerdings sind zwei Punkte dabei essentiell: Ein „Nein" sollte immer mit einer Begründung und einem Lächeln ausgesprochen werden. Ansonsten wird es als Ablehnung oder gar als Affront betrachtet.

Zurück zur Statistik. Wenn derart viele Beschäftigte am Wochenende arbeiten, so verdanken sie diese Möglichkeit einem der größten Fortschritte des letzten Jahrtausends: dem PC. Musste man sich früher noch physisch zur Arbeitsstelle begeben, um sich dort mit den diversen Unterlagen zu beschäftigen, so lässt sich das heute bequem von zuhause, von der Couch aus, vielleicht mit einem beflügelnden Getränk unterstützt, erledigen. Da fällt dem einen oder anderen schon gar nicht mehr auf, dass er sich daheim mit Aufgaben und Problemen seines Arbeitgebers beschäftigt. Die Arbeit frisst die Freizeit auf. Den Familienmitgliedern allerdings entgeht nicht, dass ihnen wertvolle Zeit für gemeinsame familiäre Unternehmungen gestohlen wird.

Wenn dann noch vermeintlich ganz wichtige Mails im privaten Wohnzimmer sofort bearbeitet werden, vielleicht während eines spannenden TV-Krimis, dann sollte man seinen Lebensstil ernsthaft hinterfragen, denn jeder trägt selbst die Verantwortung für seinen eigenen Lebensstil. Offenbar ist sich noch nicht jeder darüber im Klaren. Der Bundesverband der Krankenkassen hierzu: „Jeder 5. Beschäftigte bearbeitet in der letzten halben Stunde vor dem Schlafengehen noch berufliche E-Mails." Aber dann über Stress klagen. Gute Nacht – und schon mal einen Platz in einer Burnout-Klinik reservieren.

Ständige Erreichbarkeit über Handy macht krank, löst sogar Depressionen aus, bestätigen Ärzte, die sich mit Burnout-Opfern beschäftigen.

Sollten nicht eigentlich die Firmen dafür sorgen, dass ihre Arbeitnehmer sich nicht selbst ausbeuten? Sollten nicht Führungskräfte sich mehr mit diesem Thema beschäftigen? Warum eigentlich, denkt so mancher Personalchef. Es ist doch die eigene Verantwortung des Mitarbeiters, was er in seiner Freizeit tut. Hier ist allerdings eine allmählich um sich greifende neue Denke spürbar. Der Branchenverband Bitkom zum Thema: „Mehr und mehr Firmen haben erkannt, dass die Mitarbeiter Unterstützung bei der Balance zwischen Job und Privatleben brauchen. Sie führen Regeln zur Erreichbarkeit in der Freizeit ein. Noch ist fast jeder dritte Arbeitnehmer ‚jederzeit' für den Job telefonisch oder per E-Mail erreichbar." Ist die Sklaverei nicht schon lange abgeschafft?

Aber noch nicht jeder Arbeitgeber ist in der Fürsorgeverantwortung für seine Mitarbeiter so weit wie zum Beispiel Volkswagen.

Dort wurde bereits 2011 eine Regelung erlassen: Außerhalb der Arbeitszeit können zwischen 18:15 und 7:00 morgens keine Mails mehr empfangen werden, egal ob auf dem Blackberry, Handy, Smartphone oder was immer als Kommunikationsmittel eingesetzt wird.

Auch der Automobilhersteller Daimler denkt in diese Richtung. Auf freiwilliger Basis kann jeder zumindest, während seines Urlaubs, seine Mails löschen lassen. Es erfolgt dann ein Hinweis auf den jeweiligen Stellvertreter. An dieser Stelle sollte so mancher Workaholic ins Grübeln kommen. War der Urlaub nicht ursprünglich dazu gedacht, Abstand zu gewinnen, die Batterien aufzuladen, neue Gedanken zu sammeln? Hat man sich denn früher die Geschäftspost per Nachsendeauftrag an seinen Urlaubsort schicken lassen? Irgendwie ein Verfall der Sitten, mit Konsequenzen für die psychische Gesundheit der Arbeitnehmer.

Einige Firmen gehen sogar noch weiter und haben einen E-Mail-freien Tag eingeführt – und die Firmen existieren trotzdem noch. Andere gehen noch einen Schritt weiter und planen die Abschaffung der Mails im Unternehmen. Undenkbar? Warum eigentlich nicht. Ohne Mails haben Firmen auch ge- und überlebt. Hier ist die Kreativität aller Beteiligten gefordert. So mancher entdeckt auch wieder das Telefon, mit dem man schnell und effektiv mit seinem Gesprächspartner anstehende Fragen klären kann, ohne hin und her zu mailen.

Auf einem Seminar, auf dem sich die Teilnehmer über die Mailflut beklagten, erklärte die Abteilungsleiterin einer Behörde: „Das Problem Mails habe ich gelöst. Ich erhalte nur Mails, in denen ich zur Tat aufgefordert werde. Alle anderen Informationen, die für mich wichtig sein könnten, erfahre ich bei unserem Montags-Meeting. Das funktioniert prima." Das funktioniert aber nur, wenn die betreffende Person nicht über jedes Detail, über jeden Vorgang unmittelbar informiert werden will, ein Problem vieler Führungskräfte, vor allem wenn sie aus der Fachschiene heraus befördert wurden. Wer sich aber immer um die Sache kümmert, der ist und bleibt Sachbearbeiter.

Auf einer anderen Veranstaltung jammerte ein Teilnehmer über die vielen Mails, die ihn erreichten, die mit seiner Arbeit im engeren Sinne aber nichts zu tun hätten. Auf den Vorschlag, sich aus dem Verteiler nehmen zu lassen, kam die entwaffnende Antwort: „Irgendwie interessieren mich die Mails aber schon." Kabarett oder menschliche Schizophrenie?

Mittlerweile beschäftigen sich auch staatliche Stellen mit der Möglichkeit gesetzlicher Regelungen, ganz einfach, weil der volkswirtschaftliche Schaden immer größer wird. Andererseits, was nutzen Regelungen und Gesetze, wenn sich kein Arbeitnehmer daran hält?

Wer sich nicht mehr ohne Handy in der Hand fortbewegen kann, ohne permanenten elektronischen Kontakt, der erhält offenbar Anweisungen, wie der Kabarettist Grünwald so treffend formulierte. Die Anweisungen lauten: „Einatmen, ausatmen, einatmen … " Ein bisschen überspitzt ausgedrückt, aber bei manchen Zeitgenossen kann man schon den Eindruck gewinnen, dass sie per Handy „fremdgesteuert" werden. Aber auch außerhalb der normalen Tagesabläufe entdeckt man „Handy-Geschädigte".

Wer zum Beispiel glaubt, das Überleben seines Arbeitgebers sei nicht gesichert, wenn er nicht auch im Urlaub permanent erreichbar wäre, der sollte ein ernsthaftes Gespräch mit einem ernsthaften Sparringspartner führen. Wer in Panik gerät, wenn der mobile Akku leer ist, der sollte sich ruhig in eine Ecke setzen und über den Sinn seines Lebens nachdenken.

Letztendlich herrscht auf dem OP-Tisch Handyverbot. Dass sich allerdings selbst Ärzte nicht immer an die selbst erlassenen Regeln halten, zeigt der Fall eines Chefarztes in Rheinland-Pfalz. Nachdem er den ersten Schnitt am Körper seines Patienten vollzogen hatte, klingelte sein privates Handy. Es war ein wichtiger Anruf seiner Frau, es ging um den Einsatz des Fliesenlegers. Man muss Prioritäten setzen können, der Fliesenleger war natürlich wichtiger als der Patient. Irgendwann braucht der IQ auch mal eine Pause. Der Arbeitgeber sprach daraufhin die Kündigung aus, vor Gericht kam der Handy-Freak gerade noch mit einer Abmahnung davon.

Was passiert eigentlich in den Köpfen solcher Menschen, wenn das Handy klingelt? Sie werden aus dem Jetzt herausgerissen. Das direkte Gegenüber wird vergessen, die Unterbrechung hat Vorrang. So nahm mitten in einem Bewerbungsgespräch der Kandidat ein Gespräch an, ohne Entschuldigung gegenüber dem Personalchef, und plauderte munter mit seinem Telefonpartner. Er konnte nicht verstehen, warum das Bewerbungsgespräch dann so abrupt endete. So weit ist die Degeneration einer ganzen Generation bereits fortgeschritten.

Nun hält sich so mancher aufgrund seiner Visitenkarte für unentbehrlich für den Fortgang in der Welt. Wer sich für unentbehrlich hält, sollte daran denken: Die Friedhöfe der Welt sind voller unentbehrlicher Menschen.

Dass heute ein LKW-Fahrer unter permanenter GPS-Kontrolle steht, das lässt sich noch halbwegs plausibel mit logistischen Notwendigkeiten erklären. Aber müssen denn andere auch permanent erreichbar sein, unter Kontrolle stehen? Kann man nicht einige Aufgaben delegieren, sodass man ungestört einer Tätigkeit nachgehen kann und sich nicht dauernd unterbrechen lassen muss? Dieses Problem haben Erfolgreiche erfolgreich gelöst, sie haben sich um die Verteilung von Aufgaben erfolgreich Gedanken gemacht. Dazu gehört aber, dass man sich auf seine eigentlichen Aufgaben konzentriert – und alles andere weglässt.

So mancher erlebte schon schmerzhaft, dass ihm der Arzt seines Vertrauens das Handy aus der Hand nahm – bevor es eine höhere Instanz tat.

Wer übrigens aus Karrieregründen mit einem Stellenwechsel liebäugelt, der sollte auch die Einstellung seines zukünftigen Arbeitgebers hinsichtlich solcher Schutzmechanismen berücksichtigen. Es gibt noch nicht allzu viele Unternehmen, in denen sich Personalabteilungen und Geschäftsleitung ernsthaft Gedanken über das Thema „Mitarbeiter-Verschleiß" gemacht haben. Aber wäre es nicht eigentlich ohnehin selbstverständlich, dass sich jeder selbst Gedanken macht über die Erhaltung seiner Arbeitskraft? Sollte nicht jeder über seinen eigenen Marktwert nachdenken und darüber, wie schnell die eigenen Marktchancen sinken, wenn der Körper sich gegen Überforderung wehrt? Die Zahlen über psychosomatische Störungen sollten jedem zu denken geben.

Viele jedoch gehen mit ihrem PKW pfleglicher um als mit ihrem eigenen Körper. Beim PKW rechnet man mit Faktoren wie Wertverlust, Wiederverkaufswert, Wartungskosten. Sollte man auch mal bei seinem eigenen Motor tun.

Sehr viele beklagen sich auch über die dauernden Unterbrechungen, die sie davon abhalten, an einem Stück einer Tätigkeit nachzugehen. Man sollte einfach die Unterbrechungen unterbrechen. Telefonate während wichtiger „Denk-Zeiten" einfach umlenken. Sprechzeiten auch für Kollegen einrichten. Selbstverständlich fallen einem bei diesen Gedankengängen sofort die Gründe ein, warum das am eigenen Arbeitsplatz nicht funktioniert. Es geht bei dem Thema aber nicht um plausible Ausreden, sondern um Lösungen, die sich erfahrungsgemäß immer finden lassen. Und wer an seinem PC auf jede einkommende Mail mit einem akustischen Signal aufmerksam gemacht wird, der darf sich auch nicht über dauernde Störungen beschweren. Ausnahmen gelten nur für Notärzte, Polizisten, Feuerwehrleute und Servicemitarbeiter für Notfälle.

Ein beliebtes neues Werkzeug zur Verhinderung der eigenen Effektivität ist Twitter. Ursprünglich keine schlechte Idee, andere mit Kurznachrichten über irgendetwas zu informieren. Schaut man sich allerdings die über das Medium verbreiteten „Nachrichten" an, so kommen schon gelegentlich Zweifel an den intellektuellen Fähigkeiten der Nutzer auf. Wer einen auf ihn wartenden Geschäftspartner darauf aufmerksam macht, dass er zehn Minuten später eintreffen wird, der hat das Werkzeug Twitter sinnvoll genutzt, vorausgesetzt die Gegenseite ist permanent auf Twitter-Empfang eingestellt. Wer aber all seinen „Followern" mitteilt, dass er zehn Minuten später am Frankfurter Flughafen eintrifft, der sollte sich schon mal ernsthaft über den Sinn des Mediums Gedanken machen.

Nun ist es recht unpopulär, sich offen über den vermeintlichen technischen Fortschritt zu äußern. So sagte der Inhaber einer deutschen Textilfirma in einem Interview: „Twitter ist für mich einfach nur dumm, und die Menschen, die das nutzen, sind für mich Idioten. Haben die Menschen eigentlich nichts Besseres zu tun, als über belanglosen Kram zu schreiben? Wen interessiert das?" Um den Absatz seiner Trikotagen nicht unnötig zu gefährden, milderte er in einem weiteren Interview seine Aussage etwas ab: „Ich habe klar gesagt, dass alles positiv genutzt werden kann, genauso wie negativ, und habe im Prinzip die negative Nutzung einer positiven Einrichtung kritisieren wollen." Genau darum geht es, Werkzeuge richtig einzusetzen. Der sinnvolle Einsatz neuer Werkzeuge, das Erfolgsgeheimnis intelligenter Menschen.

Twitter hat übrigens den Sinn so manchen Wortes aus dem Duden verändert. So gibt es dort Freunde, die man zwar nicht kennt, aber gegen Gebühr kaufen kann. Stellt sich die „Freundschaft" als Enttäuschung heraus, so kann man sich problemlos „entfreunden". Auch das Wort „teilen" erfährt eine neue Bedeutung. Wenn man sich mit einem Freund eine Torte teilt, dann hat zwar jeder etwas davon, allerdings nur die Hälfte. Wenn man sich mit seinen Freunden Bilder teilt, dann erinnert das an die wunderbare Vermehrung von Nahrungsmitteln in biblischen Geschichten. Twitter bietet auch die ungebremste Möglichkeit, aus dem Privatleben zu berichten. Da wird mitgeteilt, dass jemand gerade aufgestanden ist, und prompt quittiert ein anderer diesen mutigen Schritt mit „Prima, wollte ich auch gerade machen". Vielleicht werden bald auch Toilettengänge gemeldet, vielleicht sogar mit Fotos der Resultate. Das funktioniert aber nur mit der nächsten Entwicklungsstufe, nämlich mit Facebook.

Das Medium Facebook bietet nämlich noch mehr Potential zur Selbstunterbrechung. Dank der Bilder-Funktionen kann nun einem staunenden Publikum weltweit das Abendessen beim Lieblingsitaliener optisch präsentiert werden. Je mehr Kontakte man besitzt, umso mehr Menschen kann man nun mit echtem „Bullshit" begeistern oder belästigen – je nach IQ des Empfängers. Beliebt sind auch die Mitteilungen über den wohlverdienten Urlaub mit exaktem Hinweis, wie lange das heimische Domizil unbewacht ist. Es fehlt eigentlich nur noch der Hinweis, wo der Ersatzschlüssel im Garten deponiert ist.

Eine aktuelle Untersuchung zum Thema Urlaub und Facebook zeigt, dass man beim Empfänger die Neidspirale nach oben treiben kann, indem man echte (oder gefälschte) Fotos von exotischen Urlaubszielen „postet". Es reduziert angeblich die Lebenszufriedenheit des Empfängers, der offenbar reagiert mit „dass der sich das leisten kann". So lässt sich Stress auch elektronisch übertragen.

Noch mehr Spaß machen die Einladungen zu Partys, bei denen aus Versehen der falsche Knopf gedrückt wird. Wenn dann hunderte von Fremden die Wohnung stürmen, dann besinnt man sich vielleicht doch wieder der telefonischen oder postalischen Einladung, die auf jeden Fall billiger ist als der Einsatz einer Hundertschaft von Ordnungskräften.

So mancher bedauerte auch schon, spätestens bei einem Bewerbungsgespräch, seine offene Art, die Welt über sein Privatleben unterrichtet zu haben.

Facebook, ein schönes neues Werkzeug, mit dem man sich und andere verwirren kann. Auf jeden Fall ein ideales Mittel, um Zeit zu stehlen, sich und den anderen. Es gibt vielleicht gelegentlich Informationen, die man sinnvoll nutzen kann. Es gibt aber auch weniger sinnvolle Informationen, wie zum Beispiel der Hinweis auf die zahlreichen, sintflutartig auf die Leser einströmenden Webinare, in denen unter anderem versprochen wird, dass man die Webseite des Teilnehmers auf Platz 1 in den Suchmaschinen „pushen" will. Alle auf Platz 1? Wer über solche Schwachstellen in Mathematik verfügt, dessen Botschaften kann man ruhig ungelesen lassen. Es spart auf jeden Fall Zeit. Ein Beispiel für den Informations-Schrott, der uns allen die Zeit stiehlt. Uns allen? Nein, nur den unbedarften Nutzern dieser Medien, die sich freiwillig in deren Abhängigkeit begeben.

Dank der neuen, schnellen Medien glauben viele, dass sie nun mehrere Dinge parallel erledigen können. Stichwort: Multitasking. Autofahren, gleichzeitig SMS verschicken, das Navi programmieren, sich mit dem Beifahrer unterhalten und gleichzeitig Rapmusik zu verfolgen, so sieht der neue Ritter der Landstraße aus.

Eine psychologische Untersuchung zeigt, dass gerade die Menschen, die im Auto telefonieren, dies eigentlich nicht tun sollten: „Wir konnten zeigen, dass diejenigen, die am meisten multitasken, offenbar am wenigsten dazu fähig sind." Nun ist Multitasking beim Autofahren ohnehin die einzige Möglichkeit, das Ziel unversehrt zu erreichen. Der Blick nach vorne, nach hinten, zur Seite, die Abschätzung der Geschwindigkeit anderer Fahrzeuge, die Kontrolle der Armaturen, der Scan auf die Straßenoberfläche, Nase putzen und, für Raucher unabdingbar, die Versorgung mit Nikotinschüben – das alles geht nur bei parallelem Ablauf. Aber mehr geht nicht, wie die Unfallstatistik zeigt.

Nun ist Multitasking kein Schimpfwort. Es gibt Prozesse, die gleichzeitig ablaufen können. Zum Beispiel kann man jemandem am Telefon zuhören und gleichzeitig Strichmännchen malen. Andererseits gibt es Prozesse, von denen das Gehirn nur einen pro Zeiteinheit ausführen kann. Werde ich am Telefon gefragt, welcher Termin mir besser passt, und gleichzeitig fragt ein Mitarbeiter per E-Mail an, ob er bestimmte Unterlagen verschicken soll, dann können die beiden Entscheidungsprozesse nur nacheinander ablaufen. Sich der einen Sache zuzuwenden heißt, die andere zu unterbrechen. Überlappen sich Prozesse, dann verlängert sich die Bearbeitungszeit oder die Fehlerquote steigt. Deshalb ist hier eine ganz klare Ansage erforderlich: Zuerst erledige ich das eine, dann das andere. Wer hier nicht konsequent handelt, der bringt sich eine Hektikspirale, die ihn dem Burnout näher bringt.

Besonders gefährdet durch die neuen, schnelleren Medien sind Menschen, die man als Perfektionisten bezeichnen kann. Unter 100 % geht bei ihnen gar nichts. Sie sind nie zufrieden mit dem, was sie gerade erreicht haben. Man hätte es noch etwas schöner, besser, schneller machen können – so ihre Einstellung.

Die Wurzeln für eine solche Einstellung liegen meist im Elternhaus. Perfektionisten kommen aus einem leistungsorientierten Zuhause, wurden schon als Kind früh mit hohen Standards konfrontiert. Werden die Leistungen von ihrem Umfeld nicht entsprechend anerkannt und gewürdigt, dann entsteht schnell der Zwang, noch besser zu werden, mehr anerkannt zu werden.

Ein Fehler oder Misserfolg kann von solchen Menschen kaum akzeptiert werden, ihnen fehlt die Fähigkeit, Fehler als Teil eines Lernprozesses zu betrachten.

Gerade weil sie heute schneller zum Erfolg oder auch Misserfolg gelangen, fehlt ihnen die Zeit, in Ruhe zu reflektieren und zu genießen. Für solche Menschen ist es noch wichtiger, abzuschalten, beginnend bei den elektronischen Geräten. Abschalten und nichts tun funktioniert bei ihnen aber auch nicht. Entspannung wird dann im Fitness-Studio gesucht, wo auf den diversen Geräten wieder neue Höchstleistungen angestrebt werden.

Aber liegt es nur an den neuen Medien, wenn sich so viele über Stress beklagen? Einmal ganz einfach betrachtet, Stress entsteht im eigenen Kopf. Genauso, wie ein anderer Mensch Sie nicht aufregen kann, das tun Sie nämlich selbst, sich aufregen, genauso wenig kann irgendwer oder irgendetwas Stress bei oder in Ihnen auslösen. Stress ist die eigene Hilflosigkeit gegenüber einer Situation, die man glaubt, nicht bewältigen zu können. Man hat nicht mehr das Gefühl, agieren zu können, höchstens zu reagieren.

Weswegen aber fühlt man sich gestresst? Weil man sich überfordert fühlt mit einer Situation? Weil man das Gefühl hat, man schafft seine Aufgaben oder Vorgaben nicht? Weil man dauernd unterbrochen wird? Hier gilt es, die sogenannten Stressoren ausfindig zu machen. Herauszufinden, was den belastenden Druck eigentlich auslöst. Dabei hilft es oft, den eigenen Blickwinkel zu verändern, Dinge lockerer zu sehen, als man es vom Elternhaus her gelernt hat. Das setzt häufig eine Verhaltensänderung voraus, die nicht immer einfach, aber (über-)lebensnotwendig ist. Sich über eine Situation zu beklagen, aber nicht gleichzeitig eine Änderung einzuleiten, das ist inkonsequent und nicht zielführend. Reduzieren Sie Ihre Ziele, wenn sie nicht erreichbar sind. Seien Sie Realist und folgen Sie nicht den Sprüchen der Gurus, die Ihnen da verkünden: „Du kannst alles im Leben erreichen, wenn Du nur willst". 100-m-Läufer sind selten gut im Hochsprung – und umgekehrt. Vor allem verlieren Sie nicht das, was vielen Gestressten verlorenging: den Humor. Wer über sich selbst und seine Fehler (besser gesagt: seine Erfahrungen) lachen kann, der stellt fest, dass er lockerer wird, die Anspannung weicht. Freuen Sie sich auch an Kleinigkeiten. Vielleicht hören Sie sich auch mal das Lied „Stop and smell the roses" an. Setzen Sie Ihre eigenen Termine, weg von der Fremdbestimmung. Das mag jetzt vielleicht etwas unrealistisch klingen. Aber wo ein Wille ist, da ist auch ein Weg. Lassen Sie sich Ihre Arbeitskraft, Ihr Kapital, nicht von anderen zerstören. Es ist Ihr Leben und Sie werden Ihr Kapital noch eine ganze Zeit lang benötigen.

Inwieweit unser Verhalten von Facebook, Mails und Twitter bereits geprägt ist, kann man täglich erleben. Im Bus, in der Bahn, am Flughafen, im Restaurant, im Stadion – überall dort, wo Menschen sich bewegen.

Auf einem mehrtägigen Führungsseminar konnte man den störenden Einfluss der neuen Kommunikationsgeräte live verfolgen. Bis auf einen Teilnehmer hatten alle ihr iPhone, ihr Handy oder ihren Tablet-PC vor sich auf dem Tisch liegen. In mehr oder minder regelmäßigen Abständen wurde das Display betrachtet oder über das Display gewischt.

Die zwischendurch gestellten Testfragen des Trainers wurden zwar, nach einer Verzögerung, alle korrekt beantwortet, aber es war trotzdem eine gewisse Unruhe spürbar. Die permanente Verfügbarkeit resultierte in mangelnder Konzentration.

Als am Ende der Veranstaltung der Trainer etwas provozierend fragte, was denn geschehen wäre, wenn sie nicht permanent online mit dem Rest der Welt verbunden gewesen wären, kam die entwaffnende Antwort der Teilnehmer: „Eigentlich nichts." Es folgte ein befreiendes Lachen und Kommentare wie: „Eigentlich irgendwie doof, was wir da machen."

Wenn aber bereits Führungskräfte so abhängig sind von der Online-Welt, wie werden sich dann Mitarbeiter verhalten, die ihre Führungskräfte immer irgendwie als Vorbild betrachten? Und wie soll dann in einem solchen Umfeld stressfreies konzentriertes Arbeiten möglich sein? Hier ist jeder Vorgesetzte gefordert, mit gutem Beispiel voranzugehen, um in seinem direkten Umfeld das Burnout-Gewitter zu vermeiden.

Der Teilnehmer ohne „Gerät" wurde übrigens etwas mitleidig von den anderen betrachtet. Als er dann die Erklärung für seine Offline-Teilnahme präsentierte: „Ich bin auf einem Seminar und nicht in der Firma. Geht doch, oder?", da wurden alle anderen etwas nachdenklich. Was sollen denn die Chefs denken, wenn man nicht erreichbar ist? Schließlich handelt es sich bei einem Seminar ja um bezahlte Arbeitszeit. Da muss ich doch erreichbar sein, oder? Noch nie etwas von Prioritätensetzung gehört? Wenn Mitarbeiter noch nicht so weit denken können, dann ist eben die nächste Ebene gefordert.

Hier beginnt für Führungskräfte eine der schwierigsten Aufgaben, ein Unternehmen auf sinnvolle, effektive und stressfreie Kommunikationsstrukturen auszurichten.

Denn so langsam ist eine Trendwende erkennbar. So zeigte eine Umfrage bei 8500 Unternehmen die Präferenzen der Mitarbeiter an. Waren es vor kurzer Zeit noch Punkte wie Firmenwagen, Versicherungspakete oder Blackberry, die als „fringe benefits" attraktiv waren, so sind es heute Wünsche wie „sich die Arbeit flexibler einteilen zu können", „sich weiter zu entwickeln" und „mehr Zeit für Freizeit und Familie zu haben". Als einer der häufigsten Gründe, ein Unternehmen zu verlassen, wird immer wieder „Stress" genannt. Was nutzt das attraktivste Gehalt, wenn man sich aus Gesundheitsgründen nicht lange genug daran erfreuen kann. Auf vielen Seminaren hört man immer wieder die Selbsterkenntnis: „Jetzt weiß ich, was mein Problem ist, der Stress am Arbeitsplatz. Ich suche mir nun ein Unternehmen, das mich nicht verheizt." Wer sich diesem Trend verschließt, der bekommt echte Nachwuchsprobleme. Der wird zukünftig nur noch mit Berufshektikern auf steigendem Stressniveau zusammenarbeiten können.

Die modernen Sklaven werden nicht mit der Peitsche angetrieben, sondern mit dem Terminkalender und den elektronischen „Folterwerkzeugen". Wie uns die Geschichte zeigt, endete jede Sklaverei mit einem Sklavenaufstand. So weit muss es aber erst gar nicht kommen, wenn jeder sich gelegentlich mal eigene Gedanken macht über den sinnvollen Einsatz seiner neuen Werkzeugkiste. Von seinem Arbeitgeber kann er wohl (noch) keine Hilfe erwarten.

7.1   Über den Autor

Stationen der beruflichen Laufbahn von Jürgen W. Goldfuß: Projektleiter, Schulungsleiter, Leiter der Verkaufsförderung, Produktmanager und Marketingleiter. Seit 1989 berät und trainiert er Führungskräfte und Firmen zu den Themen Führung und Zukunft. Dank seiner internationalen Erfahrung (Jobs in Brüssel und Paris, Seminare in Moskau, Hongkong, USA und ganz Europa) entwickelte er eine starke Sensibilität für multikulturelle Besonderheiten, die ihm heute im Trainings- und Beratungsgeschäft zugutekommt. Seine Kunden schätzen seine offene Art, Probleme und Themen direkt anzusprechen – ohne beschönigende Worthülsen. Mittlerweile sind 13 Buchtitel von ihm auf dem Markt, einige Ausgaben davon auch ins Koreanische übersetzt. Sein Bestseller „Endlich Chef – was nun?" (Campus Verlag und Handelsblatt) gilt als Standardwerk im „Führungsgeschäft". Er ist Mitglied in der verschiedenen Rednerorganisation und im Deutschen Fachjournalistenverband DFJV.

Bühnenprogramme: „Goldfuß & Heiderich – Management-Spotlight" und „Ein Konzert für ein Publikum und eine Geige".

Aktuelle Themen: Der „PlanB-Tag" und der „ChefTreff bei Goldfuß"

Weitere Informationen unter www.goldfuss.com

Sieben Werte für die Unternehmensgesundheit

oder: Sieben Werte für ein gesundes Betriebsklima

Hans Joachim Hahn

Inhaltsverzeichnis

8.1	Werte	143
8.2	Arbeitsethos – Fleiß und Gewissenhaftigkeit	144
8.3	Integrität	147
8.4	Vertrauen	148
8.5	Respekt	149
8.6	Verantwortung – Merkmal eines gesunden Selbstbewusstseins	150
8.7	Nachhaltigkeit – nur ein Modetrend?	151
8.8	Der Mut, Fehler einzugestehen	153
8.9	Über den Autor	154
Literatur		155

8.1 Werte

Werte als Basis für Gemeinschaft und Erfolg Werte prägen unser Leben und unsere Arbeit. Werte spiegeln unsere Weltanschauung wider. Wir erlernen sie aber nicht aus dem Philosophiebuch, wir übernehmen sie in der Regel von Vorbildern. Werte sind Ausdruck des Charakters und zeigen sich im Umgang von Menschen miteinander. Werte sind der Verhaltenskonsens einer Kultur, einer Gemeinschaft von Menschen mit gemeinsamen Wurzeln, Interessen und Zielen. Meistens entstammen sie religiösen Traditionen.

Werte haben einen Preis Die Geschichte kennt viele Beispiele des persönlichen Einsatzes für Werte. In der berühmten Schlacht an den Thermophylen widerstand der

H.J. Hahn (✉)
Haus des Friedens 1, 35614 Asslar, Deutschland
e-mail: info@hans-joachim-hahn.de

Spartanerkönig Leonidas mit 300 Elitekriegern erfolgreich dem übermächtigen Heer des Persischen Tyrannen Xerxes, bis ein Verräter den Feind in einen Hinterhalt führte. Außer einem Abgesandten in die Heimat ließen alle Kämpfer ihr Leben auf dem Schlachtfeld für die Werte Griechenlands – der Freiheit und Ehre.

Mahatma Gandhi besiegte in einem entschlossenen, gewaltlosen Kampf die Kolonialbürokratie des englischen Weltreiches. Damit errang er seinen indischen Landsleuten den Wert der Menschenwürde – der Gleichberechtigung mit der weißen Rasse. Was hatte Gandhi inspiriert? Bei seinem Studium in England lernte er das Neue Testament und die christlichen Werte kennen. Als Anwalt kehrte er nach Indien zurück. Enttäuscht musste er feststellen, dass die Kolonialregierung weit davon entfernt war, diese Werte selbst zu praktizieren. Da reifte in ihm der Entschluss, sie mit ihren eigenen geistigen „Waffen" zu besiegen. Sein Vorgehen wurde zum Lehrbeispiel für friedliche Revolutionen.

Werte sind nicht austauschbar Jede Kultur prägt ihre eigenen Werte. Die Erfolgsgeschichte der westlichen Wirtschaft und Demokratie hat ihre wesentlichen Wurzeln in den christlichen Klöstern des Mittelalters. Als Gegenentwürfe gegen die Zerfallserscheinungen in Kirche und Gesellschaft entwickelten sie überlebensfähige Zukunftsmodelle. Sie adelten Arbeit als gesellschaftlichen Wert (Benedikt von Nursia: „Bete und arbeite"). Sie schufen die Grundlage für Universitäten und freie Bildungsstätten. Sie pflegten Kultur, Kunst und Spiritualität. Damit legten sie das Fundament für die Freiheit der Forschung und Lehre, sowie für die Trennung von Staat und Kirche. Die einzigartige Erfolgsgeschichte der Sozialen Marktwirtschaft im westlichen Nachkriegs-Deutschland ist untrennbar verbunden mit der Verwurzelung ihrer Gründerväter in den Werten des Neuen Testamentes: der unternehmerischen Freiheit und Initiative des Einzelnen – ausgeprägter in der protestantischen Tradition: sowie der sozialen Verantwortung gegenüber den Schwächeren – deutlicher in der katholischen Tradition (s. Gründerväter: Alfred Müller-Armack, Walter Eucken, Franz Böhm, Alexander Rüstow und Wilhelm Röpke).

Sieben wichtige Erfolgswerte konkret In diesem Beitrag betrachte ich die Erfolgswerte im Licht ihrer Wurzeln in der abendländisch-christlichen Kultur Europas. Dieser Aspekt wird meines Erachtens in der öffentlichen Diskussion derzeit zu wenig beachtet. Natürlich werden diese Werte auch von vielen Verantwortungsträgern und Mitarbeitern vorbildlich gelebt und umgesetzt, die sich nicht mit dem christlichen Glauben identifizieren, sondern sie aus ihrer Erziehung und der kulturellen Prägung übernommen haben. Dennoch scheint es mir bedenklich, wenn wir einfach die Wurzeln ignorieren, aus denen unsere Werte gewachsen sind. Welcher Baum kann ohne Wurzeln gesund bleiben?

8.2 Arbeitsethos – Fleiß und Gewissenhaftigkeit

Zur Geschichte des Arbeitsethos Unerwartet für das Publikum des Kongresses christlicher Führungskräfte im Februar 2011, thematisierte der indische Volkswirtschaftler Prabhu Guptara die Frage:

"Warum wurde Zentraleuropa, das bis ins 16. Jh. einer der ärmsten Erdteile war, im 19. Jh. zu einem der reichsten der Erde?" Seine Antwort: „Ein Schlüsselfaktor war die Reformation. Sie schuf eine an den Werten der Bibel orientierte Kultur, in der eine ehrliche Qualitätsleistung im Austausch für einen angemessenen Profit gefordert wird. Die drei ‚protestantischen Tugenden': Fleiß, Ehrlichkeit und Bescheidenheit wurden zum geistigen Motor des Wohlstandes. … Diese Wirtschaftsethik der Reformation wurde jedoch untergraben durch den Darwinismus – die Speerspitze der Gottlosigkeit: Seit 1880 zunächst in elitären Kreisen in Europa; mit 50 Jahren Verzögerung dann in den USA. Nach dem Zweiten Weltkrieg durch die systematische Indoktrination von Millionen von Menschen im gesamten westlichen Raum. Deshalb reden wir heute von Raubtier-Kapitalismus: Der Stärkere verdrängt den Schwächeren – ganz im Sinne von Darwins Evolutionstheorie." So weit der indische Ökonom Prabhu Guptara.

Manchmal müssen Vertreter anderer Kulturen uns unsere Stärken und Vorzüge aufzeigen, aber auch vor unseren Abgründen warnen, wenn wir sie ignorieren.

Ein Blick auf andere ältere Kulturen und ihre Einstellung zur Arbeit ist hier aufschlussreich:

Im alten China betätigten sich höhergestellte Bürger in der Staatsbürokratie; handwerkliche Arbeit und Landbau überließ man gern den niederen Schichten. Entsprechend sah China über viele Jahrhunderte kaum einen technischen oder wirtschaftlichen Fortschritt. Ähnliches gilt auch für Indien.

In den arabischen Kulturen wurden wirtschaftliche Gewinne weniger aus harter Arbeit erzielt als vielmehr durch klugen und geschickten Handel.

Das antike Griechenland und Rom verachtete die Arbeit mit den Händen ganz unverhohlen:

Marcus Tullius Cicero: „Ordinär ist der Lebensunterhalt des gedungenen Arbeiters, den wir für bloße Arbeit mit den Händen ausbezahlen. Alle Handwerker haben ein ordinäres Gewerbe" (de officiis 1,150). In Athen kamen teilweise fünf Sklaven auf einen freien Bürger. Der Reichtum Athens und Roms ruhte auf dem Rücken von Sklaven und der Beute aus den Eroberungskriegen.

Ganz anders verhielten sich die von der hebräischen Kultur inspirierten Christen:

Der Lehrer und Apostel Paulus war sich nicht zu schade, auf seinen Reisen vom erlernten Handwerk des Zeltmachers zu leben, statt seinen Lebensunterhalt von den gegründeten Gemeinden einzufordern: „Wer nicht arbeitet, soll auch nicht essen" (2. Brief an die Thessalonicher 3,10) war sein Motto. Handarbeit war für die ersten Christen im Kontrast zu ihrer Umwelt eine ehrenhafte Tätigkeit.

Doch im Lauf der ersten Jahrhunderte nach Christus neigten sich die Kirchenväter mehr zu den griechischen Philosophen als zu ihren eigenen Quellen und etablierten die Zweiklassengesellschaft: „der geistliche Stand" (Priester etc.) und „der weltliche Stand" (Kaufleute, Handwerker …)

Es bedurfte der Mönche mit ihren Erneuerungsbewegungen und Gegenentwürfen zur korrupten Gesellschaft und dekadenten Kirche, um den ursprünglichen Lehren und Werten wieder zum Durchbruch zu verhelfen: Benedict von Nursia rehabilitierte mit seinen Regeln die Arbeit (ora et labora – bete und arbeite) und stellte sie auf eine Stufe mit dem Gebet. Noch deutlicher der Reformator Martin Luther: „Ackerpflügen oder Windelwaschen ist genauso Gottesdienst wie Beten oder Predigen."

Diese neue Einstellung, Arbeit als Gottesdienst zu betrachten, in der praktischen Arbeit sein Bestes für Gott zu geben, hat die tiefgreifendste wirtschaftliche Revolution in Zentraleuropa und darüber hinaus ausgelöst. Sie ist die Wurzel unserer ungeheuren Ingenieurleistungen, der Sorgfalt und Qualitätsversessenheit und des Erfindergeistes, auf den die Marke „Made in Germany" gründet.

In seinem Buch „Der Weg aus der Tretmühle" durchmisst der Ingenieur Franz Hendrichs sehr anschaulich und detailliert die technischen Leistungen des gesamten europäisch-amerikanischen Kulturkreises der Neuzeit. Auch Hendrichs fällt auf, dass viele Vertreter der reinen Geisteswissenschaft eher verächtlich auf Ingenieure und Techniker herabschauen. Dazu veranlasst sie „ihre in der Antike wurzelnde Einstellung der Geringschätzung körperlicher Arbeit" (Hendrichs 1966, S. 226). Weiter stellt Hendrichs fest: „Gerade die größten Vertreter von Naturwissenschaft und Technik, die zugleich die bescheidensten waren, haben erkannt, dass Wissen und Glauben sich nicht ausschließen, sondern sehr wohl nebeneinander bestehen können (…). Männer wie Kepler, Newton, Guericke, Leibniz, Watt, Faraday, Gauß, und Max Planck waren von tiefer Religiosität durchdrungen" (Ders. S. 226). Die Verantwortung vor dem Schöpfer motivierte sie, die Natur zu erforschen und nutzbar zu machen; die Verantwortung vor dem Mitmenschen als Ebenbild Gottes trieb sie zu Erfindungen, die menschenunwürdige Arbeitsbedingungen ablösten.

Kann Arbeit krank machen? Hendrichs sieht jedoch zwei große Gefahren am Wege des Ingenieurs stehen: den Versuch der Selbsterlösung durch die Technik und den Irrglauben an die Allmacht des Wissens (Hendrichs 1966, S. 226).

Die sture Fortsetzung dieses Irrglaubens droht uns heute in den selbst geschaffenen Abgrund der Überarbeitung zu stürzen. Indem wir unser eigenes Wissen und unsere Leistung vergöttern, werden wir zu Sklaven des Götzen der Arbeit. Und diese ist ein grausamer Sklavenhalter:

Laut dem Gallup-Engagement-Index 2015 weisen 16 % der 2000 befragten Arbeitnehmer keine emotionale Bindung an ihr Unternehmen auf. Sie verhalten sich am Arbeitsplatz destruktiv und demotiviert und schwächen somit die Wettbewerbsfähigkeit ihrer Firma. Nur 16 % identifizieren sich mit ihrem Unternehmen und „sind mit Herz, Hand und Verstand bei der Arbeit". Die große Mehrheit (68 %) weist eine geringe emotionale Bindung auf, leistet quasi nur „Dienst nach Vorschrift". Der volkswirtschaftliche Schaden daraus wird allein in Deutschland zwischen 76 und 99 Milliarden Euro pro Jahr geschätzt (Gallup 2015).

Was haben wir mit der Arbeit gemacht?

Wenn das Thema „Burnout" in den letzten Jahren mehrfach auf den Titelseiten deutscher Zeitungen und Magazine prangte und der Gründungspräsident der Deutschen Gesellschaft für Präventivmedizin, Gerd Schnack, den Arbeitsplatz als „größten Vernichter der Arbeitskraft" bezeichnet, dann haben wir das Ergebnis dieses Irrweges vor unseren Augen. Die

Arbeit, die uns unter der Verantwortung vor Gott Segen und Wohlstand brachte, wird mit der Loslösung von Gott zum Götzen, der uns Fluch und Selbstzerstörung bereitet.

Die gute Nachricht ist jedoch, dass wir von einem eingeschlagenen Irrweg jederzeit umkehren können – auch bei unserer Arbeit.

8.3 Integrität

Nicht nur für erfolgreiches Wirtschaften, sondern auch jegliche andere soziale Form des Zusammenlebens ist Integrität (Wahrhaftigkeit) die Voraussetzung. Wie können Partnerschaften, Verträge und Kooperationen funktionieren, wenn auf ein Wort kein Verlass ist? Aufwändige Kontrollmechanismen müssen eingesetzt werden, wenn Wahrhaftigkeit und Zuverlässigkeit fehlen. Und die Kosten dafür mindern das verfügbare Kapital und die Kräfte für Innovation und Investitionen. Unser Steuersystem und die ständig wachsende Staatsbürokratie sind dafür traurige Beispiele. Dennoch ist die Entrüstung in der Öffentlichkeit und den Medien über Korruption, Steuerhinterziehungen und politischen Betrug in Deutschland ein Anzeichen dafür, dass unsere Kultur von einem Gottesbild geprägt wurde, das Treue und Wahrhaftigkeit als Wesensmerkmal hat. Robert Reinick (1805–1852) hat diesen Wert in ein Gedicht gefasst, das eine Zeitstimmung ausdrückt und einmal zukunftsweisend für unsere Kultur war („Deutscher Rat"):

„Vor allem eins, mein Kind: Sei treu und wahr, lass nie die Lüge deinen Mund entweih'n! Von alters her im deutschen Volke war – der höchste Ruhm, getreu und wahr zu sein."

Vielleicht erscheint uns heute dieses Gedicht zu nostalgisch, nationalistisch oder antiquiert, aber es drückt die selbstverständliche Einstellung aus, die hinter dem Begriff des „ehrbaren Kaufmanns" steckt, und die in unserer Volkswirtschaftsgeschichte einen gesunden Wohlstand generiert hat.

Der Firmengründer Robert Bosch wählte dafür die Worte: „Immer habe ich nach dem Grundsatz gehandelt, lieber Geld verlieren als Vertrauen. Die Unantastbarkeit meiner Versprechungen, der Glaube an den Wert meiner Ware und an mein Wort, standen mir höher als ein vorübergehender Gewinn" (Bosch 1921).

Der chinesische Volkswirt und Regierungsberater Prof. Zhao Xiao machte diese Beobachtung auch in den USA bei seinen Untersuchungen, welches die Gründe für deren wirtschaftlichen Vorsprung gegenüber China sind (2006). Sein Resümee: In den USA gibt es viele Kirchen. Und sie haben einen starken Einfluss auf die Öffentlichkeit und das Arbeitsleben. Obwohl die Amerikaner viel Geld verdienen wollen, und sie mehr verdienen könnten, wenn sie mehr betrügen würden, betrügen sie doch weitaus weniger (als Xiao es von seinen Landsleuten kennt). Der Grund: Sie fühlen sich einem Gott verpflichtet, der die Wahrheit ist und Lüge und Korruption hasst. Als Folge seiner Untersuchung ist Zhao Xiao selber Christ geworden und setzt sich in China stark für einen Wertewandel und eine Hinkehr zum Christentum ein. Ein Grund dafür sind die schlimmen Folgen, die er fürchtet, „wenn großer Reichtum in die Hände von bösen Menschen gerät" (Zhao Xiao 2007). Sein

Artikel „Marktwirtschaft mit und ohne Kirchen" ist die unter Fachleuten meistgelesene Wirtschafts-Publikation in China (Zhao Xiao 2006).

Integrität ist die Voraussetzung für einen weiteren elementaren Wert unseres menschlichen Zusammenlebens und eines gesunden Betriebsklimas.

8.4 Vertrauen

Vertrauen ist die Grundlage jeder erfolgreichen, langfristigen Geschäftsbeziehung und Beziehung überhaupt. Gesundes Vertrauen kann aber nur auf gegenseitiger Vertrauenswürdigkeit – Integrität – beruhen. Je weniger Vertrauen in einer Geschäftsbeziehung, desto aufwändiger und kostenintensiver ist der erforderliche Kontrollapparat. Eine Kultur des Misstrauens ist sehr teuer und sie macht krank. In ihrer Ausgabe vom 04.02.2008 berichtete die Wirtschaftswoche über Mitarbeiter deutscher Banken, die von Vorgesetzten gezwungen wurden, ihren Kunden minderwertige Produkte aufzudrücken, um die Verkaufsziele der Bank zu erreichen (Bergemann 2008).

Hoher Stress und psychische Erkrankungen waren die Folge. Der Schaden durch Vertrauensverlust beim Kunden ist für die Banken unabsehbar.

2010 schrieb die Pharmazeutische Zeitung online: „Die Korruption als das Ausnutzen von anvertrauter Macht verursacht auch in Deutschland jedes Jahr hohe volkswirtschaftliche Schäden. Mangelnde Transparenz macht auch das deutsche Gesundheitswesen als Tatort lukrativ" (Strehl und Winnefeld 2010).

In den Medien ist die Korruption im Gesundheitswesen längst angekommen. „Krankes System – nie zuvor wurde im deutschen Gesundheitswesen so viel bestochen, gelogen und getäuscht. Das behindert Innovationen und verschlechtert die medizinische Versorgung. Eine Reise an die Tatorte des Gesundheitskrimis", so startete die „Wirtschaftswoche" vor einiger Zeit einen Beitrag. Darin kamen die Autoren zu dem Schluss: „Die deutsche Gesundheitsbranche ist in sich derart verfilzt, dass keiner so recht weiß, wem er noch trauen kann" (Salz und Kutter 2009). Wenn sich in zwei Gesellschaftsbereichen, dem Finanz- und dem Gesundheitswesen, die traditionell von Vertrauensbeziehungen geprägt waren und diese auch unbedingt brauchen, ein solcher Vertrauenseinbruch abzeichnet, dann steuern wir auf teure und kalte Zeiten zu. Die vielbeschworene „Finanz- und Wirtschaftskrise" offenbart sich in Wahrheit als Wertekrise.

In unseren Betrieben besteht hier dringender Handlungsbedarf: Die Führung muss durch Vorbild und eigene Integrität eine Vertrauenskultur aufbauen, in der die Gewinne des Unternehmens nicht von Kontrollsystemen aufgezehrt werden, sondern Mitarbeiter ernähren, Investitionen ermöglichen und Anteilseigner befriedigen. Wenn der Wahrheitsbegriff nur der Nutzenmaximierung als höchstem Wert unterworfen ist, ist die Wahrheit nur so lange gültig, wie sie nützt. Nützt sie nicht, so muss eine „andere Wahrheit" herhalten. Diese Art von Wahrheit schafft kein Vertrauen. Vertrauen braucht ein verlässliches Fundament.

Woher beziehen Führungspersonen die charakterliche Kraft, auch in unbequemen Situationen zur Wahrheit zu stehen? Ihre Haltung und ihr Umgang mit Problemen entscheiden darüber, ob das Betriebsklima krankmachend ist oder die Mitarbeiter aufblühen lässt.

Die Verpflichtung gegenüber einem Gott, der die Wahrheit ist und von uns Wahrhaftigkeit fordert, ist in unserer Kultur lange Zeit ein solches Fundament gewesen. Der Kunde eines „ehrbaren Kaufmannes" konnte sicher sein, dass er von seinem Partner nicht zugunsten eines höheren Nutzens betrogen wurde.

Das führt uns zu dem vierten Wert:

8.5 Respekt

Respekt ist ein elementarer Wert für die Zusammenarbeit in Unternehmen und Betrieben; er fokussiert unseren Umgang mit anderen Menschen. Wie sehe ich meine Mitarbeiter? Sind sie nur Erfüllungsgehilfen der Pläne des Managements? Sind Menschen nur Leistungsträger, Kostenfaktor, Humankapital, Arbeitskräfte, Konsumenten und Patientengut, das durch medizinische Eingriffe möglichst lange funktionsfähig am Leben zu erhalten ist, um daraus Profit zu generieren? Oder sind Menschen Individuen, kreative Unikate, Ebenbilder des Schöpfers mit unbezahlbarem Wert und unerschöpflichem kreativem Potential? Sind Menschen auch dann noch wertvoll, wenn sie nicht mehr funktionieren, alt sind, Hilfe und Pflege brauchen? Was ist „Menschenwürde"? Dieser Begriff entstand nicht in Asien oder Afrika, sondern im christlich geprägten Europa. William Carey, Albert Schweitzer und Mutter Teresa gingen aus ihrer von Jesus Christus inspirierten Liebe zum Menschen manchmal unter Lebensgefahr in Elendsgebiete anderer Kontinente. Sie schenkten den Kranken und Sterbenden, die von ihrer eigenen Kultur teils als Abschaum betrachtet wurden, die Würde der Ebenbildlichkeit des Schöpfers.

Unser Werteverständnis hat große Auswirkungen auf unseren Umgang mit Mitmenschen. Teams können nur langfristig erfolgreich geführt werden, wenn die einzelnen Mitglieder in ihrer Besonderheit respektiert und integriert werden. In den Unternehmen der Zukunft wird der Umgang mit den Mitarbeitern darüber entscheiden, ob die besten bei dem Unternehmen bleiben oder sich eine respektvollere Umgangskultur in einem anderen Unternehmen suchen. Langfristig bringen Menschen die besten Leistungen nicht unter Druck und Angst. Diese führen allenfalls zum „Dienst nach Vorschrift". Höchstleistung geben Menschen, wenn sie sich in einem inspirierenden Klima geschätzt und gefordert fühlen.

„Wertschöpfung durch Wertschätzung" hat der Stuttgarter Marketingexperte und Pfarrer Prof. Wilfried Mödinger deshalb als Motto für erfolgreiches Wirtschaften vorgeschlagen.

8.6 Verantwortung – Merkmal eines gesunden Selbstbewusstseins

Wer Wertschätzung und Respekt erfährt, ist leichter bereit, Verantwortung zu übernehmen – Verantwortung zuerst für sich selbst und danach für andere. Verantwortung ist ein Merkmal reifer Menschen; man könnte sagen: des Erwachsenseins. Kinder beschuldigen den Tisch, an dem sie sich gestoßen haben, die Geschwister, die Spielkameraden – immer sind andere schuld, wenn es ihnen schlecht geht. Manche Menschen halten diese Einstellung durch bis zu ihrer Rente; immer sind andere für sie verantwortlich und haben Schuld an ihrem Ergehen: die Eltern, die Schule, die Firma, der Ehepartner, die Regierung, das Wetter, die Wirtschaftskrise … niemals übernehmen sie die Verantwortung für ihr eigenes Leben. Im Gesundheitsbereich stehen wir vor einem gewaltigen Paradigmenwechsel: Jahrzehntelang haben Menschen in Deutschland sich daran gewöhnt, die Verantwortung für ihre Gesundheit an den Arzt, die Pharmaindustrie und die Krankenkassen zu delegieren. Jeder lebt und isst nach eigenem Gusto, und wenn ein gesundheitliches Problem auftaucht, dann hat der Arzt die richtige Pille zu finden. Diese Verantwortungslosigkeit können wir uns weder gesundheitlich noch finanziell mehr leisten. An der Eigenverantwortung für unsere Gesundheit wird kein Weg vorbeigehen.

Verantwortung für andere zu übernehmen ist auch das Merkmal eines von diesen Werten geprägten Unternehmertums, durch das in Deutschland die Armut besiegt und Wohlstand geschaffen wurde. Beispielhaft sei hier nur Rudolf Diesel mit seiner bezeichnenden Bemerkung angeführt: „Dass ich die Dieselmotoren erfunden habe, ist schön und gut. Aber meine Hauptleistung ist, dass ich die soziale Frage gelöst habe" (Diesel 1903). Durch seinen Erfindergeist und seine Unternehmensführung konnten neue Fabriken gebaut, Arbeiter beschäftigt und viele Familien ernährt werden. Seine Orientierung und Dynamik bezog dieses Ethos aus einer von der Bibel geprägten Kultur, wie es Lord Ralf Dahrendorf prägnant zusammengefasst hat: „Das Klima der protestantischen Ethik ist nur an einer Stelle in der Welt entstanden … (Diese Haltung der) Deferred Gratification ist nicht nur Kulturmerkmal des Bürgertums, …, sondern auch Motor der wirtschaftlichen Entwicklung" (Dahrendorf 2009).

Die unternehmerische Verantwortung beinhaltet die Fähigkeit, auf kurzfristigen Genuss zu verzichten (Deferred Gratification), um ein langfristiges Ziel zu erreichen. Diese Fähigkeit des gezielten Verzichts, des Sparens für ein Ziel ist eine der wichtigsten Voraussetzungen des wirtschaftlichen Fortschritts. Sie hat den Aufschwung unseres Landes nach dem Zweiten Weltkrieg ermöglicht, und sie ist Grundlage jeden gesunden Wachstums in einem Unternehmen. Auch diesen Wert hat die neomarxistische Bewegung der 68er gezielt demontiert. Der Verzicht auf sofortige Befriedigung wurde als seelische Verkrüppelung deklassiert. „Wer zweimal mit derselben pennt, gehört schon zum Establishment" war ihre Antwort auf den Wert der ehelichen Treue. Unter dem Vorwand der sexuellen „Befreiung" und Vielfalt wird durch ihren Einfluss die frühzeitige Sexualisierung der Kinder jetzt in neuen Bildungsplänen bereits im Kindergarten- und Schulalter vorangetrieben. Langfristiges Gelingen wird dem kurzfristigen Genuss geopfert – eine zukunfts- und wohlstandszerstörende Philosophie. Das führt uns zum nächsten Wert:

8.7 Nachhaltigkeit – nur ein Modetrend?

Nicht erst seit der Ökobewegung ist Nachhaltigkeit ein elementarer Wert in unserem Kulturraum. Das Konzept der Bewahrung des Anvertrauten ist so alt wie die Menschheit. Der gegenwärtige Modetrend der Nachhaltigkeit läuft jedoch Gefahr, diesen Wert auf ein stark verkürztes Spektrum zu reduzieren: Klima, gefährdete Tiere und Pflanzen sollen geschützt werden, ungewünschte Kinder werden jedoch zu Hunderttausenden abgetrieben – mit katastrophalen Auswirkungen auf die Bevölkerungsentwicklung und die Psyche der betroffenen Frauen. In seinen öffentlichen Vorträgen weist der Freiburger Rentenexperte Bernd Raffelhüschen darauf hin, dass wir in den letzten 30 Jahren mehr Kinder durch Abtreibungen getötet haben, als wir im gesamten Zweiten Weltkrieg an Toten zu beklagen hatten. Eine überalterte Gesellschaft, ein hoher Verlust an nicht geborenem Potential von Kreativität und der Zusammenbruch des Renten- und Generationenvertrages sind die unausweichlichen Folgen. Eine kranke Gesellschaft.

Auch im Umgang mit Finanzen haben wir die Strategie der Nachhaltigkeit verlassen und sind mit der ökonomischen Schule von John Maynard Keynes der Versuchung der schnellen Lösung verfallen. Keynes empfahl die Staatsverschuldung zur Ankurbelung der Wirtschaft. Als er gefragt wurde, wer die Schuldenberge langfristig abtragen sollte, antwortete er: „Die lange Sicht ist ein schlechter Führer in Bezug auf die laufenden Dinge. Auf lange Sicht sind wir alle tot" (Keynes 1923, S. 80).

Nachhaltigkeit in der Geschichte der Arbeit Das Denken in Generationen prägte dagegen wesentlich die jüdische Kultur, die durch das Alte Testament einen starken Einfluss auf das heutige Europa und Nordamerika ausgeübt hat. In seinem Bestseller „Die Ökonomie von Gut und Böse" (Deutscher Wirtschaftsbuchpreis 2012) vergleicht der tschechische Ökonom Tomáš Sedláček die „Sabbat-Ökonomie" des Alten Testaments mit anderen Ökonomien der Antike und kommt zu für die heutige Situation sehr denkwürdigen Schlussfolgerungen:

Im Gegensatz zu anderen Kulturen besitzt die Arbeit im Schöpfungsrhythmus von Arbeit und Ruhe eine eigene Würde (Sprüche 22,29; 5. Mose 24,19). Die griechischen Philosophen Platon und Aristoteles bewerteten die Arbeit als lebensnotwendiges Übel; Aristoteles hielt sie sogar für eine verwerfliche Zeitverschwendung. Sie betraf allerdings nur die Sklaven und unteren Klassen. Die Eliten arbeiteten in Griechenland nicht. Die Schule der Epikuräer (Hedonisten) verfolgte konsequent die Genuss- und Nutzenmaximierung. Für sie existierten über den Nutzen und die Lust hinaus keine höheren Werte. Die Stoiker dagegen durften nicht nach Freude oder Nutzen streben, sie mussten dem Guten nacheifern; Nutzen oder Lust konnte dabei ein Nebenprodukt sein. Beide Schulen standen einander unversöhnlich gegenüber. (Beim Blick auf unsere heutige Gesellschaft wird rasch klar, welche der beiden Schulen bei uns das Rennen gewonnen hat.)

Im Gilgamesch-Epos, dem ältesten Schriftstück der Menschheit, will der Herrscher Gilgamesch seine Untertanen am liebsten zu Robotern machen, damit sie mehr arbeiten und erst bei Erschöpfung ausruhen. Familie und Privatleben soll auf ein Minimum reduziert werden (Sedláček 2012, S. 116–119). Anders die Ökonomie des Sabbats. Sie trifft die Mitte zwischen den beiden griechischen Schulen – Freude und Genuss an der getanen Arbeit und das Streben nach dem Guten um Gottes willen:

Sedláček: „Der Ruhetag wurde nicht eingeführt, um die Effizienz zu steigern. Es handelte sich vielmehr um eine wirkliche ontologische Pause, die dem Beispiel des siebten Schöpfungstages des Herrn folgte. Auch Gott ruhte ja nicht, weil er müde geworden wäre oder neue Kraft schöpfen musste, sondern weil sein Werk getan war, so dass er sich daran erfreuen konnte. Der siebte Schöpfungstag ist der Freude gewidmet. … Am Samstag sollte die Welt, so unvollkommen sie auch ist und trotz aller ihrer Sprünge nicht vervollkommnet werden. In sechs Siebteln der Zeit sollst du unzufrieden sein und die Welt nach deinem Bild formen, Mensch, doch in einem Siebtel sollst du ruhen und die Schöpfung nicht verändern. Am siebten Tag, sollst du dich an der Schöpfung und der Arbeit deiner Hände erfreuen.

Das Sabbatgebot vermittelt die Botschaft, dass *der Zweck der Schöpfung nicht einfach das Erschaffen war,* sondern dass sie ein Ziel hatte. … In die Sprache der Ökonomie übersetzt heißt das: Der Sinn des Nutzens ist nicht, ihn ständig zu vergrößern, sondern sich zwischen den vorhandenen Gewinnen auszuruhen. Weshalb lernen wir, die Erträge ständig zu steigern, aber nicht, um sie zu erkennen, uns ihrer bewusst zu werden und sie zu genießen?

Diese Dimension ist aus der heutigen Ökonomie verschwunden. Die ökonomischen Anstrengungen haben kein Ziel, an dem wir ruhen könnten. Heute kennen wir Wachstum nur um seiner selbst willen" (Sedláček 2012, S. 119–120).

Wie finden wir heute zu einem nachhaltigen Umgang mit unserer Arbeitskraft? Wie können wir in unserer pluralistischen und vielschichtigen Welt einen solchen Rhythmus von Arbeit und Ruhe in unserer Ökonomie zurückgewinnen?

Auf der Meta-Ebene eines Staates oder Staatenbundes dürfte das kaum möglich sein. Hier liegt die Chance und Aufgabe des einzelnen Unternehmens oder einer Unternehmensgruppe darin, Arbeit so zu gestalten, dass sie zu einem Energie-spendenden statt Energie-verzehrenden Ablauf wird.

Neben der oben erwähnten neuen Volkskrankheit des Burnout wird inzwischen aber auch das Gegenteil, der „Boreout", zum Krankheitsfaktor: Mitarbeiter fühlen sich unterfordert, erhalten keine Beachtung, für ihre Arbeit fehlt ein motivierendes Ziel. Auch hier beginnt die Aufgabe der Führungskräfte, durch klare Zielvorgaben, Übertragen von Verantwortung, Feedback und Wertschätzung ein gesundes Arbeitsklima zu schaffen (Sauer und Spahn 2012).

Weil die Familie ein elementarer Garant für wirtschaftliche Stabilität und Wohlstand ist, lohnt es sich auch für die Unternehmensleitung, auf Zusammenhalt und Wohlergehen der Familien der Betriebsangehörigen zu achten:

In seinem Beitrag „Familie als Quelle des Wohlstandes in einer menschenwürdigen Gesellschaft" prangert der Marburger Volkswirt Prof. Hans-Günter Krüsselberg an, dass in Öffentlichkeit und Politik die Aufarbeitung des fünften Familienberichts verweigert wird.

Dessen Botschaft fasst Krüsselberg zusammen: „nur mit der erfolgreichen Humanvermögensbildung in Familie und Schule [wird] eine innovative und effiziente Wirtschaft und darüber hinaus eine dynamische, weltoffene Gesellschaft möglich. Gemeint ist, dass die berufliche Qualifikation der Bevölkerung, ihre sozialen und gesellschaftlichen Kompetenzen, ihr Gesundheitszustand und ihre Leistungsfähigkeit vor allem von der Verlässlichkeit der familiären Zuwendung und Erziehung abhängen. Allein auf deren Grundlage kann eine gute allgemeine und berufliche Bildung aufbauen" (Hinrichs et al. 2008, S. 342).

Inzwischen haben viele Betriebe die Förderung ihrer Mitarbeiter und deren Familien selbst in die Hand genommen: Flexiblere Arbeitszeiten, betriebseigene Kindergärten, Home-Office, Elternzeiten und viele andere Schritte ermöglichen jungen Familien, sich in den Arbeitsprozess einzubringen, ohne dabei ihre wichtigste Substanz zu opfern. Im Mai 2012 untersuchte und bewertete das Magazin FOCUS mehrere Unternehmen nach diesen Faktoren (Matthes 2012).

Von vielen Seiten wird heute die Finanz- und Wirtschaftskrise beschworen. Wir erleben aber nicht so sehr eine Wirtschaftskrise, sondern eher eine Wertekrise. Wir haben auf die falschen Werte gesetzt und die guten Werte vernachlässigt, die uns einmal zum Erfolg geführt haben.

Doch es gehört zu den Vorzügen unseres Menschseins, dass wir jederzeit eine Umkehr vollziehen können.

Dazu brauchen wir den siebten Wert:

8.8 Der Mut, Fehler einzugestehen

Winston Churchill bezeichnete den Mut als Voraussetzung für alle anderen Tugenden. Mut ist in allen Kulturen zu finden, und es gibt ihn in vielen Ausprägungen: vom todesmutigen Samurai, der sich ohne Rücksicht auf das eigene Leben in den Kampf stürzt, über die Mutter, die ihre Kinder gegen einen physisch überlegenen Eindringling verteidigt, bis zu dem Schüler, der sich mit Zivilcourage der Gewalt und dem Mobbing von Mitschülern entgegenstellt und dabei riskiert, selber geschlagen zu werden. Auch der öffentliche Widerspruch gegen politische Korrektheiten und Mainstream-Auffassungen erfordert Mut; vor allem wenn der Widerspruch die eigene berufliche Karriere gefährdet.

Hier soll es aber noch um eine andere Art von Mut gehen:

Er ist die Grundlage aller Innovation, aller Wagnisse, und Schritte ins Ungewisse. Vor allem aber ist er die Voraussetzung einer „konstruktiven Fehlerkultur", die verstärkt in unserer Wirtschaft als „Erfolgsfaktor" diskutiert wird. Fehlerkultur bedeutet nicht, dass Lässigkeit in der Arbeit akzeptiert wird. Doch es dürfen Fehler gemacht werden, wenn daraus gelernt wird. Das Konzept von „Fehler – Vergebung – Neubeginn" ist für uns in der westlichen Kultur so selbstverständlich, dass wir kaum über seine Herkunft nachdenken. In den asiatischen Kulturen geht es vor allem darum, das Gesicht zu wahren. Im konfuzianischen China bestimmt der Vorgesetzte über Recht und Wahrheit. „Die chinesischen Studenten, die zu uns zum Studium kommen, erleben einen Kulturschock, wenn ich beim Rechnen einen Fehler eingestehe. In ihren Augen habe ich damit mein Gesicht verloren", berichtete mir Prof. Manfred Lohöfener von der Hochschule Merseburg. Ich begegnete dem gleichen Konflikt, als ich bei einer Zugfahrt mit einer chinesischen Studentin ins Gespräch kam, die in Deutschland vergleichende Kulturwissenschaft studierte. Nach wenigen Minuten kam sie auf das Thema: „Also, dass die deutschen Kollegen einfach einen Fehler eingestehen können und dafür Vergebung erhalten, so etwas gibt es bei uns nicht!", brach es förmlich aus ihr hervor. „Das kommt daher, dass vor 2000 Jahren einer vor Jerusalem an einem Kreuz für die Verfehlungen und Verbrechen der Menschheit gestorben ist und dort sogar seinen Feinden vergeben hat", erklärte ich ihr. Die abendländische Geschichte kennt einen Erlöser als Urheber der Vergebung. Deshalb konnte sich in ihrem Raum eine Kultur entwickeln, in der das Eingeständnis von Versagen und Fehlern nicht zum Ende der Karriere, sondern zu einem konstruktiven und kreativen Neuanfang führen kann.

Am 7. Dezember 1970 kniete der deutsche Bundeskanzler Willy Brandt vor dem Mahnmal des Warschauer Ghettos und legte einen Kranz nieder: sein Eingeständnis der deutschen Schuld am Holocaust. Die Bilder gingen um die Welt und lösten ein starkes Medienecho aus: Der mächtigste deutsche Politiker kniet im Eingeständnis der Schuld seines Volkes vor einem Mahnmal des betroffenen Nachbarstaates Polen – und er war selbst nicht einmal daran beteiligt gewesen!

Nicht zufällig sucht das kalifornische Erfolgsunternehmen Google vorrangig Mitarbeiter, die bereit sind, Risiken einzugehen, neue Dinge zu wagen und Fehler zu machen. Das sofortige Eingeständnis und die Korrektur gehören natürlich untrennbar dazu. Aber wenn es Vergebung und die Chance zum Neuanfang gibt, fällt das Eingeständnis von Fehlern weniger schwer. Die Luft wird rein und ein gesundes Betriebsklima kann entstehen. Die Mitarbeiter haben den Fehler des Chefs ohnehin schon längst bemerkt. Mit seiner Reaktion darauf prägt er eine gesunde oder ungesunde Firmenkultur.

Es erfordert allerdings Mut, sich den eigenen Schattenseiten zu stellen. Leider ist diese Art von Mut bei Führungspersönlichkeiten in der Öffentlichkeit in unserem Land immer seltener zu beobachten. Doch gerade darin steckt ein ungeheures Potential für Innovation, Kreativität, Freiheit und persönliche sowie Unternehmensgesundheit.

8.9   Über den Autor

Hans-Joachim Hahn baut seit über 30 Jahren Ethik-Netzwerke auf. 1996 gründete er das Professorenforum, ein Netzwerk von werte-orientierten Hochschullehrern, das er bis heute koordiniert. Er ist Buchautor, Mitherausgeber der Reihe des Professorenforums, Lehrbeauftragter für Wirtschaftsethik und international gefragter Vortragsredner (Deutsch und Englisch). Seine Themen: „Starke Werte, starke Menschen, starke Unternehmen", „Führungskompetenz durch Werte" und „Sieben Erfolgswerte der abendländisch-christlichen Kultur". Seine Vorträge bewegen Menschen.

Weitere Infos unter www.hans-joachim-hahn.de

Literatur

Bergemann, M. (2008). Wirtschaftswoche (04.02.2008) http://www.wiwo.de/unternehmen/banken-bankberater-packen-aus-ich-habe-sie-betrogen/5346846.html. Zugegriffen: 06. Juli 2017

Bosch, R. (1921). http://www.bosch.de/de/de/newsroom_1/topics_1/responsibility_creates_trust_1/responsibility-creates-trust.html. Zugegriffen: 06. Juli 2017.

Dahrendorf (2009). Cicero 8/2009. http://cicero.de/weltbühne/vom-sparkapitalismus-zum-pumpkapitalismus/39922. Zugegriffen: 06. Juli 2017.

Diesel, R. (1903). *Solidarismus*. München und Berlin: R. Oldenbourg-Verlag in Die ZEIT (30.09.2013). http://www.zeit.de/mobilitaet/2013-09/rudolf-diesel-verschwinden/komplettansicht. Zugegriffen: 06. Juli 2007.

Gallup (Hrsg.). (2015) Engagement Index. http://www.gallup.de/183104/engagement-index-deutschland.aspx. Zugegriffen: 27. Mai 2017.

Hendrichs, F. (1966). *Der Weg aus der Tretmühle*. Düsseldorf: VDI Verlag

Hinrichs et al. (2008). Familie wohin? (S. 342). Holzgerlingen: Hänssler Verlag.

Keynes, J. M. (1923). *Tract on monetary reform* (S. 80). https://delong.typepad.com/keynes-1923-a-tract-on-monetary-reform.pdf. Zugegriffen: 20. Nov. 2017.

Matthes, N. (2012). FOCUS 19/2012 http://www.focus.de/finanzen/news/wirtschaft-so-passt-der-job-zur-familie_aid_747989.html. Zugegriffen: 06. Juli 2017.

Salz, J., & Kuttler, S. (2009). Wirtschaftswoche (29.09.2009) http://www.wiwo.de/technologie/medizinische-versorgung-wie-krank-unser-gesundheitssystem-ist/5143428.html. Zugegriffen: 06. Juli 2017.

Sauer, J., & Spahn, J. (2012). Die ZEIT (17.01.2012) http://www.zeit.de/karriere/beruf/2011-12/gastbeitrag-boreout. Zugegriffen: 06. Juli 2017.

Sedláček T. (2012). Die Ökonomie von Gut und Böse. München: Hanser.

Strehl, E., & Winnefeld, C. (2010). Das Gesundheitswesen lockt. http://www.pharmazeutische-zeitung.de/index.php?id=35115. Zugegriffen: 29. Mai 2017.

Zhao Xiao (2007). Interview in Cicero 05/07 (S. 92–97). „Habt doch nicht so viel Angst".

Zhao Xiao (2006). http://www.danwei.org/business/churches_and_the_market_econom.php). Zugegriffen: 06. Juli 2017.

Weiterführende Literatur

Bitzer, A., & Henning, K. (Hrsg.). (1991). *Ethische Aspekte von Wirtschaft und Arbeit*. Mannheim: Wissenschaftsverl.

Grün, A. (2001). *Menschen führen Leben wecken*. Münsterschwarzach: Vier-Türme-Verl.

Händeler, E. (2007). *Die Geschichte der Zukunft* (6. Aufl.) Moers: Brendow.

Hanssmann, F. (2010). *Unternehmensethik auf christlicher Grundlage*. Berlin: LIT.

Hattendorfer, K., & Korndörffer, S.. (2006). *Unger S Was uns wichtig ist*. Wiley: Weinheim.
Haupt, R., & Lachmann, W. (Hrsg.). (1991). *Wirtschaftsethik in einer pluralistischen Welt*. Moers: Brendow.
Hedenigg, S., Henze, G. (Hrsg.). (2013). *Ethik im Gesundheitssystem*. Stuttgart: Kohlhammer.
Hipp, C. (2010). Agenda Mensch. Berlin: Rowohlt.
Jung, H. (2009). *Soziale Marktwirtschaft und weltliche Ordnung*. Berlin: LIT.
Knoblauch, J. (2013). *Die Cheffalle*. Frankfurt: Campus.
Knoblauch, J., & Marquardt, H. (Hrsg.). (2001). Mit Werten in Führung gehen. Gießen: Brunnen.

Betriebliches Gesundheitsmanagement ist Führungsaufgabe und Erfolgsfaktor

9

Axel Olaf Kern

Inhaltsverzeichnis

9.1	Einleitung	157
9.2	Gesundheit, Krankheit und Arbeit	159
9.3	Arbeit fördert Gesundheit	160
9.4	Gesundheit fördert Arbeit	160
9.5	Körperliche Krankheitsursachen	161
9.6	Soziale Krankheitsursachen	162
9.7	Psychische und emotionale Krankheitsursachen	162
9.8	Betriebliches Gesundheitsmanagement	163
9.9	Arbeitsmedizin und Arbeitsschutz	164
9.10	Abgrenzung Prävention und Gesundheitsförderung	165
9.11	Betriebliche Prävention	167
9.12	Betriebliche Gesundheitsförderung	168
9.13	Nutzen des betrieblichen Gesundheitsmanagements	169
9.14	Umsetzungsstrategie	172
9.15	Über den Autor	174
Literatur		174

9.1 Einleitung

„Mitarbeiter werden gesucht, Menschen aber werden kommen." Dieses Max Frisch zugeschriebene Zitat fasst bestens zusammen, weshalb betriebliches Gesundheitsmanagement wichtig ist. Mit dem vielzitierten Fachkräftemangel und dem Phänomen der alternden

---

A.O. Kern (✉)
Hochschule Ravensburg-Weingarten, Fakultät Soziale Arbeit, Gesundheit und Pflege,
Leibnizstr. 10, Geb. A, 88250 Weingarten, Deutschland
e-mail: axel.kern@hs-weingarten.de

© Springer Fachmedien Wiesbaden GmbH 2018
P. Buchenau (Hrsg.), *Chefsache Gesundheit I*,
https://doi.org/10.1007/978-3-658-16580-2_9

Belegschaften bei zugleich schrumpfender Bevölkerungszahl und sinkender Geburtenrate wird auch deutlich, dass zukünftig betriebliches Gesundheitsmanagement mehr noch an Bedeutung gewinnt. Diese Hauptfaktoren machen deutlich, dass die Gesundheit und damit die Arbeitskraft und Leistungsfähigkeit sowie Leistungsbereitschaft der Menschen in Unternehmen unerlässlich sind für den Erfolg eines Unternehmens.

Generell lässt sich der Fokus auf die Mitarbeitergesundheit in Unternehmen und die Entstehung des betrieblichen Gesundheitsmanagements, auf den erweiterten Arbeits- und Gesundheitsschutz, den Bedeutungszuwachs von Suchtprävention und Gesundheitsförderung in Unternehmen und die Entwicklung neuer Managementstrategien, wie das Human-Resource- und Qualitätsmanagement, zurückführen.

In den meisten Unternehmen hat in den vergangenen Jahren die Arbeitsintensität zugenommen: Arbeitsprozesse werden verdichtet und beschleunigt, Prozessnischen beseitigt. In der Folge werden Mitarbeiter oftmals damit konfrontiert, widersprechende Anforderungen – wie die zwischen Professionalität und Kosteneinsparung – auszuhalten und abzufedern. Das führt oftmals dazu, dass die eigene Gesundheit gefährdet wird.

Führungskräfte gelten als Vorbilder in der Leistungsfähigkeit. Eine geringere Arbeitsleistung, häufig in zeitlicher Präsenz ausgedrückt, wird vom Mitarbeiter als nicht richtig arbeiten gedeutet. Unternehmen werden anspruchsvoller in ihren Anforderungen und bei den Mitarbeitern entstehen Situationen der Unsicherheit, des Zeitdrucks, der Bewältigung komplexerer Aufgaben und erhöhte Verantwortung. Anhaltender Druck bedingt Stress und psychische Belastung, woraus sich körperliche und psychische chronische Krankheiten ergeben können. Sollen Arbeitsplätze keine originäre Quelle von Gesundheitsrisiken sein, wie die Weltgesundheitsorganisation in der Charta von Ottawa betont, bedarf es eines Einstellungswandels. Es soll deshalb der Frage nachgegangen werden, wie sich Arbeitsbedingungen so gestalten lassen, dass das Risiko, durch die Arbeitsbelastung krank zu werden, gemindert wird.

Veränderungen in der Organisationskultur werden nach einer firmenindividuellen Analyse notwendig. Wenn Arbeitnehmer sich leistungsgerecht belohnt fühlen, ist das Risiko einer arbeitsbedingten Erschöpfung deutlich geringer. Das bedeutet allerdings mehr als nur angemessene Bezahlung, wichtig ist vor allem die soziale Anerkennung, die Mitarbeiter für ihren Arbeitseinsatz erhalten. Neben der leistungsgerechten Belohnung als einflussreichstem Faktor kommt es besonders auf das Verhalten und die Einstellung der Führungskräfte und der Kollegen an. Mitarbeiter sind das Humankapital des Unternehmens, deren produktive Fähigkeiten individuell entwickelt werden sollten. Dieses schützt vor überfordernden Arbeitsbedingungen und fördert solidarisches Verhalten, welches ein gutes Betriebsklima fördert. Wenn das Betriebsklima gut ist, die Transparenz des Betriebsgeschehens gegeben ist, Beteiligungsmöglichkeiten bestehen und gemeinsame Überzeugungen, Regeln und Werte vorherrschen, also im Sinne einer Sinnhaftigkeit, Verstehbarkeit und gewissen Beeinflussbarkeit von Aufgabenstellungen, Arbeitsbedingungen und Entscheidungen, ist das Auftreten von Krankheiten und damit verbundenen Produktivitätseinbußen gering.

Zudem gibt es verschiedene zentrale Herausforderungen, die aufgrund demographischer Entwicklungen auf Betriebe zukommen. Zur Bewältigung kann betriebliches Gesundheitsmanagement einen Beitrag leisten. Prognosen besagen, dass im Jahre 2020 jeder dritte Arbeitnehmer 50 Jahre und älter sein wird. Ältere Mitarbeiter gelten als zuverlässig, qualitätsbewusst, sozial kompetent und sind wichtige Wissensträger. Für die Unternehmensleitung ergibt sich die Aufgabe, die Arbeitsfähigkeit dieser Altersgruppe länger zu erhalten.

Der mit der demographischen Entwicklung einhergehende Fachkräftemangel hingegen richtet zudem den Blickwinkel auf die Attraktivität eines Unternehmens als weitere Facette des betrieblichen Gesundheitsmanagements. Dabei soll im Rahmen des Employer Branding das Zusammenwirken von Organisation und Mensch passgenauer erfolgen und sich so auf die Wettbewerbsfähigkeit des Unternehmens als Arbeitgeber positiv auswirken. Hieran wird deutlich, dass betriebliches Gesundheitsmanagement nicht alleine auf den Erhalt oder die Verbesserung der Gesundheit der Belegschaft ausgerichtet sein kann, um das Produktionsergebnis bestehender Prozesse zu sichern. Vielmehr hat betriebliches Gesundheitsmanagement einen Außenbezug und dient dem langfristigen Überleben des Unternehmens in Bezug auf den Arbeitsmarkt, aber auch auf den Absatzmarkt, da die Kunden im Sinne des Bewusstseins zunehmend ihre Kaufentscheidung auch an der Eigenschaft fairer, gesunder Arbeitsbedingungen orientieren werden.

Betriebliches Gesundheitsmanagement schaut auf die Arbeitssituation der Mitarbeiter, fördert den Auf- und Ausbau des Arbeits- und Gesundheitsschutzes und trägt zum Ausbau einer gesundheitsförderlichen Umstrukturierung in den Bereichen Arbeitserleichterung, Beratungs- und Unterstützungssituation sowie Krankheitsprävention im Betrieb bei.

9.2 Gesundheit, Krankheit und Arbeit

Gesundheit ist, wie die WHO formuliert, „funktional gesehen eine Ressource [...], die es den Menschen erlaubt, ein individuell, sozial und ökonomisch produktives Leben zu führen". Krankheit in der Abgrenzung ist mit Beschwerden, Schmerzen und Einschränkungen in allen Lebenslagen verbunden. Im beruflichen sowie gesellschaftlichen Bereich werden die Begriffe sehr unterschiedlich definiert, da dieser Einschätzungsprozess von persönlichen und sozialen Ressourcen abhängt und somit einen entscheidenden Einfluss auf die subjektive Befindlichkeit hat.

Im Ideal ist Gesundheit der von der WHO definierte Zustand des vollkommenen psychischen, physischen und sozialen Wohlbefindens. Als gesund wird allerdings entsprechend der statistischen Norm gefasst, was auf die Mehrzahl der Menschen zutrifft. Abweichungen vom Durchschnitt werden als krank bezeichnet. Für den betrieblichen Bereich ist zudem die funktionale Norm von Gesundheit, ob eine Person in der Lage ist, die durch ihre sozialen Rollen gegebenen Aufgaben zu erfüllen, zu beachten. In der Zusammenführung der statistischen und funktionalen Norm werden die Dimensionen des Befindens wie Lebenszufriedenheit und Wohlbefinden umfassend beachtet, was unabdingbar ist für eine Blickrichtung auf Gesundheit als elementaren Führungsbestandteil. Die Sozialwissenschaften fassen den Gesundheitsbegriff mit Selbstverwirklichung, Leistungsfähigkeit und Sinnfindung noch weiter, wie dies auch den Erkenntnissen aus dem Managementwissen entspricht.

Gesundheit hängt ab vom Vorhandensein, von der Wahrnehmung und dem Umgang mit Belastungen, von Risiken und Gefährdungen durch die soziale und ökologische Umwelt sowie der Wahrnehmung, Erschließung und Inanspruchnahme von Ressourcen.

9.3 Arbeit fördert Gesundheit

Arbeit hat auf den Menschen positive Auswirkungen. Sie stiftet Sinn im Leben, schafft eine tägliche, sinnvolle Aufgabe, deren Erfolge unmittelbar erkennbar sind und für die selbst Verantwortung getragen wird. Dadurch, dass auch andere die Leistung sehen und würdigen können, erfährt der Mensch Anerkennung und fühlt sich wertgeschätzt. Die Zugehörigkeit zu seinem Arbeitsplatz vermittelt ein Gefühl von Gemeinschaft und Zusammengehörigkeit. Von seinen Arbeitskollegen erfährt der Mensch soziale Unterstützung und kann auch freundschaftliche Kontakte knüpfen. Diese Faktoren tragen zum Wohlbefinden bei und lassen Arbeit nicht nur als Arbeitsleid erfahren, welches nur dazu dient, den Lebensunterhalt zu verdienen (Badura et al. 2010, S. 42).

9.4 Gesundheit fördert Arbeit

Der Produktionsfaktor Humankapital ist inzwischen das knappe Gut in Unternehmen. Am besten drückt sich dies in dem Slogan „war for talents" aus. Und dies gilt nicht nur für personalintensive Dienstleistungsunternehmen, sondern insbesondere für Industrieunternehmen mit kapitalintensiver Produktion. Hier wird der Wert gesunder Mitarbeiter besonders deutlich, da die Produktionsanlage nicht laufen kann, wenn der Faktor Humankapital wegen Krankheit nicht zur Arbeit erscheint. Und Humankapital setzt sich zusammen aus den Elementen Gesundheit und Bildung, wobei Bildung wiederum Wissen und Erfahrung bedeutet. Gesundheit ist gleichsam die Hardware und Bildung die Software eines Menschen. Gesundheit ist der limitierende Faktor für Produktivität. Ohne Gesundheit, wie Schopenhauer zitiert wird, ist alles nichts. So spielt eine gesunde Belegschaft die bedeutende Rolle auch im Wettbewerb national und international. Nur gesunde Mitarbeiter können ihre Leistung erbringen und auch fachlich weiter qualifiziert werden, um in dem immer stärkeren Wettbewerb mit ihren gemeinsamen Unternehmen bestehen zu können.

Der Begriff der älter werdenden Belegschaften betont die Bedeutung des betrieblichen Gesundheitsmanagements aus der Perspektive des Erhalts von Wissen und Erfahrung im

Unternehmen. Damit insbesondere unternehmensspezifisches Humankapital nicht durch Krankheit temporär oder durch vorzeitige Berentung dauerhaft und langfristig dem Unternehmen verloren geht, wird es immer wichtiger, in den Gesundheitszustand der Mitarbeiter zu investieren. Inzwischen wird zwar auch hier versucht, durch den Einsatz von Kapital in Form intelligenter EDV-Dokumentationssysteme die Kosten des Wissensverlustes durch Krankheitsfolgen oder vorzeitiges Ausscheiden aus dem Berufsleben zu minimieren. In Unternehmen mit weniger von EDV geprägten oder begleiteten Geschäftsprozessen ist dies jedoch erheblich schwieriger umzusetzen. Damit bleiben für Unternehmen z. B. in der Bauwirtschaft oder im Handwerk die Kosten durch Wissensverlust infolge von Krankheit oder Frühverrentung weiterhin hoch. Zum anderen sind Investitionen in die Gesundheit älterer Mitarbeiter erforderlich, um Einbußen durch Produktionsausfälle oder Minderproduktion infolge von Krankheit zu vermeiden. Diese Einsicht in die Notwendigkeit der Gesunderhaltung älterer Mitarbeiter wird maßgeblich durch die verringerten Zahlen jüngerer, nachwachsender Mitarbeiter befördert.

Der Erhalt von Gesundheit der Mitarbeiter bildet die komplementäre Facette des Wissensmanagements in Unternehmen, damit das Erfahrungswissen, wozu insbesondere auch Networking-Kontakte zu rechnen sind, an die nachfolgende Belegschaftsgeneration übertragen werden kann. So können ältere Mitarbeiter möglichst lange im Unternehmen gehalten werden, um diesen generationenübergreifenden Übergang zu moderieren.

9.5 Körperliche Krankheitsursachen

Krankheiten können zum einen aus sich heraus entstehen und zum anderen durch individuelles Verhalten sowie durch die Arbeits- und Lebensverhältnisse ausgelöst werden. Am Arbeitsplatz sind dies vorwiegend im Rahmen der Arbeitsmedizin kontrollierte Bedingungen, unter denen ein Mitarbeiter tätig ist, wozu Ergonomie, Arbeitszeit und Handhabung von Gefahrstoffen zählen.

Wenngleich nach Angaben des Robert-Koch-Instituts 68 % der Frauen und 73 % der Männer ihren Gesundheitszustand als sehr gut oder gut bewerten, so ist doch rund ein Drittel der Bevölkerung gleichsam krank. Dabei ist zwischen somatischen (körperlichen) und psychischen Krankheiten zu unterscheiden. Mitunter können jedoch somatische Krankheiten auch aus psychischem Unwohlsein bzw. psychischen Krankheiten verursacht werden. Dieser Zusammenhang zwischen somatischen Krankheiten und deren möglichem psychischen Ursprung ist insbesondere für das betriebliche Gesundheitsmanagement bedeutsam, da zumeist organische Krankheiten als Diagnose gesellschaftlich nur akzeptiert erscheinen. So können die Diagnosen aus Fehlzeitstatistiken hinsichtlich der Ursachenforschung in die Irre führen. Dies liegt zum einen daran, dass den Krankheiten psychische Ursachen zugrunde liegen können, und zum anderen daran, dass die Genese der Krankheiten nicht mit den Bedingungen am Arbeitsplatz bzw. im Unternehmen („Betriebsgenese") zusammenhängt, sondern in der Sphäre des Privaten des Mitarbeiters zu suchen ist (soziale Ursachen). So kann es keine klare Unterscheidung und damit Trennung zwischen Arbeit und Privatleben geben, weshalb Work-Life-Balance ein unzutreffendes Konzept ist. Zugleich bedeutet dies für das Unternehmen, dass auch aus dem privaten Umfeld in den Betrieb hineingetragene Beschwerden oder Krankheiten zur Sache des Unternehmens werden, wie auch Einflüsse auf den Mitarbeiter aus dem Unternehmen, die dieser mit in seine private Sphäre nimmt.

An Berufskrankheiten wird deutlich, wie schwierig es jedoch ist, selektiv festzustellen, ob die Exposition/Situation am Arbeitsplatz ursächlich für eine festgestellte Krankheit ist. Unfälle auf dem Weg zur Arbeit sind hierfür ebenso Beispiel. Es gilt also, dass Arbeitsbedingungen und Arbeitsaufgabe die Gesundheit der Mitarbeiter ebenso beeinflussen wie individuelles privates Verhalten.

9.6 Soziale Krankheitsursachen

Krankheiten aus der privaten Sphäre können sich wie z. B. Erkältungskrankheiten unmittelbar wahrnehmbar im Unternehmen auswirken. Krankheiten oder Beschwerden aus der privaten Lebenswelt können sich jedoch auch im Unternehmen verstärken wie z. B. Verspannungen oder Nackenschmerzen. Chronische Krankheiten wie Diabetes oder Herz-Kreislauf-Krankheiten, die der privaten Sphäre zugeordnet werden, können sich im Unternehmen auf die betrieblichen Abläufe verdeckt auswirken. Dabei ist zu berücksichtigen, dass diese Krankheiten auch durch betriebliche Anforderungen wie Nachtarbeit oder Leistungsdruck befördert werden und somit nicht zwingend alleine der Verantwortung des Mitarbeiters zugeschrieben werden können.

Insbesondere jedoch psychische Belastungen, die sowohl aus der persönlichen als auch aus der familiären Situation eines Mitarbeiters resultieren (Kinderbetreuung, Altenpflege, Trennung und Scheidung, Schulden, Sucht), werden sich im Unternehmen in Form von Konzentrationsschwächen, mangelnder Sorgfalt bzw. Achtsamkeit, Selbstisolation oder Störung der Arbeitsabläufe nur indirekt beobachtbar auswirken. Die im Privaten gepflegten Verhaltensweisen beeinflussen die Unfall- und Krankheitshäufigkeit maßgeblich. Wenn auch Mitarbeiter arbeitsrechtlich gehalten sind, Freizeit (Nicht-Arbeitszeit) zur Regeneration ihrer Arbeitskraft zu nutzen, so wird dies doch zumeist nicht konsequent so verstanden. Hierzu zählen Schlaf-, Konsum- und Genussgewohnheiten, die dem Regenerieren nicht zuträglich sind. Mitunter kann auch die finanzielle Lage neben mangelndem Bewusstsein Ursache für ungesunde Ernährung und Ruhephasen im Privaten sein.

9.7 Psychische und emotionale Krankheitsursachen

Neben körperlichen und sozialen Ursachen können sich aus dem Zusammenwirken von Mitarbeitern in Arbeitsgruppen, Teams oder Abteilungen psychisch und emotional nachteilige Auswirkungen für Mitarbeiter ergeben. Durch Gruppenprozesse zwischen

Mitarbeitern auf derselben Hierarchiestufe können sich informationelle oder physische Ausgrenzung oder Mobbing ergeben. Je nach Problemverarbeitungsfähigkeit reagieren Mitarbeiter mit Kranksein, wenn andere Lösungsstrategien fehlschlagen. So ist die Zusammensetzung von Arbeitsgruppen und Teams besonders sensibel und als Führungsaufgabe zugleich Bestandteil betrieblichen Gesundheitsmanagements. Dies bedeutet, dass selbst bei „optimalem" Führungsverhalten gruppendynamische Prozesse infolge der Teamzusammensetzung zu Krankheit am Arbeitsplatz führen können.

Neben psychischen und emotionalen Ursachen für Krankheit auf derselben Hierarchiestufe kann das Über-Unterordnungsverhältnis und somit die Hierarchiebeziehung selbst Ursache für Krankheit sein. Führungsverhalten und Unternehmenskultur spielen eine nicht zu unterschätzende Rolle, damit sich Unzufriedenheit, Anspannung oder Stress nicht in Krankheit oder sozialer Auffälligkeit zeigen. Dabei ist besonders zu berücksichtigen, dass sowohl hierarchisch über- als auch untergeordnete Personen als Reaktion auf Hierarchiestress (mangelnde Kommunikation, informationelle Isolation) mit Krankheit reagieren können. Qualifizierte Führung ist somit Prävention, um innere Emigration und Kündigung von Mitarbeitern zu vermeiden.

9.8 Betriebliches Gesundheitsmanagement

Unter einem betrieblichen Gesundheitsmanagement wird orientiert an der Definition des Bundesministeriums für Gesundheit die Entwicklung integrierter betrieblicher Strukturen und Prozesse verstanden, welche die gesundheitsförderliche Gestaltung von Arbeit, Organisation und das gesundheitsbewusste Verhalten am Arbeitsplatz zum Ziel haben und den Mitarbeitern sowie der Organisation gleichermaßen zugutekommen. Mit der Etablierung von betrieblichem Gesundheitsmanagement sollen in ein Unternehmen nachhaltige Konzepte und langfristige Strategien eingeführt werden, die Gesundheitsförderung als roten Faden in die Unternehmensstrategie integrieren. Es ist Teil des Leitbildes, der Führungskultur und der Prozesse der Organisation. Dabei sollen Mitarbeiter individuell und dauerhaft zu einem gesunden Leben und Arbeiten inspiriert werden. Dies geschieht auf der Verhaltensebene der Mitarbeiter, aber auch auf der Verhältnisebene der Betriebsstruktur und des Managements.

Apfeltag, Rückenschule, Ernährungsberatung oder Laufgruppe werden sämtlich als betriebliches Gesundheitsmanagement bezeichnet und von Anbietern so angepriesen. Jedoch sind dies nur Elemente, die zum Instrumentenkasten der betrieblichen Gesundheitsförderung zählen, jedoch nicht selbst betriebliches Gesundheitsmanagement sind.

Gesundheitsmanagement zeichnet sich durch eine konsequent mitarbeiterorientierte Unternehmenskultur aus, die Arbeitsschutz und Arbeitsmedizin ebenso wie betriebliche Prävention sowie betriebliche Gesundheitsförderung umfasst. Dies bedeutet einen ressourcenorientierten Führungsstil auf allen Managementebenen, welcher in der stringenten Ausgestaltung der betrieblichen Anreiz- und Belohnungssysteme verankert sein muss.

9.9 Arbeitsmedizin und Arbeitsschutz

Ein Ursprung für betriebliches Gesundheitsmanagement liegt im Arbeitsschutz, welcher auf eine lange Tradition zurückblicken kann. Der Arbeitsschutz wird durch jüngste Gesetzgebungsaktivitäten der Europäischen Union unterstützt. In Deutschland fand der betriebliche Arbeitsschutz in den vergangenen Jahren staatliches Interesse. Mit der Unfallversicherung zusammen wird seit jeher der Arbeitsschutz von Arbeitgebern und Arbeitnehmern gleichermaßen akzeptiert. Schon 1998 wurde im Gesundheitsbericht für Deutschland angeführt, dass Professionalisierung und Institutionalisierung des Arbeitsschutzes in Deutschland weit fortgeschritten sind.

Im Arbeitsschutzgesetz wird formuliert, dass unter Berücksichtigung arbeitswissenschaftlicher Erkenntnisse Maßnahmen in Unternehmen so zu planen sind, dass Technik, Arbeitsorganisation, soziale Beziehungen und Einfluss der Umwelt auf den Arbeitsplatz verknüpft werden. Wenn dies auch eine umfassende Perspektive auf die Arbeitsgestaltung darstellt, so werden die Vermeidung von Arbeitsunfällen und die Prävention von Berufskrankheiten doch als Kern des Arbeitsschutzes umgesetzt mittels Arbeitsmedizin und Sicherheitstechnik. Die Maßnahmen der Prävention beziehen sich auf Krankheiten und Unfallfolgen, die aus dem Betrieb eines Unternehmens resultieren können. So sind im Sinne der Verhütung von Unfällen und Berufskrankheiten (Primärprävention) alle Maßnahmen darunter zu verstehen, welche im Rahmen der Zugehörigkeit zu Berufsgenossenschaften durchgeführt werden. Sekundärprävention besteht darin, therapiebegleitende Vorkehrungen nach Arbeitsunfällen und bei Berufskrankheiten im Unternehmen zu treffen, welche die Genesung des Mitarbeiters fördern und nicht bereits durch den Unfallversicherungsträger erfolgen. Die Tertiärprävention (Rehabilitation und Wiedereingliederung) nach Arbeitsunfall oder bei Berufskrankheit erfolgt weit überwiegend durch den Unfallversicherungsträger in Kooperation mit dem Unternehmen.

Das Arbeitsschutzmanagementsystem gibt Kernprozesse vor, worauf sich im Juni 1997 das Bundesministerium für Arbeit, die Träger der Gesetzlichen Unfallversicherung und die Sozialpartner auf Eckpunkte zur Entwicklung und Bewertung von Arbeitsschutzmanagementsystemen verständigt und diese auch festgeschrieben haben. Dieser Leitfaden beinhaltet bestimmte Kernelemente und -prozesse und keine Einzelmaßnahmen. Sowohl die Entwicklung als auch eine laufende Optimierung von Arbeitsschutzmanagementsystemen richten sich auf die gesamte Organisation und werden als Führungsaufgabe verstanden. Hier beschriebene Eckpunkte sind, dass erstens der Arbeitsschutz zu einem formalisierten und systematischen Führungsinstrument weiterentwickelt wird, um dadurch die bisher übliche Orientierung an Einzelproblemen und -maßnahmen zu überwinden. Zweitens liegt diesem Vorgehen gedanklich zugrunde, dass Arbeitgeber und Gewerkschaften, Führungskräfte, Betriebsräte und Mitarbeiter dabei eng zusammenarbeiten.

Die Etablierung des betrieblichen Gesundheitsmanagements ist bis heute noch nicht richtig gelungen. Die Professionalisierung und die Institutionalisierung sowie der potentielle hohe Nutzen für die Mitarbeiter, für die Unternehmen und die gesamte Volkswirtschaft werden noch nicht erkannt. Gründe dafür können zum einen darin liegen, dass noch wenige überzeugende Konzepte und allgemein anerkannte, fundierte und zugleich auch evidenzbasierte Vorgehensweisen entwickelt wurden. Die gegenwärtig angewandten Methoden und Maßnahmen folgen unterschiedlichen Vorstellungen und erwecken insgesamt eher einen diffusen Eindruck, da systematische Bedarfsanalysen häufig fehlen. Des Weiteren werden die erzielten Effekte oft nicht systematisch evaluiert. Zusätzlich ergeben sich oft Selektionseffekte, da die eingeführten Maßnahmen zu Prävention und Gesundheitsförderung aufgrund der Freiwilligkeit zur Teilnahme nur von den nicht risikobehafteten Mitarbeitergruppen genutzt werden. Darüber hinaus sind viele Maßnahmen nicht langfristig angelegt, wie auch erfolgte Wirkungsmessungen nicht im langen Nachgang zum erfolgten Angebot erfolgen. Unsicherheit besteht auch, inwieweit das betriebliche Gesundheitsmanagement als Weiterentwicklung bzw. als Ergänzung des Arbeitsschutzes verstanden wird. Dabei leisten Arbeitsschutz und betriebliches Gesundheitsmanagement einen wesentlichen Beitrag zur Gesundheit und Leistungsfähigkeit der Beschäftigten sowie zur Wettbewerbsfähigkeit der Unternehmen.

9.10 Abgrenzung Prävention und Gesundheitsförderung

Die Begriffe Prävention und Gesundheitsförderung werden inflationär und fälschlicherweise synonym verwendet. Zudem sind ebenfalls Gesundheitsbildung sowie Gesundheitscoaching eingeführt. Die folgende Beschreibung der Begrifflichkeiten orientiert sich an den Erläuterungen der BZgA (Stand Juni 2010) und soll zum weiteren Verständnis dienen, wie im betrieblichen Bereich ein sinnstiftendes betriebliches Gesundheitsmanagement etabliert werden kann.

Lange Zeit haben eher akute Krankheiten das Leben der Menschen bedroht. Mit den technischen und pharmakologischen Entwicklungen des letzten Jahrhunderts haben die früher lebensbedrohlichen Krankheiten ihren Schrecken verloren. Die durchschnittliche Lebenserwartung der Menschen ist deutlich gestiegen, sie beträgt bei der Geburt (Stand 2012) 79 Jahre bei Männern und 83 Jahre bei Frauen. Herz-Kreislauf- und Krebserkrankungen führen die Liste der häufigsten Todesursachen an. Diese wie auch andere weit verbreitete Krankheiten sind auch durch die individuellen wie kollektiven Lebensstile bedingt. Aufgrund der gestiegenen Lebenserwartung haben die Behandlungen von krankheitsrelevanten Risikofaktoren und die Förderung von Gesundheit erheblich an Bedeutung gewonnen. Mit Prävention und Gesundheitsförderung können die Ziele zur Gesunderhaltung des Menschen aus zwei unterschiedlichen Richtungen erreicht und durch Medizin, Pflege und soziale Arbeit unterstützt werden.

Die Prävention hat sich aus der Sozialmedizin des 19. Jahrhunderts entwickelt. Die Gesundheitsförderung als erweiterter Blick kam auf durch die Debatten der Weltgesundheitsorganisation in der zweiten Hälfte des 20. Jahrhunderts. Prävention richtet sich darauf, krankheitsverursachende Faktoren zu erkennen und zu beseitigen bzw. zu vermeiden. Gesundheitsförderung dagegen setzt an den Faktoren an, die Gesundheit erhalten und stärken. Beides hat zum Ziel, einen Menschen so lange als möglich im Status der Gesundheit zu halten. Allerdings sind die theoretischen Hintergründe verschieden.

Der Begriff Prävention umfasst Maßnahmen zur Verhütung von Krankheiten durch die Beseitigung von Krankheitsursachen, von bereits bestehenden krankhaften Befunden oder Krankheiten und der Verschlimmerung bestehender Krankheiten. Die moderne Einteilung von Prävention richtet sich an den Zielgruppen aus, die mit den Maßnahmen erreicht werden sollen. Die universelle Prävention ist ausgerichtet auf die Gesamtheit einer bestimmten Bevölkerungsgruppe, zum Beispiel auf die Einwohner einer Stadt oder auf die Mitarbeiter eines Betriebes. Werden nur diejenigen Gruppen berücksichtigt, die bereits das Risiko aufweisen, eine bestimmte Erkrankung zu entwickeln, wozu zum Beispiel Kinder chronisch kranker Eltern zählen oder in der Familienhistorie bekannte onkologische Krankheiten, handelt es sich um selektive Prävention. Und wenn Maßnahmen auf gefährdete Einzelpersonen ausgerichtet sind, dann zählt dies zur indizierten Prävention. Zu der medizinischen Prävention werden im Wesentlichen Schutzimpfungen und Früherkennungsuntersuchungen gerechnet, da medizinische Diagnostik oder Interventionen im Vordergrund stehen.

Prävention wird zudem nach dem Zeitpunkt des Einsatzes von Maßnahmen in Primär-, Sekundär- und Tertiärprävention unterschieden. Mit Primärprävention wird versucht, eine Erkrankung zu verhüten, bevor auffällige oder krankheitsbedingte Befunde auftreten. Klassisches Beispiel hierfür ist die Schutzimpfung. Bei Sekundärprävention liegt bereits ein auffälliger Befund vor. Dieser soll so früh wie möglich erfolgen, noch bevor sich das Krankheitsbild mit entsprechenden Symptomen ausbildet. Krankheitsfrüherkennungsuntersuchungen gehören zu dieser Präventionsphase. Mit Vorsorgeuntersuchungen werden beispielsweise Krebsfrühformen zu erkennen versucht. Die tertiäre Prävention lässt sich mit der Verhütung von Krankheitsverschlechterung übersetzen. Liegt bereits eine manifeste Krankheit vor, so soll verhindert werden, dass sich die Krankheit verschlechtert, sich chronifiziert oder im Krankheitsverlauf Rückfälle auftreten. Diese Definition überschneidet sich teilweise mit medizinischer Rehabilitation. Zur Tertiärprävention zählen beispielsweise auch stationäre Maßnahmen, um die Herz-Kreislauf-Funktion nach einem Herzinfarkt zu verbessern.

Der Begriff der Gesundheitsförderung ist eng mit den Aktivitäten der Weltgesundheitsorganisation (WHO) verbunden. Gesundheitsförderung setzt im Gegensatz zur Prävention nicht bei den Krankheiten an, sondern am Status der Gesundheit. Das Ziel ist die Stärkung gesundheitlicher Ressourcen und Potenziale der Menschen. Das bedeutet, dass weniger nach Risikofaktoren und verursachenden Faktoren von Krankheiten gesucht wird, sondern vielmehr nach den Faktoren, die dazu beitragen, Menschen gesund zu erhalten. Wie auch Prävention spielt sich Gesundheitsförderung auf mehreren Ebenen ab. Zum einen wird versucht, die individuellen Lebensweisen von Menschen zu verändern, und zum anderen, auch die gesundheitsrelevanten Lebensbedingungen positiv zu beeinflussen. Der Begriff ist eng verbunden mit der Konferenz der WHO in Alma Ata, bei der 1978 das Programm „Gesundheit für alle 2000" beschlossen wurde. Ziele und Prinzipien der Gesundheitsförderung wurden dann in den Folgekonferenzen in Ottawa 1986 und Jakarta 1997 konkretisiert.

Die Ottawa-Charta enthält drei grundsätzliche Handlungsstrategien (u. a. die Förderung der Kompetenzen, ein größtmögliches Gesundheitspotential zu verwirklichen) und fünf vorrangige Handlungsfelder (u. a. Entwicklung einer gesundheitsförderlichen Gesamtpolitik). Herausgestellt wurde in dieser Deklaration auch die Bedeutung von Settings, d. h. Lebensbereichen, in denen Menschen einen großen Teil ihrer Zeit verbringen, wie Schule, Kindergarten, Stadtteil, Betrieb. Diese bieten gute Ansätze für die Umsetzung der – möglichst in Kombination verwendeten – fünf Strategien.

9.11 Betriebliche Prävention

Neben der Aufgabe der individuellen Prävention bei Versicherten erhielten die Krankenkassen mit der Einführung des § 20 SGB V im Jahr 1989 den Auftrag, die Prävention und Gesundheitsförderung in Betrieben zu fördern. Sie sollen dabei mit den Trägern der Unfallversicherungen kooperieren. Betriebliche Präventionsmaßnahmen richten sich im Unterschied zu den Aufgaben des Arbeitsschutzes auf Krankheiten, die nicht hauptsächlich aus der betrieblichen Sphäre resultieren. Grund hierfür ist, dass sich die gesundheitlichen Beeinträchtigungen der Mitarbeiter, welche sich aus Krankheiten ergeben, die schwerpunktmäßig der privaten Sphäre zugeordnet werden, negativ auf die betrieblichen Abläufe und somit auf die Wertschöpfung auswirken. Hierzu zählen insbesondere Beeinträchtigungen infolge chronischer Krankheiten wie Diabetes, Herz-Kreislauf-Krankheiten sowie Muskel- und Skelettkrankheiten, die häufig Folge falscher Ernährung oder von Übergewicht sind. Um Leistungsminderung oder Arbeitsausfälle zu vermeiden, können Unternehmen Maßnahmen zur Primärprävention anbieten, um bestimmte, bekannte Krankheiten vermeiden zu helfen. Hier kommen Impfmaßnahmen in Frage, die in Kooperation mit Ärzten im Unternehmen angeboten werden. Ebenso können hierzu Angebote für Krebsscreening (Mammographie-Tag, Darmkrebsvorsorge), Ausdauertraining zur Förderung der Herz-Kreislauf-Funktion, Kurse zum Erlernen eines gesunden Essverhaltens oder gleich ein gesundes Nahrungsangebot in der Kantine gerechnet werden. Auch die Beseitigung von belastenden Arbeitsplatzfaktoren zählt zur Primärprävention.

Damit bei aufgetretener Krankheit eines Mitarbeiters Folgeschäden vermieden werden (Sekundärprävention), können Unternehmen mit Leistungserbringern (Arzt, Zahnarzt, Krankenhaus, Apotheke, Orthopäde, Physiotherapeut, Ergotherapeut, Logopäde) im Gesundheitswesen kooperieren, um zum einen durch Informationsangebote und zum anderen durch Heil- und Hilfsmittelangebote den Mitarbeiter weiter in seinem Genesungsprozess zu unterstützen. Und wenn versucht wird, das Konsumverhalten eines suchtgefährdeten Menschen positiv zu beeinflussen, dann zählt dies ebenso zur Sekundärprävention.

Im Falle erheblich fortgeschrittener Krankheiten mit manifesten und irreversiblen Gesundheitseinschränkungen kann das Unternehmen durch Kooperationen mit dem Rentenversicherungsträger Rehabilitations- und Wiedereingliederungsmaßnahmen (Tertiärprävention) hinsichtlich Arbeitszeit, Arbeitsablauf und Arbeitsgestaltung vornehmen. Diese Maßnahmen werden insbesondere bei psychischen Krankheiten (Burnout,

Depression) zunehmend bedeutsam. So verursachten laut „Präventionsbericht 2012" des GKV-Spitzenverbandes und des Medizinischen Dienstes der Krankenkassen psychische Krankheiten rd. 10 % aller Krankheitstage in den Unternehmen und sind die Hauptursache für Frühverrentungen.

9.12 Betriebliche Gesundheitsförderung

Betriebliche Gesundheitsförderung hat sehr viele Wurzeln. Die älteste geht auf die Weltgesundheitsorganisation (WHO) zurück. Die Bemühungen der WHO reichen bis zur Weiterentwicklung der medizinischen Prävention und der Gesundheitserziehung. Bei der zweiten Gesundheitskonferenz im November 1986 in Ottawa, Kanada, wurde die Ottawa-Charta zur Gesundheitsförderung verabschiedet. Die Konzeption der Ottawa-Charta folgt der Leitidee, die Bevölkerung zu einem selbstbestimmten Umgang mit Gesundheit zu befähigen und die Lebens- und Arbeitswelt gesundheitsförderlich zu gestalten, um die Idee der Gesundheitsförderung für Wirtschaftsbetriebe und andere Organisationen nutzbar zu machen. Einerseits belegt dies die potentiell hohe Bedeutung, andererseits wurde jedoch die große Heterogenität der dabei zur Anwendung kommenden Planungs- und Vorgehensweisen deutlich (Badura et al. 1999, S. 15).

Gesundheitsförderung bezeichnet Einrichtungen und Maßnahmen zur generellen Stärkung der Gesundheit und damit zur Verhinderung von Krankheiten. Im Unternehmen handelt es sich um eine Unternehmensstrategie, die sich positiv auf die Gesundheit der Mitarbeiter auswirken soll. Gesundheit bezeichnet hier sowohl die klassischen physischen Aspekte als auch psychische und soziale Gesundheit. Die Handlungsbereiche betreffen hauptsächlich Arbeitsgestaltung und Arbeitsorganisation, um Gesundheit und Wohlbefinden am Arbeitsplatz zu verbessern. Dabei ist neben verbesserter Arbeitsorganisation und Arbeitsbedingungen wesentliches Ziel, die Mitarbeiter aktiv daran zu beteiligen und diesen zu ermöglichen, selbst aktiv für ihre Gesundheit zu sorgen. Letzteres bedeutet verhaltensbezogene betriebliche Gesundheitsförderung. Es wird vor allem versucht, Risikoverhalten zu beeinflussen (beispielsweise Rauchen, Bewegungsmangel, Über- und Fehlernährung oder Drogengebrauch) oder gesundheitsrelevantes Verhalten zur fördern. Jeder Arbeitgeber sollte allerdings bedenken, dass es nicht einfach ist, Verhaltensänderungen der Mitarbeiter zu befördern.

Es gibt eine Vielzahl von Gründen, warum Menschen häufig ein gesundheitlich bedenkliches Verhalten praktizieren, obwohl ihr Lebensplan in der Regel auf eine lange Lebenszeit hin angelegt ist oder der Arbeitsplatz dadurch in Gefahr geraten kann. Positive (Lustgewinn) oder negative Verstärkung (Spannungsreduktion) verhindern oft ein rational beurteilt gesundes Verhalten, wobei zu konstatieren ist, dass nicht bekannt ist, wie sich das perfekte gesundheitsförderliche Verhalten darstellt. So ist auch Gesundheit nur ein Faktor zur Befriedigung individueller Bedürfnisse und wird deshalb zumindest in Teilen und temporär gegen andere Dinge eingetauscht. Aus diesem Grund ist die Zusammenarbeit der Gesundheitsberufe mit der betrieblichen Sozialarbeit im Sinne der Handlungsstrategie der Ottawa-Charta „Mediate – Vermitteln und Vernetzen" geboten, wonach alle Akteure innerhalb und außerhalb des Gesundheitswesens kooperieren sollen, um die Zielsetzung der Gesunderhaltung von Menschen erreichen zu können. Sozialarbeiterinnen und Sozialarbeiter tragen ihren wichtigen Teil dazu bei und sind aufgrund ihrer Profession mit Blick auf soziale Netzwerke und Ressourcenorientierung per se für die Übernahme von Aufgaben im Bereich der Gesundheitsförderung mit einhergehenden Change-Prozessen ausgebildet.

Verhältnisbezogene Maßnahmen beziehen sich auf Arbeitsbedingungen und Arbeitsorganisation. Sie beinhalten Maßnahmen und Strategien, die darauf zielen, Strukturen zu verändern, um Gesundheitsrisiken zu beeinflussen. Dabei kann die bestehende Struktur des Unternehmens beeinflusst werden, wie bei der Einführung (teil-)autonomer Arbeitsgruppen oder neuer Arbeitszeitmodelle oder der Veränderung der Ablauforganisation und einer geregelten Kommunikation. Die durch verhältnisbezogene betriebliche Gesundheitsförderung erzielten Ergebnisse halten langfristig, die Umsetzung ist jedoch aufwändiger, da Strukturen des Unternehmens verändert werden müssen. Voraussetzung dafür ist, dass die Bereitschaft für Veränderungen vorhanden ist sowie verhaltens- und verhältnisbezogene Maßnahmen kombiniert werden.

9.13 Nutzen des betrieblichen Gesundheitsmanagements

Die Finanz- und Wirtschaftskrise der letzten Jahre hat eine neue Wertedebatte in der Gesellschaft ausgelöst. Über Verantwortung, Anerkennung und Respekt wird vermehrt diskutiert und es wird eine werteorientierte Unternehmenskultur gefordert. Die gesellschaftspolitische Debatte wird durch Erkenntnisse gestützt, dass ein beachtlicher Teil des Unternehmenserfolges auf eine gute Unternehmenskultur zurückzuführen ist. „Betriebliche Gesundheitsförderung sollte ein selbstverständlicher Bestandteil der Unternehmenskultur werden", so lautet die erste der „Empfehlungen für eine neue Kultur im Unternehmen", die von der Arbeitsgruppe Betriebliche Gesundheitsförderung beim BMAS entwickelt und am 28.03.2013 veröffentlicht wurde.

Aus volkswirtschaftlicher Perspektive ist der Nutzen des betrieblichen Gesundheitsmanagements wesentlich an den Erfolg dieses neuen Managementansatzes in kleineren und mittleren Unternehmen (KMU) geknüpft, da rd. 60 % aller Beschäftigten in kleineren und mittleren Unternehmen tätig sind. Diese kleineren und mittleren Unternehmen mit einer Beschäftigtenzahl bis zu 250 Mitarbeitern bzw. einem Umsatz von maximal 50 Mio. Euro stellen 99,4 % aller Betriebe in Deutschland[1] und sind von dem Nachwuchsmangel und der demographischen Entwicklung in der Beschäftigtenstruktur besonders betroffen. Und

---

[1] Davon sind 18,7 % Kleinstunternehmen mit bis zu 9 Beschäftigten bzw. Umsatz bis 2 Mio. Euro, 21,9 % kleine Unternehmen mit 10 bis 49 Beschäftigten bzw. Umsatz bis 10 Mio. Euro und 20,1 % mittlere Unternehmen mit 50 bis 249 Beschäftigten bzw. Umsatz bis zu 50 Mio. Euro.

somit spielt für diese Unternehmen die Frage, wie ihre Belegschaft besser gesund erhalten werden kann, die entscheidende Rolle für ihre weitere Existenz. Großunternehmen mit mehr als 250 Mitarbeitern, bei denen rd. 40 % der Beschäftigten in Deutschland ihr Auskommen haben, verfügen über Strukturen, welche die Einführung von betrieblichem Gesundheitsmanagement leichter möglich machen. Jedoch bildet die Einführung von betrieblichem Gesundheitsmanagement bei kleineren und mittleren Unternehmen auch aus volkswirtschaftlicher Perspektive und hinsichtlich der internationalen Wettbewerbsfähigkeit der deutschen Wirtschaft mithin den Schlüssel für ein zukünftig erfolgreiches Wachstum.

Wie aus den Übersichtsarbeiten über Studien zu Maßnahmen betrieblicher Gesundheitsförderung von Kreis und Bödecker [IGA-Report 3 (2003)] sowie von Sockoll, Kramer und Bödecker [IGA-Report 13 (2008)] hervorgeht, führt betriebliche Gesundheitsförderung zu einer langfristigen Senkung des Krankenstands, zu einer Steigerung der Motivation der Mitarbeiter, zu einem verbesserten Arbeitsklima, welches sich in einer offeneren Kommunikation und einer gesteigerten Kooperationsbereitschaft der Belegschaft zeigt. Zudem resultiert aus diesen Verbesserungen eine höhere Wertschöpfung ebenso wie eine Erhöhung des Imagefaktors der Unternehmen. Nachlassende gesundheitliche Belastungen und Beschwerden wurden ebenso weitgehend übereinstimmend berichtet wie ein gesundheitsgerechteres Verhalten der Mitarbeiter. Das psychische und physische Wohlbefinden nimmt ebenso zu bei dem Einsatz gezielter Maßnahmen der Gesundheitsförderung, wie sich auch die Arbeitseinstellung der Belegschaft positiv verändert. Allerdings halten selbst durch begleitete individuelle Maßnahmen zur Gesundheitsförderung erreichte Erfolge meist nur kurz- bis mittelfristig an, da oftmals keine Incentivierungen, d. h. keine adäquaten Anreizsysteme, damit verbunden sind. Die Umsetzung solcher Maßnahmen ist für die Unternehmen jedoch relativ einfach, da die Verantwortung bei den Mitarbeitern liegt und Unternehmensstrukturen nicht verändert werden müssen.

Arbeitsbedingungen sind der Schlüssel zum Erfolg und sollten gesundheitsförderlich gestaltet werden. Führungskräfte haben in Unternehmen eine besondere Verantwortung für gute und gesunde Arbeitsbedingungen und ihr Führungsverhalten wirkt sich auf die Gesundheit der Mitarbeiter aus. Studien zeigen, welche Führungseigenschaften und Variablen einen bedeutenden Einfluss auf das psychische Wohlbefinden haben und welche weniger Einfluss ausüben. Die Bertelsmann-Stiftung zeigte 2010, dass die soziale Unterstützung der Mitarbeiter durch ihre Führungskräfte das Burnout-Risiko in den Unternehmen erheblich senkt. Bereits eine um 20 % intensivere Unterstützung seitens der Führungskräfte führt zu 10 % weniger Burnout-bedingten Krankheiten. Siegrist und Rödel (2005) haben festgestellt, dass das Risiko, in den kommenden 5 Jahren an einer Depression zu erkranken, sich um 70 % in einem 5-jährigen Zeitraum erhöht, wenn ein Mitarbeiter an seinem Arbeitsplatz chronisch hohen Anforderungen ausgesetzt ist wie künstlicher Termindruck und steigendes Arbeitsvolumen bei geringer oder fehlender Kontrolle über Arbeitsaufgaben. Weitere Faktoren, die vor allem emotional als Belastung empfunden werden, sind eine anhaltende hohe Verausgabung ohne angemessene Belohnungen

(Bezahlung, Aufstieg, Arbeitsplatzsicherheit, Wertschätzung), ungerechte/unfaire Behandlung mit negativen Folgen und fehlende Unterstützung bei schwierigen Arbeitsaufgaben.

Nach Untersuchungen von Vincent (2012) hat das Führungsverhalten auf das Befinden der Mitarbeiter vor allem einen indirekten Effekt, der über die Arbeitscharakteristika vermittelt wird. Um das Wohlbefinden am Arbeitsplatz zu erhalten, sollten demnach Führungskräfte in der Aufgabenorientierung klare und abgegrenzte Rollen für ihre Mitarbeiter definieren und in der Beziehungsorientierung soziale Unterstützung geben sowie eine Vorbildfunktion ausüben. Neben der Führungsqualität wirken ebenso individuelle und externe Faktoren auf die Gesundheit von Mitarbeitern, wie zum Beispiel Organisationskultur, genetische Disposition, familiäre Verhältnisse und Bildungsstatus. Die Individualität des Einzelnen verlangt deshalb auch eine individuelle und situationsabhängige Unterstützung. In manchen Situationen werden Mut machender Zuspruch und emotionale Unterstützung sinnvoll sein, in anderen Autorität und klare Vorgaben. Eine standardisierte, gesundheitsorientierte Führung kann es nicht geben. Vielmehr kommt es, wie aus der Managementliteratur bekannt, auf die sozialen und emotionalen Kompetenzen der Führungskraft an, direkte und indirekte Instrumente so individuell wie möglich abzustimmen, so dass jeder Mitarbeiter unterstützt und gefördert wird. Dabei darf jedoch auch die Authentizität der Führungskraft nicht verloren gehen, welche Grundvoraussetzung für eine vertrauensvolle Beziehung zu Mitarbeitern darstellt. Dies erfordert die innere Bereitschaft von Führungskräften zur eigenen Verhaltensänderung.

Beteiligungsorientierte Gesundheitsförderung und betriebliche Prävention umzusetzen, zahlt sich für Unternehmen auch in den kurzfristig realisierbaren Erfolgen aus, indem der Krankenstand der Mitarbeiter sich verringert und Fehlzeiten insgesamt und dadurch Kosten für Lohnfortzahlung reduziert werden. Mittelfristig jedoch ist es für Unternehmen bei sich verschärfendem Fachkräfte- und Nachwuchsmangel bedeutsam, die Fluktuation zu verringern. Im Sinne wirkungsvollen Employer-Brandings wirkt sich betriebliches Gesundheitsmanagement durch gestiegene Arbeitszufriedenheit auch auf gesteigerte Produktqualität und Produktivität aus. Die Gesundheit der Beschäftigten ist die wesentliche Voraussetzung zur Erreichung der Unternehmensziele und die Mitarbeiter des Unternehmens sind eine der wichtigsten Ressourcen für Erfolg. Dies kann allerdings nur gewährleistet werden, wenn die Mitarbeiter die unternehmerischen Ziele und Herausforderungen mittragen und bewältigen können. Dabei spielen die Arbeitsanforderungen, das Arbeitsumfeld und die Qualifikation eine bedeutende Rolle, welche wiederum zur Zufriedenheit, Motivation und zur Gesundheit beitragen. Um diese Situation im Unternehmen widerzuspiegeln, müssen Mitarbeiter in die Analysen und Konzeptionen hin zu einem gesundheitsförderlichen Unternehmen einbezogen werden. Mitarbeiter sind motivierter durch ein höheres Maß an Partizipation. So werden Zusammenhänge und Ursachen von gesundheitlichen Problemen in Betriebsabläufen erkannt, gemeinsam von den Mitarbeitern analysiert und Lösungsstrategien entwickelt und umgesetzt. Insbesondere dadurch verbesserte, offene und transparente Kommunikation im Betrieb wirkt sich ergebnisverbessernd aus. Da alle hierarchischen Ebenen am Prozess beteiligt sind, ergeben sich auch

Verbesserungen der Corporate Identity und des Unternehmensimages, weil das Gemeinschaftsgefühl erhöht wird und eine größere Identifikation mit dem Unternehmen entsteht.

Jedoch darf nicht übersehen werden, dass sich betriebliches Gesundheitsmanagement nicht in der Implementierung vieler Einzelmaßnahmen ausdrückt, sondern sich vielmehr die Unternehmenskultur und damit alle Unternehmensabläufe als geschlossenes Konzept abbilden, welches auf den Erhalt und die Förderung des Humankapitals auf allen Ebenen gerichtet ist. Somit ist es im Sinne des Change-Managements notwendig, eine umfassende Sicht auf Prozesse und Gesundheit im Unternehmen zu richten.

9.14 Umsetzungsstrategie

Betriebliches Gesundheitsmanagement ist als gesundheitsorientiertes Führungsmodell im Managementverständnis zu etablieren. Die Einführung von betrieblichem Gesundheitsmanagement sollte sich als partizipatorischer Prozess gestalten. Die Einrichtung eines Gesundheitszirkels, der als Lenkungsgremium fungiert und personell soweit aufgabenorientiert die Unternehmensstruktur abbildet, koordiniert die Institutionalisierung, Ausgestaltung und Weiterentwicklung der Bereiche Arbeitsschutz, Gesundheitsförderung, Suchtprävention und Sozialberatung hin zur beteiligungsorientierten Gesundheitsförderung und zum führungsorientierten Gesundheitsmanagement und sorgt für die Verknüpfung der Maßnahmen zur Personalentwicklung und zu Organisationsprozessen. Der Gesundheitszirkel ist außerdem für das Controlling der Wirksamkeit der Maßnahmen und die Planung sowie Evaluierung des betrieblichen Gesundheitsmanagements verantwortlich.

Ein solch systematisches betriebliches Gesundheitsmanagement gibt Orientierung für ein Verhalten der Mitarbeiter, vor allem der Führungskräfte, das Sicherheit, Gesundheit und Wohlbefinden am Arbeitsplatz fördert. Um erfolgreich zu sein, müssen alle Mitarbeitergruppen aktiv beteiligt werden. Als Beteiligungsmöglichkeiten bieten sich je nach Unternehmensgröße in der Analysephase Mitarbeiterbefragungen und Expertengespräche oder Posterausstellungen mit kleinen Diskussionsrunden zur Ermittlung von Belastungen, aber auch Ressourcen in den Arbeitsbereichen, -bedingungen und -prozessen an. In diesen Diskussionsrunden sollten auch Vorschläge zur Beseitigung von Risikofaktoren und zur Lösung von Gesundheits- bzw. Motivationsproblemen am Arbeitsplatz besprochen werden. Die Umsetzung erfolgt in einzelnen Maßnahmen oder Projekten, an denen verschiedene interne oder externe Stellen beteiligt sein können, wobei ein gutes Gesundheitsmanagement die große Chance bietet, Kooperationen anzuregen und Synergien zu nutzen.

Hier wird deutlich, dass betriebliches Gesundheitsmanagement nicht Selbstzweck ist. Betriebliches Gesundheitsmanagement muss dem positiven Gewinnziel und dem sachlichen Unternehmensziel dienlich sein. So sollte im Unternehmen erkannt werden, dass der Gesundheitszustand der Mitarbeiter, wozu gerade auch die subjektive Kategorie des Gesundheitsempfindens zählt, als Frühindikator für nicht optimale Unternehmensabläufe und Geschäftsprozesse verstanden werden muss.

Optimal gestaltete Prozesse und Unternehmensabläufe drücken sich nicht nur in geringen Fehlzeiten oder Fluktuation aus. Vielmehr sind die Qualität des Produktionsergebnisses und die Produktivität der Mitarbeiter und der Organisation im Ganzen zu beachten. Damit ist die unterstellte (artifizielle) Trennung von beruflich und privat weder aus der Perspektive der Unternehmensleitung noch aus dem Blickwinkel der Mitarbeitervertretung länger gültig. Dies bedeutet für Unternehmen im Sinne des Principal-Agent-Ansatzes, in das Anreizsystem für Manager auch die Dimension „Erhalt und Verbesserung des Humankapitalfaktors Gesundheit" einzubeziehen. Die Entlohnung für Vorstände und Geschäftsführer sollte anhand von messbaren Indikatoren die gesundheitliche Situation der Mitarbeiter berücksichtigen. Damit wird das Top-Management angehalten, die Gesundheit der Mitarbeiter in Planungsentscheidungen einzubeziehen, was auch die Anreizgestaltung im Rahmen von Zielvereinbarungen auf nachgelagerten Hierarchieebenen beeinflussen wird. Damit steht der Produktionsfaktor Humankapital im Zentrum des Interesses, wie es dessen Knappheit erfordert, um eine langfristige Optimierung des Unternehmenserfolgs sicherzustellen. Natürlich darf keinem Unternehmen die Strategie „Gesunder Betrieb" aufgezwungen werden.

Da im Sinne der Gesundheit der Mitarbeiter, der Führungskräfte und des Unternehmens und damit zur Sicherung des knappen Faktors Gesundheitskapital nicht zwischen der betrieblichen und privaten Sphäre getrennt werden kann, ergeben sich für das Management folgende, besonders zu beachtende Punkte:

- Die Unternehmenskultur richtet sich auch nach dem knappen Faktor Gesundheitskapital aus.
- Gesundheitsstrategien sind Bestandteil des strategischen Managements der Organisation.
- Das Anreizsystem für Manager und Führungskräfte ist auch an den Gesundheitsressourcen der Mitarbeiter orientiert.
- Betriebliche Sozial- und Gesundheitscoaches begleiten Change-Prozesse im Unternehmen.
- Methodisch differenzierte Angebote werden nach den Bedürfnissen und Bedarfen der verschiedenen Mitarbeitergruppen (kognitiv, pragmatisch, affektiv) gestaltet.
- Kooperationen mit Leistungserbringern aus der Sozial- und Gesundheitswirtschaft werden etabliert.
- Alle Maßnahmen im Rahmen des Gesundheitsmanagements werden auf deren Bezug zum Unternehmens- und Gewinnziel evaluiert.

Ziel sollte es sein, ein systematisches betriebliches Gesundheitsmanagement einzuführen und die Sensibilität der Führungskräfte zu stärken, damit Gesundheit als Führungsaufgabe wahrgenommen und gelebt wird. Hier kann auch die betriebliche Gesundheitsförderung kontinuierlich zu einem betrieblichen Gesundheitsmanagement ausgebaut werden, welches mit Aktivitäten des Arbeitsschutzes und des betrieblichen Eingliederungsmanagements verzahnt ist, um das Ziel eines „gesunden Betriebes" zu erreichen. Der Weg zu einer

Kultur der Gesundheit lohnt sich, da ein beteiligungsorientiertes betriebliches Gesundheitsmanagement eine positive Unternehmenskultur befördert, wodurch sich Gesundheit als Erfolgsfaktor und Wettbewerbsvorteil ausweist.

9.15 Über den Autor

Axel Olaf Kern hat nach seinem Betriebswirtschaftsstudium in Stuttgart Volkswirtschaft an der FU Berlin studiert. Nach seiner Assistentenzeit am Lehrstuhl für Sozialpolitik an der Universität Augsburg, war er stellvertretender Geschäftsführer des Instituts für Gesundheits-System-Forschung – WHO Collaborating Centre for Health Care Systems Research and Development in Kiel. Seit 2004 hat er an der Hochschule Ravensburg-Weingarten die Professur für Gesundheitsökonomie und Sozialmanagement inne und ist Studiendekan des Bachelorstudiengangs „Gesundheitsökonomie" sowie des berufsbegleitenden Masterstudiengangs „Management im Sozial- und Gesundheitswesen, MBA". Die Schwerpunkte sind Gesundheitspolitik, Gesundheits- und Versicherungsökonomie, Strategisches Management, Marketing und Betriebliches Gesundheitsmanagement.

Literatur

Badura, B., Ritter, W., & Scherf, M. (1999). *Betriebliches Gesundheitsmanagement. Ein Leitfaden für die Praxis*. Berlin: edition sigma rainer bohn Verlag.

Badura, B., Walter, U., & Hehlmann, T. (2010). *Betriebliche Gesundheitspolitik – Der Weg zur gesunden Organisation*. Heidelberg: Springer-Verlag.

Gesundheitsbericht für Deutschland (1998). http://www.gbe-bund.de/pdf/GBFD98KD.pdf. Zugegriffen: 21. Nov. 2017.

Siegrist, J., & Rödel, A. (2005). Chronischer Distress im Erwerbsleben und depressive Störungen: epidemiologische und psychobiologische Erkenntnisse und ihre Bedeutung für die Prävention. In G. Junghanns, & P. Ullsperger (Hrsg.) Arbeitsbedingtheit depressiver Störungen, Schriftreihe der Bundesanstalt für Arbeitsschutz und Arbeitsmedizin, Tb 138, Bremerhaven, S. 27–37.

Vincent, S. (2012). *Burnout – Prävention als Führungsaufgabe?* Kongressbericht der AHAB-Akademie (3. Kongress: Führung und Gesundheit in Berlin).

Paradigmenwechsel Energiepsychologie

Selbstwert fördern und emotionalen Stress rasch und einfach loslassen

Martin Laschkolnig

Inhaltsverzeichnis

10.1 Ausgangslage	175
10.2 Ursprünge der energiepsychologischen Techniken	179
10.3 Leicht erlernbare Methode zur Selbsthilfe	180
10.4 Wie funktioniert der Prozess nun also?	181
10.4.1 Problem und Bewertung	182
10.4.2 Der Einstiegssatz	183
10.4.3 Die acht Punkte	184
10.4.4 Der Abschluss – die erneute Bewertung	187
10.4.5 Fokus auf Probleme	187
10.4.6 Fokus auf Potenziale	188
10.4.7 Verankerung neuer Verhaltensmuster	191
10.5 Selbstwert fördern – Stressresilienz ernten	191
10.6 Mit 5 Schritten zu mehr Selbstvertrauen für Ihre Mitarbeiter und Führungskräfte, einem besseren Betriebsklima & zu höheren Gewinnen für Ihr Unternehmen	193
10.6.1 Die 5 Schritte	193
10.7 Über den Autor	197
Literatur	197

10.1 Ausgangslage

Beschwingten Schrittes betritt Frauke Berger am Montagmorgen das Bürogebäude und freut sich auf die kommende Arbeitswoche, bereit und motiviert, wieder ihr Bestes zu

M. Laschkolnig (✉)
Inst. f. Potentialentwicklung, Südtirolerstraße 28, A-4020 Linz, Österreich
e-mail: info@martinlaschkolnig.at

geben. Die Arbeit beflügelt sie und erlaubt ihr, voll engagiert ihre Kreativität und Innovationsfreude einzubringen.

So hätten es viele Unternehmer gerne – sowohl für sich selbst als auch für ihre Mitarbeiter. Leider ist das jedoch die rare Ausnahme und nicht die Regel. Die Realität sieht ganz anders aus: In Deutschland nimmt die Erschöpfungsdepression – gemeinhin auch als Burnout bezeichnet – mittlerweile die dritte Stelle aller Krankheitsursachen ein und führt weit die Anzahl von Krankheitstagen pro betroffener Person (37,4 Tage im Jahr) an (Aerzteblatt.de 2009). Der große wirtschaftliche Verlust für Unternehmen und Gesellschaft fängt allerdings bereits viel früher an – der Einstieg in den Burnout geschieht ja nicht über Nacht, sondern ist ein längerfristiger, schleichender Prozess. Auch die jährliche Gallup-Studie über Mitarbeiterbindung und -engagement zeigt für Deutschland Jahr für Jahr ein trauriges Bild auf. Zwischen 85 und 90 % aller Mitarbeiter in deutschen Unternehmen zeichnen sich bestenfalls durch geringes Engagement und Dienst nach Vorschrift aus. Ca. 20 % werden bereits als aktiv de-engagiert bezeichnet. Sie haben schon die innere Kündigung eingereicht.

Viele Führungskräfte haben offensichtlich noch nicht erkannt, dass mit dem Gehalt wohl nur eine physische Anwesenheit, bestenfalls eine bestimmte Anzahl von Handgriffen erkauft werden kann. Innovation, Kreativität und Engagement lassen sich jedoch nicht erkaufen, diese müsse man sich verdienen, wie es die amerikanische Führungsexpertin Roxanne Emmerich in ihrem Buch „Thank God it's Monday" so pointiert ausdrückt.

Fakt ist, dass Informationsflut und Aufmerksamkeitsbelastung durch die immer mehr ansteigende Last der verschiedensten Kommunikationsmedien wie E-Mail, SMS, Skype und der verschiedenen Social-Media-Kanäle ständig zunimmt. Die durch die Technik ermöglichten – und mittlerweile fast schon erwarteten – raschen Reaktionszeiten tun ein Übriges, um die Belastung, ja Überlastung der Mitarbeiter weiter ansteigen zu lassen. Wenn wir dann auch noch die Szenarien beachten, die Zukunftsforscher wie Prof. Dr. Horst Opaschowski präsentieren, können wir daraus ablesen, dass die Belastung für den einzelnen Erwerbstätigen sicherlich nicht sinken wird. Prof. Opaschowski wurde ja mit seiner Formel *0,5 · 2 · 3* bekannt, in der er prognostiziert, dass in Zukunft nur noch die Hälfte der heute Erwerbstätigen zwar mit doppeltem Gehalt entlohnt werden, dafür aber die dreifache Arbeitsleistung erbringen werden müssen.

Das Ausmaß der Stressbelastung für den Einzelnen in so einem System muss ich wohl nicht mehr extra betonen. Dabei wäre ein Großteil der Belastungen für den einzelnen Mitarbeiter auch schon heute relativ einfach vermeidbar. Sobald wir beginnen, Mitarbeiter nicht mehr als Ressource oder Bestandteile einer Gesamtmaschinerie zu sehen, sondern sie als Menschen mit emotionalen und persönlichen Bedürfnissen wahrnehmen, lösen sich viele Probleme fast wie von selbst.

Schon heute erleben viele Menschen eine hohe Stressbelastung durch einerseits private und andererseits berufliche Heraus- und Überforderungen. Niemand gibt am Büroeingang seine privaten Beziehungs- oder sonstigen Schwierigkeiten ab und viele wälzen auch in der Freizeit die beruflichen Probleme. Wenn man bereits so vorbelastet in der Früh in den Arbeitsalltag einsteigt, ist es klar, dass eine objektive, rationale Auseinandersetzung mit den anstehenden Aufgaben schwer oder gar nicht möglich ist.

Zusätzlich kommen dann noch Stresssituationen wie Kommunikationsfehler, mangelhafte Anweisungen und/oder Ausführung derselben, schwierige Verhandlungsgespräche oder auch einfach drohende Deadlines von außer Rand und Band geratenen Projekten hinzu. Von Dingen wie Mobbing oder ähnlichen sozialen Entgleisungen noch gar nicht zu sprechen.

Wir Menschen sind nun mal einfach keine rational operierenden Roboter, sondern emotionale, empathische, soziale Wesen, deren Verhalten auch immer im Kontext Jahrmillionen alter Verhaltensmuster aus der Stammeskultur der Steinzeit gesehen werden muss. Natürlich haben wir uns weiterentwickelt, aber hierarchische und andere (Gruppen-)Zwänge, die in der Steinzeit das Überleben gesichert haben, sind nach wie vor in uns aktiv. Auch wenn es heute die sprichwörtlichen Säbelzahntiger nicht mehr gibt, die Kampf-oder-Flucht-Zentrale in unserem Gehirn gibt es nach wie vor, und sie ist ständig in Einsatzbereitschaft.

Ein weiterer Faktor ist, dass es ja oft gar nicht die momentane Stresssituation ist, die den Hauptteil an einer gefühlten Überlastung oder Überreaktion trägt, sondern dass wir seit unserer frühen Kindheit Gewohnheitsmuster aufgebaut haben, die uns erlauben, mit der unfassbaren Komplexität der Welt zurechtzukommen. Dadurch bauen wir auch eine selektive Wahrnehmung auf, die dann dazu führt, dass der eine sich in schwierigen Situationen z. B. lieber tot stellt, während der andere vorzugsweise den Vorschlaghammer auspackt und mit Kanonen auf Spatzen schießt. Beides mag in der aktuellen Situation übertrieben oder zumindest unangebracht sein – aus der Kette der intern abgespeicherten Gewohnheitsmuster wird das Verhalten dann aber verständlich.

Der Mensch ist nun mal ein Gewohnheitstier. Dies ist durchaus nützlich, denn wenn wir uns jeden Tag neu erinnern müssten, wie unser Auto funktioniert oder andere Abläufe, die wir schon automatisch in unser Tun und den Tagesablauf integriert haben, wäre das ziemlich mühsam. Das Problem liegt darin, dass diese Gewohnheiten – gerade wie wir mit emotionalen Herausforderungen umgehen – zum großen Teil bereits in unserer Kindheit angelegt und in der Jugend dann verfestigt wurden. Und verstehen wir als Sechsjähriger ganz genau, wie die Welt funktioniert? Da konnten wir maximal lernen, wie die unserer Eltern funktioniert (oder eben nicht). Diese Muster haben wir dann größtenteils unreflektiert übernommen und auch wenn wir uns in unserer Jugend geschworen haben: „Ich werde nie so werden wie meine Mutter!", blieb das für die meisten wohl eher nur ein frommer Wunsch, der es nie in die Realität geschafft hat.

Das heißt, dass die Dinge, die uns heute Stress machen, zum großen Teil nicht auf die aktuelle Situation zurückzuführen sind, sondern zum viel größeren Teil auf die unbewusste Aktivierung ähnlicher vergangener Situationen.

Das lässt sich sehr einfach anhand des Beispiels eines Frügöh veranschaulichen. „Eines was?", werden Sie jetzt fragen. Eines Frügöh. Kennen Sie nicht? Geht auch gar nicht – diesen Begriff habe ich soeben, während ich dies schrieb, erfunden. Aber genau anhand solcher Dinge, für die wir keine Referenz haben, lässt sich der normale Prozess in unserem Geist aufzeigen. Die meisten der Millionen Reize, die ständig aus all unseren Sinnen, aber auch aus all unseren Körperzellen auf uns einströmen, schaffen es nicht ins aktive Bewusstsein. Das retikuläre Aktivierungssystem unseres Gehirns filtert alles aus, was keine Relevanz hat. Dazu muss es aber, wie eine gute Vorzimmerdame, ständig ausfiltern, ob etwas wichtig oder unwichtig ist. Ob wir es entweder ignorieren können oder uns bereit für Kampf oder Flucht machen müssen. Wenn uns jetzt so ein Frügöh unterkommt, löst dieser einen Systemfehler aus – die Datenbank unseres Gehirns findet keinen Eintrag dazu, daher müssen wir uns bewusst damit beschäftigen.

Genau dies ist aber auch der Fall, wenn ein Eintrag in der Datenbank gefunden wird, der der aktuellen Situation ungefähr entspricht. Nehmen wir einmal an, Sie werden, bei Antritt einer neuen Stelle, dem neuen Chef vorgestellt. So weit, so normal. Blöd wird es nur, wenn dessen Lachen Sie an das Lachen von Onkel Fritz in der Kindheit erinnert, der Sie immer geschlagen hat. Jedes Mal, wenn der Chef also lacht, gräbt das unbewusste System die Schmach und Ohnmacht aus der Kindheit aus, die empfunden wurde, als die Misshandlung geschah. Der arme Mann, der jetzt Ihr neuer Chef geworden ist, wird nie einen Chance auf eine normale Beziehung zu Ihnen haben, solange es Ihnen nicht gelingt, die Vergangenheit von der Jetztsituation zu entkoppeln. Dies kann entweder bewusst mit großer mentaler Anstrengung geschehen, oder aber Sie finden einen Weg, dies auch im Unterbewussten zu verankern und damit die Automatik zu entkoppeln.

Und so ist das bei unzähligen Situationen in unserem Leben – die Gewohnheitsmuster unserer Vergangenheit spielen immer bei der Interpretation der Gegenwart mit, denn schließlich ist sie ja unsere Referenz dafür, wie das Leben funktioniert.

Ängste wie z. B. vor Aufzügen, öffentlichem Sprechen, Flugreisen etc. haben wenig mit unserem rationalen Denken zu tun, vielmehr mit den emotionalen Wahrheiten, die wir zum großen Teil vor vielen Jahren festgelegt haben. Das Wegdrücken dieser emotionalen Belastungen über die Ratio mag in unserer Gesellschaft gang und gäbe sein, aber ist mit einem unglaublichen Aufwand an Willenskraft verbunden, der einfach nicht sein muss.

Die energetische Psychologie mit ihren recht einfach auch selbst anzuwendenden Techniken kann uns dabei in zwei großen, für den Arbeitsalltag höchst relevanten Bereichen helfen:

a) Stresslösung oft in Minutenschnelle und Entschärfung von potenziell belastenden Situationen, wie z. B. enge Deadlines, schwierige Verhandlungen, ungerechtfertigte (oder auch gerechtfertigte, aber unangemessen vorgetragene) Kritik etc.
b) Förderung des Selbstwerts – daraus resultieren die Verbesserung der Unternehmenskultur für den Einzelnen und die Organisation und damit verbesserte Stressresilienz und gesteigerte Kommunikationsfähigkeit, sowie erhöhtes Engagement und Kreativität.

10.2 Ursprünge der energiepsychologischen Techniken

Der Begriff Energiepsychologie geht auf Dr. Fred Gallo und sein Buch „Energetische Psychologie" (auf Deutsch im VAK Verlag 2000 erschienen) zurück und wird heute als Sammelbegriff für eine Reihe von Modalitäten verwendet, mit denen Menschen rasche Entlastung bei stressbezogenen emotionalen oder körperlichen Zuständen erfahren können.

Die bekannteste davon ist die von Gary Craig entwickelte Emotional Freedom Technique (EFT, dt. Emotionale Freiheits-Technik(en)). Diese jungen Modalitäten der Stressentlastung erfreuen sich wachsender Anhängerschaft. Obwohl die genaue Wirkweise noch nicht letztendlich erforscht ist, gibt es mittlerweile eine sehr große und stetig wachsende Zahl an Erfahrungsberichten und erste klinische Studien[1] zeugen von der hohen Effektivität dieser Technik bei einer Vielzahl von stressbezogenen Belastungszuständen.

Die Technik basiert auf dem aus der chinesischen Akupunktur und Akupressur bekannten, Jahrtausende alten Meridiansystem im Körper, nur dass Ende des letzten Jahrhunderts von amerikanischen Psychologen wie Dr. Roger Callahan die Entdeckung gemacht wurde, dass die Stimulierung der Akupressurpunkte nicht nur auf körperliche Zustände anwendbar ist, sondern auch auf emotionale Stresszustände zutrifft und eine überraschend schnelle Lösung der Belastung auslösen kann.

Eine Grundannahme ist, dass für jede negative Emotion eine Blockade im Energiesystem des Körpers ausgemacht werden kann. Wird diese Blockade durch die mentale Einstimmung auf das Problem und das gleichzeitige Beklopfen von Akupressurpunkten gelöst, löst sich auch die negative Emotion, oftmals in sehr kurzer Zeit – emotionale Freiheit entsteht.

Diese Methode ist relativ einfach zu erlernen und kann für eine Vielzahl der Stressoren des täglichen Lebens auch in Eigenanwendung angewandt werden. Aufgrund der sehr vielfältig erscheinenden Möglichkeiten prägte Gary Craig, der Entwickler des ursprünglichen EFTs, den Spruch „Try it on everything" – zu Deutsch also „Probiere es bei allem aus". Das bezieht sich natürlich auf die regulären Herausforderungen des täglichen Lebens gesunder Menschen, obwohl der Prozess in der Hand von Therapeuten auch bei relativ schwerwiegenden psychischen Störungen wie Kriegstraumata von Vietnam- und Irakveteranen oder auch bei der Behandlung von Hinterbliebenen aus Bürgerkriegsgebieten erstaunliche Resultate gezeigt hat. In diesem Bereich ist EFT allerdings immer noch als im Erprobungsstadium befindlich einzustufen. Was allerdings nichts an der Dankbarkeit derer ändert, die dank dieser Technik endlich wieder ohne Schlafmittel durchschlafen und keine täglich wiederkehrenden Alpträume mehr erdulden müssen.

---

[1] Zum Beispiel „Evaluation of a Meridian-Based Intervention, Emotional Freedom Techniques (EFT), for Reducing Specific Phobias of Small Animals", by Steve Wells et al. im amerikanischen „Journal of Clinical Psychology" (Ausgabe 59(9), 2003, S. 43–966).

Eine Grundaussage von EFT ist, dass emotionaler Stress – egal ob Angst, Frustration, Zorn oder Ähnliches – von Blockaden im Meridiansystem der Akupressur begleitet wird. Viele Menschen müssen nur an den angstauslösenden Umstand, wie z. B. Flugzeuge oder eine Bühne, denken und schon taucht die Angst auf, es wächst der emotionale Stress, noch verstärkt von den körperlichen Reaktionen, wie z. B. schwitzende Hände, verkrampfter Magen oder erhöhter Herzschlag.

Diesen Stress kann man durch das sanfte Beklopfen der Akupressurpunkte wieder entspannen. In dem Maße, wie die Störung im Meridiansystem aufgelöst wird, löst sich auch der emotionale Stress und auch die Angst verschwindet – die Erinnerung an das Ereignis bleibt, aber die emotionale Belastung, die damit einhergeht, ist geringer oder verschwindet zumeist ganz. Das belastende Ereignis wird zu einer Erinnerung wie die meisten anderen, z. B. der Einkauf von gestern.

10.3 Leicht erlernbare Methode zur Selbsthilfe

EFT ist eine leicht erlernbare Methodik zur Selbsthilfe – ein solides Grundrüstzeug kann man sich schon in einem Tagesworkshop aneignen. Die Teilnehmer bekommen mit EFT eine effektive Möglichkeit zur Stressreduktion und auch zur Steigerung des persönlichen Potenzials. Es ist leicht erlernbar und oft erleben die Anwender schon in wenigen Minuten eine deutliche Erleichterung ihrer Probleme, egal ob es sich um Überlastung, Frust, Stress oder auch Ängste handelt.

Zum Verständnis und zur Anwendung der vielschichtigen und tiefgreifenden Möglichkeiten der Methodik muss man sich allerdings ausführlich mit dem Prozess auseinandersetzen und auch dieser Beitrag kann nur eine Einführung in die vielen Möglichkeiten sein, die diese Technik anbietet.

Gerade unlängst berichtete ein Teilnehmer in einem unserer Seminare von seiner Höhenangst. Sein Stressniveau bewertete er mit 8 auf einer Skala von 1–10, also relativ hoch. Nach ca. 15 Minuten war es auf 0 gesunken. Natürlich saß er da noch im sicheren Seminarraum, also machten wir den Test und gingen ins oberste Stockwerk des Hotels. Am Ende des Ganges war ein riesiges Fenster, vom Boden bis zur Decke, durch das man auf den Vorplatz des Hotels sehen konnte. Der junge Mann stellte sich ganz nah zum Fenster und erklärte ganz verwundert „Ich kann da ganz locker runtersehen, sonst habe ich bei so etwas immer wirklichen Stress gehabt."

Sehr oft fühlen sich Anwender rasch viel freier, oder das Problem ist sogar ganz weg – und bleibt in den meisten Fällen auch weg.

Manchmal liegen die Dinge etwas vielschichtiger, wie in diesem Fall: Eine Seminarteilnehmerin berichtete über ihren Stress mit engen Räumen – z. B. ging sie auch in den siebten Stock lieber zu Fuß, statt den Lift zu nehmen, und auch die jährliche Urlaubsreise mit dem Flugzeug war jedes Mal eine Riesenqual und nur mit Beruhigungsmitteln zu überstehen. Ihr individuelles Stressempfinden bezifferte die Dame mit einer 9 von 10, also auch sehr hoch. Durch die Einstimmung auf das vordergründige Problem dieser engen

Räume und das Beklopfen der Akupressurpunkte sank das Stressempfinden auf 6 von 10, blieb allerdings dann dort stehen.

Offensichtlich war da also ein anderer Aspekt, ein anderes Ereignis in ihrer Vergangenheit, der diese Empfindung auslöste. Auf die Rückfrage, welche Situation in ihrer Vergangenheit denn dazu eine Beziehung haben könnte, fiel der Teilnehmerin spontan ein Ereignis aus ihrer Kindheit ein. Sie sah sich als kleines Mädchen bei den Hausübungen am Tisch sitzen und erinnerte sich, wie der dominante Vater sie unter Druck setzte, ihre Hausübungen doch ordentlich zu machen und gute Leistungen zu erbringen. Sie beschrieb die Empfindung als „wie in die Ecke gedrängt". Es schien also eventuell einen Zusammenhang zwischen „engen Räumen", wie einem Lift oder einer Flugzeugkabine, und dem „In-die-Ecke-gedrängt"-Sein durch den Vater zu geben. Sie klopfte dann auf die Gefühle der Ohnmacht, der Hilflosigkeit, aber auch der Wut auf den Vater und sich selbst, dass sie sich nicht besser gewehrt hatte. Nach etwa 15 Minuten hatten all diese Bestandteile ihres Gefühlscocktails ihre Kraft verloren und ein Frieden mit der Situation stellte sich ein.

Sie hatte etwas, das sie unbewusst seit mehreren Jahrzehnten mit sich getragen hatte, losgelassen. Neben der Erleichterung, diesen Stress losgeworden zu sein, hatte sich allerdings noch ein weiterer Effekt eingestellt. Der gefühlte Stresslevel, wenn sie an Aufzüge und Flugzeuge dachte, war ebenso auf null gesunken. Der danach durchgeführte Test mit dem Aufzug des Seminarhotels zeigte, dass die Stressbelastung „Aufzug" tatsächlich auch Geschichte war. Die Teilnehmerin fuhr problemlos mit dem Lift auf und ab und verließ ihn mit einem freudestrahlenden Gesicht ob der neu gewonnenen Freiheit.

In manchen Fällen ist also eine ausführlichere Beschäftigung mit der Thematik erforderlich, aber auch in diesen Fällen stellt sich sehr oft der Erfolg ein. Gelegentlich kann auch ein wenig Ausdauer erforderlich sein. Oftmals ist ein durchschlagender Erfolg schon in einer oder zwei Sitzungen zu verzeichnen, manchmal muss man auch einfach dranbleiben, wenn die Problematik viele Aspekte aufweist oder vielschichtig ist. Hier können EFT-Coaches oder EFT-Therapeuten eine wertvolle Unterstützung anbieten.

Selbsthilfe hat natürlich ihre Grenzen und ernsthafte psychologische Symptome gehören in die Hände von Spezialisten. Gerald Stiehler, psychologischer Psychotherapeut aus Mühltal bei Darmstadt, ist so ein Spezialist. Der Psychologe in freier Praxis arbeitet seit einigen Jahren immer mehr mit EFT und sagt: „Die Resultate haben mich einfach überzeugt. Ich kann heute meinen Klienten in vielen Bereichen schneller, sanfter und dauerhafter helfen als ohne EFT. Der Anwendungsbereich ist sehr breit – der Bogen spannt sich von Ängsten und Panikstörungen über Depressionen bis hin zu Zwangshandlungen."

10.4 Wie funktioniert der Prozess nun also?

Es gibt eine Vielzahl von Akupressurpunkten am Körper und grundsätzlich sind alle geeignet, um geklopft zu werden. Die hier beschriebene Kurzform von EFT nutzt ein Protokoll von neun Akupressurpunkten bei allen Anwendungen, egal ob es sich um Gefühle von

Stress, Überlastung, Angst oder auch körperliche Unpässlichkeiten wie Rückenschmerzen, Verspannungen oder Kopfweh handelt.

Generell ist anzumerken, dass der Prozess sehr einfach anzuwenden ist und sehr verzeihend. Es macht nichts, wenn Sie den Punkt nicht ganz genau treffen, da Sie, wenn Sie mit zwei oder drei Fingern klopfen, immer eine größere Fläche treffen. Weiter spielt es auch keine Rolle, ob Sie mit der linken Hand auf der linken oder rechten Körperhälfte klopfen oder ob Sie die rechte Hand verwenden. Wichtig ist einfach nur, dass Sie es tun.

Da ein Durchgang dieser Klopfroutine zwischen 60 und 90 Sekunden dauert, kann es effektiver und viel schneller sein, bei leichtem Kopfweh eine Klopfrunde einzulegen, als ein Aspirin einzuwerfen und zwanzig Minuten zu warten, bis es wirkt. Schonender für den Körper ist es allemal und falls sich nach ein oder zwei Klopfdurchgängen nichts geändert hat, können Sie Ihr Aspirin ja immer noch nehmen.

Achtung: Wenn Sie eine über normalen Stress hinausgehende psychische Belastung aufweisen oder vermuten, klären Sie Ihren Fall mit einem Therapeuten ab, bevor Sie zur Selbsthilfe greifen!

10.4.1 Problem und Bewertung

Werden Sie sich über das Ereignis, das Sie bearbeiten möchten, klar – formulieren Sie Ihr Problem in einem oder zwei Sätzen, die widerspiegeln, wie Sie sich fühlen, wie z. B. „Das letzte Kundengespräch hat mich völlig frustriert (oder verärgert, etc.) – ich fühle mich verletzt/das war wirklich unangenehm/gemein, etc."

▶ **Wichtig** Hierbei geht es um **Ihre emotionale** Wahrheit – nicht Ihre logische Wahrheit. In dem oben genannten Beispiel könnte die logische Wahrheit sein: „Eigentlich berührt mich das ja gar nicht", „Damit muss ein erwachsener Mann fertig werden können", oder was immer wir uns auch gerne einreden. Aber es geht nicht um eine Rationalisierung, sondern um das, was Sie jetzt fühlen, Ihr inneres emotionales Erleben, und wenn das in diesem Fall „Das war so gemein" ist, dann ist es das. Dies ist eine der essenziellsten Voraussetzungen, damit Sie EFT erfolgreich einsetzen können – zumindest sich selbst gegenüber müssen Sie ehrlich hinsehen und hinspüren, was Sie aktuell gerade fühlen. Dies ist aus meiner Sicht einer der Hauptgründe für die Epidemie an Burnout und stressbezogenen Erkrankungen – wir sind zu so einer verkopften Gesellschaft geworden, dass die Menschen sich nicht mehr spüren bzw. es sich nicht mehr erlauben, sich einzugestehen, was sie spüren. Und wenn wir etwas nur konsequent genug verdrängen, brauchen wir uns nicht zu wundern, wenn die Problematik in anderen Bereichen unseres Lebens oder unserer Psyche wieder auftaucht.

Bewerten Sie jetzt, wie gemein das war bzw. wie frustriert etc. Sie sich jetzt fühlen. Nehmen Sie den stärksten Aspekt und bewerten Sie ihn auf einer Skala von 0–10, wobei 0 für völlige Stressfreiheit steht und 10 bedeutet, dass es noch nie so schlimm war.

Dies ist wichtig, damit Sie einen Anhaltspunkt haben, mit dem Sie Ihren Zustand nach der Klopfsequenz vergleichen können. Oftmals ist die Veränderung im Stressempfinden so tiefgreifend, dass man gar nicht mehr glauben möchte, dass man gerade 2 oder 3 Minuten früher noch auf einer viel höheren Stufe war.

10.4.2 Der Einstiegssatz

Formulieren Sie nun den Einstiegssatz, den Sie 3× wiederholen, während Sie den Karatepunkt genannten Punkt auf Ihrer Handkante (siehe folgende Abbildung) auf der linken oder rechten Hand mit zwei oder drei Fingern der anderen Hand beklopfen. Es spielt dabei keine Rolle, ob Sie die rechte oder linke Hand beklopfen. Nutzen Sie einfach die Hand, mit der es bequemer ist – Linkshänder werden dementsprechend eher mit der linken Hand klopfen und Rechtshänder mit der rechten. Wie gesagt, es spielt keine Rolle.

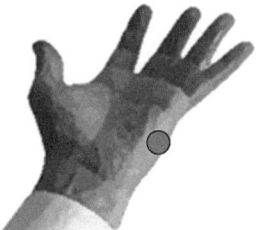

Die Formulierung folgt immer diesem Muster:

> Auch wenn ich (*benennen Sie das Problem*) habe/bin, liebe und akzeptiere ich mich voll und ganz!

Hier ist ein Beispiel:

> „Auch wenn ich mich durch das letzte Kundengespräch so verletzt fühle und das so gemein war, trotzdem liebe und akzeptiere ich mich voll und ganz!"

Schon diese Einstiegsaussage bewirkt etwas ganz Essenzielles: Wir rufen uns ins Bewusstsein, dass wir ein Problem haben – und nicht das Problem sind und dass wir uns anerkennen können, dass wir uns selbst als o.k. empfinden. Dies ist ein erster wichtiger Schritt, um die emotionale Ladung des Ereignisses loszulassen.

Oftmals ist es so, dass Anwender Schwierigkeiten haben, sich selbst zu sagen: „Trotzdem liebe und akzeptiere ich mich voll und ganz!" Dies ist auch nur zu verständlich, denn wie es eine Seminarteilnehmerin einmal so prägnant ausgedrückt hat: „Das hab ich noch nie zu mir gesagt." Damit ist sie leider nicht alleine. Wenn Sie also auch anfänglich Ihre Schwierigkeiten mit diesem Teil haben, können Sie auch sagen: „Trotzdem bin ich o.k.!", oder: „Trotzdem versuche ich mich zu akzeptieren." Aber bleiben Sie nicht dort stecken – Sie sind es wert, sich zu lieben und zu akzeptieren. Ehrlich.

10.4.3 Die acht Punkte

Die acht Punkte, die wir in unserem Prozess verwenden, sind eine Abkürzung des längeren, regulären EFT-Prozesses, der von Gary Craig im Einsteigerkurs unterrichtet wird. Auf http://www.emofree.com/ bzw. auf www.eft-info.com kann das englische bzw. das deutsche Manual von Gary Craig kostenlos heruntergeladen werden.

Während Sie nun jeden der 8 Punkte mit 2 oder 3 Fingern beklopfen, wiederholen Sie ein Erinnerungswort bzw. eine kurze Wortsequenz, die die Essenz Ihrer Einleitungsaussage ausmacht, also z. B. „so gemein", „dieser Frust" oder „diese Verletzung" oder was auch immer Sie gerade als stärksten Bezug empfinden. Durch die Verwendung von 2 oder 3 Fingern wird immer auch ein etwas größerer Bereich aktiviert, darum brauchen Sie sich auch keine Sorgen zu machen, dass Sie eventuell den Akupressurpunkt nicht genau treffen würden. Klopfen Sie sanft – es geht nicht um Selbstbestrafung …

Auch bei der Formulierung der Aussage, die Sie bei jedem Punkt der Klopfroutine sagen, können Sie nichts falsch machen. Im schlimmsten Fall sprechen Sie die falsche Emotion an, also z. B. Trauer statt Ärger. Das Resultat davon ist, dass sich an Ihrer emotionalen Befindlichkeit nichts ändert und das finden Sie nach ca. 60 Sekunden heraus, wenn Sie mit einer Klopfrunde durch sind.

Sie können bei jedem der acht Punkte die gleiche Aussage wiederholen, wie eben z. B. „mein Frust" oder „dieser Ärger", Sie können aber auch abwechseln und bei jedem Punkt etwas anderes sagen. Bringen Sie zum Ausdruck, was Sie bewegt oder wurmt, oder erzählen Sie die Geschichte, wie es dazu gekommen ist. Fluchen Sie, wenn Ihnen danach zu Mute ist. Das einzig Wichtige ist, dass Sie ehrlich zu sich selbst sind – wenn Sie also sagen: „Ich fühle mich unwohl", wenn Sie in Wirklichkeit am liebsten sagen würden: „Ich könnte diesem Ar … so richtig eine reinhauen, so stinksauer bin ich", dann brauchen Sie sich nicht zu wundern, wenn sich nichts verändert. Seien Sie ehrlich – Sie brauchen es ja keinem anderen zu erzählen.

Hier sind die acht Punkte:

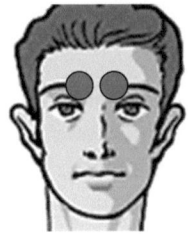

1. **Augenbraue (AB):** Dieser Punkt befindet sich am jeweils inneren Ende der linken oder rechten Augenbraue, nicht genau über der Nase, sondern noch auf der Augenbraue – wobei es egal ist, ob Sie die linke oder rechte Augenbraue beklopfen oder auch beide – wie Sie gerne möchten. Klopfen Sie sanft 5–10× mit 2–3 Fingern, während Sie die Erinnerungsphrase wiederholen.

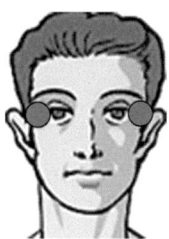

2. **Seite des Auges (SA):** Dieser Punkt befindet sich auf dem Knochen an der Außenseite des jeweiligen Auges, nahe beim Auge, nicht hinten auf der Schläfe. Auch hier ist es egal, ob Sie die linke oder die rechte Seite beklopfen, oder auch beide – wie Sie gerne möchten. Klopfen Sie sanft 5–10× mit 2–3 Fingern, während Sie die Erinnerungsphrase wiederholen.

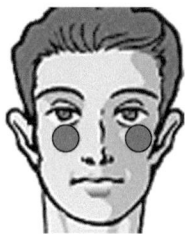

3. **Unter dem Auge (UA):** Dieser Punkt befindet sich auf dem Knochen gleich unterhalb des Auges – in gerader Linie unter der Pupille, wenn Sie geradeaus sehen. Wiederum ist es egal, ob Sie links oder rechts klopfen, oder auch auf beiden Seiten – wie Sie gerne möchten. Klopfen Sie sanft 5–10× mit 2–3 Fingern, während Sie die Erinnerungsphrase wiederholen.

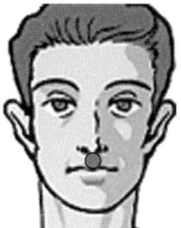

4. **Unter der Nase (UN):** Dieser Punkt befindet sich direkt unter der Nase auf dem Oberkieferknochen über der Oberlippe. Klopfen Sie wiederum sanft 5–10× mit 2–3 Fingern, während Sie die Erinnerungsphrase wiederholen – falls Sie es wünschen, können Sie die Erinnerungsphrase natürlich auch abwandeln.

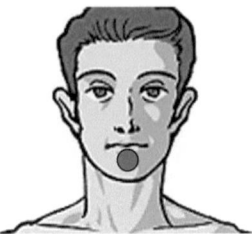

5. **Unter dem Mund – auch Kinnpunkt genannt (UM):** Dieser Punkt befindet sich in der Vertiefung zwischen Unterlippe und Kinn. Klopfen Sie wiederum sanft 5–10× mit 2–3 Fingern, während Sie die Erinnerungsphrase wiederholen.

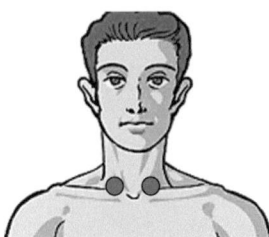

6. **Schlüsselbeinpunkt (SB):** Dieser Punkt befindet sich auf der Oberseite des Schlüsselbeins, dort, wo das Schlüsselbein in das Brustbein mündet. Wiederum ist es egal, ob Sie links oder rechts klopfen, oder auch auf beiden Seiten – wie Sie gerne möchten. Diesen Punkt können Sie auch etwas fester beklopfen, wieder 5–10× mit 2–4 Fingern, während Sie die Erinnerungsphrase wiederholen.

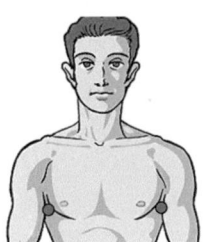

7. **Unter dem Arm/Seite des Brustkorbs (BK):** Dieser Punkt befindet sich ca. eine Handbreit unter der Achsel, bei Damen ca. dort, wo der BH auf den Rücken führt. Oftmals ist der Punkt auch etwas empfindlich, da es sich auch um einen Lymphknotenpunkt handelt. Wiederum ist es egal, ob Sie links oder rechts klopfen, oder auch auf beiden Seiten – wie Sie gerne möchten. Klopfen Sie wiederum sanft 5–10× mit 2–3 Fingern, während Sie die Erinnerungsphrase wiederholen.
(Achtung: die Abbildung ist nicht völlig korrekt, der richtige Punkt befindet sich auf der Seite des Brustkorbes, also etwas weiter hinten als hier angezeigt.)

8. **Auf dem Kopf (AK):** Dieser Punkt befindet sich oben auf dem Kopf – auf dem höchsten Punkt des Schädels, ca. 1 1/2 Handbreiten hinter der Stirn. Klopfen Sie wiederum sanft 5–10× mit 2–3 Fingern, während Sie die Erinnerungsphrase wiederholen.
Holen Sie nun einmal tief Luft und blasen Sie die ganze Anspannung und die negativen Emotionen hinaus.

10.4.4 Der Abschluss – die erneute Bewertung

Bewerten Sie nun erneut Ihr Gefühl von 0–10, wobei 0 wiederum für völlige Stressfreiheit steht und 10 bedeutet, dass es noch nie so schlimm war. In sehr seltenen Fällen kann es sein, dass es sich etwas intensiver anfühlt als zu Beginn – ein Zeichen dafür, dass Bewegung ins Energiesystem gekommen ist, machen Sie noch eine oder mehrere Wiederholungen der 8 Punkte, bis die Intensität nachlässt.

Falls die Intensität von z. B. einer 7 auf eine 4 gesunken ist, können Sie noch eine Runde machen, um die Intensität noch weiter abzusenken – schließlich dauert eine Runde ja nur ca. 60–90 Sekunden, es geht also ganz schnell.

Falls nach mehreren weiteren Runden die Stressintensität bei z. B. einer 4 von 10 stehen bleibt, kann es auch nötig sein, sich nach einem weiteren Aspekt umzusehen, wie im eingangs angeführten Beispiel mit der Angst vor engen Räumen. Auch dort führte dann das spontan aufgetauchte Szenario mit dem dominanten Vater zur Lösung des eigentlichen Problems.

Viele Fälle von alltäglicher Überlastung, Spannungskopf- oder -nackenschmerzen oder Ähnlichem lassen sich einfach durch die Anwendung dieses Prozesses stark oder ganz auflösen.

Ein Video mit einer kurzen Klopfanleitung für all diese Punkte können Sie auf http://youtu.be/xRnzWWQ_1-g abrufen.

10.4.5 Fokus auf Probleme

Es wird immer wieder mal von Seminarteilnehmern gefragt, warum man sich im EFT eigentlich immer so auf das Negative, auf die Probleme konzentriert. Sollte man sich nicht auf die Stärken konzentrieren und positiv denken? Wie schon mit dem Beispiel des

Frügöh aufgezeigt, führt unser Gehirn bei jedem neuen Impuls, den wir wahrnehmen, einen Schnellabgleich mit vergangenen Eindrücken durch. Findet sich eine ungefähre Übereinstimmung – denn genauer kann unser „Reptiliengehirn" in der Geschwindigkeit nicht abgleichen – dann wird sozusagen „Alarm" ausgelöst und die Emotion, die mit dem Eindruck verknüpft ist, wird ausgelöst. Solange der belastende Eindruck im System enthalten ist, wird es also negative Emotionen geben.

Carol Look, eine amerikanische Psychologin und EFT-Therapeutin, hat das einmal wunderbar auf den Punkt gebracht. In so einem Fall wäre positives Denken wie die neue Farbschicht, die ich auf eine morsche Holzwand auftrage. Solange nicht die Wand saniert ist, nützt der neue Anstrich auch nichts.

Das bedeutet, dass wir mit dem Fokus auf die negative Emotion beim Beklopfen der Akupressurpunkte sie nicht etwa bestärken, sondern durch das bewusste Anerkennen einen ersten Impuls zur Auflösung setzen, indem wir sie aus dem Verdrängten ins Bewusste holen.

EFT führt also gewissermaßen die Kernsanierung der Wand durch und wenn die negative Emotion auf einen Bereich von zwei oder drei von zehn gesunken ist, können wir auch durch den gezielten Einsatz von positiven Lösungsansätzen oder die Fokussierung auf Möglichkeiten eine weitere Auflösung der Problematik erreichen.

10.4.6 Fokus auf Potenziale

Wenn also sozusagen die Wand saniert ist, dann können wir jede Farbe auftragen, die wir möchten. Auch Regale und anderes Nützliche können danach auf dieser Wand erfolgreich und dauerhaft angebracht werden. Die besondere Kraft des EFT liegt auch darin, dass mit dem gleichen Prozess nicht nur negative Emotionen aufgelöst werden können, sondern es auch möglich ist, neue, positive Verhaltensmuster oder Gewohnheiten zu verankern, auf die wir dann auch in stressigen Situationen Zugriff haben.

Die „Entscheidungs"-Methode von Patricia Carrington (engl. Choices Method) Die amerikanische klinische Psychologin Dr. Patricia Carrington hat die „Entscheidungsmethode des EFT" entwickelt, mit deren Hilfe positive Entscheidungen einer ehemals limitierenden, negativen Wahrnehmung entgegengestellt werden.

Essenziell wird die oben beschriebene Routine von Einstiegssatz und der darauf folgenden Sequenz der acht Klopfpunkte um zwei weitere Runden dieser acht Punkte erweitert. Während die ersten acht Punkte, wie oben beschrieben, auf der Beschreibung der negativen Emotion bzw. dem auslösenden negativen Ereignis basieren, werden in Runde zwei und drei die positiven Aspekte betont. Besonders in Runde zwei werden die positiven Aspekte bzw. die Entscheidungen, die wir treffen möchten, beklopft und in Runde drei werden die negativen Elemente mit den positiven Entscheidungen verknüpft, damit beim Auftreten des Gefühls von z. B. Überlastung und Panik auch gleich die Entscheidung abgerufen werden kann, ruhig und gelassen zu sein und sich selbst zu erlauben, kreative und effiziente Lösungen zu finden.

Wenn also z. B. der Event die Verschiebung einer Deadline nach vorne ist und das im Geist der beteiligten Projektmitarbeiter Schreckensszenarien von durchgearbeiteten Nächten etc. entstehen lässt, kann die erste Klopfrunde z. B. so aussehen:

Bewertung des Stresslevels auf einer Skala von 1–10.

Einstiegssatz: *Auch wenn ich mich durch diese Verschiebung der Deadline völlig überfordert fühle und ich schon die aufkommende Panik spüre, wähle ich, ruhig und gelassen zu bleiben und aus meiner Mitte heraus kreative und effiziente Lösungen zu finden.*

Beachten Sie, dass in diesem Fall die zweite Satzhälfte statt der üblichen „liebe und akzeptiere ich mich voll und ganz"-Formulierung die Entscheidung enthält, die z. B. eine positive Reaktionsweise auf die anstehende Problematik erlaubt. Es empfiehlt sich sogar, das genaue Gegenteil des negativen Umstandes zu verwenden. Hier z. B. statt Panik zu empfinden, ruhig und gelassen zu bleiben.

Die erste Klopfrunde (das Anerkennen des Status quo bzw. der auftauchenden Empfindungen) könnte dann so aussehen:

AB:
Diese Überlastung.
SA:
Das hat gerade noch gefehlt.
UA:
Das ist ja der völlige Wahnsinn.
UN:
Da werden wir ja nie rechtzeitig fertig.
UM:
Welcher Idiot hat sich denn das ausgedacht.
SB:
Ich will nicht rund um die Uhr arbeiten müssen, nur weil irgendein Depp geschlampt hat.
BK:
Meine Frau wird mich lynchen.
AK:
Das schaffen wir nie.

(Die Aussagen in dieser Runde können durchaus markant gesetzt sein und auch z. B. Flüche enthalten – natürlich würde man das nie im Gespräch mit einem Vorgesetzten oder Außenstehenden zugeben, aber es geht um die emotionale Wahrheit, die ich gerade in dem Moment spüre – die man sich selbst eingesteht, nicht um diplomatische Konversation.)

In der zweiten Runde führt man nun die positiven Gegenteile in einer Wahl- oder Entscheidungsform an. Wichtig ist, dass man nicht im Sinne einer Affirmation eine nicht vorhandene positive Realität beschwört – das würde einem das eigene Unterbewusstsein ohnehin nicht abnehmen –, sondern dass dies in einer Entscheidungs- oder Wahlform geschieht. Wenn ich mir in einer Stresssituation sage: „Ich bin ruhig und gelassen", taucht sofort mein innerer Kritiker auf, die kleine Stimme hinten im Kopf, und lässt mich glasklar

wissen, dass sie mir den Blödsinn nicht abkauft. Formuliere ich die Aussage jedoch in einer Wahl- oder Entscheidungsphrase, erzeuge ich damit im Geist trotzdem ein Bild des gewünschten Zustandes, erdreiste mich aber nicht, zu behaupten, dass es schon so wäre. Ist es ja auch nicht. Aber wenn ich könnte, würde ich mir das jetzt so aussuchen.
Hier das Beispiel für die zweite Runde – die positive Wahl oder Entscheidung:

AB:
Ich wähle, ruhig und gelassen zu bleiben.
SA:
Wir haben schon oft gute Lösungen für vertrackte Situationen gefunden.
UA:
Ich entscheide mich, kreative Lösungsansätze zuzulassen.
UN:
Wenn wir konzentriert und fokussiert arbeiten, könnte es sich ausgehen.
UM:
Ich entscheide mich, meine Haltung nicht von anderen herunterziehen zu lassen.
SB:
Ich erlaube mir, unkonventionelle Lösungen zu finden.
BK:
Ich entscheide mich, ruhig und gelassen zu bleiben.
AK:
In der Ruhe liegt die Kraft. Die werde ich nutzen.

Wie Sie sehen, wird der Satz „Ich entscheide mich, ruhig und gelassen zu bleiben", mehrfach eingesetzt – gerade bei so einem Schlüsselsatz bietet sich das an.

In der dritten Runde werden nun die negativen, emotionalen Wahrnehmungen zur Situation mit den positiven Entscheidungen der zweiten Runde verbunden. Diese Vorgangsweise erlaubt es, im Unterbewussten zu verankern, dass es bei bestimmten Auslösern mehr als eine Vorgehensweise gibt. Also z. B. wenn sich Panik breitmacht, ist es doch nützlich, sich gleichzeitig zu erinnern, dass wir auch Zugang zu der uns innewohnenden Ruhe und Kraft haben.
Hier also die Beispielformulierung für die dritte Runde (Beachten Sie den Aufbau von „Immer wenn … (negative Emotion), wähle ich … (positive Entscheidung)):

AB:
Immer wenn ich mich überlastet fühle und Panik aufkommt, …
SA:
… wähle ich, ruhig und gelassen zu sein.
UA:
Auch wenn ich befürchte, dass wir nicht fertig werden, …
UN:
… wähle ich, in mir den Raum für kreative und effektive Lösungen zuzulassen.

UM:
Auch wenn ich mich ärgere, weil andere schlecht gearbeitet haben …
SB:
… wähle ich, meine Haltung nicht von anderen runterziehen zu lassen.
BK:
Auch wenn ich befürchte, eine übergroße Last tragen zu müssen …
AK:
… wähle ich, konzentriert und fokussiert einen Schritt nach dem anderen zu tun.

Tief Luft holen und Stresslevel neu bewerten In dieser Runde sprechen wir also während des Klopfens abwechselnd einen negativen Aspekt an und bringen beim nächsten Punkt eine dazu passende positive Wahl ins Bewusstsein.

10.4.7 Verankerung neuer Verhaltensmuster

Diese Vorgangsweise bietet sich besonders an, wenn man Gewohnheitsmuster verändern möchte – bei wiederholter Anwendung verankert sich die positive Wahl im Bewusstsein, sodass beim Auftreten des Problems im direkten Erleben auch die positive Wahl vom Unterbewusstsein ausgelöst wird und damit der Erleber eine größere Freiheit und mehr Möglichkeiten hat, auf die eingetretene Situation zu reagieren. Ziel ist, dass nach wiederholter Anwendung die positive Wahl als neues, automatisches Muster im Unterbewusstsein verankert wird und damit eine dauerhafte Veränderung im Erleben der Stresssituation herbeigeführt wird.

10.5 Selbstwert fördern – Stressresilienz ernten

Einer der Kernpunkte in der Anwendung von EFT ist der Einleitungssatz, in dem man die alles vereinnahmende Wahrnehmung des Problems auf die eigentliche Bedeutung reduziert. Statt also das Problem zu sein – was wir ja oft in unserer Wahrnehmung annehmen, wenn wir im Problem völlig aufgehen – dissoziieren wir das Problem und unsere Persönlichkeit durch die Formulierung „Auch wenn ich ein Problem habe, liebe und akzeptiere ich mich voll und ganz".

Wir reduzieren die Bedeutung also vom „Problem-Seienden" zu einem „Problem-Habenden", der aber trotzdem es wert ist, sich voll und ganz zu lieben und zu akzeptieren. Diese Herangehensweise fördert den Selbstwert des einzelnen Menschen und Mitarbeiters. Es gibt jedoch auch noch eine Reihe von Dingen, die wir als Unternehmer tun können, um eine Umgebung zu fördern, die es Menschen erlaubt, einen hohen Selbstwert aufzubauen.

Eines muss jedoch ganz klar gesagt werden: Niemand kann einem Menschen einen hohen Selbstwert und Selbstvertrauen geben. Das muss sich schon jeder selbst erarbeiten.

Das eigene Selbstwertgefühl spielt eine wichtige Rolle: Solange man sich schlecht wegen sich selbst fühlt, kann man natürlich auch keine Offenheit für die Entwicklung anderer einbringen. Dieser Prozess braucht also eine gleichzeitige Entwicklung des Selbstwertgefühls der Führungskräfte und der Mitarbeiter. Denn gerade das Führungsteam eines Unternehmens kann einen massiven Beitrag dazu leisten, ob das einfacher oder schwerer möglich ist.

Die eingangs zitierte Gallup-Studie zur Mitarbeiterbindung zeigt auch eindeutig auf, dass die Mitarbeiter, die engagierter, kreativer und innovativer mit dem Unternehmen verbunden sind, persönliche Eigenschaften aufweisen, die ich unter dem Begriff hoher Selbstwert zusammenfassen möchte. Sie kommunizieren besser und wertschätzender, können mit unterschiedlichen Ansichten und von der Norm abweichenden Gedanken und Ideen bei Kollegen und Untergebenen besser umgehen und haben weniger Angst, an Macht und Einfluss zu verlieren, sondern suchen nach den Möglichkeiten, wie gemeinsam der Zweck des Größeren und Ganzen vorangebracht werden kann.

Gerade die ca. 20 %, die keine emotionale Bindung aufweisen, d. h. die entweder schon innerlich gekündigt haben, oder – noch schlimmer – schon aktiv in den „Sabotagemodus" übergegangen sind, kosten die deutschen Unternehmen jährlich Milliardenbeträge.

Wenn man bedenkt, dass nur die 13 % Ihrer Mitarbeiter, die mit vollem Herzen dabei sind, die, die am Montag gerne zur Arbeit kommen, wirklich produktiv sind und laut Gallup für den Gewinn der Firma zuständig sind, dann wird rasch klar, dass einerseits dringend Handlungsbedarf besteht und andererseits gerade hier riesige Chancen auf uns warten.

Denn wenn es uns gelingt, den Anteil dieser Mitarbeiter zu erhöhen, nützt das der Firma und den Mitarbeitern. Denn diese Mitarbeiter bemühen sich aktiv um ihre Arbeit, bringen all ihre Fähigkeiten ein, haben eine wesentlich höhere Verweildauer im Unternehmen, sind weniger krank, bringen deutlich mehr kreative Ideen ins Unternehmen ein und empfehlen ihre Produkte und ihre Firma als Arbeitgeber aktiv weiter.

Wie hoch ist der Prozentsatz dieser Mitarbeiter in Ihrem Unternehmen? Und was würde es für Ihr Unternehmen bedeuten, wenn diese hoch motivierten, engagierten Mitarbeiter nicht 13 %, sondern 20 % oder sogar 25 % Ihrer Belegschaft ausmachten? Und was würde das für das Betriebsergebnis und die Überlebenskraft Ihres Unternehmens in Zukunft bedeuten?

Es hat sich auch herausgestellt, dass diese Werte im einzelnen Unternehmen schwanken und sich auch über die Zeit verändern – und dass diese Veränderungen mit Beförderungen bzw. Versetzungen der Führungskräfte zusammenhängen. Dies ist ja auch wenig verwunderlich, denn wenn diese Motivationsverteilung schon beim Eintritt ins Unternehmen gegeben wäre, müsste man ein ernstes Wort mit den Personal- und Einstellungsverantwortlichen reden. Grundsätzlich sind Menschen bei Antritt einer Stelle motiviert – sie möchten gerne einen Beitrag leisten und in ihrer Arbeit Erfüllung finden. Aus den verschiedensten Gründen stellt sich eher über kürzer als länger der oben erwähnte Engagementsschnitt ein.

In Zeiten wie diesen geht es aber auch gar nicht so sehr um eine Gewinnsteigerung – engagierte Mitarbeiter bringen auch deutlich mehr Ideen ein. Und eine Topidee reicht, um völlig neue Geschäftsfelder zu erschließen und dem Unternehmen einen neuen Horizont zu eröffnen.

Es gibt 5 Schritte, die Menschen helfen, Selbstvertrauen zu entwickeln – inklusive eines hohen Selbstwertgefühls, erhöhter Stressresistenz und innerer Motivation. Menschen möchten gerne glücklich sein und respektiert werden. Und diese Maßnahmen kosten nicht einmal viel Geld, vielmehr geht es um eine Bewusstseins- bzw. Haltungsänderung.

10.6 Mit 5 Schritten zu mehr Selbstvertrauen für Ihre Mitarbeiter und Führungskräfte, einem besseren Betriebsklima & zu höheren Gewinnen für Ihr Unternehmen

Sehr oft werden Einstiegspositionen im Management von Nachwuchskräften eingenommen, die gerade von der Uni kommen und sich jetzt ihrer ersten Bewährungsprobe ausgesetzt sehen. Wie hoch ist die Wahrscheinlichkeit, dass diese jungen Menschen mit offenem Herzen den Erfahrungsschatz ihrer oftmals lang gedienten Mitarbeiter annehmen können – bei all der Unsicherheit und Ungewissheit, die sie bei ihrer ersten großen Aufgabe begleiten?

Ein hohes Selbstvertrauen bedeutet also nicht, sich über andere erhaben zu fühlen, sondern sich selbst so annehmen zu können, wie man ist, die eigenen Qualitäten und Schwächen aus einer positiven Geisteshaltung heraus realistisch einzuschätzen und dadurch den inneren Raum zu haben, auch anderen Menschen Respekt und Wertschätzung für deren besondere Qualitäten und Erfahrungen entgegenbringen zu können. Arroganz und Hochnäsigkeit sind immer ein Zeichen eines Mangels in diesem Gebiet.

Wie kann man das nun selbst entwickeln und dann auch anderen zur Verfügung stellen?

10.6.1 Die 5 Schritte

Sicherheit ⇒ Identität ⇒ Zugehörigkeit ⇒ Sinn und Vision ⇒ Umsetzungskompetenz

Es gibt für jeden dieser fünf Schritte viele Möglichkeiten zur praktischen Umsetzung. Hier ein Überblick über die zugrunde liegenden Prinzipien und einige kurze Beispiele – mit besonderem Fokus auf der Schaffung einer Umgebung, die es anderen (z. B. Mitarbeitern, Teammitgliedern etc.) ermöglicht, ihr Selbstvertrauen aufzubauen. Die Schritte für den Aufbau des eigenen Selbstvertrauens und -werts sind grundsätzlich die gleichen, jedoch sind die Aktivitäten, die man setzt, unterschiedlich.

10.6.1.1 Schritt 1 – Sicherheit

Sich sicher zu fühlen, ist der grundlegendste Antrieb menschlichen Handelns – wenn Sie nicht sicher sind, dass die Zimmerdecke hält, werden Sie diesen Raum nicht betreten. Mitarbeiter werden erst dann Initiative zeigen, wenn ihnen klar ist, wie sich diese für sie auswirkt.

Definieren Sie klare Regeln und Erwartungen Ist Eigeninitiative in Ihrem Unternehmen erwünscht? In welchem Ausmaß und was passiert, wenn's schiefgeht? Erzeugen Sie Berechenbarkeit. Ihre Mitarbeiter müssen wissen, was wann wie von wem zu tun ist – und wer dann dafür verantwortlich ist.

Im heutigen, globalisierten Umfeld mit seinen raschen Veränderungen ist längerfristige Berechenbarkeit der äußeren Bedingungen in vielen Branchen Illusion. Darum ist Transparenz wichtig – je besser alle Beteiligten die Lage einschätzen können, umso leichter kann man sich darauf einstellen.

Wo Sie aber für Berechenbarkeit sorgen können, ist im Entscheidungsfluss innerhalb des Unternehmens. Definieren Sie klar und deutlich, wer für welche Entscheidungen zuständig ist, welche von den Verantwortungsträgern alleine getroffen werden (müssen), welche delegiert werden können und welche die Mitarbeiter selbst treffen können. Wenn diese Definition feststeht – kommunizieren Sie die Regeln.

Der Frustrationspegel für einen Mitarbeiter steigt massiv, wenn man von zwei Seiten unterschiedliche Anordnungen erhält, ohne klar erkennen zu können, wer jetzt was zu sagen hat und wessen Anordnung Priorität zu geben ist.

Es ist besser, strenge, glasklare und eventuell restriktive Regeln zu haben, als von den Mitarbeitern zu erwarten, dass sie merken, von woher heute der Wind weht. Dies mag jetzt übertrieben klingen, ist aber nach wie vor gelebte Praxis und einer der Hauptgründe für Frustration unter den Mitarbeitern. Oft gibt es nur vage Richtlinien und den Mitarbeitern werden dann Vorhaltungen gemacht, warum sie diese nicht so ausgelegt haben, wie man es selbst im Sinn hatte. Hellsichtige gibt es nur in den wenigsten Unternehmen.

Übrigens, je mehr die Organisation als Ganzes in den Regelerstellungsprozess eingebunden werden kann, umso besser wird die Akzeptanz dieser Regeln sein.

Schaffen Sie ein positives, aufbauendes Umfeld Dort, wo Offenheit und Vertrauen, ehrliche und respektvolle Kommunikation, Anerkennung und Optimismus herrschen, werden sich Menschen vorbehaltlos und mit hohem Einsatz engagieren. Oder ist es auch in Ihrem Unternehmen üblich, sich überall anders zu beschweren als bei denen, die das Problem wirklich lösen könnten (oder zumindest Teil davon sind)?

Erfahren Sie von Missmut und Unklarheit in der Belegschaft immer erst hintenrum, oder gibt es klare Kommunikationskanäle, die die Menschen benutzen können, ohne gleich einen Negativpunkt in der mentalen Personalakte zu haben? Die Kritiker können wertvolle Beiträge liefern – von den Ja-Sagern haben Sie keine Entwicklung zu erwarten.

Beziehungen, die auf Vertrauen basieren Sicherheit stellt sich da ein, wo Vertrauen herrscht. Führungskräfte, die berechenbar sind, ihre Zusagen einhalten und auf der Basis von vereinbarten Richtlinien handeln, haben kürzere Verhandlungszeiten und weniger Stress im Umgang mit neuen Herausforderungen.

Wenn Mitarbeiter das Gefühl haben, jemandem vertrauen zu können, wird weniger diskutiert, sondern mehr umgesetzt. Dies erfordert natürlich Konsistenz der beteiligten

Führungskräfte und auch die Fähigkeit, mit eigenen Schwächen umgehen und zu diesen stehen zu können.

Niemand kann alles wissen – und Führungskräfte sollen nicht alles wissen. Deren Aufgabe ist es eher, das nötige Wissen in einer vertrauensvollen, von gemeinschaftlichem Bemühen um das größere Ganze geprägten Atmosphäre an einen Tisch zu bringen und dann die bestmögliche Lösung herauszuholen. Dies ist ein Idealbild, aber je näher wir uns diesem Zustand annähern können, umso mehr werden wir den Nutzen ernten können.

10.6.1.2 Schritt 2 – Identität

Unsere Identität wurde maßgebend durch unsere Eltern, Spielkameraden und die Schule geprägt. Heute ist der Arbeitsplatz einer der wichtigsten sozialen Begegnungspunkte im Leben vieler Menschen. Umso bedeutsamer ist das Wissen, dass er dadurch wichtiger Identitätsgeber für viele Menschen ist – nutzen Sie diesen Faktor zum Positiven.

Geben Sie (größtenteils) positives Feedback. Für die eigene Leistung geschätzt zu werden, erzeugt tiefgehende Zufriedenheit.

Trotzdem wird Anerkennung in vielen Betrieben so sparsam eingesetzt, als ob es auf der Dopingliste stünde. Nutzen Sie diese kostenlose Ressource. Die (ehrliche) Anerkennung – auch einmal für eine Kleinigkeit – ist weniger Sache der Personalabteilung beim jährlichen Mitarbeitergespräch, sondern ist viel effektiver, wenn sie möglichst zeitnah vom direkten Vorgesetzten kommt.

Auch wenn es nur um Kleinigkeiten geht – es ist wichtig für die Menschen zu merken, dass sie Dinge gut machen – und dies zum Ausdruck gebracht wird. Dieser Ausdruck kann für jeden Mitarbeiter unterschiedlich aussehen – der eine mag gerne öffentliche Anerkennung vor dem ganzen Team. Anderen ist das wieder peinlich, sie schätzen ein nettes Wort im persönlichen Gespräch mehr.

Feedback über Fehler ist aber genauso wichtig – finden Sie Wege, wie Sie das Verhalten kritisieren, nicht die Person – dadurch öffnen Sie Möglichkeiten, das Verhalten zu ändern und trotzdem dem Kritisierten zu erlauben, sich trotz des Fehlers als Person und Mensch anerkannt zu fühlen. Fehler zu machen, ist menschlich. Fehler im „Echtbetrieb" können oft auf mangelndes Training oder unklare Anweisungen zurückgeführt werden. Manchmal ist das, was zum Ausdruck gebracht wurde, etwas anderes, als beim Empfänger ankam.

10.6.1.3 Schritt 3 – Zugehörigkeit

Der Mensch ist ein soziales Wesen. Etwas zu einem größeren Ganzen beizutragen, gemeinsame Interessen mit anderen zu teilen, ist für viele Menschen von hohem Interesse.

Fördern Sie Teamwork. Aufgaben gemeinsam zu meistern, verbindet. Tom Peters hat schon vor 20 Jahren festgestellt, dass die Produktivitätssteigerung, die von motivierten Teams ausgelöst wird, nicht 2 oder 5 % ausmacht, sondern mit 200 bis 500 % zu bewerten ist. Für eine erfolgreiche Teamarbeit sind die vorgenannten Schritte Sicherheit und Identität essenziell – sie bilden die Grundlage für ein vertrauensvolles Miteinander.

Sind Ihre Mitarbeiter stolz auf Ihre Firma?

Empfinden Ihre Angestellten es als Auszeichnung, in Ihrer Firma arbeiten zu dürfen? Wenn ja, warum? Wenn nein, warum nicht? Für etwas, das (wenn auch nur in der persönlichen Wahrnehmung) nichts wert ist, engagiert man sich nicht.

Nehmen wir zum Vergleich einmal zwei Aussagen her:

1. „Ich bin Autoverkäufer."
2. „Ich bin Autoverkäufer bei BMW."

Jemand, der bei der Antwort auf die Frage nach seiner Tätigkeit automatisch „bei BMW" hinzufügt, ist offensichtlich stolz auf das, was er tut – er fühlt sich zugehörig. Und das wird ganz natürlich in seiner Überzeugung und seinem Engagement für seine Arbeit zum Ausdruck kommen.

Finden auch Sie etwas, worauf Sie alle stolz sein können – und wenn Sie etwas haben, dann kommunizieren Sie es den Mitarbeitern gegenüber auch. Oftmals ist es den Mitarbeitern gar nicht so bewusst, welche positiven Auswirkungen die von ihnen hergestellten Produkte haben – z. B. Pumpen, die sauberes Trinkwasser für viele Menschen liefern, etc.

10.6.1.4 Schritt 4 – Sinn und Vision

Erst jetzt, nachdem Sicherheit, Identität und Zugehörigkeit etabliert sind, können wir darangehen, unsere Mitarbeiter für unseren Unternehmenszweck und die dahinterstehende Vision zu begeistern. Dies ist ein extrem breites Feld, über das bereits viel Sinn und auch viel Unsinn geschrieben wurde. Hier jetzt nur eine Anregung:

▶ Setzen Sie sich keine Grenzen. Visionen sind groß und unverschämt.

Schließlich wollen Sie ja die Unternehmensvision nicht alle 2 Jahre umschreiben. Als John F. Kennedy Anfang der 60er Jahre sagte: „Bis zum Ende des Jahrzehnts bringen wir einen Mann auf den Mond", hatte er keine Ahnung, worauf er sich einließ. Aber die Vision war ungeheuer kraftvoll – und der Rest ist Geschichte …

▶ Verwenden Sie Bilder statt Phrasen.

Wenn Sie Ihre Unternehmensvision nicht so ausdrücken können, dass sie ein Volksschüler versteht, wird sie wahrscheinlich auch bei einem Großteil Ihrer Mitarbeiter nicht im Herzen ankommen. Und um voll dahinterzustehen, müssen sie es im Herzen tragen – die Vision soll gelebt werden und nicht irgendwo an der Wand verstauben und keinen kümmert es.

Bill Gates sagte nicht „Wir wollen der führende Anbieter von Produktivitätssoftware für Firmen und Individualpersonen werden, bla, bla, bla … ", sondern: „Wir wollen auf jeden Schreibtisch in Amerika einen Personal Computer mit Programmen von Microsoft stellen und die Weise, wie die Menschen arbeiten, revolutionieren und verbessern!" Welche der beiden Aussagen hat mehr Power? Was können Sie sich besser vorstellen: „führender Anbieter von Produktivitätssoftware" oder „auf jedem Schreibtisch in Amerika"? Für welche Vision würden Sie sich engagieren? Und wie viel Power hat Ihre Unternehmensvision?

10.6.1.5 Schritt 5 – Kompetenz

Die beste Vision nützt wenig, wenn man nicht die nötigen Kompetenzen besitzt, um sie umzusetzen und mit Leben zu erfüllen. Das bedeutet oft Weiterbildung, falls diese Kompetenzen noch aufgebaut oder verbessert werden müssen. Das Hauptaugenmerk liegt hier aber auf einer Kultur der Ermutigung und Unterstützung bei der Umsetzung, inklusive der Prüfung der Fortschritte und des dazugehörenden Feedbacks. Hier haben spezifische und messbare Ziele ihren Platz und ihre Berechtigung.

Und nicht vergessen: Wenn Sie Großes erreichen – feiern Sie es mit allen Beteiligten!

10.7 Über den Autor

Martin Laschkolnig ist Experte für Motivation, Inspiration und Selbstvertrauen. Als Speaker, Seminarleiter, Autor und Coach hilft er seinen Klienten und Teilnehmern erfüllter zu leben und ihr Potenzial bestmöglich zu nutzen – beruflich wie persönlich. Wirtschaftsausbildung, langjähriges Unternehmertum, sowie ein Studium der buddhistischen Philosophie, eine Train The Trainer Ausbildung bei amerikanischen Top-Persönlichkeitsexperten wie Jack Canfield und eine Ausbildung in Energiepsychologie ermöglichen ihm einen anderen Ansatz. Er begeistert und bewegt sein Publikum auf Deutsch und Englisch in Europa, den USA und im Mittleren Osten.

Weitere Infos auf www.martinlaschkolnig.at

Literatur

Aerzteblatt.de (Hrsg.) (2009). Gesundheitsreport 2009 Techniker-Krankenkassen-Report. http://www.aerzteblatt.de/nachrichten/36581. Zugegriffen: 17. Mai 2017.

Gallo, F. (2000). *Energetische Psychologie*. Kirchzarten bei Freiburg: VAK Verlags GmbH.

Das volle Potenzial ausschöpfen durch „artgerechte Ernährung" 11

Gerhard Moser

Inhaltsverzeichnis

11.1 Holen Sie raus, was in Ihnen steckt!	199
11.2 Die Bedeutung von Prävention	200
11.3 Unterversorgt trotz Überangebot	200
11.4 Luxus und Wohlstand werden zum Verhängnis	203
11.5 Moderne Lösungen: Zurück in die Zukunft	203
11.6 Stress bändigen	205
11.7 Ein sorgsamer Umgang mit sich selbst	206
11.8 Quick-Wins im Fokus der Long-Wins	207
11.9 Über den Autor	207
Literatur	208

11.1 Holen Sie raus, was in Ihnen steckt!

Der Mensch ist ein Wunderwerk der Natur – ausgestattet mit einem wachen Geist und blitzschnellen Synapsen. Kreativ, emotional, und gleichzeitig fähig logisch zu denken. Dazu ein Körper, der imstande ist Extremes zu leisten, nicht zuletzt der freie Wille zu tun, was man will.

Moment mal. Wirklich? Wollen wir uns heutzutage tatsächlich kaputt machen? Dauerstress, schlechte Ernährung, stundenlanges Starren in Bildschirme und nur eine einzige Bewegung: die im Hamsterrad. Kein Wunder, dass dabei die Energie fürs Leben ausgeht.

Schluss damit: Ergreifen Sie die Initiative! Alles, was Sie dafür brauchen, ist der Wille etwas zu ändern.

G. Moser (✉) Dipl.-Wirt.-Ing. (FH)
Aigenpeterweg 345/4, A-5424 Bad Vigaun, Österreich
e-mail: info@nexyt.com

11.2 Die Bedeutung von Prävention

Die gesetzliche und freiwillige Sozialversicherung stellt eine umfassende Versorgung des Versicherten im Akutfall sicher. Die gesamten Gesundheitsausgaben der Deutschen Krankenkassen im Jahr 2015 beliefen sich gemäß Angaben von dem Statistischen Bundesamt Deutschlands auf 344 Mrd. Euro. Davon werden lediglich 11 Mrd. Euro in den Bereich Prävention investiert (Statistischen Bundesamt Deutschlands 2017). Zwar lassen sich Akutfälle nicht oder nur schwer vermeiden, unabhängig davon besteht ein großes Potenzial im Bereich der Prävention.

Dabei können in der Präventivphase die Weichen für eine entscheidende Verbesserung gelegt und damit negative Entwicklungen im Gesundheitsstatus vermieden werden. Erst wenn der Körper bereits einen Großteil der Leistungsfähigkeit eingebüßt hat, zeigen sich die ersten Symptome. Bei einer Querschnittsverengung der Arterien kann der Leistungsverlust sogar noch höher ausfallen, bevor merkliche Symptome auftreten. Oftmals werden diese ersten Symptome nicht erkannt oder ignoriert, dabei sendet der Körper diese Signale erst bei massiven Defiziten aus. Erst in einer späteren Phase entwickelt sich ein Leidensdruck, der den Betroffenen dazu zwingt, aktiv zu werden.

Jeder ist zu 100 % selbst für seine Gesundheit verantwortlich!

11.3 Unterversorgt trotz Überangebot

Der menschliche Körper benötigt für eine optimale Funktionsweise verschiedene Nahrungsbestandteile in unterschiedlichen Mengen. Zur Veranschaulichung dient die Ernährungspyramide (Wikipedia 2017, siehe Abb. 11.1).

Abb. 11.1 Ernährungspyramide herkömmlich. (Quelle: Eigene Darstellung 2017)

Diese Pyramide zeigt auf, dass vor allem Getränke, Getreideprodukte sowie Obst und Gemüse die Basis einer gesunden Ernährung sind. Der Verzehr tierischer (Fisch, Milch, Fleisch, Eier) sowie synthetisch hergestellter bzw. verarbeiteter Produkte wird in wesentlich geringeren Mengen empfohlen. Eine Ernährungsweise, die sich streng an dieser Pyramide orientiert, führt zu Belastungen des Körpers: Mangelerscheinungen sind die Folge. Vor allem glutenhaltiges Getreide, Laktose, aber auch Stress lösen das „Leaky Gut"-Syndrom (Pruimboom et al. 2014, S.19) aus, bei welchem Löcher in die Darmwand gerissen werden. Dabei kommt es unter anderem zu Entzündungsprozessen im Körper. Dieser Prozess wird im Wirk-Kochbuch näher erläutert (Pruimboom et al. 2014, @. 74 ff.): „Die Entzündungsreaktion des Immunsystems wird über eine Kaskade aktiviert. Beginnend bei den Gefahrenantennen (Toll-Like-Rezeptoren) an der Zellaußenwand (Zellmembran) bis zur DNA im Zellkern. Diese Rezeptoren reagieren nicht nur auf die oben erwähnten evolutionär alt bekannten Reize, sondern auch auf die neuen Signale wie Substanzen in Nachtschattengewächsen (Kartoffeln), Transfette oder im Blut zirkulierende Fette, vor allem aus dem Bauchfett. Langfristiger psycho-emotionaler Stress kann ebenfalls ein Auslöser sein. Einer der wichtigsten Auslöser ist allerdings die Nahrungsaufnahme. Wie stark das Immunsystem dabei aktiviert wird, hängt von der Darmflora, Art der Nahrung und natürlich der Häufigkeit der Nahrungsaufnahme ab. Diese ‚falschen' Signale erreichen aber nicht die notwendige Reizstärke, die zwingend notwendig ist, damit die Entzündungsreaktion gezielt gestartet und dann wieder beendet werden kann. Es kommt dann in Folge zur häufigsten Störung im Körper eines modernen Menschen: Der niedriggradigen Entzündung."

Die Bedeutung der tierischen Nahrungsquellen ist geringer, als bisher angenommen.

Nach wissenschaftlichen Erkenntnissen wird eine nährstoffreiche, anti-entzündliche und basenbildende Ernährungsweise empfohlen. Als „Nebeneffekt" wird der Stress reduziert, der – ausgelöst durch falsche Ernährung – dem Körper Energie kostet. Der Verzehr von Kohlenhydraten sollte sich auf Gemüse, Pseudogetreide (z. B. Quinoa oder Buchweizen) und Obst beschränken. Eine ausgewogene Mahlzeit sollte idealerweise aus leicht verdaulichen Proteinen, Omega-3-Fettsäuren, sowie Vitaminen und Mineralstoffen aus möglichst naturbelassenen Nahrungsmitteln bestehen. Gewürze und Kräuter verfeinern jedes Gericht und sind universell und in jeder Menge einsetzbar. Dies wird in der Abb. 11.2 veranschaulicht.

Die Basis bilden Obst und Gemüse. Die Empfehlung gemäß einer Studie vom University College London beläuft sich auf 7 bis 10 Portionen täglich, wobei eine Portion als etwa faustgroß zu verstehen ist (Horizonworld 2017). Zur Vermeidung der einseitigen Ernährung ist eine Mischung verschiedener Sorten ideal. Im europäischen Raum sind außerdem Beeren weit verbreitet, deren Verzehr ebenfalls zu empfehlen ist.

Auf der nächsten Stufe stehen getreidehaltige Lebensmittel. Diese sollen bereits eingeschränkt genossen werden. Gefolgt werden diese von Eiweißprodukten wie beispielsweise Fleisch, Fisch, Eier oder Hülsenfrüchte. Fette (Nüsse, Samen) sollten in geringen Mengen konsumiert werden, wobei die Qualität eine entscheidende Rolle spielt. So weist Kokosöl mehrere positive Eigenschaften im Vergleich mit anderen Ölen auf (Pruimboom et al. 2014, S.19). Auf Zucker und Süßigkeiten im Allgemeinen sollte weitestgehend verzichtet werden.

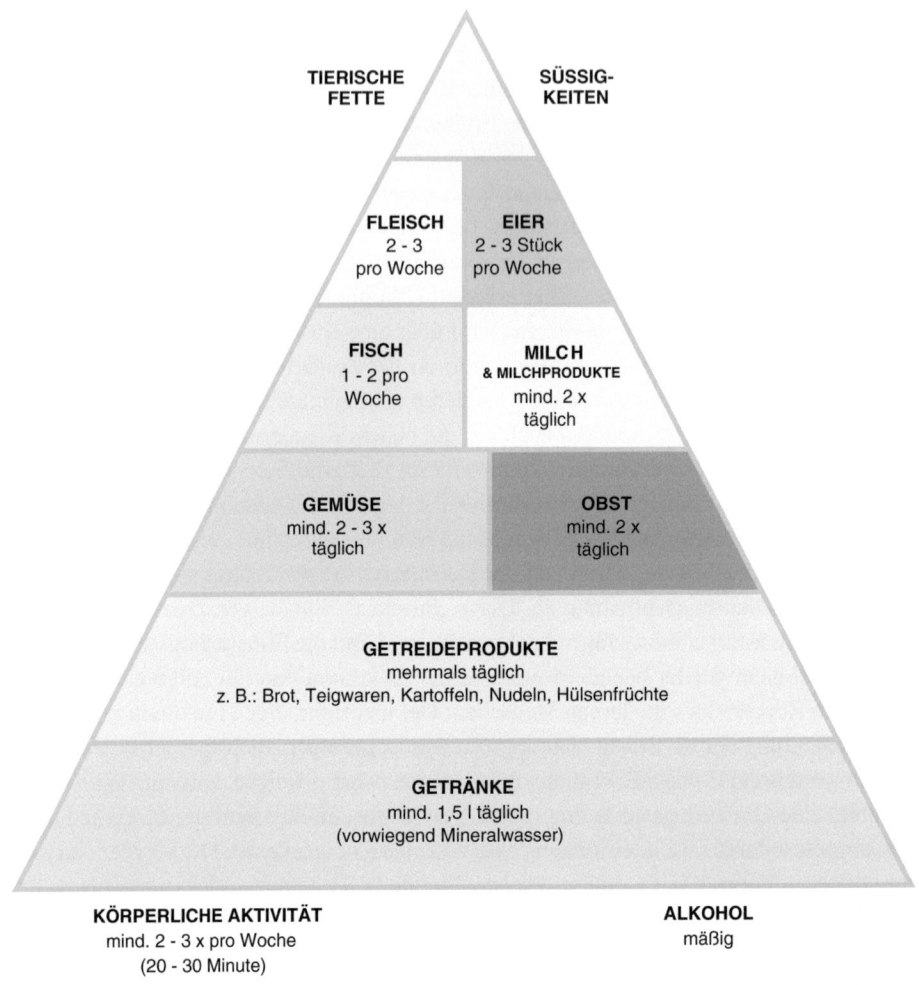

Abb. 11.2 Ernährungspyramide. (Quelle: Eigene Darstellung 2017, in Anlehnung an eine Veröffentlichung der deutschen Gesellschaft für Ernährung, https://de.wikipedia.org/wiki/Ernährungspyramide)

Vergleicht man die empfohlene Lebensmittelpyramide mit dem tatsächlichen Lebensmittelkonsum, steht diese sogar auf dem Kopf! Während die in Maßen zu genießenden Lebensmittel in fast allen Einkaufswägen zu finden sind, landen Gemüse und Obst seltener auf den Tellern. Dazu ein paar alarmierende Fakten (Mensink et al. 2007): Bei den Erwachsenen essen 87 % nicht genug Gemüse und 59 % nicht genug Obst. Bei den Kindern (6–12 Jahre) essen 96 % zu wenig Obst und Gemüse, bei den Jugendlichen beträgt dieser Wert immerhin 70 %. Besonders Kinder und Jugendliche, die sich noch im Wachstum befinden, haben dringenden Nährstoffbedarf!

Wirft man einen Blick auf das umfassende Sortiment im Supermarkt, ergibt sich ein paradoxes Bild: Obwohl das Angebot immer größer zu werden scheint, die Konsumenten daher eine riesige Auswahl haben, sind diese dennoch unterversorgt mit lebensnotwendigen Nährstoffen, deren Mangel sich in Symptomen äußert.

11.4 Luxus und Wohlstand werden zum Verhängnis

Die evolutionäre Anpassung ändert sich nicht in der gleichen Geschwindigkeit wie unsere aktuellen Ernährungsgewohnheiten. Ein Blick auf das Ernährungsverhalten unserer Vorfahren zeigt auf, dass vor der Nahrungsaufnahme die Nahrungsbeschaffung erforderlich war – was wiederum mit Bewegung verbunden war. Die Bewegung auf nüchternen Magen setzt auch heute noch wichtige Prozesse im Körper in Gang. Spätestens seit der Verbreitung von Supermärkten und des Kühlschranks ist die Notwendigkeit der Bewegung vor der Nahrungsaufnahme weggefallen, die Stoffwechselprozesse finden nicht mehr in der ursprünglichen Form statt. Dieses Angebot der zeitnahen Nahrungsaufnahme nach dem Aufstehen wird gerne angenommen – obwohl viele meiner Seminarbesucher gar kein oder ein eher spätes Frühstück zu sich nehmen.

Ein weiterer Faktor, der uns auch in der Ernährung wesentlich beeinflusst, ist Stress. Klarerweise hatten unsere Vorfahren auch Stressfaktoren, vor allem bei der Jagd. Der Unterschied liegt in der Dauer (Jones and Jefferson 2011; Yang et al. 2013): Früher handelte es sich um einen kurzfristigen Stress, während heute zunehmend längere Stressphasen beobachtet werden können.

11.5 Moderne Lösungen: Zurück in die Zukunft

Die geschilderten modernen Probleme verlangen nach ebensolchen Lösungen. Ein wesentlicher Ansatz besteht darin, sich dem evolutionären Stand anzupassen und einen näheren Blick auf die Bedürfnisse des menschlichen Organismus zu werfen.

Zahlreiche Lebensmittel sind säurebildend, entzündlich und nährstoffarm. Evolutionär gesehen ist der Bedarf jedoch genau umgekehrt: basisch, anti-entzündlich und nährstoffreich (Kharrazian 2013, S. 445 ff.). Darin liegen die Grundsätze des kPNI-Wissens (klinische Psycho-Neuro-Immunologie).

In einem basenhaltigen Milieu kann keine Krankheit bestehen (Béliveau und Gingras 2007). Auch das Fruchtwasser, in welchem sich der Embryo befindet, ist stark basisch. Ein wesentlicher Schritt besteht demnach darin, ein basisches Milieu im Körper zu erreichen. Das gelingt vor allem mit der richtigen Ernährung, wenn vor allem zuckerhaltige Lebensmittel stark eingeschränkt oder – besser noch – gänzlich gestrichen werden und die Versorgung mit Obst, Gemüse und Beeren forciert wird.

Gluten-haltige Lebensmittel verstärken das „Leaky Gut"-Syndrom (Kharrazian 2013, S. 179 f.). Der Darm ist zunehmend löchrig, die Eintrittsbarrieren sind eliminiert. Das Gluten wird von den körpereigenen Zellen bekämpft, wobei entzündungsauslösende Stoffe in die Blutbahnen geraten und somit im gesamten Körper verteilt werden.

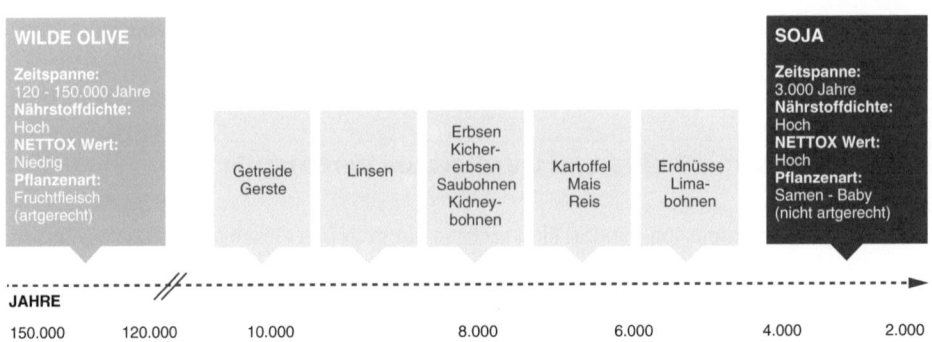

Abb. 11.3 Wilde Olive vs. Soja. (Quelle: Eigene Darstellung 2017 in Anlehnung an Pruimboom et al. (2014))

Die Nährstoffdichte gibt mehr Aussage über ein Lebensmittel als die Kalorienangabe (Drewnowksi 2017). So weist eine Portion Spaghetti – anders als die gleiche Menge Eier – eine hohe Kalorienanzahl aus. Die Sättigung durch den Verzehr der Spaghetti hält wesentlich kürzer an als durch den Verzehr der gleichen Menge Eier. Die Nährstoffdichte ist also bei den Eiern wesentlich höher als bei den Spaghetti. Eine hohe Nährstoffdichte hat zur Folge, dass das Sättigungsgefühl früher einsetzt, weil damit das Signal für die optimale Versorgung im Körper weitergegeben wird.

In Hinblick auf eine artgerechte Ernährung spielt es auch eine Rolle, wie lange dieses Lebensmittel bereits auf dem Speiseplan steht bzw. wie hoch die Toxizität einer Pflanze ist. Beispielsweise wurde ein Vergleich von Wilder Olive und Soja angestellt (vgl. Abb. 11.3) (Pruimboom et al. 2014). Vorkommnisse der wilden Olive wurden bereits vor über 150.000 Jahren festgestellt. Im Gegensatz dazu ist die Soja-Pflanze sehr jung: Erste Vorkommen wurden vor etwa 3.000 Jahren dokumentiert. Der NETTOX-Wert (toxischer Wert) ist bei der wilden Olive niedrig, bei Soja hoch. Daraus folgt, dass die ursprünglichen Lebensmittel Vorzüge aufweisen und daher zu bevorzugen sind.

Neben der Nährstoffdichte ist die Qualität des Nahrungsmittels entscheidend (vgl. Abb. 11.4)

Ein entscheidendes Qualitätskriterium ist der Nährstoffgehalt (Duke 2000). Die Nährstoffe entwickeln sich vor allem in den letzten Tagen des Reifeprozesses. Der Nährstoffgehalt ist also dann am höchsten, wenn der Anbau auf fruchtbarem Boden erfolgte. Wichtig ist, dass das Obst und Gemüse in der Sonne gereift, kurz transportiert und anschließend nicht lange gelagert wurde. Wie der Begriff „Nährstoffe" bereits vermuten lässt, handelt es sich um lebensnotwendige Bestandteile für den menschlichen Körper. Der Verzicht auf diese notwendigen Nährstoffe ist demnach keine Lösung! Für eine optimale Ernährung ist der Verzehr naturnaher und funktioneller Lebensmittel unerlässlich. Die Bedeutung der optimalen Ernährung wird dadurch hervorgehoben, dass die Harvard University eigene Vorträge und Studien dem Thema „Functional Food" widmet (Dana Farber Harvard Cancer Center 2016).

Vergleich der Ergebnisse von älteren Studie aus dem Jahre 1985, 1996 und 2002 mit entsprechenden Vitalstoff-Verlust-Werten:

Mineralien und Vitamine in mg je 100g Lebensmittel	untersuchte Inhaltsstoffe	Ergebnis 1985	Ergebnis 1996	Ergebnis 2002	Verlust 1985-1996	Verlust 1985-2002
Brokkoli	Calzium	103	33	28	-68 %	-73 %
	Folsäure	47	23	18	-52 %	-62 %
	Magnesium	24	18	11	-25 %	-55 %
Bohnen	Calzium	56	34	22	-38 %	-51 %
	Folsäure	39	34	30	-12 %	-23 %
	Magnesium	26	22	18	-15 %	-31 %
	Vitamin B6	140	55	32	-61 %	-77 %
Kartoffeln	Calzium	14	4	3	-70 %	-78 %
	Magnesium	27	18	14	-33 %	-48 %
Möhren	Calzium	37	31	28	-17 %	-24 %
	Magnesium	21	9	6	-57 %	-75 %
Spinat	Magnesium	62	19	15	-68 %	-76 %
	Vitamin C	51	21	18	-58 %	-65 %
Apfel	Vitamin C	5	1	2	-80 %	-60 %
Banane	Calzium	8	7	7	-12 %	-12 %
	Folsäure	23	3	5	-84 %	-79 %
	Magnesium	31	27	24	-13 %	-23 %
	Vitamin B6	330	22	18	-92 %	-95 %
	Kalium	420	327	-*	-24 %	-
Erdbeeren	Calzium	21	18	12	-14 %	-43 %
	Vitamin C	60	13	8	-67 %	-87 %

Quellen: 1985 Pharmakonzern Geigy (Schweiz), 1996/2002 Lebensmittellabor Karlsruhe/Sanatorium Oberthal

*nicht untersucht

Abb. 11.4 Nährstoffvergleich. (Quelle bzgl Qualität: http://www.gesundheitlicheaufklaerung.de/obst-gemuese-verlieren-a-naehrstoffen)

11.6 Stress bändigen

Der größte Schaden, der dem Gehirn regelmäßig zugefügt wird, ist auf Dauerstress zurückzuführen (Kharrazian 2013, S. 89 ff.). Die Belastung beginnt meist im Jugendalter, wo die schulischen Anforderungen an die Jugendlichen stetig wachsen, und setzt sich auch in den danach liegenden Jahren unentwegt fort. Neben einer etwaigen weiteren Ausbildung (Lehre, Studium) oder dem beruflichen Alltag fordert auch die Familie Aufmerksamkeit. Diese permanente und dauerhafte Belastung führt zur Schrumpfung des Gehirns.

In der Wissenschaft wird unterschieden in erwarteten und unerwarteten Stress (Pruimboom et al. 2014):

Der erwartete Stress ist evolutionär bedingt und dem Körper seit jeher bekannt: Durst, Hunger, Kälte oder Lebensgefahr. Mit 9 Sinnen (Riechen, Schmecken, Sehen, Hören, Tasten, das Immunsystem, das interozeptive System, Emotionen und Gedanken) (Craig 2004, S. 8; Arnsten et. al. 2012, S. 306) wird die Bedrohung wahrgenommen. Auf diesen erwarteten Stress reagiert der Körper mit einer klassischen akuten Immunreaktion (z. B. Schmerzen, Entzündungen, Schwellungen). Folgende Faktoren haben eine beruhigende Wirkung auf das

Immunsystem: artgerechte Nahrung, Omega-3-Fettsäuren, Entscheidungsfähigkeit, Bewegung, Anwesenheit von Vater und Mutter.

Demgegenüber steht der unerwartete, neuartige Stress: virtueller Stress, Nachrichten, Lärm, nicht artgerechte Ernährung und Bewegungsmangel. Diese Stressoren geben ebenfalls Signale ab, die über die 9 Sinne aufgenommen werden. Aufgrund dieser Signale reagiert der Körper mit vermehrter Durchlässigkeit seiner größten Kontaktfläche zur Umwelt, dem Darm, der eine Außenfläche von etwa 500 m² aufweist (Beckmann und Rüffer 2000).

Als Folge der ständigen und gleichzeitigen Aktivierung des Immunsystems treten niedriggradige Entzündungen auf, welche unzählige Erkrankungen verursachen (Pruimboom et al. 2014, S. 94 ff.). Daraus entsteht ein Teufelskreis, weil die Entzündungsreaktion nicht wie beim erwarteten Stress beendet wird. Das Immunsystem reagiert – abhängig von Alter und Geschlecht – mit verschiedenen Strategien auf den unerwarteten Stress. Je nach Reaktionsverhalten entstehen unterschiedliche Krankheitsbilder bzw. Symptome.

Symptome eines nicht optimalen Immunsystems (Pruimboom et al. 2014, S. 92):

- Sugar Craving
- Chronische Entzündungen
- Unspezifische Schmerzen
- Allergien und Unverträglichkeiten
- Chronische Müdigkeit
- Atemwegserkrankungen und -beschwerden
- Erhöhte Verletzungsanfälligkeit
- Gicht
- Metabolisches Syndrom, Diabetes Typ 2, Bauchfett, Übergewicht
- Bluthochdruck
- Prämenstruelles Syndrom
- Neuro-degenerative Erkrankungen
- Arthrose

11.7 Ein sorgsamer Umgang mit sich selbst

Die körperliche Leistungsfähigkeit liegt nicht ausschließlich an der Nahrungszufuhr, auch die geistige Leistungsfähigkeit darf nicht außer Acht gelassen werden. Manchmal spürt man den starken Drang, sich zu belohnen, sich etwas zu gönnen.

Im ZEN-Buddhismus gibt es einen prägnanten Leitsatz: Körper + Geist = Energie. Die körperliche ist mit der mentalen Gesundheit unmittelbar verbunden. Zwar ist eine Änderung auf körperlicher Ebene ein erster Schritt zur Besserung, für das gesamte Wohlbefinden ist auch die emotionale Balance Ausschlag gebend. Kurz gesagt haben körperliche Beschwerden in der Regel mentale Ursachen, der Körper hat allerdings nur die Möglichkeit, über körperliche Symptome zu kommunizieren. Eine Vertiefung dieses Themas würde jedoch den Umfang dieses Artikels übersteigen.

11.8 Quick-Wins im Fokus der Long-Wins

Schnelle Ergebnisse wirken sich förderlich auf die Motivation und die Leistungsfähigkeit aus. Eine langfristige Optimierung ist unter Einhaltung folgender Empfehlungen möglich:

- Süßwaren, Zucker und zuckerhaltige Getränke aus der Nahrung streichen
- Die ganze Frucht essen – so werden auch die notwendigen Faserstoffe zugeführt
- Glutenhaltige Getreide (Weizen, Roggen, …) meiden
- Genuss von Obst, Gemüse, Beeren, Wurzeln, Kräuter, Nüsse und Fisch erhöhen
- Bewegung in der freien Natur (idealerweise morgens nüchtern)
- Verringerte Mahlzeitfrequenz (pro Woche < 21 Mahlzeiten)
- Geringe Häufigkeit von Naschen, Fernsehen, Shoppen

Werden Sie sich Ihrer evolutionären Grundprägungen bewusst und entfalten Sie ihr volles biologisches Potenzial!

11.9 Über den Autor

Dipl.-Wirt.-Ing. (FH) Gerhard Moser ist „Sprengmeister für Leistungsgrenzen". Die Sportbegeisterung seit der Kindheit hat dazu geführt, dass er sich intensiv mit der körperlichen Leistungsfähigkeit befasst hat. Den heutigen Wissensstand hat er sich in mehr als 15 Jahren autodidaktisch basierend auf wissenschaftlichen Studien und dem Wissen der kPNI erarbeitet. Seit Anfang 2015 widmet er sich hauptberuflich dem (Wieder)Aufbau der menschlichen Leistungsfähigkeit in Form von Seminaren, Vorträgen und Einzelcoachings. Durch Kooperationen mit dem SAN Medical Center in Salzburg, der Sigmund Freud Privatuniversität Wien, Ärzten, Apotheken, Therapeuten, Fitnesscentern aber auch Führungskräften und -trainern werden die Synergieeffekte ausgebaut. Er hält Seminare und Vorträge primär im B2B- sowie im B2C-Bereich. Gerhard Moser ist Co-Autor des Kochbuchs „Kraftstoff – Energiereich, Einfach, Effizient", welches im Herbst 2016 im Eigenverlag erschienen ist und Co-Autor des Buches „Mindful Prevention of Burnout in Workplace Health Management" (Pirker-Binder 2017), welches Ende 2017 erscheint.

Web: www.nexyt.com

Literatur

Arnsten, A., Mazure, C. M., & Sinha, R. (2012) This is your brain in meltdown. *Scientific American, 306*(4), 48–53.

Beckmann, G., & Rüffer, A. (2000). *Mikroökologie des Darms: Grundlagen–Diagnostik–Therapie*. Hannover, Germany: Schlütersche Verlag.

Béliveau, R., & Gingras, D. (2007). Role of nutrition in preventing cancer. *Canadian Family Physician, 53*(11), 1905–1911.

Craig A. D. (2004). Human feelings: Why are some more aware than others? *Trends in Cognitive Sciences, 8*(6):239–241.

Dana Farber Harvard Cancer Center. (Hrsg.) (2016). http://www.dfhcc.harvard.edu/events/detail/event/the-functional-food-centers-20th-international-conference-functional-and-medical-foods-for-chroni/. Zugegriffen: 15. März 2017.

Drewnowski, A. (2017). Nutrient density: Addressing the challenge of obesity. *British Journal of Nutrition, 30*, 1–7. https://doi.org/10.1017/S0007114517002240.

Duke, J. A. (2000). *Handbook of phytochemical constituents of gras herbs and other economic plants: Herbal reference library*. Boca Raton, FL: CRC Press.

Horizonworld (Hrsg.). (2017). Aktuelle Studie zeigt: 7 Mal Gemüse & Obst am Tag ist das neue Maß!. http://www.horizonworld.de/aktuelle-studie-zeigt-7-mal-gemuese-obst-am-tag-ist-das-neue-mass/. Zugegriffen: 10. März 2017.

Jones, T. A., & Jefferson, S. C. (2011). Reflections of experience-expectant development in repair of the adult damaged brain. *Developmental Psychobiology, 53*, 466–475. https://doi.org/10.1002/dev.20557.

Kharrazian, D. (2013). *DHSc, DC, MS – Why isn't my brain working*. Carlsbad: Elephant Press.

Mensink, H., Richter, A., Stahl, A., Vohmann, C., Fischer, J., et al. (2007). Forschungsbericht Ernährungsstudie als KiGGS Modul (EsKiMo) Berlin, Paderborn, Robert-Koch-Institut, Universität Paderborn, Nationale Verkehrsstudie II, Teil 2. Veröffentlichung des Bundesministeriums für Ernährung, Landwirtschaft und Verbraucherschutz 2008.

Pirker-Binder, I. (Ed.) (2017). *Mindful prevention of burnout in workplace health management*. Wien: Springer.

Pruimboom, L. et al. (2014). *Wirk-Kochbuch*. Hohenems-Wien-Vaduz: Bucher Verlag.

Statistischen Bundesamt Deutschlands (2017). Gesundheitsausgaben nach Leistungsarten. https://www.destatis.de/DE/ZahlenFakten/GesellschaftStaat/Gesundheit/Gesundheitsausgaben/Tabellen/Leistungsarten.html. Zugegriffen: 10. März 2017.

Wikipedia. (2017). https://de.wikipedia.org/wiki/Ernahrungspyramide. Zugegriffen: 10 Marz 2017.

Yang, B. Z. et al. (2013). Child abuse and epigenetic mechanisms of disease risk. *American Journal of Preventive Medicine, 44*(2), 101–107. https://doi.org/10.1016/j.amepre.2012.10.012.

Wertebewusstsein: Die mentale Tankstelle

12

Boris Springer

Inhaltsverzeichnis

12.1	Einleitung	209
12.2	Werte? Werte!	211
12.3	Lassen sich Werte priorisieren?	212
12.4	Wertedenken ist gesund!	214
12.5	Chefsache Werte	216
12.6	Eine Frage der Einstellung	220
12.7	Im Wandel der Zeit	222
12.8	Wertschätzende Kommunikation	223
12.9	Werte: Immer und überall!	225
12.10	Über den Autor	226

12.1 Einleitung

Die Weltwirtschaft steht – wieder einmal – vor einem großen Umbruch. Genauer gesagt, befindet sie sich bereits mittendrin. Nicht nur, aber auch weil ihre beiden maßgeblichen Motoren stottern. In Europa wird die so genannte Bankenkrise, in den USA neben weiteren Ursachen die dramatische Verschuldung als Auslöser der großen wirtschaftlichen Herausforderungen angesehen.

Wieder einmal bewahrheitet sich die Entdeckung Nikolai Kondratieffs, nach der die Marktwirtschaft seit mindestens Ende des 18. Jahrhunderts Schwankungen mit einer Periodenlänge von etwa 40 bis 60 Jahren unterliegt. Diese werden Kondratieffzyklen genannt.

Dr. B. Springer (✉)
e-mail: info@werte-trainer.com

© Springer Fachmedien Wiesbaden GmbH 2018
P. Buchenau (Hrsg.), *Chefsache Gesundheit I*,
https://doi.org/10.1007/978-3-658-16580-2_12

Der „fünfte Kondratieff", das Zeitalter der Kommunikations- und Informationstechnologie, ging Anfang des neuen Jahrtausends zu Ende. Seitdem findet sich die Menschheit am Anfang einer neuen Ära wieder. Empirische Untersuchungen zeigen, dass die ganzheitliche Gesundheit Thema und Inhalt des neuen, sechsten Kondratieffs wird.

Die Ursachen für diese Entwicklung sind vielfältig. Am populärsten ist die Erkenntnis, dass die Bevölkerung altert und somit einen Bedarf an unterstützenden Leistungen entwickelt. Alleine daraus ergibt sich schon ein gigantischer Markt für Erhalt und Wiedergewinnung der körperlichen Gesundheit (direkte Beschäftigung durch bspw. Mediziner sowie indirekt z. B. für Entwicklung und Herstellung von Medikamenten). Außerdem wächst ein großer Dienstleistungsmarkt im Pflege- und Betreuungs-Sektor heran sowie ein Markt für technische Hilfsmittel mit dem Ziel, die Selbstständigkeit der Menschen weitestgehend zu erhalten („Ambient Assisted Living"). Beide werden qualitativ wie quantitativ zunehmen und vor allem den psychosozialen Anforderungen betagter Menschen Rechnung tragen.

Ebenso bekannt ist die Anforderung an neue Medikamente. Durch die beiden letzten Kondratieffzyklen (vierter Kondratieff: Individuelle Mobilität, fünfter Kondratieff: Kommunikation und Information) ist die Erde „klein" geworden, die Wege sind kurz und Krankheiten haben sich rund um den Globus ausgebreitet. Unter anderem werden multiresistente Keime die Menschheit noch lange beschäftigen.

Weniger im Fokus stehen derzeit noch die psychischen Erkrankungen. Auch wenn der Begriff des „Burnout" mittlerweile in aller Munde ist, werden hauptsächlich körperliche Erkrankungen therapiert – häufig ohne Erforschung ihrer Ursachen und bei bekannter Ursache oft ohne kausalen Therapieerfolg. Es ist einleuchtend, dass diese Entwicklung nur von eher kurzer Dauer sein kann und die reine Behandlung körperlicher Symptome bald an ihre Grenzen stößt. Die tatsächliche Erfolgsgeschichte der nächsten Jahrzehnte wird die Erforschung und Behandlung der seelischen und geistigen Belastungen des Menschen. Neben der immer ungesünderen Lebensweise (den beiden letzten Kondratieff-Zyklen sei „Dank") hat sich in allen Lebensbereichen und in allen Bevölkerungsschichten der psychische (Leistungs-)Druck derart verstärkt, dass die Belastungen zunehmend krank machen. Sie führen zu Stresssymptomen verschiedenster Art bis hin zu Depressionen und dem schon angesprochenen Burnout und bedingen somatische Erkrankungen wie bspw. Rücken- und Kopfschmerzen. Fatal ist, dass nicht erst Erwachsene im Berufsleben betroffen sind, sondern bereits Schüler und junge Erwachsene in ihrer Ausbildung.

Im Berufsleben ist die psychische Belastung des Menschen dramatisch gestiegen. Während ergonomisch optimierte Arbeitsplätze direkte körperliche Schäden mindern oder gar verhindern, wächst der psychische Druck. Ursachen dafür sind unter anderem die immer kürzer werdenden Innovationszyklen, denen sich Berufstätige anzupassen haben. Auch der gestiegene Leistungsdruck trägt dazu bei. Jede(r) muss heute bereits für sich mehr leisten, Multitasking-fähig sein, dazu wird die vorhandene Arbeit aufgrund von Kostendruck und damit verbundenem Stellenabbau auf immer weniger Schultern verteilt.

Hier ist an verschiedenen zentralen Stellen anzusetzen. Eine davon ist das Arbeitsklima. In einer Wohlfühl-Atmosphäre arbeiten Menschen besser, schneller und entspannter. Wenn das Umfeld stimmt, konzentriertes Arbeiten möglich ist, sich alle auf andere verlassen können und wenn sie gerne arbeiten – besonders, wenn sie darin einen Sinn sehen. Das alles betrifft die Wertewelt des Unternehmens und damit auch die Wertewelt aller seiner Mitarbeiter.

Die bedeutsamsten Komponenten eines wirksamen, gelebten Wertedenkens sind Demut, Respekt, Achtung und Wertschätzung materieller und immaterieller Werte anderer, die sich im jeweils geltenden Rechtssystem befinden. Ergänzt um das Wissen des eigenen Selbstwertes. Vervollständigt wird die eigene Wertekultur durch die gesellschaftlichen, Gruppen- und individuellen, persönlichen Werte, in deren Zusammensetzung sich Menschen unterscheiden. Schon das Bewusstmachen der eigenen Werte ist eine spannende Aufgabe, erst recht, wenn es um deren Einordnung in diejenigen des Umfeldes geht.

Denn jeder lebt mit und in einem Wertemuster, das durch das Verhalten aktiv bedient wird. Jedes subjektive Signal, das – verbal wie nonverbal – ausgesendet wird, demonstriert das persönliche Wertedenken. Sich selbst gegenüber und anderen gegenüber. Und gleichzeitig erfährt jeder durch das Zusammentreffen mit den Mitmenschen deren Werte. Unbewusst oder bewusst wird deren Verhalten registriert und in die persönliche Wertewelt eingeordnet. Übereinstimmendes Wertedenken entspannt und fördert dadurch die Produktivität, vor allem trägt es auch zum Erhalt der psychosozialen Gesundheit bei.

Im Folgenden geht es um Werte: ihre Bedeutung und die Wirkung von gelebtem Wertebewusstsein sowie dessen Beitrag zur psychischen Gesundheit, vor allem in Unternehmen. Und es geht um den Zeiten- und den damit verbundenen Wertewandel, abgerundet durch Anregungen zum Einstieg ins Werteleben oder dessen Verbesserung.

12.2 Werte? Werte!

Menschen leben heutzutage als soziale Wesen in einer Gemeinschaft, die geprägt ist vom Miteinander, vom sozialen Denken und vielfältigen gegenseitigen Vernetzungen. Dieses Zusammenleben bedingt eine gegenseitige Rücksichtnahme und hat schon vor Jahrtausenden zur Entstehung von Riten und Gebräuchen geführt, die das gemeinschaftliche Leben zunächst angstfrei und erträglich, dann sogar harmonisch machten. Als ein Relikt aus der grauen Vorzeit sei das Händeschütteln zur Begrüßung genannt, bei dem keiner der heute Beteiligten wirklich dem anderen demonstriert, keine Waffen zu tragen. Die – wenn auch nur angedeutete – Verbeugung ist eine Form der Ehrerbietung und freundliche Begrüßungsworte („Guten Tag" oder „Wie geht es Ihnen?") zeigen Wertschätzung, selbst wenn keine ehrliche, ausführliche Antwort erwartet wird.

Gelebtes Wertedenken ist das Ausüben von sozialen Handlungen. Der Philosoph Prof. Dr. Wilhelm Vossenkuhl nennt Werte wie Normen, Rechte und Sitten „soziale Tatsachen". Diese Werte sind immateriell. Sie sind die Gründe für die zwischenmenschlichen Aktivitäten und demonstrieren den Mitmenschen die persönlichen Vorstellungen vom respektvollen Miteinander und was sie als Person dem anderen „wert" sind. Die Werte jedes Einzelnen entstammen der Erziehung, dem gesellschaftlichen Umfeld und der eigenen Lebenserfahrung. Sie werden erlernt und ausprobiert und unterliegen einem Wandel, der weiter unten noch thematisiert wird. Wertebewusstsein zeigen heißt, sich in die Gesellschaft einpassen zu wollen, indem alle anderen und ihre (materiellen wie immateriellen) Werte geschätzt und geachtet werden. Es heißt auch, Respekt und Demut zu zeigen.

Dabei gibt es eigene, subjektive und eher allgemeingültige, gesellschaftliche Wertevorstellungen. Letztere sind „aktuell objektiv" (mehr dazu im Kapitel zum Wertewandel). Allgemeingültige Basis jedes Wertedenkens ist der kategorische Imperativ von Immanuel Kant („Handle nur nach derjenigen Maxime, von der du zugleich wollen kannst, dass sie ein allgemeines Gesetz werde"). Unschwer ist die für gesellschaftliche Werte wichtige Objektivierung erkennbar, die allerdings bei subjektiven Wertevorstellungen in dieser Form nicht immer greifen kann.

In jedem Fall ruht echtes und authentisches Wertedenken auf mindestens vier wichtigen Säulen. Positives Denken ist die erste wichtige Voraussetzung. Nur wer positiv denkt, kann anderen wertschätzend begegnen. Im Umkehrschluss folgt gelebtem Wertebewusstsein wiederum positiveres Denken. Die zweite Säule ist das unbedingte Vertrauen in die Mitmenschen. Vertrauen als Vorschuss, nicht als Ertrag oder Ergebnis von Geschehenem. Wertearbeit ist die dritte notwendige Säule. Ja, Arbeit. Die aktive Überprüfung eigener Werte sowie die Beobachtung des sozialen Umfeldes und die Werte anderer Menschen sowie der Gesellschaft an sich. Und zu guter Letzt ist es das Tun, das die persönliche Wertehaltung belegt. Darüber reden ist nichts, danach handeln ist alles.

Und wofür das Ganze? Für das seelische Gleichgewicht, das gute Gefühl, den Stressabbau und das so essenzielle mentale Auftanken. Für schnellere und tiefere Entspannung, Zufriedenheit, Gelassenheit, bessere Konzentration. Für die Reduktion oder gar die Verhinderung von körperlichen Folgeschäden seelischer Belastungen. Und für die Mitmenschen, die mehr machen als sich nur am Wertedenken der Anderen erfreuen, indem sie sich sogar infizieren lassen und ihr Verhalten positiv verändern. Ein sich zwangsläufig auch noch einstellender persönlicher wirtschaftlicher Nutzen von Wertedenken ist die Folge einer gelebten Wertekultur in Unternehmen.

12.3   Lassen sich Werte priorisieren?

Werte sind wie Wetter: immer vorhanden. Es gibt immer irgendein Wetter, es gibt immer irgendwelche Werte. Genau so, wie man nicht nicht kommunizieren kann (Paul Watzlawick), geht es nicht ohne Werte. Dabei ist lediglich die Frage, welcher Art und welcher Qualität diese Werte sind. Es gibt objektiv gültige Vereinbarungen und Regeln, die das Miteinander prägen, angefangen bei den Gesetzen, die das Leben in einer Gesellschaft erst ermöglichen. Daneben gibt es auch subjektive Haltungen, die sich nicht zwangsläufig mit denen anderer Menschen decken. Oberste Maxime ist dabei immer die Achtung der Werte anderer. Dabei bleibt diese Haltung immer freiwillig; sie nicht einzuhalten, kann Konsequenzen unterschiedlicher Qualität haben. Beispielsweise hat das unpünktliche Erscheinen zu einer Verabredung – wenn überhaupt – geringere Folgen als die Missachtung von Gesundheit oder gar Leben anderer Menschen.

Im Laufe der gesellschaftlichen Entwicklung hat sich teilweise eine Priorisierung von Werten herauskristallisiert. Diese kann individuell, gruppen- oder unternehmensspezifisch sein. Nicht alle Werte können jedoch gegeneinander aufgewogen werden. Sie sind – sowohl gesellschaftlich als auch individuell betrachtet – je nach Betrachter und Sichtweise unterschiedlich wichtig. Dabei sind sie selbstverständlich alle miteinander verwoben, alleine schon in ihrer Wirkung auf eine gegebene Person oder Gruppe.

Allen Werten voran steht das eigene Leben, gefolgt von der Gesundheit. Eine Be„wert"ung des Lebens an sich ist müßig, solange die Ansichten von Exoten wie Selbstmördern außen vor gelassen werden. Bereits bei der Gesundheit gibt es jedoch schon unterschiedliche Ansichten in Abhängigkeit bspw. von Alter und aktuellem Gesundheitszustand – auch hier unter Vernachlässigung von bewussten Negativ-Handlungen wie z. B. Selbstverstümmelungen. Immerhin besteht allgemeiner Konsens darin, so lange wie möglich so gesund wie möglich bleiben zu wollen. Wie subjektiv diese Betrachtung jedoch ist, zeigt sich schon bei dem Beispiel des Rauchens. Das besitzt bei vielen Menschen einen hohen Stellenwert (Genusswert). Dabei sei dahingestellt, ob Rauchen tatsächlich ein Genuss sein kann. Fakt ist, dass Abermillionen von Menschen alleine in Deutschland das Rauchen – zumindest im Moment des Nachgebens beim Verlangen nach einem Glimmstängel – als wichtiger ansehen als ihre Gesundheit.

Über die Medien betonen einflussreiche Mitglieder der Gesellschaft immer wieder die besondere Bedeutung der Gesundheit. Da ihre Appelle meist ungehört verhallen, tragen hier schon alleine deswegen die Führungskräfte in den deutschen Unternehmen eine besondere, auch edukative Verantwortung.

Bei den weiteren wichtigen allgemeinen und nach Leben und Gesundheit zuerst genannten Themen entfällt bereits eine objektive Priorisierung. Ist Freiheit (Wer ist tatsächlich „frei"?) wichtiger als Glück (Was ist objektives Glück?) oder als Arbeit (Wie passt Arbeit zum jeweiligen Menschen? Beeinträchtigt die Arbeit die Gesundheit? Welche Bezahlung ist angemessen? Etc.)?

Mit den persönlichen Einstellungen verhält es sich ebenso. Welche ist wem wichtig? Welchen Preis ist jemand bereit dafür zu bezahlen? Prominentes Beispiel sind Eigenverantwortung und Selbstdisziplin. Hoch angesehen, von jedem – bei anderen(!) – verlangt, allerdings vom Einzelnen persönlich dann (gelinde gesagt) nur suboptimal umgesetzt. Der Aufruf des Alt-Bundespräsidenten Roman Herzog, dass durch Deutschland ein Ruck gehen müsse, fand daher ein großes Echo, blieb aber nur eine Worthülse. Keiner wollte Vorreiter sein, alle haben auf die Taten anderer gewartet.

Zu jeder Zeit hat jede Gesellschaft favorisierte Werte und Normen, die besonders hoch gehalten, aber – wenn überhaupt – zumindest nicht von allen getragen werden. Denn je größer eine Gemeinschaft ist, desto eher raufen sich (anarchische) Gruppierungen zusammen, die ihre eigenen Regeln aufstellen. Vor allem ist eine langlebige und allgemein akzeptierte Priorisierung unmöglich, wenngleich sich leichte von schweren Verstößen unterscheiden lassen. Wird nur kollektiven Konventionen zuwidergehandelt (als Beispiel seien die langen Haare von Männern in den Sechzigerjahren genannt), kann die Gesellschaft lediglich den moralischen Zeigefinger erheben. Hingegen hat sie bei Gesetzesverstößen die Möglichkeit rechtlicher Sanktionen.

Die Herausarbeitung bestimmter, besonders wichtiger Werte und deren Rangfolge bleibt immer individuell oder (klein-)gruppenspezifisch. Jeder Mensch hat seine eigenen Vorstellungen, bei Gruppen unterscheidet sich das gelebte Wertebewusstsein in freiwilligen von demjenigen in Zwangsgemeinschaften. Erstere sind in der Regal private Kreise, die Zweitgenannten z. B. Unternehmen. Von Interessengemeinschaften kann sich jeder schnell lösen, beim Arbeitsplatz ist das ungleich schwerer.

Festzuhalten bleibt, dass eine Priorisierung von Werten nur Einzelpersonen oder (kleinen) Gruppen möglich ist. Einer größeren Gemeinschaft ist das (ausgenommen „Leben" und teilweise „Gesundheit") unmöglich.

12.4 Wertedenken ist gesund!

Trotz aller Anstrengungen zur ergonomischen Optimierung von Arbeitsplätzen kann körperliche Arbeit krank machen. Das ist bei schwerer Arbeit genauso der Fall wie bei Tätigkeiten, für die der Mensch physiologisch nicht ausgestattet ist, und bekanntlich ebenso bei nur auf den ersten Blick bequemen Dauerbelastungen wie Schreibtischarbeit. Hinzu kommen die arbeitsbedingten psychischen Belastungen im Beruf aufgrund von Termin- und Leistungsdruck, Arbeitsmenge, Quotenerfüllung, Arbeitszeiten etc.

Zu diesen ohnehin schon bestehenden Belastungen kommen zwischenmenschliche Herausforderungen hinzu. Ob kleines Unternehmen oder Konzern, ob Händler oder Dienstleister, ob kleines oder Großraumbüro: In jedem Unternehmen treffen Mitarbeiter auf andere Menschen, mit denen sie sich möglichst effektiv zum Wohle des Unternehmens (und damit auch zur Sicherung ihres eigenen Arbeitsplatzes) ergänzen sollen. Die Mitarbeiter eines Unternehmens bilden somit eine Zweckgemeinschaft, die sich zur Umsetzung der Unternehmensziele zusammengefunden hat. Damit ist keinesfalls gesagt, dass sie menschlich oder gar privat miteinander harmonieren müssen.

Diese Zwangsgemeinschaft kann bei funktionierenden Teams inspirierend wirken, im umgekehrten Fall jedoch Stress verursachen und krank machen. Denn Fakt ist, dass zwar die unmittelbar durch die Arbeit entstandenen körperlichen Beschwerden aufgrund der angesprochenen ergonomischen Verbesserungen immer weiter zurückgehen, jedoch die Menge der psychischen Erkrankungen ebenso wie die der psychosomatischen (d. h. körperliche Beschwerden mit mindestens teilweise psychischen Ursachen) zunimmt. Hier gilt es für die Unternehmen, gegenzusteuern (siehe auch Folgekapitel „Chefsache Werte").

Eine herausragende Bedeutung kommt in diesem Zusammenhang der vom Menschen gefühlten Wertschätzung zu. Wie die Person und wie ihre Werte von anderen respektiert werden. Je ernster sich jemand genommen fühlt, je mehr sein Urteil gefragt ist und vor allem je mehr Sinn diese Person in der eigenen Tätigkeit erkennt, umso besser geht es ihr. Dabei ist (gelebtes!) Wertebewusstsein der beste Motivator.

Einen hohen Stellenwert zu haben macht auch stolz. Es beruhigt auch ungemein und gibt Sicherheit. Es lässt einen die Arbeit leichter, schneller und besser machen, unabhängig von Position und Tätigkeit des Menschen. Besondere Achtung wird anderen Menschen beim begründeten(!) Lob entgegengebracht. Jemandem für seine Tätigkeit ein Lob zu spenden ist kostenlos. Es ist etwas Herausragendes, nicht Alltägliches, das mindestens zwei Menschen erfreut: den Lobenden und den Gelobten. Dabei ist es unerheblich, wer welche Position hat. Loben ist in alle Richtungen möglich, auch wenn es meist nur – wenn überhaupt – Mitarbeitern gegenüber eingesetzt wird. Wie wäre es, einen Kollegen, einen Geschäftspartner, einen Kunden zu loben? Und: Wer hat wann zuletzt den eigenen Chef gelobt?

Jede Form positiver menschlicher Zuwendung in Form von Wertschätzung trägt sowohl zur psychischen Gesunderhaltung bzw. Gesundung als auch zur Harmonie bei. Wichtig ist in diesem Zusammenhang, dass dieser Zustand keinem „Kuschelfaktor" gleicht, bei dem jede Form von Leistung oder gar der Respekt vor anderen Menschen, ihrer Arbeit und ihren (materiellen wie immateriellen) Werten verloren geht! Vielmehr geht es darum, durch Wertedenken ein harmonisches Klima von Authentizität, Ausgeglichenheit, Verlässlichkeit, Vertrauen und eben auch Respekt und Demut aufzubauen und zu erhalten. Erst dieses gelebte Gesamtbild trägt zur Gesundheit bei, denn werteorientiertes Denken und Handeln reduziert in hohem Maße psychische Belastungen und leistet damit einen bedeutsamen Beitrag für Schutz, Bewahrung und ggf. Wiederherstellung dieses hohen menschlichen Wertes.

Denn eines ist sicher: Die oben genannte Zunahme psychischer und psychosomatischer Erkrankungen überfordert Ärzte in deren Behandlung. Es fehlt ihnen zum Teil das nötige Wissen, zudem honoriert das deutsche Gesundheitssystem nicht die Gesundung ihrer Patienten, sondern lediglich deren Behandlung. Dabei haben mehr als zwei Drittel aller Krankheiten psychische Ursachen! Die Behandlung von Symptomen mit bunten Pillen ist da sicherlich kein guter Weg.

Nachfolgend seien drei Beispiele positiver Auswirkungen gelebten Wertebewusstseins auf die Psyche der Beteiligten genannt:

1. Abblocken psychischer Belastungen: Die Berufstätigen sind psychischen Herausforderungen unterschiedlichster Qualität und Quantität ausgesetzt. Entscheidend ist dabei der Umgang mit diesen Störfeuern. Nur wer sich gut aufgehoben fühlt, im Unternehmen in einer intakten Wertewelt lebt und einen gut ausgeprägten Selbstwert besitzt, ist stark genug, den Widrigkeiten gelassen und wirkungsvoll zu begegnen. Diese Fähigkeit, Resilienz genannt, erfordert neben einem hohen Selbstwert zusätzlich die Kenntnis der eigenen Kompetenzen und deren bewussten und zielorientierten Einsatz.
2. Verhinderung von Krankheiten: Negativer Stress, der sogenannte Disstress, schwächt das Immunsystem. Selbst wer diesen Einflüssen meist widerstehen kann (siehe Resilienz), erliegt ihnen manchmal doch. Hier ist das oberste Ziel die Stärkung der Immunabwehr mit unterschiedlichsten Mitteln. Neben aktiver Stressvermeidung, gesunder Ernährung und sinnvoller körperlicher Aktivität ist der Besuch an der mentalen Tankstelle besonders wirkungsvoll. Jeder, der sich rundherum wohl und gut aufgehoben fühlt als Person und für die geleistete Arbeit von anderen Menschen geachtet wird, sich selber liebt und wertschätzt, ist gelassener, entspannter und glücklicher. Das ist

die beste Voraussetzung für eine optimale Immunabwehr. Warum wohl werden frisch Verliebte nicht krank?
3. Erhöhung des Wohlfühlfaktors und Stärkung des positiven Denkens: Eine wertschätzende Einstellung und der aktive und praktische Einsatz der eigenen, positiven Wertvorstellungen hat diverse, unglaublich positive Effekte: Andere Menschen werden erfreut, die zwischenmenschliche Atmosphäre wird entspannt und der eigene Wohlfühlfaktor steigt. Positives Denken ist als Rückkopplung gleich mit dabei. Denn positives Denken fördert Wertschätzung, die wiederum das positive Denken fördert. Daraus ergibt sich die Bedeutung des positiven Denkens als eine der vier Säulen für authentisches Wertedenken.

Resilienz, Stressabwehr und positives Denken sind ebenso lernbar wie das sie unterstützende wertschätzende Verhalten. Es sind keine angeborenen Fähigkeiten, sondern mit mehr oder weniger geistigem Aufwand erwerbbare Kompetenzen.

Wertebewusstsein trägt viel zur psychischen Hygiene bei, die in hohem Maße auch psychosomatische Beschwerden positiv beeinflusst. Häufige Besuche an der mentalen Tankstelle namens Wertedenken erhöhen die Gesundheit. Und eine Folge der Einführung von Werten in Unternehmen und ihres dortigen aktiven Einsatzes ist die Reduktion der internen Kosten. In der Folge liefern Werte einen konstruktiven und großen Beitrag zur Gesundheit – auch in ihrer Bedeutung als gesellschaftliche Herausforderung.

12.5 Chefsache Werte

Eine erfolgreiche und dauerhafte Einführung gelebten Wertebewusstseins in Unternehmen ist Aufgabe der Geschäftsleitung. Die erste Voraussetzung für diesen Schritt ist, den Nutzen und die enorme Bedeutung von Wertedenken zu erkennen. Danach ist die Frage zu beantworten, wie wirtschaftsethisches Verhalten mit ökonomischen und anderen Unternehmenszielen übereinzubringen ist. Dazu ist ein erfolgreicher Transfer von der Vision zur Strategie und auf die operative Ebene erforderlich. Gleichzeitig sind Mitarbeiter für das Wertedenken zu gewinnen, auch, indem sie von Beginn an in diesen Prozess aktiv eingebunden sind.

Wirtschaftsethik ist in aller Munde. Daher setzen immer mehr Unternehmen vermeintlich werbewirksam darauf. Sie kommunizieren nach außen, dass sie Gutes tun, die Umwelt erhalten, ihre Mitarbeiter fürsorglich pflegen und den Kunden als ihren König betrachten. Einige haben das bereits umgesetzt, andere sind auf einem guten Weg. Wieder andere haben noch großes Steigerungspotenzial, die Anfragen von verantwortlichen Unternehmensvertretern gleichen teilweise Hilferufen, weil dort sehr viel im Argen ist. Spannend, teilweise fast erheiternd sind die von zahlreichen Unternehmen gewonnenen Erkenntnisse aus ihrem lediglich der – wirtschaftlich interessant erscheinenden – „Werte-Mode" folgenden Aktionismus. Die Investitionen in derlei Aktivitäten sind Gift für die Kostenseite und verpuffen in ihrer Wirkung nutzlos. Wertevolles Unternehmertum als nettes Beiwerk, nicht aber als Betriebskultur.

Echter Nutzen ergibt sich nur in einer tatsächlichen, d. h. gelebten Wertekultur, die wohlüberlegt und konsequent eingeführt wird. Größter Gewinner ist dabei der Mensch, der in wertebasierten Unternehmen gerne arbeitet, vor allem, wenn ihm der Sinn seiner Tätigkeit klar ist. Zufriedene Menschen wissen, dass auch ihre Tätigkeit „Arbeit" ist, dennoch sind sie fröhlicher, belastbarer und widerstandsfähiger (resilient, s. o.). Sie haben weniger Fehlzeiten als andere, sind somit seltener krank und sind unternehmenstreuer. Und sie fühlen sich im Tagesgeschäft eher fair behandelt.

Werte schaffen positive Emotionen, durch die automatisch mehr geleistet wird. Leistungsbereitschaft und Wohlbefinden korrelieren eng, besonders, wenn der Sinn des Handelns bekannt ist und intrinsische (also Eigen-)Motivation vorhanden ist. Das führt neben dem eben Genannten zu einer deutlichen Senkung der Personalkosten. Weitere Kosten werden eingespart durch Folgeerscheinungen wie geringere Kosten für die Mitarbeiter-Akquise (Unternehmenstreue), weniger Sabotage, optimierte interne Kooperationen, mehr und bessere Innovationen durch Mitarbeiter und geringeren Materialeinsatz. Diese Ersparnisse sind dauerhaft und erhöhen die Unternehmensgewinne.

Auch die Außendarstellung – sowohl in eigenen als auch in externen Veröffentlichungen – wird Quantensprünge erleben. Nicht nur deshalb hat wertebasierte Arbeit eine besondere Relevanz für die Außenwirkung. Dass der Kultur der „Servicewüste Deutschland" entgegengearbeitet wird, ist dabei eher ein Nebenprodukt. Denn ein nachhaltig und ethisch korrekt arbeitendes Unternehmen (z. B. bei Einkauf, Rohstoffen, Produktion, Fuhrpark, Kommunikation, Umgang mit Geschäftspartnern und Kunden) baut schnell ein positives Image auf, das tatsächlich Wirkung zeigt. Es wird zum gesellschaftlichen Vorbild, das Maßstäbe setzt, die die wirtschaftliche Bedeutung von Umsatz- und Gewinnzahlen bei weitem übertreffen.

Daraus ergeben sich zwangsläufig und unaufhaltsam zwei weitere Entwicklungen: Die Bedeutung der Werteorientierung wird im Unternehmen weiter wachsen, außerdem zieht es immer mehr gute Mitarbeiter an, die diese Entwicklung weiter beschleunigen.

Das beantwortet schon einen großen Teil der zweiten eingangs gestellten, immer wieder auftauchenden Frage, ob und wie sich ökonomische Belange mit ethischem Verhalten übereinbringen lassen. Die Befürchtung lautet meist, die ökonomischen Ziele seien potenziell in Gefahr, wenn konsequent werte- und nachhaltig gedacht und gearbeitet würde. Hinzu kommt die Befürchtung, dass die teilweise geistig anspruchsvolle und zeitintensive Phase des Umdenkens zur Belastung würde. Das Manager-Originalzitat „Ich bin so in das operative Geschäft eingebunden, da habe ich für so etwas wie Werte- oder Zeitmanagement keine Kapazität!" erinnert fatal an die altbekannte Geschichte des Waldarbeiters, der vor lauter Arbeit mit seinen stumpfen Sägen deren Schärfen vernachlässigt.

Tatsächlich ist es nicht primär entscheidend ob, sondern wie sich die Einführung von Wertedenken im Unternehmen vollzieht. Hierin enthalten sind selbstredend auch die Anforderungen an die ökonomischen Ziele, Art und Dauer der Einführung und besonders auch die hoffentlich großen Übereinstimmungen mit den individuellen Zielen der Beschäftigten bzw. einzelner Gruppen. Denn eines ist klar: Wird im Unternehmen an wichtigen Schaltstellen eine eventuell vorhandene Ellenbogen-Mentalität beibehalten oder werden alte, Werte missachtende Zöpfe nicht abgeschnitten, droht dieser Unternehmung, ja dem ganzen Unternehmen auf Dauer das Scheitern. So wie die schönsten Äpfel aus dem Korb irgendwann im Müll landen, wenn ein fauler zwischen ihnen verbleibt.

Daher ist die Einführung eines Werte-Managements im Unternehmen kein Ad-hoc-Prozess. In jedem Fall liegt sie in der Verantwortung der obersten Leistungsebene. Das impliziert unter anderem, dass sie von der Unternehmensleitung initiiert, begleitet und offen kommuniziert wird. Und dass diese Novation und ihr Nutzen auch und vor allem gegenüber Mitarbeitern schlüssig begründet wird. Im Besonderen heißt das, dass ihre Inhalte von Beginn an vorgelebt werden! Für die Einführung haben sich zwei mögliche Wege bewährt: die rechtzeitige Ankündigung einer Einführung gefolgt von der Erstellung eines Wertekodex mit allen Mitarbeitern oder vorgeschaltet dessen Erarbeitung durch die Unternehmensleitung und nachfolgend die tatsächliche Umsetzung im gesamten Unternehmen. Die Grundlage für die Entscheidung für eine der genannten oder ggf. auch eine andere Strategie sind unternehmerische, individuelle und situative Kriterien. Das reine Ausdrucken von „Zehn Geboten" und ihr Aushang im Empfang verursacht dagegen mit hoher Wahrscheinlichkeit eher kontraproduktives Verhalten.

Als Basis für die Einführung dient eine vorhandene „Compliancekultur" im Unternehmen (Compliance = Einhaltung von Gesetzen und Richtlinien). Auf ihr kann unternehmens- und personenspezifisch aufgebaut werden, immer unter ausdrücklicher Beachtung der ökonomischen Unternehmensziele. Besondere Bedeutung haben dabei auch die gesundheitlichen Belange aller Beschäftigten (Wert „Gesundheit"), die wiederum in die des Unternehmens mit einfließen müssen. Als Beispiel sei hier das Arbeiten mit giftigen Stoffen genannt. Sind diese unverzichtbar, weil es bspw. keine ökologisch unbedenkliche Alternative gibt, so genießt die Gesundheit der damit arbeitenden Mitarbeiter absoluten Vorrang.

Abgesehen von der Gesundheit hat die Geschäftsleitung in sämtlichen sonstigen Belangen, in denen Wertedenken zu Überschneidungen oder gar Konflikten führt oder führen könnte, für einvernehmliche Lösungen zu sorgen. Ist das unmöglich, ist eine Abwägung und ggf. subjektive Priorisierung vorzunehmen.

Dann bleibt noch die gewaltige Herausforderung, die Mitarbeiter für diesen neuen Weg zu begeistern. Denn die reine Kommunikation des neuen Vorhabens ist das eine, die tatsächliche Umsetzung das andere, wobei die adäquate Wahl von Zeitpunkt und Modus dieses Prozesses großen Einfluss auf dessen Erfolg hat. Denn jeder Wechsel stellt hohe Anforderungen an Mensch und Organisation und löst überdies Ängste aus.

Je dringender und je wichtiger die Einführung eines Wertemanagements im Unternehmen ist, umso drastischer sind die Änderungen für die Mitarbeiter. Der immer wieder gerne gehörte Wunsch des einfachen „Wir kommunizieren, dass das ab jetzt anders wird" kann ohne Begleitung nur selten erfolgreich sein. Es ist auch ein Zeichen der Wertschätzung den eigenen Mitarbeitern gegenüber, wenn ihnen – so sinnvoll Innovationen auch sein mögen – Neuerungen nicht einfach übergestülpt werden, sondern wenn sie in die Veränderungen persönlich einbezogen werden. Selbst wenn die ersten Schritte (z. B. ein erster Entwurf eines Wertekodex) von der Unternehmensleitung bereits durchgeführt wurden.

Denn wie sollte eine Wertekultur greifen, die wenig wertschätzend implementiert wird? Unabdingbar ist daher als erstes die Kommunikation des Nutzens des neuen Weges an sämtliche involvierte Personen. Die Entscheidung für ein Vorgehen, ob direkt, in Staffeln oder in Kaskaden, ist selbstverständlich unternehmensspezifisch – unter Berücksichtigung der „ethischen Vorkenntnisse" der Mitarbeiter.

Unabhängig von der Wahl des beschrittenen Weges ist vor allem die Einbindung bereits vorhandener, der Zielführung dienender Werte wichtig. Denn vieles ist schon richtig und wichtig, auch wenn es bislang nicht unter dem Wertebegriff geführt wurde. Diesen neuen, optimierten Weg zur Verbindung von Bewährtem und Neuem gilt es nun zu beschreiten. Als dafür besonders hilfreich und sinnvoll hat sich das Herausarbeiten der vielfältigen Vorteile unter Betonung der tatsächlichen, persönlichen Gewinne der Mitarbeiter herausgestellt.

Hierbei liegt der Fokus auf der Vermittlung von Sinnfindung („Warum tue ich, was ich tue?") und Gesundheit („Was bringt Wertedenken meiner psychischen und auch physischen Gesundheit?"). Eine Ergänzung um den Nutzen, den eine Wertehaltung auch im privaten Bereich hat, ist dabei hilfreich.

Wird der Weg beschritten, dass zuerst seitens der Unternehmensleitung ein Wertebild entwickelt wird, so ist auch hier eine verständliche Kommunikation die erste Voraussetzung für größtmögliche Akzeptanz. Es geht dabei vor allem zunächst um allgemein akzeptable bzw. sogar akzeptierte Begriffe. Bspw. haben prominente Persönlichkeiten in einer Befragung der Wertekommission e. V. unter anderem Nachhaltigkeit, Integrität, Vertrauen, Respekt, Mut und Verantwortung genannt. Hinzu kommt, dass die erarbeiteten Werte auch offensichtlich zum zukünftigen Gesamt-Erscheinungsbild des Unternehmens passen müssen.

Besondere Beachtung gilt bei allen Entwicklungen den mitarbeiterspezifischen Werten, ihrer Ermittlung und angemessenen Berücksichtigung. Beispielhaft sei noch einmal der Genuss-Wert des Rauchens genannt, dem einige Menschen große Bedeutung beimessen. Mindestens die folgenden vier Belange sind hier besonders wichtig: die Schaffung einer Möglichkeit für die Raucher, ihrem „Genuss" zu frönen, die Verhinderung einer Belästigung anderer durch den Rauch, die Vermeidung von Belastung von Nichtrauchern und Unternehmenserfolg aufgrund von Raucherpausen und die Verpflichtung der Raucher zur Gesunderhaltung – auch den Kollegen und dem Unternehmen gegenüber. Das Ziel ist das Finden und Etablieren einer nachhaltigen, wertschätzenden Lösung.

In größeren Unternehmen sind zusätzlich gruppenspezifische Belange möglich, die sowohl von den Werten Einzelner als auch von bestimmten Unternehmenswerten abweichen können. Auch für diese Differenzen bietet sich eine individuelle Analyse an mit der Vorgabe eines größtmöglichen, wertehaltigen Konsenses, der sie wenn möglich beseitigt oder sie mindestens auf ein für alle akzeptables Maß verringert.

Bei optimaler Einführung der „Chefsache Werte" entwickelt sich das gelebte(!) Wertebewusstsein weiter. Zunächst ist Zeit vonnöten, das Wertedenken im Tagesgeschäft zu manifestieren. Es wird bei Beginn an der einen oder anderen Stelle haken, suboptimal verlaufen und es wird an verschiedenen Stellen nachzujustieren sein. Schon bald danach entwickelt sich eine positive Eigendynamik, die nach der Beseitigung der üblichen Startschwierigkeiten zunächst „nur" einer Beobachtung unterliegt. Das verpflichtet die Unternehmensführung – oder Beauftragte – ausdrücklich zu einer verantwortungsvollen, laufenden Weiterentwicklung. Werte wandeln sich. Was heute noch gültig ist, muss morgen nicht mehr richtig und wirksam sein. Mehr dazu im übernächsten Kapitel.

12.6 Eine Frage der Einstellung

Bei sämtlichen Diskussionen um die Einführung einer Wertekultur in Unternehmen ist die Freiwilligkeit der Mitarbeiter zu beachten. Wertebewusstsein kann nicht befohlen werden! Gerade deshalb ist die vorher angesprochene überlegte, gut strukturierte und begründete Einführung wichtig – optimiert durch externe Unterstützung.

Wie geht es nach unterstelltem optimalem Start weiter? Wer ist für die Einhaltung der Vereinbarungen verantwortlich? Was passiert bei bewussten Zuwiderhandlungen?

Die erste dieser wichtigen Fragen lässt sich mit der schleichenden Routine beantworten. Damit ist keine Abstumpfung, sondern im Gegenteil die sich nach und nach etablierende Verhaltensänderung gemeint. So wie jeder Trainingsteilnehmer im Nachgang erlernte Verbesserungen in das tägliche Repertoire übernimmt und ihren Nutzen erkennt, so implementiert sich Wertedenken in der eigenen Gedanken- und Handlungswelt.

Das heißt zwingend auch, dass die Verantwortung für dieses Verhalten jeder/m Einzelnen obliegt. So, wie der Chef primär für die Gesundheit der Mitarbeiter Verantwortung trägt und diese sich nach geltenden Vorschriften richten müssen, so führt er die Wertekultur ein, an der sich die Mitarbeiter orientieren. Deren Eigenverantwortung gepaart mit Selbstdisziplin sind Grundpfeiler für die Umsetzung jeder Verhaltensänderung.

Sämtliche Führungskräfte stehen dabei unter besonderer Beobachtung. Ihre Aktionen sind von enormer Bedeutung, sie sind die Vorreiter und tragen daher eine hohe Verantwortung. Durch Glaubwürdigkeit und Nachvollziehbarkeit ihrer Handlungen, durch die verlässliche Umsetzung ihrer Worte, fordern und fördern sie die Wertekultur bei allen Mitarbeitern. Sie geben Beispiel durch ihren Umgang mit Anregungen und Kritik. Auf die besondere Bedeutung des begründeten Lobes wurde bereits weiter oben eingegangen.

Anzunehmen, dass sich sämtliche Beschäftigte eines Unternehmens mit Freude auf die „neuen Werte" stürzen, wäre vermessen. Was in kleinen Firmen noch möglich sein mag, wird mit zunehmender Mitarbeiterzahl immer schwieriger. Sind es nur Umstellungsschwierigkeiten, weil nun nach vielleicht langer Betriebszugehörigkeit mit tief verwurzelten Gewohnheiten gebrochen wird? Ist es die Angst vor etwas Neuem? Ist es eventuell sogar Renitenz, wie immer sie auch begründet wird? In jedem Fall ist die Ursache zu ergründen, abzuschwächen und ggf. auch abzustellen, wo möglich. Denn je mehr althergebrachte, kontraproduktive Verhaltensweisen überleben, umso schwieriger und langsamer wird die neue Wertekultur verinnerlicht und damit wirksam werden! Darunter leiden vor allem zwei wichtige, miteinander verknüpfte Folgen, die Haupt-Ziele des Ganzen sind: der wirtschaftliche Nutzen und die mentalen Stärkungen.

Da kein Mitarbeiter in Unternehmen zu wertschätzendem Verhalten gezwungen werden kann, müssen – gerade in der Anfangszeit – sicherheitshalber Verstöße gegen die (neuen) Vereinbarungen einkalkuliert werden. Bei derartigen Handlungen gegen geltende Wertenormen ist mit großer Sensibilität und im Einzelfall (sowohl Unternehmen als auch Mitarbeiter betreffend) zu entscheiden, welche Maßnahmen getroffen werden können bzw. müssen. Eine extreme Haltung wäre die der Bestrafung, vergleichbar mit einer juristischen Folge auf Verstöße gegen geltendes Recht. Eine derartige Sanktionierung ist genauso unmöglich wie das andere Extrem des Ignorierens von Zuwiderhandlungen gegen eine Wertekultur. Für Letzteres ist das deutsche Gesundheitssystem ein Paradebeispiel, das auf absolute Freiwilligkeit baut. Von allen Seiten wird zwar immer wieder zu gesundem Verhalten aufgerufen (Ernährung, Bewegung etc.), nichtsdestotrotz kann sich jede(r) Versicherte folgenlos konträr verhalten und anschließend die Auswirkungen des Fehlverhaltens mehr oder weniger kostenlos therapieren lassen. Der Versichertengemeinschaft sei Dank.

In Unternehmen greift keines der beiden angesprochenen Extreme. Sinnvollerweise bietet sich dagegen bei verbindlicher Erstellung eines Wertekodex zugleich die Festlegung der Folgen von Zuwiderhandlungen an sowie die explizite Kommunikation dieser Folgen. Das sollen ausdrücklich keine (An-)Drohungen sein, sondern schlicht die Definition von Konsequenzen bei Nicht-Einhaltung getroffener Vereinbarungen. Ohne Erheben eines moralischen Zeigefingers werden damit bereits bei Prozessbeginn Vorkehrungen gegen mögliche Störfeuer getroffen.

Wird eine verbindlich vereinbarte Wertekultur missachtet, ist zuallererst die Unterstützung durch das Unternehmen gefragt. Es bietet sich dabei u. a. Coaching durch interne oder externe Experten an. Als Stichwort sei hier „fordern und fördern" genannt, diese Unterstützungen müssen in absehbarer Zeit sichtbare Früchte tragen. Zusätzlich sind dabei die Ursachen für diese Konfrontationen mit dem Wertekodex mit großer Sensibilität zu hinterfragen. Wurde er bspw. fehlerhaft oder unvollständig kommuniziert oder ist seine Beachtung im direkten Umfeld optimierungsbedürftig, so liegt das auch in der Verantwortung der Unternehmensleitung.

Liegt ein Fehlverhalten in der Verantwortung von Mitarbeitern und bleibt eine Verbesserung trotz Förderung aus, kann der Erfolg des gesamten Vorhabens gefährdet sein. Es können sowohl der angestrebte wirtschaftliche Nutzen als auch die mentalen Stärkungen ausbleiben. Lösungen sind daher bereits auf kurzfristige Sicht zu erarbeiten. Schon bei bewussten, wiederholten Verstößen und dauerhaften, gewollten Zuwiderhandlungen ist eine Sanktionierung notwendig. Genauso, wie jede(r) bei Beginn einen Vertrauensvorschuss bekommt, der auf Dauer gerechtfertigt sein muss, so ist Renitenz konsequent zu ahnden. Im Extremfall kann das (sofern sinnvoll erscheinend) mindestens eine Versetzung an einen anderen Arbeitsplatz oder gar die Trennung von Mitarbeitern bedeuten. Denn unbedingte Konsequenz ist ausdrücklicher Bestandteil von nachhaltigen Wertekonzepten.

Zuletzt seien an dieser Stelle noch die „kleinen Verletzungen" und ihre Folgen erwähnt. Welche Maßnahmen gelten für Grenzfälle wie z. B. Unhöflichkeit? Diese Einzelverstöße unterliegen einer gesonderten Betrachtung und sind mit einem größtmöglichen Konsens zu eliminieren. Beim genannten Beispiel könnte es sich „nur" um Alters-, Erziehungs- oder ethnische Differenzen handeln, die mit klärenden Gesprächen beseitigt werden könnten. Hier gilt die Maßgabe einer unternehmens- und personenspezifischen Betrachtung.

12.7 Im Wandel der Zeit

Die Beschäftigung mit Wirtschaftsethik verdeutlicht die langfristige unverrückbare Manifestation zentraler Themen als fixe Leuchttürme. Gelebte Solidarität und Nächstenliebe gehören genauso dazu wie soziales Handeln in jedweder Beziehung, eine unbedingt menschenfreundliche Grundeinstellung in Verbindung mit wirtschaftlichem Handeln.

Bei der Erstellung oder Optimierung einer Wertekultur werden auch zukünftig Begriffe wie Vertrauen, Fairness, Nachhaltigkeit oder Rücksichtnahme genannt werden. Unabdingbare Werte bleiben zudem immer das Leben an sich (oberste Priorität) und die Gesundheit (Priorität zwei). Alle genannten sind Basiswerte, an denen sich Unternehmen und Beschäftigte orientieren können. Diese werden ergänzt um spezifische Belange und dann als verbindliche Normen festgelegt.

Gleichwohl existieren Verschiebungen, allgemein „Wertewandel" genannt. Dieses eine Wort steht für eine ungeheure Vielzahl von möglichen Änderungen. Angefangen bei den globalen Umbrüchen mit unmittelbaren und schnellen Auswirkungen, sie können wirtschaftlicher Natur sein (z. B. beim Export) oder die kulturellen Gegebenheiten in der Mitarbeiterschaft betreffen (z. B. bei der Gewinnung ausländischer Mitarbeiter). Unzweifelhaft beschleunigt sich diese Entwicklung weiterhin. Zumindest mittelbare Folgen sind für jedes Unternehmen wahrscheinlich.

Definitiven Einfluss auf jegliche Unternehmenswerte haben zunehmend auch die europäische Harmonisierung und die damit verbundenen, immer tiefer greifenden Eingriffe der Europäischen Union in nationale Rechte. Hier gibt es vermehrt Verwerfungen, die starke wirtschaftliche Folgen sowie auch gewaltige Auswirkungen auf die Menschen haben werden. Beides wiederum bedingt auch automatisch das andere.

Den bei weitem größten Einfluss auf den stetigen Wandel von Unternehmenswerten haben die gesellschaftlichen Umgestaltungen. Es handelt sich hier um „aktuelle Objektivität". Gestern noch von allen als allgemein gültig und richtig angesehen, heute schon in Zweifel gezogen und morgen als veraltet abgetan. Diese Veränderungen stehen in Korrelation zueinander und gehen wie die anderen schleichend und damit unmerklich vor sich. Es ist wie bei allen langsamen Veränderungen: Obwohl keiner die vermeintliche Wanderung der Sonne am Himmel unmittelbar beobachten kann, steht sie nach relativ kurzer Zeit an einer völlig neuen Position. In Unternehmen ist es identisch, dort unterscheiden sich Monate oder Folgejahre selten massiv voneinander. Wie wäre es aber, wenn heutige Auszubildende in ein Unternehmen der Siebzigerjahre versetzt würden? Ein Kultur- und Werteschock wäre die Folge. Gleiches geschähe zweifellos im umgekehrten Fall.

Es ist selbstverständlich, dass neue Generationen neue Ideen, neue Verhaltensweisen, neue Denkmuster und neue Werte mitbringen. Angefangen bei Begrüßungsritualen. Welcher Jugendliche („Ey, yo") versteht, weshalb Herren früher ihren Hut lupften? Auch hier gilt Gleiches im umgekehrten Fall. Jede Art neuer Werte ist zunächst schwerlich qualitativ mit anderen vergleichbar, sie ist schlicht anders. Und es führt kein Weg daran vorbei, sie mit einzubeziehen. Denn auch hier gilt: Wer nicht mit der Zeit geht, muss mit der Zeit gehen.

Unternehmen mit ausreichend langer Historie kennen das angesprochene Generationen-Thema. Sie kennen zusätzlich ein weiteres zur Genüge: das persönliche Älterwerden eines jeden Beschäftigten. Und Altern birgt Veränderung. Tag für Tag. Auch hier fällt das schnelle Erkennen schleichender Veränderungen schwer, in größeren Zeitabständen sind sie dann offensichtlich. Besonderes Augenmerk liegt dabei auf zwei wichtigen Belangen: dem Wandel der persönlichen, subjektiven Werte und vor allem auf dem hohen Wert der meist nachlassenden Gesundheit. Erstere unterliegen im Rahmen des Werte-Managements der Beobachtung und einem stetigen Nachjustieren, Letzterer soll sowohl in Eigenverantwortung als auch in der des Unternehmens („Chefsache Gesundheit") möglichst lange und gut erhalten bleiben.

Mit diesem persönlichen Wertewandel, dem Ein- und Austritt von Mitarbeitern und eben dem Älterwerden des Personals geht auch die unaufhaltsame Entwicklung eines Unternehmens einher. Durch bereits angesprochene, weitere ungenannte sowie durch schleichend geänderte Anforderungen an den originären Unternehmenszweck entwickelt es sich weiter und mit ihm zwangsläufig die Wertekultur. Ob eingebunden in ein Qualitätsmanagement-System, unter Beobachtung und moderiert oder frei und unkontrolliert.

Zwar können als gut und richtig angesehene, allgemein akzeptierte Normen und Handlungsweisen durchaus lange Bestand haben, sie können jedoch auch schneller als gedacht ungültig und schleichend durch andere ersetzt worden sein. Es sind dabei grundsätzlich alle anderen Werte – mit Ausnahme der eingangs beschriebenen Basiswerte – einstweilig als eben nur „anders" und nicht als besser oder schlechter anzusehen. Auch deshalb hat die aktive Begleitung einer unternehmerischen Wertekultur eine besondere Bedeutung. Nur so wird verhindert, dass der ständig vorherrschende Wertewandel fehlinterpretiert wird, dass er am Unternehmen vorbei geht oder dass er es gar negativ beeinflusst. Diese aktive Prozessgestaltung garantiert die Befruchtung des Unternehmens durch den stetigen Wandel und fördert Entwicklungen auf diversen Niveaus, primär auf menschlichem.

12.8 Wertschätzende Kommunikation

Eine besonders leicht nachvollziehbare Art gelebter Wertekultur ist die wertschätzende Kommunikation. Unter diesen Sammelbegriff fallen sämtliche Arten menschlicher Kontakte zum Informationsaustausch wie z. B. Mailings, klassischer Schriftverkehr, die verbale und die nonverbale Kommunikation. Und zwar sowohl Sender wie Empfänger betreffend. Sie ist sowohl vom Einzelnen als auch unternehmensweit an vielen kleinen Stellschrauben mit wenig Aufwand optimierbar, was eine spürbare Verbesserung der Stimmung auslöst. Nachfolgend werden einige wenige Ansätze näher beleuchtet.

Schon die Begrüßung belegt den Grad einer Wertschätzung. Ein „Moggähn" oder „Tach" ist zwar immerhin ein Minimum an Aufmerksamkeit, hat jedoch mit den üblichen Sitten wenig gemein. Denn hier lässt sich sofort der Bezug zum Wohlfühlen, zur psychischen Gesundheit erkennen: Ein „Guten Morgen, Frau Soundso!", je nach Situation noch gefolgt von einem „Wie geht's?" oder Ähnlichem hebt sofort die Laune. Warum ist das so? Üblicherweise wird dem Gegenüber gewünscht, dass der Morgen, der Tag oder der Abend gut wird. Darin liegt der Sinn der vollständigen Begrüßung. Daneben ist der eigene Name das schönste Wort, das jeder Mensch kennt. Es erfreut und hebt die Laune eines jeden, der ihn hört. Und die Nachfrage nach dem Befinden zeigt der hier Angesprochenen, dass sich der Frager für sie interessiert. Unabhängig davon, ob das nur Small Talk ist oder ob – je nach dem Verhältnis der beiden Parteien zueinander – echtes Interesse an einer ehrlichen Antwort besteht.

Ähnliches gilt am Telefon. Keiner möchte einen unverständlichen Bandwurmsatz hören, der mit „Was kann ich für Sie tun?" endet. Mit viel Glück war zumindest die Firma akustisch erkennbar. Der Name der/des Angerufenen wird in den seltensten Fällen verständlich ausgesprochen. Dieses Ärgernis produziert negative Energien und ist daher kontraproduktiv für eine gute Gesprächsatmosphäre. Wesentlich angenehmer sind kurze, verständliche, deutlich ausgesprochene Meldungen (Firma, eigener Name, Grußformel). Privat bietet sich nur der vollständige Name an (Vor- und Nachname). Schließlich will der Anrufer wissen, ob Frau, Mann, Kind oder gar andere den Hörer in die Hand genommen haben. Und der Vollständigkeit halber: „Ja" oder „Hallo" haben mit wertschätzender Kommunikation nichts zu tun.

Im Schriftverkehr sind bezüglich Stil und Sorgfalt deutliche Unterschiede zwischen der klassischen Korrespondenz (Brief, Fax) und der elektronischen (E-Mail) erkennbar. Beide Varianten haben eine mehr oder weniger lange Tradition. Im papiernen Schriftverkehr wurde von jeher große Sorgfalt auf Stil gelegt. Rechtschreibfehler sind selten, Absätze sauber gesetzt, Begrüßung und Grußformel konventionell. In der (sehr kurzen) Tradition der E-Mail hat sich diesbezüglich eine Anarchie breitgemacht, die Empfänger erbost und damit unnötigen Stress verursacht. Denn auch korrekte E-Mails beginnen mit einer höflichen Begrüßung und enden (vor Signatur) mit einer ausgeschriebenen Grußformel, das Kürzel „MfG" gehört verbannt. Und es ist kein Geheimnis, dass auch E-Mails korrekter Grammatik und Orthografie unterliegen. Letztere kennt auch Großbuchstaben! Elektronische Korrespondenz spart Zeit, ist schnell, kann an viele Adressaten gleichzeitig verschickt werden etc. Gerade all diese Argumente sprechen dafür, das Geschriebene vor dem Absenden noch einmal gegenzulesen und ggf. zu korrigieren. Die Adressaten sind dafür dankbar.

Auch inhaltlich gibt es – bei gegebener sachlicher Information – genügend formelle Stellschrauben, die die Empfänger jeglicher Korrespondenz erfreuen. Angefangen beim ersten Wort nach der Begrüßung. Geschätzte 80 % der Schreiben beginnen nach wie vor mit „ich" oder „wir". Wer fühlt sich da – trotz Begrüßung – direkt angesprochen? Schließlich sind der zentrale Aspekt jedes Schreibens das Wecken des Leser-Interesses und die Ansprache seines Nutzens! Kein Verkaufstraining findet heute statt, ohne dass kundenseitige Nutzen-Argumentation statt Produkt-Präsentation geübt wird. Nur schreiben Verkäufer selten Briefe und E-Mails. Und an Korrespondenten ist dieses Wissen bislang vorbeigegangen, weil sie angeblich nicht aktiv verkaufen und es somit wohl keines Trainings bedarf.

Der Schluss dieses Kapitels zur wertschätzenden Kommunikation ist dem Empfänger und seinem Verhalten gewidmet. Denn auch sein Verhalten trägt beim rein verbalen (Telefon) oder persönlichen Informationsaustausch (tatsächliches persönliches Gegenüber) sowohl zum Gelingen als auch zum Wohlfühlen bei. Das Zauberwort heißt „Aktives Hinhören" und ist mehr als reines Zuhören. Es ist gekennzeichnet durch eine Reihe von Aufmerksamkeiten, die wiederum dem Sender signalisieren, er ist gut aufgehoben und kann sich wohlfühlen. Eine Auswahl davon sind bspw.: den Sender ernst nehmen, eine ihm zugewandte und offene Körperhaltung, ihm Aufmerksamkeit schenken, Blickkontakt halten, Schweigen und, besonders wichtig, Fragen stellen. Das alles wenden Sie bereits an? Herzliche Gratulation, denn die meisten merken erst im Training, wie sehr sich ihr bisheriges Verhalten von dem des Aktiven Hinhörens unterscheidet. Das Feedback der jeweiligen Sender und das Tauschen der Rollen belegen, wie sehr eine angenehme, weil wertschätzende Kommunikation zum mentalen Auftanken beiträgt.

12.9 Werte: Immer und überall!

Die Einführung einer Wertekultur im Unternehmen und die Verantwortung, sie dauerhaft mit Leben zu füllen, ist bekanntlich Chefsache. Ihre Umsetzung obliegt primär den Führungskräften, daneben aber auch jedem Mitarbeiter selbst. Nur wenn wertschätzendes Verhalten in Fleisch und Blut übergegangen ist und tatsächlich bewusst wie unbewusst gelebt wird, trägt es die erhofften Früchte. Kaufmännisch über den Geschäftserfolg und menschlich über die Arbeitsatmosphäre und die nicht nur mental gesunden Mitarbeiter.

Eine gelebte Wertekultur im Unternehmen hat den unschätzbaren Effekt eines moderaten Gruppenzwanges. Wenn Führungskräfte die vereinbarten und für richtig gehaltenen Werte vorleben, wenn Kollegen und Mitarbeiter dem folgen und wenn die Auswirkungen erkennbar positiv sind, fällt es leicht, mitzumachen. Zudem fördern Gruppe und Trainingsmaßnahmen des Unternehmens die intrinsische Motivation zu Verhaltensänderungen, welche bekanntlich immer herausfordernd sind. Auch wenn Werte an und für sich untrainierbar sind, lässt sich wertschätzendes Verhalten trefflich einführen, lernen und praktisch umsetzen. Die eigene Einstellung wird überprüft, ggf. korrigiert und optimiert.

Im privaten Bereich fehlt dieses Regulativ. Doch jedes Wertedenken ist nur dann authentisch und unbewusst präsent, wenn es für das gesamte Leben verinnerlicht wurde. Monika Matschnigs wunderbarer Hörbuch-Titel „Wirkung. Immer. Überall." ist auch auf das Werteverhalten übertragbar und überschreibt daher leicht modifiziert dieses Kapitel. Denn neben der Wirkung im Beruf ist Wertschätzung auch im Privatleben entspannend und für die psychische Gesunderhaltung förderlich.

Die Bemühungen, in jeder Situation und tagtäglich an den eigenen Werten zu arbeiten, lohnen sich. Besonders herausfordernd ist die private Situation deshalb, weil sich jeder selbst fordern muss und selten Unterstützung hat. Dafür bietet diese Selbstbestimmung einen erweiterten Handlungsspielraum. „Wo und was kaufe ich ein?", „Wo lege ich mein Geld an?", „Wo und wie engagiere ich mich sozial?", „Welchen (sozialen) Netzwerken will ich angehören?" sind nur einige von zahlreichen Fragen, die sich jeder eigenverantwortlich stellen und beantworten kann.

12.10 Über den Autor

Dr. Boris Springer ist Werte-Trainer aus Leidenschaft. Sein Motto lautet: „Werte gut – alles gut!". Er unterstützt und begleitet Unternehmen bei der Implementierung von Wertebewusstsein in Kommunikation, Führung und Vertrieb. Zusätzlich ist ihm die wertschätzende Gewinnung der Generation 50plus ein besonderes Anliegen. Als Vortragsredner begeistert er die Zuhörer für sein Fachgebiet; seine wöchentliche Kolumne „Springers Werte" erscheint seit 2009.

Schon während seines naturwissenschaftlichen Studiums bestimmten Werte sein Denken und Handeln. Mit Beginn der Selbstständigkeit 1994 etablierte und optimierte er eine individuelle Wertekultur in seinem Unternehmen. Auf Dr. Springers Wissen und Erfahrung greifen zahlreiche renommierte Branchen, Verbände und Trainernetzwerke zurück.

Weitere Infos unter www.Werte-Trainer.com

Encouraging Leadership – Ermutigend führen

13

Drei starke Säulen für gesunden Erfolg Selbstverantwortung, Zugehörigkeit und Motivation – und wie es gelingt.

Ute Straub

Inhaltsverzeichnis

13.1 Situationen am Arbeitsplatz... 228
    13.1.1 Studien animieren zu Veränderungen........................... 228
    13.1.2 Was kostet Krankheit?.. 228
    13.1.3 Etwa jeder Fünfte hat innerlich gekündigt...................... 229
    13.1.4 Was echtes Engagement ist................................... 229
    13.1.5 Wie die Digitalisierung uns und unsere Welt verändert........... 230
13.2 Betriebliche Gesundheitsförderung bei Arbeiten 4.0...................... 231
    13.2.1 Ursachen beseitigen oder Symptome behandeln?.................. 231
    13.2.2 Gefährdungsbeurteilung psychischer Belastungen – Diagnose Mittel........ 231
    13.2.3 Handlungsfelder zur Vermeidung von psychischen Belastungen...... 233
    13.2.4 Was die Neuro-Wissenschaft dazu sagt.......................... 235
13.3 Drei Säulen Erfolgsfaktoren – Was ermutigende Führung bewirkt........... 236
    13.3.1 Ermutigende Führung ist gelebte Beziehung..................... 236
    13.3.2 Verbundenheit und Zugehörigkeit bewirken Selbstvertrauen und Identifikation mit dem Unternehmen.......................... 238
    13.3.3 Motivation wächst durch Potenzialentfaltung und Gestaltung...... 240
13.4 Übung zur Selbstermutigung: Theo Schoenakers drei Fragen:.............. 241
13.5 Wie Sie Selbstverstärkungseffekte gezielt positiv einsetzen: Merkmale ermutigender Beziehungsqualitäten (EQ) – Encouraging Leadership......... 242
13.6 Das Miteinander-Management.. 243
    13.6.1 Erwerbslosigkeitserfahrung und wie sie zu überwinden ist........ 243
    13.6.2 Wie Führungskräfte Integration und das Miteinander begleiten können....... 244
    13.6.3 Wie das Miteinander uns ausbremst und krank macht oder stärkt und gesund erhält... 245

U. Straub (✉)
IMP Institut für Mut und Persönlichkeit, Konrad-Zuse-Str. 4,
36093 Künzell/Fulda, Deutschland
e-mail: us@ute-straub.de

© Springer Fachmedien Wiesbaden GmbH 2018
P. Buchenau (Hrsg.), *Chefsache Gesundheit I*,
https://doi.org/10.1007/978-3-658-16580-2_13

13.7 Selbstfürsorge braucht Auszeiten. 245
    13.7.1 Schweigen – eine Runde Nicht-Mitfahren. 245
    13.7.2 Shifting Baselines – zum schleichenden Wandel in stürmischen Zeiten. 246
13.8 Warum „Walk your Talk" so wichtig ist 247
13.9 Über die Autorin 247
Literatur. 248

13.1 Situationen am Arbeitsplatz

13.1.1 Studien animieren zu Veränderungen

Auch die 2015 veröffentlichte Gallup-Studie beleuchtete Situationen in Unternehmen und ermöglichte in der Folge Umdenken und Ansätze für Veränderungen. Das Ergebnis der Studie: 68 Prozent der Mitarbeiter deutscher Unternehmen fühlen sich an ihre Firma nur gering emotional gebunden. Sie verrichten also quasi Dienst nach Vorschrift. 16 Prozent von ihnen haben bereits innerlich gekündigt, so die Studie (Gallup GmbH 2015).

Die Gesundheitssysteme beklagen den Anstieg psychischer Erkrankungen und Erschöpfungszustände, auch bei den Berufstätigen. Gleichzeitig verändern sich Arbeitsvorgänge und Abläufe in einem Tempo, das uns zum Nachdenken veranlassen muss. Immer drängender werden die Fragen nach dem Nachwuchs für künftige Facharbeiter. Das Zusammenspiel der Generationen benötigt mehr Verständnis sowie soziale Kompetenzen, als wir dies bislang kannten – vor allem, weil dies in den meisten Familien nicht mehr gelebt wird. Deutlich mehr weibliche Mitglieder bekleiden qualifizierte Positionen als noch zehn Jahre zuvor. Doch gerade im Bereich der gleichwertigen Bezahlung bedarf es noch Nachholbedarf.

Die Berufstätigkeit während der Familienphase ist zur Selbstverständlichkeit geworden, obwohl die meisten Arbeitsplätze noch immer nicht optimale Bedingungen dafür bieten. Durch den Ruf nach realem, gutem Umgang mit Diversion sind Unternehmen und Gesellschaft vor verantwortungsvolle Aufgaben gestellt.

Vor allem haben immer mehr Familien neben Kindern auch betagte Angehörige zuhause neben ihrem Berufsalltag zu versorgen. Gerade sie versuchen dieser Mehrfachherausforderung gerecht zu werden.

13.1.2 Was kostet Krankheit?

Die Krankenkassen weisen für die Berechnung der Kosten von krankheitsbedingten Ausfällen einen durchschnittlichen Betrag von 300 €/Tag aus. Folglich kostet der in gängigen Studien belegte durchschnittliche Krankenstand von 5 % (12,5 Arbeitstage) für ein Unternehmen mit 250 Mitarbeitern ca. 950.000 € pro Jahr. Die Minderung der Produktivität wurde hierbei nicht berücksichtigt. Die Senkung krankheitsbedingter Fehlzeiten um lediglich 0,5 % bewirkt da bereits eine Kostenersparnis von rund 95.000 €, also 10 % des Gesamtaufwandes.

Der Gesundheits-Report 2015 der BKK zeigt, dass der Beruf die Krankheitszeiten eines Beschäftigten beeinflusst. Reinigungskräfte sind mit 23 Fehltagen im Schnitt doppelt so lange krank wie Beschäftigte im IT-Bereich. Spitzenreiter bei den jährlichen Arbeitsunfähigkeitstagen sind Beschäftigte der Postdienste mit durchschnittlich 26,2 Tagen.

Arbeitsbedingte psychische Belastungen nehmen in den vergangenen Jahren deutlich zu und verursachen in Deutschland jährlich Kosten in Höhe von ca. 32 Milliarden Euro (lt. Hans- Böckler-Stiftung). Die Prävention zur Minderung des beachtlich hohen volkswirtschaftlichen Schadens ist also dringend geboten.

13.1.3 Etwa jeder Fünfte hat innerlich gekündigt

Die Definition „Innere Kündigung" beschreibt eine Arbeitshaltung, die gezeichnet ist von vermindertem Engagement. Es ist ein innerliches Distanzieren von den Inhalten und Aufgaben und von der kollegialen Zusammenarbeit am Arbeitsplatz, sozusagen „Dienst nach Vorschrift". Betroffene arbeiten ohne Begeisterung, zeigen eine geringere Einsatzbereitschaft und Resignation gegenüber der Tätigkeit und Arbeitssituation. Für die Zusammenarbeit in Arbeitsprozessen fehlt oft soziale Kompetenz, Interesse an Gestaltung und Übernahme von Verantwortung.

Die innere Kündigung ist ein schleichender und bewusster Prozess und wird nach außen nicht immer gleich erkannt. Sie kann sich im Unternehmen fortsetzen und der anfängliche Frust führt zu einer Einstellung, die für die Beschäftigten zur psychischen Gefährdung wird. Bleibt die psychische Belastung längerfristig, dann ist stärker mit Erkrankungen zu rechnen, was sich real in der Anzahl der Krankheitstage ablesen lässt. Der Ausfall von Mitarbeitern ist in der Folge für das gesamte Unternehmen eine negative Entwicklung. Mitarbeiter, die sich mit dem Unternehmen nicht verbunden fühlen, haben außerdem eine deutlich höhere Wechselbereitschaft, die Fluktuation nimmt deutlich zu (Iga.Report 33 2016).

13.1.4 Was echtes Engagement ist

Im Gegensatz zur inneren Kündigung steht „Engagement". Beschäftigte haben eine positive Sicht auf die Arbeit und das Leben insgesamt und bringen sich mit ganzer Person in ihre Arbeitsaufgaben ein, physisch, gedanklich und auch emotional. Die Menschen fühlen sich in die Prozesse eingebunden und kollegial integriert. Gewissenhaftigkeit geht einher mit positiven Emotionen und dem Gefühl von Leistungsenergie. Zufriedenheit stellt sich ein, die menschliche Verbundenheit ist tragend und die Identifikation mit den Unternehmenswerten führt zu Begeisterung. Die Bereitschaft ist vorhanden, wenn erforderlich auch zusätzliche Leistung einzubringen. Große Anpassungsfähigkeit entsteht, gemeinsame Lösungen werden gesucht und kollegial mitgetragen. Das Führungsverhalten ist geprägt durch Vertrauen, Fairness und Autonomie. Erwartungen werden klar vermittelt,

Anerkennung und Feedback prägt den Umgang auf der Basis von Vertrauen in die Fähigkeiten der Mitarbeiter. Der Führungsstil orientiert sich am Menschen. Wir wissen schon lange, dass eine emotional gute Situation am Arbeitsplatz die Risiken für Erkrankung und Erschöpfung deutlich minimieren.

13.1.5 Wie die Digitalisierung uns und unsere Welt verändert

Die stetig sich weiter entwickelnde Digitalisierung und damit einhergehende Flexibilisierung der Arbeitswelt fordert die Mitarbeiter verstärkt mit Fähigkeiten, die man bisher noch nicht so deutlich beobachtet hat. Die Digitalisierung ist im Computer schon angekommen, doch noch nicht im Kopf. So ist der „Piranha-Effekt" zu beobachten. Das bedeutet, viele kleine innovative Start-ups entwickeln sich. Durch ihre Aktionsfreudigkeit setzen sie ihre cleveren Ideen direkt um. Damit beeinflussen sie alteingesessene Firmen oder überholen sie sogar.

Ein Beispiel ist die Entwicklung der 3D-Drucker, mit denen ungeahnte Möglichkeiten real werden. Für Flüchtlingsunterkünfte und Notstandsgebiete werden damit Unterkünfte hergestellt, die dreimal so lange Lebensdauer haben wie Zelte, hygienischere Verhältnisse ermöglichen und mit Solarzellen die Energieversorgung sicherstellen. Sie sind bereits in mehreren Ländern im Einsatz. Oder ein anderes Beispiel: Nach ersten Testläufen gibt es in der Schweiz in der Erprobung selbstfahrende Elektrobusse für jeweils zwölf Personen, die „on demand" fahren und gute Ergebnisse im Praxiseinsatz liefern. Vieles wird sich durch dieses und andere Innovationen in unserer Gesellschaft ändern.

Zunehmend suchen Personalverantwortliche Arbeitszeitmodelle, die flexible Lösungen bieten. In einer Zeit, in der Eltern heranwachsender Kinder sich die Erziehungsaufgaben teilen und dafür auch die Väter ihre Vollzeitbeschäftigung für einige Jahre reduzieren möchten, spricht es für zeitgemäße Personalpolitik, im Sinne der Mitarbeiter Lösungen anzubieten. Auch Home-Office setzt sich immer mehr durch. Wenn Familienfreundlichkeit bei der Gestaltung von Leben und Arbeiten gelingt, dann ist das unbedingt ein Wettbewerbsvorteil. Wenn die Betreuung der Kinder besser gelingt und durch die bessere Organisation zu realisieren ist, dient es der Vorsorge gegen Stressbelastung und damit stärkt es die psychische Gesundheit.

Die digitalen Möglichkeiten schaffen sensationell kurze Zeiten für den Informationsaustausch weltweit. Herausfordernd ist für die Menschen, die unterschiedlichen Arbeitszeiten nicht mit ständig notwendiger Verfügbarkeit zu verwechseln. Verführerisch sind die technischen Möglichkeiten, mit Menschen über Entfernungen nah verbunden zu bleiben, dass Beziehungen heute anders zusammenwachsen als früher. Das Tempo der digitalen Kommunikation verantwortlich selbst bestimmen ist eine Aufgabe, die noch viel zu wenig gelingt.

Es gibt noch eine größere Aufgabe, wie mir scheint. Durch den Umstieg auf erneuerbare Energien und Elektro-Mobilität fallen viele Arbeitsplätze weg, das weiß man heute schon. Schaffen wir die Herausforderung, diese unverzüglich in die neuen Produktionsstätten zu integrieren, damit sie nicht in frustrierende Arbeitslosigkeit und Nutzlosigkeit verfallen? Auch dieser Umstieg sollte durch uns menschenfreundlich gestaltet werden können. Sollte dies nicht gelingen, so sind psychische und physische Erkrankungen vorprogrammiert.

13.2 Betriebliche Gesundheitsförderung bei Arbeiten 4.0

13.2.1 Ursachen beseitigen oder Symptome behandeln?

Maßnahmen der betrieblichen Gesundheitsförderung sind insgesamt freiwillig und bisher gesetzlich nicht vorgeschrieben. Lediglich der Arbeitsschutz ist gesetzlich fixiert in § 5 Abs. 1 und 2 des Arbeitsschutzgesetzes. Das bereits bekannte BEM, Betriebliches Eingliederungsmanagement, nach längerfristiger Krankheit, ist schon länger Pflicht und nichts Neues, ebenso diverser Arbeitsschutz in z. B. Produktion, Umgang mit Chemikalien, Geräten, Anlagen, ausreichende Qualifikation und dergleichen mehr.

Das Betriebliche Gesundheitsmanagement will Unterstützung leisten mit Angeboten, die auf die Bedürfnisse der Menschen zugeschnitten sind. Sie umfasst die Organisation aller Maßnahmen, die zur Erhaltung der Gesundheit der Einzelnen angegangen werden. Die einzelnen Maßnahmen als Betriebliche Gesundheitsförderung für Mitarbeiter und Führungskräfte gleichermaßen können und sollen zur Verbesserung von Gesundheit und Wohlbefinden am Arbeitsplatz beitragen. Ihr Ziel ist, den Menschen Unterstützung zu gewähren, die Arbeitsbedingungen bedarfsgerecht zu gestalten, dabei Resilienz zu fördern und Kompetenz für soziales Miteinander zu stärken. Weiterbildungsangebote werden konkret darauf ausgerichtet. Langfristig sind der Erfolg des Unternehmens sowie zukunftsfähige Innovationen nur dann sicher zu stellen, wenn wir mit den Menschen und ihrer Arbeitskraft sorgsam und wertschätzend umgehen.

In einigen Bereichen, wie z. B. der Produktion, erkennen wir sehr schnell Gefährdungen, die Unfälle verursachen, die Verletzungen oder Vergiftungen hervorrufen und an denen Menschen krank werden. Viele Jahre hat das Arbeitsschutzgesetz konkrete Maßnahmen gesetzlich festgeschrieben. Maschinen werden fest verankert, Sicherheitswege werden gekennzeichnet und dauerhaft freigehalten, Belüftung, Rauchmelder und Feuerlöscher installiert, für die Mitarbeiter gibt es Sicherheitskleidung und Atemschutz und dergleichen mehr, die Vielfalt ist groß.

13.2.2 Gefährdungsbeurteilung psychischer Belastungen – Diagnose Mittel

Wenn Menschen unter Belastungen leiden, die sich auf die Psyche auswirken, brauchen sie effiziente Vorsorge: Hilfreiche Methoden, um mit Abläufen und Krisen besser umzugehen. Ziel ist eine dauerhaft spürbare Entlastung von psychischem Druck zu erreichen.

Nachhaltige Vorgehensweisen sind dann sinnvoll, wenn Verhaltensänderung dauerhaft erreicht wird.

Immer mehr Menschen haben Belastungen, die sich auf die Psyche auswirken. Die Suche nach Lösungen ist aktueller denn je zuvor. Messbare Stabilisierung der Gesundheit durch spürbare Entlastung von psychischem Druck wird gesucht. Es geht dabei um praktische Lösungsansätze. Wenn beim Miteinander die Basis zur wertschätzenden Kooperation fehlt, sind Laufgruppen, Rückentraining, strahlungsarme Technik und Betriebsausflüge lediglich Symptombehandlung, die zwar ihre Berechtigung haben, doch nicht wirklich zu dauerhaften Verbesserungen und der Steigerung des Unternehmenserfolgs führen. Wenn der Umgang miteinander nicht Wohlwollen für die Einzelnen als Grundverständnis hat, dann erreichen Sie keine dauerhafte Verbesserung für die Menschen. Sie werden weiter kränker werden. Nun kann man einwenden, wenn es um Stress oder ähnliches geht: „Entweder man hat Resilienz oder man hat sie nicht." Heute wissen wir, das stimmt nicht, denn es geht anders, wir können alle dazu lernen bis ins hohe Alter. Die Neuro-Wissenschaft zeigt es auf.

Maßnahmen der betrieblichen Gesundheitsförderung sind insgesamt freiwillig und bisher gesetzlich nicht vorgeschrieben. Lediglich der Arbeitsschutz ist gesetzlich fixiert in § 5 Abs. 1 und 2 des Arbeitsschutzgesetzes. Das Betriebliches Eingliederungsmanagement nach längerfristiger Krankheit ist schon länger Pflicht und nichts Neues, ebenso diverser Arbeitsschutz in z. B. der Produktion, beim Umgang mit Chemikalien, Geräten, Anlagen, man achtet auf ausreichende Qualifikation und Sicherheitsaufklärung sowie dergleichen mehr.

Durch die Vielzahl der psychischen Erkrankungen unter den Erwerbstätigen hat der Gesetzgeber die Gefährdung der psychischen Belastungen in der Aufzählung des Arbeitsschutzgesetzes ergänzt. Verpflichtung ist es für alle Unternehmen einschließlich der kleinen, sich alle zwei Jahre sich mit der Fragestellung zu befassen, ob und wenn ja, welche Gefährdungen vorhanden sind und dazu Dokumentationen zu erstellen, auch über durchgeführte Maßnahmen zur Verbesserung von Gesundheit und Wohlbefinden am Arbeitsplatz.

Mit der Analyse der psychischen Gefährdungsbelastung werden die Stärken und Schwächen des Unternehmens ermittelt und die Handlungsfelder daraus abgeleitet. Danach können passende Maßnahmen vorgeschlagen und gemeinsam mit dem Arbeitgeber und den Beschäftigten zur Förderung der Gesundheit eingeleitet werden. Für Unternehmen sind diese freiwilligen Leistungen für die Mitarbeiter zwar ein Aufwand, jedoch unbedingt vorteilhaft. Das Unternehmen zeigt sich als attraktiver Arbeitgeber, das seinen Mitarbeitern nicht nur eine finanzielle Entlohnung bietet, sondern auch eine gesunde Arbeitssituation schafft und in gutem sozialem Umfeld befriedigende Basis für ein gutes Miteinander fördert. So kann Gesundheitsförderung zum Wettbewerbsvorteil werden und das Unternehmen ist für künftige Personalrekrutierung gut aufgestellt.

13.2.3 Handlungsfelder zur Vermeidung von psychischen Belastungen

Ohne eine bestimmte Priorität der Reihenfolge zu bestimmen, sind hier einige Beobachtungen in den Handlungsfeldern, die psychische Belastungen verursachen. Sie wurden aus Längsschnittstudien und anderen Erklärungsmodellen entnommen.

Ursachen, die zu Frühberentungen führen oder Absentismus verstärken:

- Geringer Handlungsspielraum und monotone Arbeit
- hohe Arbeitsanforderungen und Zeitdruck
- geringe soziale Unterstützung von Vorgesetzten
- Absentismus, Fehlzeiten ohne krankheitsbedingte Gründe

Ursachen, die durch Kündigungen in einem Unternehmen ausgelöst werden:

- Unklarheit der Funktionsrolle
- Angst vor Arbeitsplatzverlust
- Sinkende Arbeitszufriedenheit
- Fehlende Identifikation mit dem Unternehmen
- Bedrohungsstress durch Arbeitsplatzunsicherheit
- Fehlende soziale Unterstützung

Beschäftigte als erziehende Eltern im Spagat Beruf und Familie:

- Zusammenhänge zwischen psychischen Fehlbelastungen bei der Arbeit und dem Wohlbefinden der Kinder sind vorhanden
- Geringer Handlungsspielraum
- Unflexible Arbeitszeiten
- Hohe Arbeitsanforderungen
- Arbeit-Familien-Konflikte
- Familien-Arbeit-Konflikte
- Mangelnde organisationale Gerechtigkeit

Mangelnde soziale Kompetenz im Umgang miteinander:

- Gründe außerhalb des Jobs führen zu Aggression am Arbeitsplatz
- Gründe für Aggression von außerhalb des Jobs werden Führungskräften zugeschrieben
- Mangelnder Umgang für Situationen im Vorfeld von Auseinandersetzungen
- Bloßstellen von Mitarbeitern in Anwesenheit von Dritten
- Beschimpfungen unter Kollegen

Auswirkungen führen zu verstärktem Rauchen:

- Hohe Arbeitsanforderungen
- Geringer Handlungsspielraum

Auswirkungen auf das Schlafverhalten:

- Ursachen in den Arbeitsanforderungen
- Mangelnder Handlungsspielraum

Besserung beim Schlafverhalten
- Größerer Handlungsspielraum

Motivationale und Emotionale Folgen: Es finden sich Zusammenhänge mit motivationalen und emotionalen Folgen. Bedrohungsstressoren und Aggressionen am Arbeitsplatz haben einen Zusammenhang mit weniger Arbeitszufriedenheit und geringerer Zugehörigkeit und vermehrten Kündigungsabsichten. Dagegen sind Herausforderungsstressoren mit höherer Arbeitszufriedenheit und besserer Zugehörigkeit sowie weniger Kündigungsabsichten zusammenhängen.

Machtvorteile: Beschäftigte spiegeln ihre Wahrnehmung, dass einzelne Personen im Unternehmen ihre Macht und ihren Einfluss nutzen, um sich Vorteile zu verschaffen und ihre persönlichen Interessen durchzusetzen. Das hat dann natürlich Auswirkung auf die Arbeitszufriedenheit, Zugehörigkeit und Kündigungsabsichten. Dagegen haben Mitarbeiter, die soziale Unterstützung erleben, geringere Kündigungsabsicht.

Unsichere Arbeitsplätze, geringerer Handlungsspielraum und Rollenkonflikte gehen mit der Angst vor Arbeitsplatzverlust einher und führen zu stärkerer Bereitschaft für Kündigungen.

Burnout-Risiken: Andauernde psychische Fehlbelastungen bei der Arbeit ziehen ein höheres Burnout-Risiko nach sich. Gewiss kann man nicht jede psychische Belastung auf Ursachen am Arbeitsplatz zurückführen, denn Beschäftigte bringen Sorgen ihrer privaten Lebenssituation auch zur Arbeit mit. Jedoch ist es entscheidend, ob zusätzliche Belastungen dazu kommen, oder die Menschen Anerkennung, Unterstützung und soziale Integration erleben, die dann sogar entlastenden Einfluss auf die private Situation haben kann.

Muskel-Skelett-Beschwerden: Psychische Fehlbelastungen wie zum Beispiel eintönige Tätigkeiten, hohe Arbeitsanforderungen und wenig Handlungsspielraum erhöhen zusätzlich das Risiko, im Muskel-Skelett-Bereich Beschwerden auszulösen. Verstärkt wird dies, wenn es keine oder nur geringe soziale Unterstützung für die Betroffenen gibt.

13.2.4 Was die Neuro-Wissenschaft dazu sagt

Die Weltwirtschaftskrise 2008/2009 zwang viele Unternehmen in die Knie oder forderte drastische Veränderungen. Zahlreich gingen sie gestärkt aus der Krise hervor und nutzten den Relaunch für Automatisierung. Sie erreichten ein um 60 % gesteigertes Umsatzwachstum (Purps-Pardigol 2016). Der beobachtete Schlüssel zum Erfolg war eine den Menschen zugewandte Führungs- und Unternehmenskultur, dies zeigte sich auch in anderen Unternehmen, die ähnlich agieren und ein vergleichbares Wirtschaftswachstum erreichten. Wenn Führungs- und Personalverantwortliche in herausfordernden Phasen diese erprobten Erfolgsmuster anwenden, dann helfen sie dabei, Potenziale von einzelnen Mitarbeitern zu heben und zu entfalten und damit zu ermöglichen, dass diese dauerhaft darauf zugreifen können. Wir sind gut beraten, wenn wir Erkenntnisse der Neuro-Wissenschaft hinzuziehen, um eine effiziente Aktivierung unserer Hirnfunktionen zu erreichen und damit unser Handeln zielgerecht ausrichten.

Beobachtungen in Unternehmen zeigen, etwa 70 % aller Change-Projekte scheitern, weil Mitarbeitende nur Dienst nach Vorschrift machen oder bereits innerlich gekündigt haben, so gelingen immerhin schon 30 %, das sind die Projekte, die die beschriebenen Erfolgsfaktoren in ihren Unternehmen umsetzen und dauerhaft integrieren. Mitarbeitende in den Unternehmen, die den Wandel bisher nicht geschafft haben, sind unsere Aufgabe. Es sind diejenigen, die verstärkt krank werden, viele Fehltage und wenig Resilienz haben und durch Frust und mangelnde soziale Integration auf der Strecke bleiben. Es gilt, die Sinnhaftigkeit der beruflichen Tätigkeit wieder zu finden, das eigene Potentzal zu entfalten und daraus Motivation und Zugehörigkeit zu entwickeln. Veränderungen in unserem Verhalten und genau diese Persönlichkeitsentwicklung ist möglich, sagt die Wissenschaft, und sie zeigt uns heute auch, wie es geht.

Wenn Menschen in ihrem Leben Vorbilder und Bezugspersonen hatten, die wertschätzend und in liebevoller Haltung ihnen Entwicklungsraum ermöglicht haben, konnten sie die Welt selbst erkunden und damit Erlebnisse erfahren und sich Wissen aneignen. Dadurch haben sie erlebt „jemand glaubt an mich, jemand traut mir zu, gewisse Dinge zu schaffen und Aufgaben zu lösen". Das erzeugt ein positives Gefühl der Anerkennung und Wertschätzung, was sich in unserem Gehirn im Erfahrungsgedächtnis speichert. Sie finden später aus sich selbst heraus auch gute Voraussetzungen, mit Problemen und psychischen Belastungen gut fertig zu werden.

Haben Menschen weniger gute Startchancen gehabt oder wurden sie als Kinder schon enttäuscht und entmutigt, hat man sie klein gemacht und an ihren Fähigkeiten gezweifelt „du kannst das noch nicht, du bist zu langsam, lass die Finger weg …", dann können sie heute neue Erfahrungen machen. Dazu brauchen Sie am Arbeitsplatz Führungskräfte, die an sie glauben und ihnen Aufgaben übertragen, die ihren Fähigkeiten angemessen sind. Sie stellen dadurch fest, sie werden gebraucht und sind wichtig, entwickeln daraus

Abb. 13.1 Entmutigungs-kreislauf

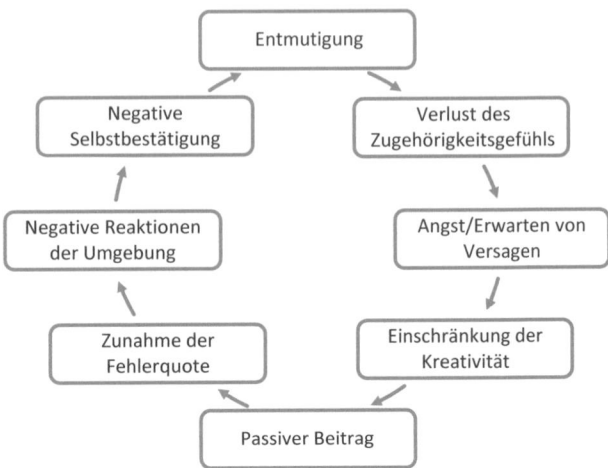

Motivation und wachsen in Selbstvertrauen und Eigeninitiative. Daraus wächst Freude und Begeisterung am Tun. Sie können verlässliche Mitarbeiter werden, die sich mit dem Unternehmen deutlich identifizieren und begeistert für das Leistungsziel ihren Beitrag einbringen.

Der Entmutigungs-Kreislauf zeigt auf, was passiert, wenn Menschen entmutigt werden (Abb. 13.1).

13.3 Drei Säulen Erfolgsfaktoren – Was ermutigende Führung bewirkt (Berner/Hagenhoff/Vetter/Führing, 2015)

13.3.1 Ermutigende Führung ist gelebte Beziehung

Mut und Mutlosigkeit bestimmen unser Leben und Verhalten Wenn man über Mut nachdenkt, so ist zumeist gemeint „Handeln, als ob man keine Angst hätte". Und oft liegen Mut und Angst dicht beieinander. Hier ist sozialer Mut als Verhaltenseigenschaft gemeint, um an Situationen des Alltags durchgehend mutiger und selbstbewusster heran zu gehen. Im sozialen Mut zeigt sich der Wille, wenn Schwierigkeiten sichtbar sind – oder gerade trotz Schwierigkeiten – ein Risiko einzugehen, mit dem Sinn, in Situationen und dem Leben weiter zu kommen.

Wenn wir Gefahr sehen, verzweifelt sind oder Angst haben, kann Mut eine Schlüsselrolle haben, damit wir uns im Leben weiterentwickeln. Die Angst kennen wir wie gute alte Freunde, wir fürchten Zurückweisung, Fehler und Misserfolge, wir fürchten, was andere über uns denken könnten und haben deshalb Angst, zu uns selbst zu stehen. Genauso macht uns Verlust und Tod Angst und selbst Veränderung unserer gewohnten Abläufe flößt uns Respekt oder Furcht ein oder zumindest anfänglichen Widerwillen. Wenn wir Situationen ausweichen, die Mut erfordern, dann verstärkt sich die Angst.

Alfred Adler, Begründer der Individualpsychologie, hat das Verständnis einer personenbezogenen und individuell typisierenden Menschenkenntnis zu einer ganzheitlichen Wissenschaft der psychologischen Struktur des menschlichen Lebens erweitert (Wikipedia 2016). Adler beobachtete Menschen. Er sah sie als soziale Wesen, die in der Gemeinschaft mit anderen kooperieren. Seine Erkenntnis: Menschen treffen in allen Situationen Entscheidungen, ihr Handeln ist zielorientiert. Für ihn war aufschlussreich und wichtig zugleich, nach dem Zweck des Handelns der Menschen zu fragen, um den Sinn und das Ziel des Handelns zu verstehen.

Der Blick geht damit nicht mehr hauptsächlich kausal in die Vergangenheit, sondern man beobachtet final die Auswirkungen des Handelns, nämlich das, was mit dem Verhalten erreicht werden will. All dies unter der Prämisse, ob das Erreichte auch so gewollt ist und ob es unseren Zielen dienlich ist. Adler suchte ein Verständnis von Psychologie, das allen Menschen ermöglicht, den Sinn zu verstehen und ihr Leben positiv zu verändern.

13.3.1.1 Die ermutigende Grundhaltung: Encouraging Leadership – und Menschen blühen auf!

Sehen wir uns das einmal genauer an: Wenn der Begriff Ermutigung die innere Haltung meint, so versteht er sich im gleichen Zuge aktiv handelnd gegenüber sich selbst und anderen. Die Beschäftigung mit Ermutigung bewirkt ein freudvolleres, stabileres und von gegenseitiger Achtung und Wertschätzung geprägtes Miteinander. Nach Adler entwickelte Rudolf Dreikurs die ganzheitliche Individualpsychologie weiter für den Bereich der Entwicklung von Kindern und erzieherische Aufgaben. Theo Schoenaker hat als hilfreiches Verhaltenstraining für Erwachsene das Encouraging Training begründet und international bekannt gemacht. Sozialen Mut kann man lernen. Heute wird es auch als Training mit modernen Lernmethoden mit Blended Learning vermittelt, kommt damit den individuellen Bedürfnissen der Menschen nach und beruht auf nachhaltiger Konzeption.

Ermutigung ist ein hilfreiches Führungsverhalten und beginnt bei der Selbstführung – Walk your Talk! – bei der Entwicklung des persönlichen Potenzials. Mit gestärktem Selbstvertrauen entwickelt sich Aufmerksamkeit als Schlüsselkompetenz für eine bessere Selbstverantwortung und positiven Umgang mit anderen Menschen und auch mit schwierigen Situationen. Mit der Gewissheit, sie tun selbst das Bestmögliche, um die Ziele zu erreichen, werden sie gelassener und gegenüber anderen Menschen auch toleranter, was wiederum die Gemeinschaft untereinander deutlich stärkt. Die Einzelnen wenden den Blick weg von der Fehlerorientierung und hin zu neuen Chancen in den Herausforderungen des täglichen Tuns. Nicht die Schuldigen für Missgeschicke suchen, sondern gemeinsam an Lösungen arbeiten.

Die Veränderung von Führungskräften ist ein Prozess der Entwicklung. Je mehr sie sich selbst auf Potenzialentwicklung einlassen, umso glaubwürdiger können sie ihre Mitarbeiter ermutigen und dadurch Unterstützung zur Entwicklung bieten. Eine Art „Mitschleppen" kann auf Dauer keine Lösung sein, für den Mitarbeiter nicht und für das Unternehmen nicht – manche Entscheidung für getrennte Wege ist auch gut.

Kraftvoll beeinflusst ermutigendes Verhalten im Unternehmen jeden einzelnen stärker, als man von außen für möglich halten mag. Die Veränderung der Einzelnen durch ermutigende Führung wirkt nachhaltig, weil sie mit positiven Emotionen verbunden ist und im Gehirn diese positiveren Handlungsweisen durch Üben abrufbar werden. Und sie wirkt ganzheitlich, sowohl im Arbeitsumfeld, als auch im privaten und familiären Bereich. Wenn diese Wechselwirkung von der Arbeit zum Privatleben und zurück durch Ermutigung ein neues Verständnis ermöglicht, finden Betroffene wieder einen Sinn in ihrem beruflichen Tun und entwickeln Freude und Begeisterung dabei und überhaupt an ihrem ganzen Leben. Daraus wächst Motivation, die wir uns an vielen Stellen in Unternehmen deutlich stärker wünschen. Vertrauen in die einzelnen, in Führungskräfte und in Mitarbeiter, kann somit einen Schub an Innovation auslösen.

Der Ermutigungs-Kreislauf (vgl. Abb. 13.2) zeigt, wie Menschen sich entwickeln.

13.3.2 Verbundenheit und Zugehörigkeit bewirken Selbstvertrauen und Identifikation mit dem Unternehmen

Gelebte Werte gemeinsam entwickeln – die Vitamine des Arbeitsalltags Wie schaffen Unternehmen Werte, die als Leitmotive wirken können? Wie schaffen sie Werte, denen die Menschen gerne folgen und mit denen sie sich begeistert identifizieren für ihre unterschiedlichen Arbeitsaufgaben?

Viktor E. Frankl, Begründer der Logotherapie, bezeichnete dies folgendermaßen:

„Es kommt nie und nimmer darauf an, was wir vom Leben zu erwarten haben, vielmehr lediglich darauf: was das Leben von uns erwartet."

Abb. 13.2 Ermutigungskreislauf

Das Leben, wie es in Frankls bekannter Aussage hier gemeint ist, beinhaltet die Aufgabe der Arbeit und die Selbstverantwortung, die gestellten Aufgaben so gut wie möglich zu bewältigen sowie für sein Auskommen zu sorgen. Frankls Aussage kann auf das Thema Arbeit sehr gut übertragen werden. Sie soll uns dazu motivieren, den Sinn unserer Tätigkeit aktiv zu suchen und für uns selbst anzuerkennen. Wesensgemäß liegt uns zugrunde, Teil einer Gruppe zu sein und in dieser mit den anderen zu kooperieren.

Das ist unsere Aufgabe im beruflichen Miteinander. Dabei dürfen wir durchaus Interesse haben, unsere Tätigkeiten mit positiver Haltung und dem notwendigen Spaß an der Sache auszuführen sowie eine Vision zu entwickeln. In gemeinsam gelebten Unternehmenswerten setzen wir dieses Verständnis um und füllen es täglich im wertschätzenden Miteinander mit Leben. Dadurch wächst Motivation und Begeisterung am kooperierenden Tun.

In einem Fall hat die Geschäftsführung einer Firma die Wichtigkeit der Wertekultur erkannt. Die Geschäftsleitung stellte in mehreren Meetings die Unternehmensziele zusammen. Daraus erstellten sie ihr Leitbild. Für die Umsetzung wurde es zunächst den Führungskräften vorgestellt und diesen übertragen. Sie sollen sich mit den Inhalten befassen und diese den Mitarbeitern weitergeben. Die Regelungen sollten auch für neue Mitarbeiter gelten.

Parallel wurde in allen öffentlichen Werbemitteln, dem Internet-Auftritt und auch in Unternehmensbroschüren dieses Leitbild mit bevorzugter Priorität dargestellt. Die Mitarbeiter wurden in Meetings darauf vorbereitet, gleichzeitig hängte man in allen Abteilungen Plakate auf. Jeder bekam ein druckfrisches Exemplar als Ergänzung zum Arbeitsvertrag. Wie gingen die Mitarbeiter damit um? Sie hörten zu, lasen aufmerksam alles durch und fanden die Inhalte auch gut.

Einzig etwas Wichtiges wurde übersehen: Sie waren als Betroffene selbst nicht eingebunden. Was sie dort lasen, war ohne sie entstanden. Folglich konnten sie sich nicht damit identifizieren und es auch nicht zu ihrer persönlichen erstrebenswerten Wertevorstellung erklären und danach leben. Sie fühlten sich diesen Werten nicht verbunden und folglich auch nicht zugehörig zu diesen Wertezielen. Einen neuen Werte-Hut entwickeln, diesen den Mitarbeitern quasi „überzustülpen" und erwarten, dass dieser so für alle Führungsebenen und die Mitarbeiter als Richtschnur passt, wird die einzelnen betroffenen Menschen nicht auf dem Weg mitnehmen, sondern diese innerlich eher „abhängen". Was hat hierbei gefehlt?

Jedes Arbeitsverhältnis basiert letztlich auf Vertrauen. Von Seiten der Mitarbeiter ist es das Vertrauen, dass der Arbeitsplatz, für den man sich bewirbt, im realen Alltag das hält, was er verspricht und was die Informationen hoffen lassen, die man selbst einholt und im Gespräch dargestellt werden. Man möchte sich gut aufgehoben fühlen, ist mit der eigenen Existenz davon abhängig und – das unterstelle ich jedem Mitarbeiter – hat Interesse, sich in die Prozessabläufe einzufinden und das Miteinander mit Kollegen und Vorgesetzten zu gestalten. Vertrauen braucht es auch von Seiten der Führungskraft. Vertrauen darauf, dass gerade die Mitarbeiter ihre Arbeitskraft einbringen und zu jeder Zeit das Beste geben, was möglich ist. Was hindert daran, gerade die Mitarbeiter in die Gestaltung der Werte einzubeziehen? Was sind nach ihrer Vorstellung die Werte, die sie selbst bei ihren Arbeitsaufgaben mit Leben füllen und gemeinsam gestalten?

Vertrauenbildendes Verhalten auf dem Weg zu Werten, die von allen Mitarbeitenden getragen sind, bedeutet, im gesamten Unternehmen die Frage nach den Werten zu stellen und weitgehend alle einzubeziehen. Man kann in Arbeitsgruppen in allen Ebenen und Abteilungen die Beschäftigten mitwirken lassen an dem, was gemeinsames Arbeiten kooperativ und integrativ macht. Was Lust macht, sich daran zu beteiligen und letztlich die Zugehörigkeit vermittelt, die wir zu unserem Menschsein dringend brauchen. Diese hat gerade auch in Unternehmen und Organisationen ihren Sinn und ihre Wichtigkeit. Das beweist uns die Neuro-Wissenschaft mit ihren Forschungsprojekten. Sie gehen der Frage nach, was Menschen brauchen, um ihre Bestleistung im Unternehmen einbringen zu können: Sie brauchen Verbundenheit und Zugehörigkeit. Es ist die Kooperation mit anderen Menschen in den Aufgaben, die der Alltag an sie selbst stellt. Dann bleiben sie gesund und psychisch stabil und entwickeln sich in ihren Fähigkeiten weiter.

13.3.3 Motivation wächst durch Potenzialentfaltung und Gestaltung

Es braucht Erkennen und Anerkennen der Fähigkeiten und emotionale Bindung.

Wenn Menschen Selbstvertrauen haben, sie also den eigenen Fähigkeiten und sich selbst vertrauen, dann erkennen sie diese Fähigkeiten deutlicher und setzen sie im Rahmen ihrer beruflichen Tätigkeiten und anderen Aufgaben ein. Dahinter verbirgt sich die individualpsychologische Bedeutung, alle Menschen bestehen aus Fähigkeiten, die mehr oder weniger entwickelt sind, je nachdem wie sie bisher Raum hatten, diese zu entwickeln. Wenn Menschen durch Führungskräfte ermutigt werden, dann wachsen sie in ihren Fähigkeiten und in ihrer Persönlichkeit über sich hinaus. Sie entwickeln ihre Fähigkeiten weiter, sie trauen sich was zu. Sie übernehmen Verantwortung für ihr Tun. Im Unternehmen bedeutet das, sie setzen ihre Fähigkeiten zum guten Kooperieren innerhalb ihres Teams ein, dies bewirkt meist im gesamten Team die gute Zusammenarbeit. Und letztlich trägt es zum Wohl des Erfolgs des gesamten Unternehmens bei. Die Begeisterung bei der Sache schafft Raum, in Situationen die Höchstleistung einzubringen.

Die Gehirnforschung bestätigt, in der Weise, wie Vertrauen in der Gemeinschaft der Mitarbeitenden eines Unternehmens gelebt wird, erfahren die Einzelnen persönliche Wertschätzung ihrer Fähigkeiten. Sie erleben Führungskräfte und Kollegen als Menschen, die an sie glauben und ihnen dies Vertrauen entgegenbringen. Dadurch gestärkt entwickeln sie Begeisterung und höheres Engagement für ihre Aufgaben. Sie möchten das Beste geben, was ihnen möglich ist. Sie erfahren sich selbst gestärkt und positiv in der Ausübung ihrer eigenen Fähigkeiten und verankern in ihren Erinnerungen positive Bilder für Gelingen und Potenzialentfaltung. Daraus entwickelt sich wiederum der ermutigende Kreislauf und beflügelt zu neuen Aufgaben. Mitarbeiter wie Führungskräfte wachsen über ihre bisherigen Kenntnisse hinaus. Sie fühlen sich mit dem gesamten Team und Unternehmen emotional positiv verbunden und integriert in die Gemeinschaft.

Mit der Potenzialentfaltung wächst auch das Interesse an der aktiven Mitgestaltung für das Wohl der Gemeinschaft. Es wächst eine Kultur im Unternehmen, bei der jeder Einzelne dabei ist und sich mittendrin fühlt. So tragen Einzelne dann zum Gelingen der Aufgaben bei und wesentlich auch zum Wohlergehen der Kollegen. Diese Menschen entwickeln Initiative und neue Ideen, probieren sich selbst neu aus und letztlich werden sie selbst Triebkraft für innovative Entwicklungen. Zunächst in ihren jeweiligen Aufgabenbereichen, dann auch in Projekten der Teams und letztlich im gesamten Unternehmen. Zufriedenheit wächst unter den Beschäftigten. Auf diese Weise emotional positiv eingebundene Menschen werden viel weniger krank, das wissen wir schon lange. Wir dürfen es noch deutlicher leben!

Alfred Adler beschreibt: Menschen sind Entscheidungen treffende Wesen. Erkennen wir das, übertragen wir ihnen Aufgaben mit Verantwortung und Gestaltungsfreiraum. Mit Herausforderungen umgehen bedeutet auch, am Unvollkommenen zu lernen und in der Persönlichkeit zu wachsen. Dann ist Ausprobieren erlaubt und wird verstanden als Weg, Fehler zu machen und sich weiter zu verbessern. Dies wird solange praktiziert, bis zufrieden stellende Ergebnisse vorliegen, die gemeinsame Projekte ja letztendlich auszeichnen.

13.4 Übung zur Selbstermutigung: Theo Schoenakers drei Fragen:

Wir sind es meist nicht gewohnt, anerkennend auf das zu schauen, was uns täglich gelingt. Theo Schoenaker, Logopäde und Begründer des Konzeptes der Ermutigung, verbreitete nicht nur sein Encouraging-Training weltweit, sondern auch seine „berühmten drei Fragen" als einfache und hoch wirksame Übung zur Selbstmutigung.

Diese Übung kann sofort umgesetzt werden. Empfehlenswert zur täglichen Praxis ist der abendliche Rückblick auf das Handeln und die Erfahrungen. Beschränken Sie sich dabei nicht auf rein gedankliche Überlegungen, sondern besorgen Sie sich ein hübsches Buch für persönliche Notizen und tragen Sie täglich Ihre Antworten ein.

Hier sind Theo Schoenakers drei Fragen, die Ihr Selbstwertgefühl nachhaltig stärken:

1. Meine Fähigkeiten:
   Was ist mir heute gut gelungen?
   Finde fünf Antworten und schreibe sie auf!
2. Dankbarkeit:
   Wofür bin ich heute dankbar?
   Finde fünf Antworten und schreibe sie auf!
3. Persönliches Wachstum:
   Welche eine Sache werde ich ab heute anders machen?
   Finde nur eine einzige Antwort und schreibe sie auf!

13.5 Wie Sie Selbstverstärkungseffekte gezielt positiv einsetzen: Merkmale ermutigender Beziehungsqualitäten (EQ) – Encouraging Leadership

Menschen führen bedeutet, in Situationen voran zu gehen. Für Viktor E. Frankl bedeutete dies:
„Werte kann man nicht lehren, sondern nur vorleben."

Das ist die Aufgabe und gleichzeitig Verantwortung von Menschen, die in Führungsverantwortung stehen. Menschen beobachten, wie Menschen sich verhalten und leiten daraus Handlungsmöglichkeiten für sich selbst ab. Darum ist „Walk your Talk" so wichtig, gerade auch in der Wirtschaftswelt. Nachfolgend finden Sie einige ermutigenden Beziehungs-Qualitäten, die indirekt, ohne großes Reden darüber, dazu beitragen, andere und auch sich selbst zu ermutigen (Pfaffinger and Talleur 2016). Sie stärken uns darin, in jeder Lage gute und lösungsorientierte Dialoge zu führen. Damit bauen sie täglich neu die Grundlage für freundliches und wertschätzendes Miteinander, auch in schwierigen Situationen.

1. Der freundliche Blick und die freundliche Stimme Menschen achten nicht so sehr darauf, was andere Menschen sagen, sondern vielmehr auf das, was Menschen tun. Aus dem Klang der Stimme erkennen wir bei unserem Gegenüber Freude und Zufriedenheit oder Streit, Ärger, Frust und Wut. In der Körperhaltung spiegelt sich unsere Haltung wieder, ob wir aufrecht gehen und Blickkontakt mit dem anderen suchen, ob wir unsicher und entmutigt sind oder wir dem anderen sogar ausweichen. Wir vermitteln damit auch unser Interesse an Gleichwertigkeit, Achtung und Offenheit.

2. Aufmerksam zuhören Die bewusste Entscheidung fürs Zuhören bedeutet: „Ich will verstehen, was du mir sagst". Es zeigt dem Gegenüber Interesse und Aufmerksamkeit. Zuhören versteht sich als aktives Aufnehmen des Gesagten und dem Bemühen um ein wirklich gutes Gespräch, das auf Verstehen-Wollen trifft. Die Basis von Verstehen schafft Raum für andere Sichtweisen als die eigenen. In Konfliktsituationen liegt darin die Chance für einen friedvollen Dialog.

3. Unvollkommenheit annehmen – das Beste geben Das Grundsätzliche des Menschseins annehmen, dass wir unvollkommen sind, das ist die Herausforderung. Unser Streben danach, perfekt zu sein, treibt uns an und lässt uns Fehler machen. Daraus entwickeln Menschen die Angst vor Fehlern. Hilfreich ist es, diese nicht als persönliches Versagen zu betrachten, sondern darin Lernfelder zu sehen, um die eigenen Fähigkeiten weiter zu entwickeln und Erfahrungen zu machen. Es geht auch um Verzeihen, im Sinne von Annehmen, was jetzt gerade ist. Dadurch gibt es freiere Begegnungen mit weniger Erwartungen und Druck. Den Beteiligten vermittelt es das Gefühl „mein Beitrag zum Wohle anderer ist gut" und fördert Kreativität zur Lösungsfindung.

4. Versuche und Fortschritte anerkennen Mit Anstrengungen, Versuchen und Arbeiten erreichen wir als Resultat Erfolge und Ergebnisse, das ist gemeint. Diese Beziehungsqualität unterstützt auf dem Weg, unabhängig davon, ob das Ergebnis Gelingen oder Scheitern ist. Sie beginnt mit großem Interesse, Lösungen für das Handeln zu finden. Unverzichtbar ist dabei das Gespräch zum Sachverhalt. Diese Haltung ermöglicht, vom Perfektionismus-Denken weg zu kommen und beendet die manchmal empfundene Sackgasse mit dem Fehlerfokus, die Menschen entmutigt.

5. Das Gute erkennen Wenn Führungskräfte grundsätzlich das Gute zu erkennen suchen, geben sie der Entwicklung Raum, aus Mitarbeitern Optimisten zu machen. Es ist vor allem eine klare Entscheidung, das Gute in sich selbst und anderen erkennen zu wollen. Was es *nicht* ist – es ist kein Schönreden! Stattdessen fördert es den positiven inneren Dialog, gibt Raum für unterschiedliches Denken und richtet den Blick nicht auf Versagen, sondern auf die Qualitäten und innere Beweglichkeit.

6. Selbstverantwortlich Handeln Wenn wir nach Adler in jeder Situation Entscheidungen treffende Menschen sind, dann geschieht all unser Handeln ohne Ausnahme in Selbstverantwortung. Auch wenn wir meinen, von Geschehnissen von außen bestimmt zu sein, so haben wir doch immer kleine und auch größere Handlungsmöglichkeiten, auch wenn es bedeutet, vor der eigenen Tür zu kehren. Beschwerliche Stimmungen und andere Schwierigkeiten wollen uns einreden, keine Handlungsspielräume zu haben. Wenn wir statt uns zu ärgern und frustriert zu sein, immer wieder uns auf die Suche nach den eigenen nächsten Schritten machen, beenden wir lähmende Situationen und warten nicht auf Lösungen durch andere, sondern tun selbst etwas.

Dies sind einige der wichtigsten ermutigenden Beziehungsqualitäten. Hier nicht ausgeführt, dennoch unverzichtbar sind auch:

Humor | Geduld | Dinge nicht so wichtig machen | Begeisterung | dem andern zugeneigt sein | Interesse für andere zeigen

Sie sind für den Einstieg leicht zu üben und verbessern spürbar sofort jede Beziehung – am Arbeitsplatz, in der Familie, in Partnerschaften. Meine Empfehlung – suchen Sie sich jede Woche eine EQ heraus, schreiben diese auf eine kleine Karte, die sie bei sich tragen, und probieren diese eine ganze Woche lang aus. Hilfreich ist es, die Erfahrungen daraus in ein Ermutigungs-Buch aufzuschreiben. Sie werden feststellen, wie schnell Sie diese Übungen in ihren Alltag integrieren können und wie leicht und freundlich Beziehungen sich gestalten können.

13.6 Das Miteinander-Management

13.6.1 Erwerbslosigkeitserfahrung und wie sie zu überwinden ist

Es gibt sie, die Erwerbslosigkeit, und sie kann fast jeden erwischen, für kurze Zeit, bei unglücklichen Ereignissen auch längere Zeit, dann wird es schwierig für die Betroffenen.

Wenn Beschäftigte in der Vergangenheit mindestens sechs Monate erwerbslos gewesen sind, sie beim Arbeitsamt arbeitssuchend gemeldet waren und Sozialleistungen bezogen haben, dann spricht man von Erwerbslosigkeitserfahrung.

Diese Menschen haben eine Zeit erlebt, in der die Jagd nach offenen Stellen zum täglichen Brot gehörte. Fast ständig waren sie dem Wechsel von Hoffnung und Enttäuschung ausgesetzt. Mitunter bedeutet dies bis heute gesellschaftliche Ausgrenzung und familiäre Schwierigkeiten. Es bleibt in dieser Situation nur, sich in dem fremdbestimmten Leben einzufinden und sich damit wohl oder übel zu arrangieren. Physische und psychische Instabilität sind die Folge, das belegen anerkannte Studien. Sie zeigen starke gesundheitliche Gefährdung und Erkrankungen bei Menschen mit langandauernder Erwerbslosigkeit auf. Die Wiedereingliederung unter diesen erschwerten Bedingungen ist schwierig und gelingt nicht immer sofort. Mangelnde Ausbildung oder zu langer Abstand zu früheren Tätigkeiten erschwert den Wiedereinstieg oder führt zum Wechsel des Arbeitsbereiches.

13.6.2 Wie Führungskräfte Integration und das Miteinander begleiten können

Nicht nur Erwerbslosigkeitserfahrung braucht Aufmerksamkeit. Menschen nach Flucht und Vertreibung, mit unterschiedlicher Herkunft und kulturellem Hintergrund, suchen ein Leben in Frieden und Sicherheit. Menschen mit Einschränkungen brauchen ein Umfeld, das Integration will und fördert. Babyboomer und Generation Y sind in ihrer Weise, das Leben zu gestalten, sehr unterschiedlich. Das Miteinander dabei effizient und innovativ gestalten, ist die Herausforderung. Dabei sind Offenheit und Ideen für neue Wege gefragt und Mut zu Veränderungen, die gegenseitigen Respekt und Wertschätzung als Basis beachtet, damit gemeinsam Arbeiten erfolgreich werden kann.

Sie alle brauchen Führungskräfte, die an sie glauben und ihnen die gestellten Aufgaben zutrauen. Sie wünschen sich Unterstützung, an dem Arbeitsplatz gewollt und wichtig zu sein. Gute Integration ins Team fördert bei allen Beteiligten die Kooperationsbereitschaft. Die Anerkennung auch von Kleinigkeiten stärkt ihr Selbstvertrauen. Allmählich weichen dann auch Ängste vor Verlust des Arbeitsplatzes und andere Unsicherheiten. Die Betroffenen wachsen in ihren Fähigkeiten, wenn sie Führungskräfte haben, die ihnen Vertrauen schenken und die Integration beständig unterstützen.

Ein wichtiger Faktor für Führungskräfte und Betroffene gleichermaßen ist Geduld. Die Erfahrung der Vergangenheit, keinen Platz für die selbstverantwortliche Beteiligung am gesellschaftlichen und beruflichen Leben zu haben, hat entmutigt und große Unsicherheit erzeugt. Der psychischen Belastung der vergangenen Situation sind viele unterlegen. Mutiger zu werden und sich Neues zutrauen, die Selbstzweifel besiegen und Schritt für Schritt eine stabile Persönlichkeit zu entwickeln, ist der Weg. In der leistungsorientierten Erwerbswelt gilt es, sich wieder zurecht zu finden, das ist eine Herausforderung. In der Folge einer wohlwollenden Integration, unterstützt durch Führungskräfte, kann die Arbeitskraft und Einsatzfreude sich zur positiven Identifikation mit dem gesamten Unternehmen entwickeln.

Unternehmer und Führungskräfte sind in dieser Weise Vorausdenker: Sie holen ihre Mitarbeiter im Vertrauen ab und ermöglichen Wachstum und Weiterentwicklung. So ist Vertrauen die Basis, auf der Menschen über sich hinauswachsen.

13.6.3 Wie das Miteinander uns ausbremst und krank macht oder stärkt und gesund erhält

Wortgewalt – die Kommunikation und Hirnchemie Gewählte Worte und Haltung beeinflussen die Qualität der menschlichen Beziehungen sehr stark, das wird sehr oft übersehen. Wenn wir von Gewalt sprechen, meinen wir oft physische Gewalt. Jedoch kann psychische Gewalt, verbal oder nonverbal, ebenso verletzend sein oder sogar traumatisierend. Gerade Führungskräfte tragen hierbei große Verantwortung. Sie haben Vorbildfunktion und prägen deutlich das Miteinander im Arbeitsleben.

Verletzende Kommunikation Beispiele sind: Vorwürfe machen, anklagen, beschuldigen, drohen, erpressen, Kritik üben, nörgeln, pauschalisieren, vergleichen, beleidigen und demütigen, Ironie, Sarkasmus, Ausreden, rechtfertigen. Das Angst- und Stresszentrum im Gehirn wird aktiviert und schüttet Stresshormone aus. Der betroffene Mitarbeiter reagiert mit Rückzug oder Angriff. Die Motivation zu kooperativem Verhalten geht verloren, das Selbstvertrauen und das Selbstwertgefühl schwinden. Im Gehirn aktivieren sich die gleichen Schmerzzentren, wie diese bei starken Schmerzen aktiv sind. Mobbing ist ein Beispiel für langfristige Entwertung, die traumatisierend wirken kann. Die mangelnde Zugehörigkeit führt zu Ausgrenzung, Isolation und depressiven Erkrankungen.

Wertschätzende Kommunikation Wenn wertschätzende und gleichzeitig ermutigende Kommunikation eingesetzt werden, dann lösen diese im Gehirn die Ausschüttung der Botenstoffe aus, die für unsere Glücksgefühle zuständig sind. Zusätzlich wirkt dies stärkend auf Beziehungen, gerade auch am Arbeitsplatz. Eines der Botenstoffe ist Dopamin und unterstützt Motivation und positive Entwicklung, steigert das Selbstvertrauen und stabilisiert das Selbstwertgefühl. Daraus wächst das Gefühl der Zugehörigkeit und unterstützt die Bereitschaft zu Kooperationen nachhaltig. Menschen, die in dieser Atmosphäre arbeiten, werden seltener krank und schneller gesund. Die psychische Verfassung spielt eine große Rolle für unsere körperliche Gesundheit.

13.7 Selbstfürsorge braucht Auszeiten

13.7.1 Schweigen – eine Runde Nicht-Mitfahren

Kennen sie das Hamsterrad? Oder fahren sie schon einige Runden? Steigen Sie doch mal aus der Überholspur aus und halten inne. Fehlt ihnen die Luft zum Atmen und ist die Kraft für Entscheidungen aufgebraucht? Vielleicht hängt der weite Blick im Nebel. Bitte scheuen sie sich nicht, Unterstützung durch einen Führungskräfte-Coach zu holen. Eine Auszeit mit Ruhe und Natur hilft den Gedanken, einen langsameren Gang einzulegen. Wenn sie dazu Begleitung auf Augenhöhe haben, kann sich sehr viel verändern. Sie finden neue Klarheit und der Nebel hebt sich. Eine Runde Nicht-Mitfahren macht dann den Unterschied mit der Erfahrung einer neuen und wohltuenden Gelassenheit. Dies kommt dann auch ihren Mitarbeitern zu Gute, die an ihnen sehen, wie wichtig es ist, für sich selbst und das eigene Wohlergehen gut zu sorgen.

Führen sie in ihrem Unternehmen Gesundheitstage durch, dann lassen sich Schnupperzeiten mit Schweigen sehr gut einbauen. Führungskräfte und Mitarbeiter begegnen der Stille und erinnern sich der Fähigkeit, aus der Stille neue Kraft zu schöpfen.

Führung beginnt mit Selbst-Führung, da kommen wir nicht drum herum. Mich erinnert dies immer an das Segeln. Wenn der Kapitän der Crew sich nicht mehr Zeit nimmt, um zu überlegen, in welche Richtung er das Boot steuern will, dann gerät es leicht ins Schlingern und Gefahren können übersehen werden. Dies bringt dann nicht nur ihn selbst in Gefahr, sondern die ganze Mannschaft.

13.7.2 Shifting Baselines – zum schleichenden Wandel in stürmischen Zeiten

Kennen Sie auch die Geschichte vom Frosch, der im kochenden Wasser sitzt? Man erzählt sich diese Geschichte: Am Ufer eines Sees saß ein Mann und dachte über sein Leben nach und alles, was er bisher erlebt hatte. Und während er in Gedanken versunken war, hüpfte in seiner Nähe ein Frosch am Ufer. Er fing den Frosch ein und brachte ihn in sein Haus. Dort stand ein Topf mit kochendem Wasser und er setzte den Frosch hinein. Was meinen Sie, was der Frosch tat? Richtig – er erschrak und machte einen großen Sprung aus dem Topf, sprang auf den Fußboden und hinaus ins Freie und rettete sich. An einem anderen Tag saß der Mann wieder am Ufer des Sees und grübelte über seinem Leben nach. Er erinnerte sich an den Frosch, der sicherlich Spuren des kochenden Wassers davongetragen hatte, aber sich gerettet und in Sicherheit gebracht hatte und irgendwo da draußen sein Leben lebte. Und wieder sah er einen Frosch ganz in seiner Nähe und überlegte. Darauf fing er ihn ein, nahm ihn mit in sein Haus und setzte ihn wiederum in einen Topf mit Wasser. Diesmal war das Wasser noch kalt. Er stellte den Topf auf den Ofen und machte Feuer im Ofen. Der Frosch war recht ruhig geblieben und schien sich sicher zu fühlen. Das Wasser im Topf wurde wärmer und wärmer. Selbst als es heiß war und zu kochen begann, verhielt sich der Frosch ruhig, bis es zu spät war.

Dieser in Seminaren erzählten Geschichte wurde von Biologen die Erkenntnis hinzugefügt, dass die Frösche bei steigenden Temperaturen zwar anfangs außergewöhnlich aktiv seien bei dem Versuch, der Hitze im Wasser zu entkommen. Jedoch setzt an einem kritischen Punkt durch die Hitze eine Starre ein, die in der Folge zum Tod führt (Drösser 2016).

Man meint, gewisse Ähnlichkeit dieser Geschichte mit Menschen in kritischen Situationen zu erkennen. Bei steigendem Leistungsdruck, zunehmender Schnelligkeit und Vielfalt scheinen die menschlichen Mechanismen der zunehmenden Aktivität der Frösche zu gleichen. Die Herausforderung ist, mit guter Selbstfürsorge und der Verantwortung für das richtige Maß an Leistung Sorge zu tragen.

13.8 Warum „Walk your Talk" so wichtig ist

Was wir gelernt haben, das geben wir weiter. Die große Chance liegt in der Weiterentwicklung der eigenen Persönlichkeit, indem wir gerade die Fähigkeiten weiterentwickeln, die zum Gelingen von guten Beziehungen am Arbeitsplatz führen, zunächst bei den Führungskräften und dann auch bei den Mitarbeitern. Die Verbesserung der Kommunikation bedingt ein Bewusstmachen und die konsequente Arbeit an sich selbst, dazu die Entscheidung, die Verantwortung für den eigenen Anteil an der Kommunikation übernehmen zu wollen.

Viele Mitarbeiter und auch Führungskräfte dürfen ihre Selbstverantwortung noch weiterentwickeln. Denn Führung beginnt immer mit Selbst-Führung. Dann erst ist die Vorbildfunktion glaubwürdig, wenn der Dialog mit dem Handeln übereinstimmt. Ist die Basis der Zusammenarbeit in Unternehmen von Zugehörigkeit und Vertrauen geprägt, dann werden gemeinsam Lösungen gefunden. Fühlen sich die Beschäftigten zugehörig und wird ihre Potenzialentfaltung unterstützt, dann ist auch Bereitschaft vorhanden, schwierige Zeiten gemeinsam zu bewältigen. Bestleistung kombiniert mit Werten, die gesundes Arbeiten fördern, stabilisiert die Zusammenarbeit und für die erfolgreiche Zukunft der einzelnen und gleichermaßen der Unternehmen. Das ist das Geheimnis einer Zusammenarbeit, die für alle darin arbeitenden Menschen Sorge trägt und damit gesund erhält.

13.9 Über die Autorin

Ute Straub (*1958) – Ermutigungs-Coach, geboren in Baden-Baden, heute in Fulda.

Menschen begeistern, starkes Selbstvertrauen zu entwickeln und sie ermutigen, motiviert und selbstverantwortlich zu handeln – das ist meine treibende Kraft und Vision!

Die Begeisterung für Persönlichkeitsentwicklung führt mich aktuell in Unternehmen mit Blended-Learning-Kursen zur Gesundheitsförderung. Die Online-Akademie bietet Blended-Learning-Kurse. Ich begleite im Coaching Führungskräfte und UnternehmerInnen mit Wochenenden im Schweigen. Als Unternehmertochter im Maschinenbau lernte ich sehr früh Chancen und Risiken von Menschen und Unternehmen kennen. Heute verbinde ich die 20-jährige Erfahrung in beratender Betriebswirtschaft mit kleinen und mittelständischen Unternehmen mit Coaching und Training der Individualpsychologie. In Personalfragen bin ich oft eingebunden.

Privat lag mir viele Jahre Jugend- und Erwachsenenarbeit am Herzen. Alleinerziehende Familienzeit mit drei Kindern vertieften das Gespür für Menschen und persönliche Entwicklung. So kam ich zur Individualpsychologie mit Diplom und der Ermutigungs-Trainerin mit Master-Qualifikation. Die Weiterbildungen zum Counselor mit Graduierung und Train the Trainer runden die wichtigsten Stationen in meinem Profil ab.

Ermutigung veränderte mich selbst und meinen Umgang mit anderen Menschen und den Lebenssituationen. In dem Buch „Alles geben – nur nicht auf!", Feyerabend Verlag, habe ich als Co-Autorin etwas aus meiner Geschichte aufgeschrieben.

Weitere Informationen: auf www.ute-straub.de und www.ermutigungtanken.de.

Literatur

Berner/Hagenhoff/Vetter/Führing. (2015). *Ermutigende Führung für eine Kultur des Wachstums*. Stuttgart: Verlag Schäffer-Pöschel.
Drosser, C. (2016). Eingeheizt. *Zeit Online*, Wissen. www.zeit.de/stimmts. Zugegriffen: 27. Nov. 2016.
Gallup GmbH (2015). *Engagement Index Deutschland*, www.gallup.de. Zugegriffen: 27. Nov. 2016.
Iga.Report 33. (Sept. 2016). *Engagement erhalten – innere Kündigung vermeiden*. 1. Aufl. www.iga-info.de. Zugegriffen: 27. Nov. 2016.
Pfaffinger, U., & Talleur, R. (2016). Ermutigende Erziehungsqualitäten, aus Eltern-Training, Adler-Dreikurs-Institut.
Purps-Pardigol, S. (2016). Das Hirn im Wandel. http://www.hrtoday.ch/de/article/das-hirn-im-wandel. Zugegriffen: 22. Juni 2017.
Wikipedia (Hrsg.) (2016) Individualpsychologie. https://de.wikipedia.org/wiki/Individualpsychologie. Zugegriffen: 22. Juni 2017.

Leistungsfähiger, erfolgreicher und glücklicher durch intelligente Ernährung

14

Hardy Walle

Inhaltsverzeichnis

14.1	Deutschland verfettet	249
14.2	Gesund und fit trotz Übergewicht?	250
14.3	Gesunde Ernährung oder doch lieber Spaß am Essen?	258
14.4	Stress im Job, Stress mit den Kindern, Stress mit dem Partner, Stress im Bett	262
14.5	Sport und gesunde Ernährung kontra Stress	264
14.6	Fit und munter durch den Tag	267
14.7	Fünf Portionen Gemüse und Obst pro Tag	269
14.8	Eskimos haben seltener einen Herzinfarkt	271
14.9	Vitamin D – der Shooting-Star des 21. Jahrhunderts	273
14.10	Essen Sie sich fit – mit Vitaminen besser denken und fröhlicher leben	275
14.11	Fazit	276
14.12	Über den Autor	276
Literatur		277

14.1 Deutschland verfettet

Laut Nationaler Verzehrsstudie II sind 50,6 % der Frauen und 66 % der Männer übergewichtig, wobei mit zunehmendem Alter der Anteil übergewichtiger und adipöser Personen zunimmt (Nationale Verzehrsstudie II 2008). Das Robert-Koch-Institut hat im Deutschen Erwachsenen Gesundheitssurvey belegt, dass gerade in höheren Altersklassen die Zahl der Übergewichtigen zum Teil 60 bis 70 % beträgt. Dabei ist die Zahl der Übergewichtigen

---

H. Walle (✉)
Im Driescher 10, 66459 Kirkel, Deutschland
e-mail: hardy@dr-walle.de

© Springer Fachmedien Wiesbaden GmbH 2018
P. Buchenau (Hrsg.), *Chefsache Gesundheit I*,
https://doi.org/10.1007/978-3-658-16580-2_14

(Body-Mass-Index = BMI ≥ 25 kg/m²) in den letzten Jahren relativ gleich geblieben, die Zahl der Adipösen (Adipositas = Fettsucht, Body-Mass-Index ≥ 30 kg/m²) hat in den letzten Jahren jedoch deutlich zugenommen (Mensink et al. 2013).

Konkret: Die Deutschen werden immer fetter! Adipositas per se ist ein Risikofaktor für viele Erkrankungen. Eine der bekanntesten hiervon ist der Typ-2-Diabetes (früher Alterszucker genannt). 1960 betrug die Zahl der Diabetiker in Deutschland 800.000, heute sind es 8 Mio., die Dunkelziffer von 2 Mio. bis 4 Mio. Diabetikern nicht mitgerechnet. Diese enorme Zunahme sollte einem zu denken geben – doch dazu später! (Walle et al. 2010).

▶ Body-Mass-Index (Körpermasseindex): Körpergewicht in kg/Körperlänge² (m)

Die überwiegende Zahl dieser „Zuckerkranken" sind Typ-2-Diabetiker, davon sind 90 % übergewichtig. Diese hätten wahrscheinlich keinen Diabetes, wenn sie sich besser ernähren und mehr bewegen würden.

Aus einer der weltweit größten Studien, welche bereits über viele Jahrzehnte läuft und bei der die etwa 100.000 Teilnehmer über Jahrzehnte regelmäßig untersucht werden, der Nurses-Health-Studie, wissen wir, dass bereits bei einem Body-Mass-Index von 27 kg/m² das Diabetes-Risiko um das Zehnfache erhöht ist, ab einem BMI von 30 kg/m² steigt das Risiko exponentiell an (Colditz et al. 1995).

14.2 Gesund und fit trotz Übergewicht?

Selbsternannte Ernährungsexperten und Sensationsjournalisten zitieren immer wieder Studien, aus denen angeblich hervorgeht, dass Übergewicht auch ein Schutzfaktor sei und dass erst extremes Übergewicht mit einem Body-Mass-Index von > 35 kg/m² mit einem erhöhten gesundheitlichen Risiko verbunden sei. Zum Teil sei es sogar „gefährlich", normalgewichtig zu sein.

Diese Aussagen sind wissenschaftlich nicht haltbar, da sie aus einer undifferenzierten Herangehensweise resultieren. Nimmt man nur den Body-Mass-Index als Marker, so hat man in der Gruppe mit Übergewichtigen sehr viele gut trainierte Sportler mit einer hohen Muskelmasse. Vitali Klitschko z. B. hat bei einer Körpergröße von 2,02 m und einem Körpergewicht von 112 kg einen Body-Mass-Index von 27,5 kg/m². Er wäre also laut der oben genannten Definition übergewichtig. Das Gewicht dieses perfekt trainierten Sportlers resultiert jedoch nicht aus zu viel Körperfett, sondern durch einen hohen Anteil an Muskelmasse, welche wiederum einen schützenden Faktor darstellt.

Andererseits gibt es Menschen mit einem normalen Body-Mass-Index (z. B. BMI = 24 kg/m²), die völlig untrainiert sind und sich gleichzeitig schlecht ernähren. Diese haben einen hohen Anteil an Körperfett, jedoch nur eine geringe schützende Muskelmasse. Solche äußerlich schlanken, aber „innerlich verfetteten" Menschen (man nennt diese in der Fachliteratur „TOFI" = thin outside, fat inside) haben ebenfalls ein deutlich erhöhtes

Gesundheitsrisiko – und verfälschen damit die BMI-basierten Statistiken. Deshalb ist der Body-Mass-Index nur bei deutlicher Erhöhung (>35) als sicheres Maß für das Risiko zu nehmen, bei einem BMI zwischen 22 und 35 brauchen wir andere Parameter.

Dicker Bauch macht schlapp und krank Ein besserer Risikomarker, welcher das oben Gesagte berücksichtigt, ist der Bauchumfang, auch Taillenumfang genannt. Zudem ist er von jedem einfach und kostengünstig zu bestimmen.

Zur Messung des Bauchumfangs benötigt man nur ein einfaches Maßband von 1 bis 1,5 m Länge. Die Messung kann jeder bei sich selbst ganz einfach durchführen (Anleitung und Interpretation/Normalwerte siehe unten)

Ist der Bauchumfang bei einer Frau unter 80 cm, dann ist alles im Normbereich, bei einem Mann ist er idealerweise unter 94 cm (vgl. Tab. 14.1).

Der Bauchumfang ist ein indirektes Maß für das Bauchfett. Heute wissen wir, dass das Bauchfett, welches um und in den Organen liegt, das krankmachende Fett ist (Abb. 14.1).

Tab. 14.1 Bewertung des Bauchumfanges

Frauen	
<80 cm	kein Risiko
80 cm – 88 cm	Leicht erhöhtes Risiko
>88 cm	deutlich erhöhtes Risiko
Männer	
<94 cm	kein Risiko
94 cm – 102 cm	leicht erhöhtes Risiko
>102 cm	deutlich erhöhtes Risiko

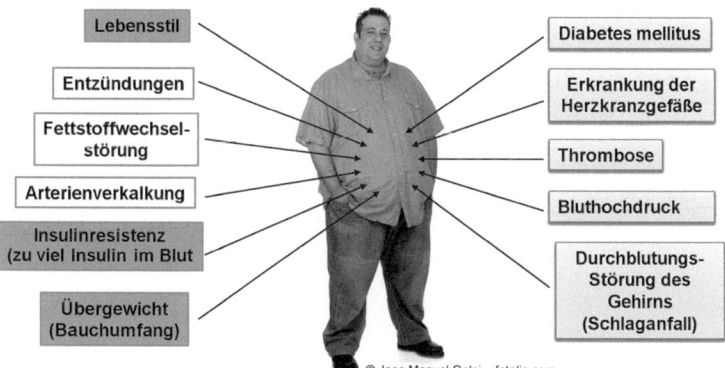

Abb. 14.1 Risikopatient für Herz-Kreislauf-Erkrankungen

Insbesondere die Fettleber stellt einen wichtigen Risikomarker dar. Hierzu verweise ich auf den späteren Abschnitt zum Thema „Leberfasten".

Wächst mit den Jahren auch der Bauchumfang, so sollte eine Ernährungsumstellung mit mehr Bewegung angestrebt werden. Ab einem Bauchumfang von 88 cm bei der Frau bzw. 102 cm beim Mann wird es kritisch, weil hier das Risiko für Folgeerkrankungen (Herzinfarkt, Schlaganfall, Fettstoffwechselstörung, Diabetes, aber auch Krebs etc.) **exponentiell** ansteigt. Treten infolge eines erhöhten Bauchumfangs Fettstoffwechselstörungen, Bluthochdruck oder auch Störungen im Zuckerstoffwechsel auf, so spricht man vom metabolischen Syndrom.

Das **Metabolische Syndrom** wird anhand der in Tab. 14.2 dargestellten Kriterien (International Diabetes Federation [IDF] 2006) festgestellt.

Wie misst man den Bauchumfang? Den Bauchumfang misst man, indem man die Mitte zwischen unteren Rippen und Hüftknochen nimmt und dort ein Maßband in der Waagerechten anlegt. In der Regel misst man knapp oberhalb des Nabels – in Atemmittellage.

Suchen Sie den Punkt in der Mitte zwischen unterstem Rippenbogen und Beckenkamm.
Auf dieser Höhe legen Sie das Maßband parallel zum Boden um den Bauch. Achten Sie darauf, dass Sie nicht ausatmen und den Bauch nicht anspannen.
Lesen Sie anschließend den Bauchumfang vom Maßband ab (siehe Abb. 14.2) und werten Sie das Ergebnis mithilfe von Tab. 14.1 aus).

Tab. 14.2 Metabolisches Syndrom (IDF 2006)

Abdominale Adipositas	Taillenumfang: Männer ≥ 94 cm Frauen ≥ 80 cm
Zusätzlich müssen zwei der folgenden vier Kriterien zutreffen	
Erhöhte Triglyceride (nüchtern)	>150 mg/dl (1,7 mmol/l)
Niedriges HDL-Cholesterin (nüchtern)	Männer < 40 mg/dl (1,03 mmol/l) Frauen < 50 mg/dl (1,29 mmol/l)
Bluthochdruck	*systolisch* > 130 oder diastolisch ≥ 85 mmHg
Erhöhte Nüchternblutglucose oder bereits diagnostizierter Typ-2-Diabetes mellitus	>100 mg/dl (5,6 mmol/l) (Plasmaglukose)

Abb. 14.2 Messung des Bauchumfangs

Diagnosekriterien Metabolisches Syndrom

- erhöhter Taillenumfang (>80 cm bei Frauen, >94 cm bei Männern) plus zwei der folgenden vier Kriterien:
- niedriges HDL-Cholesterin (<40 mg/dl bei Männern, <50 mg/dl bei Frauen)
- erhöhte Triglyceride (>150 mg/dl)
- Blutdruck >130/85 mm/Hg oder Einnahme von blutdrucksenkenden Medikamenten
- Nüchternblutzucker >100 mg/dl oder bekannter Diabetes mellitus Typ 2

Häufigkeit des Metabolischen Syndroms

- Etwa 25 % der Gesamtbevölkerung
- Mit dem Alter zunehmende Häufigkeit
- Über 50 % der über 50-Jährigen sind betroffen

Der Bauchumfang ist ein indirektes Spiegelbild für die „Verfettung" der inneren Organe. In den letzten Jahren wurde die Fettleber als Auslöser vieler Erkrankungen erkannt. Ein neues Krankheitsbild rückt seither immer mehr in den Mittelpunkt der Stoffwechselforschung: die nicht-alkoholische Fettlebererkrankung (engl.: non-alcoholic fatty liver disease = NAFLD). Später dazu mehr …

Treppe statt Fahrstuhl Für die Zunahme des Bauchumfangs (sogenannte androgene Adipositas, „Apfelform") spielt neben einer gewissen genetischen Veranlagung eine gesteigerte Energiezufuhr bei gleichzeitigem Bewegungsmangel die entscheidende Rolle.

Legte ein Deutscher vor etwa 80 Jahren noch etwa 12 km am Tag zurück, so sind es heute weniger als 1 km. Zwar ist die Energiezufuhr heute geringer als vor 80 Jahren, dennoch übersteigt sie in den meisten Fällen den Energieverbrauch deutlich.

Eine stammbetonte Adipositas ist die Folge und mit ihr entwickelt sich auch eine Insulinresistenz. Um den Blutzucker konstant zu halten, müssen die Betazellen der Bauchspeicheldrüse mehr Insulin produzieren, was wiederum zu einer Verminderung der Insulinrezeptoren in den insulinempfindlichen Organen wie Leber und Muskeln führt. Hierdurch wird der Hyperinsulinismus weiter verstärkt und die Insulinfalle schnappt zu.

Zu viel Insulin macht dick Wird jetzt nicht mit Ernährungsumstellung (weniger Kohlenhydrate, dafür mehr Eiweiß) und Bewegung dagegen gesteuert, schaukelt sich das System immer mehr hoch, ein Teufelskreis entsteht: Das Bauchfett gibt Entzündungsbotenstoffe ab, welche die Insulinresistenz fördern, dies führt wiederum dazu, dass die Bauchspeicheldrüse immer mehr Insulin produzieren muss, um sich einen noch normalen Blutzucker „zu erkaufen". Dieses Zuviel an Insulin fördert die Zunahme des Bauchfettes, hierdurch werden wieder mehr Entzündungsstoffe gebildet und das System schaukelt sich hoch – der Teufelskreis hat begonnen (vgl. Abb. 14.3)!

Medikamentös ist dieser Teufelskreis kaum zu stoppen. Das Einzige, was nachweislich und nebenwirkungsfrei hilft, ist mehr Bewegung bei gleichzeitiger Reduktion der Kalorien, insbesondere der Kalorien aus Kohlenhydraten.

Tun Sie Ihrer Leber etwas Gutes! Ich habe es ja erwähnt, nicht Ihr Gewicht ist entscheidend, sondern Ihr Bauchumfang. Heute wissen wir, dass das Organfett das krankmachende Fett ist. Eine falsche Ernährungsweise führt zu Übergewicht. Schadstoffe wie Alkohol, Stimulanzien, Medikamente etc. belasten Ihre Leber zusätzlich.

Die neue Erkrankung des 21. Jahrhunderts heißt Fettleber. Die Ärzte sprechen von einer nichtalkoholischen Fettlebererkrankung (non-alcoholic fatty liver disease – NAFLD). Kommt eine Entzündung hinzu, so sprechen wir von der nichtalkoholischen Steatohepatitis (NASH). Diese ist letztendlich genauso gefährlich wie die alkoholisch bedingte Leberverfettung.

Ihr Hausarzt kann eine Fettleber mit dem Ultraschall beschreibend feststellen, eine exakte Diagnose gelingt nur durch sehr aufwendige, radiologische Verfahren (Magnet-Resonanz-Tomographie) bzw. durch eine Leberpunktion.

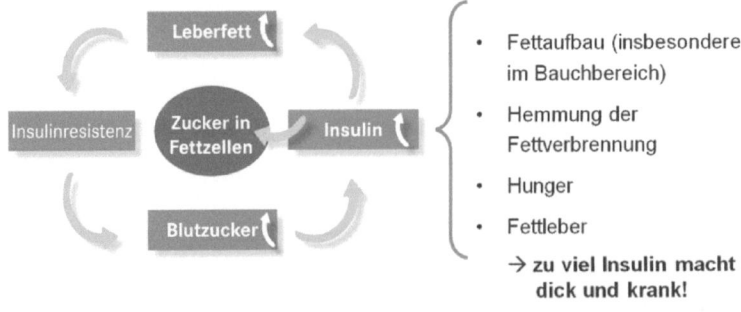

Abb. 14.3 Der Teufelskreislauf

14 Leistungsfähiger, erfolgreicher und glücklicher durch intelligente Ernährung

Eine italienische Arbeitsgruppe (Bedogni et al. 2006) hat ein neues Verfahren entwickelt, mit dem man das Risiko für eine Fettleber abschätzen kann. Aus Body-Mass-Index, Bauchumfang, Triglyceriden sowie einem bestimmten Leberwert (Gamma-GT) wird über bestimmte Algorithmen der Fettleberindex (Fatty liver index – FLI) berechnet. Ist dieser Fettleberindex kleiner als 20, so ist eine Fettleber mit sehr hoher Wahrscheinlichkeit ausgeschlossen, ist der Wert über 60, leiden Sie sehr wahrscheinlich an einer Fettleber.

Die Fettleber bleibt lange unentdeckt Alkohol belastet die Leber, das ist lange bekannt. Doch viel häufiger ist die nichtalkoholische Fettlebererkrankung (NAFLD). 30 bis 40 % der Bevölkerung leiden an einer Fettleber, 70 % der Übergewichtigen und sogar bis zu 90 % der Typ-2-Diabetiker. Doch eine Fettleber ist nicht nur eine Erkrankung der Übergewichtigen, auch 15 % der Normalgewichtigen haben eine Fettleber. Ein erster Hinweis auf eine Fettleber kann ein erhöhter Bauchumfang sein. Doch selbst wenn dieser normal ist, kann eine nichtalkoholische Fettleber vorliegen.

Die Leber ist unser wichtigstes Stoffwechselorgan, denn sie steuert alle wichtigen Stoffwechselfunktionen und stellt sicher, dass der Körper 24 Stunden täglich an 365 Tagen im Jahr funktioniert.

Kohlenhydrate machen die Leber fett Die Hauptursache für die nichtalkoholische Fettleber ist ein Überschuss an Kohlenhydraten bei Bewegungsmangel. Dabei sind gerade Zwischenmahlzeiten problematisch, da sie oft aus ballaststoffarmen Kohlenhydraten bestehen und zusätzliche Kalorien liefern. Aber auch vermeintlich gesunde Obstsmoothies und Fruchtsäfte fördern eine Verfettung der Leber. Der in Obstsäften, Früchten, aber auch im Haushaltszucker (Softdrinks, Ketchup etc.) zu 50 % enthaltene Fruchtzucker kann von unserem Körper nicht verwertet werden und muss von der Leber erst in Traubenzucker umgewandelt werden. Dieser Schritt ist jedoch mengenmäßig und zeitlich limitiert. Da der Steinzeitmensch weder Fruchtsäfte getrunken noch Haushaltszucker verwendet hat, ist unser Körper auf die heute zugeführten Mengen an Fruchtzucker nicht adaptiert. Die überforderte Leber lagert diesen Überschuss an Fruchtzucker dann als Fett ein.

Teufelskreis Fettleber Schwindet die Taille zugunsten eines zunehmend pralleren Bauches, ist das ein zuverlässiger Hinweis, dass der Körper Fett an der falschen Stelle speichert. Denn wird der Bauch immer dicker, dann hat das zusätzliche Fett in der Bauchhöhle seinen Platz gefunden. Neben der Leber verfetten mit der Zeit auch die anderen Organe in der Bauchhöhle, wie etwa die Bauchspeicheldrüse. So wissen wir, dass die Fettleber einer der wichtigsten Wegbereiter für die Entwicklung eines Typ-2-Diabetes (früher Alterszucker genannt) ist.

Die Formel ist ganz einfach: *Je praller der Bauch, desto höher das Risiko für Diabetes, Herzinfarkt und Schlaganfall.* Bauchfett macht krank, müde und senkt die Leistungsfähigkeit.

Eine Fettleber entsteht meist schleichend über viele Jahre, die Symptome sind zu Beginn unspezifisch: Müdigkeit, Mattigkeit, Abgeschlagenheit, Konzentrationsstörungen etc. können erste Hinweise auf eine Fettleber sein. Ebenso starke Blutzuckerschwankungen mit Heißhungerattacken oder unerklärliche Zunahme des „Hüftgoldes".

„Reset" für die Leber: Leberfasten Eine neue Therapieform entfettet Ihre Leber. Bisher glaubte man, eine Fettleber nicht therapieren zu können. Professor Dr. Nicolai Worm hat gemeinsam mit mir ein spezielles Konzept zur Leberentfettung entwickelt – das „Leberfasten nach Dr. Worm" (Worm et al. 2016). Dieses Konzept hat sich bereits tausendfasch bewährt und die Effektivität wurde in Studien nachgewiesen (Arslanow et al. 2016; Becker et al. 2013, 2015; Teutsch et al. 2014). Es wird von speziell geschulten Ärzten für Patienten mit Übergewicht, Diabetes, Bluthochdruck oder Fettstoffwechselstörungen als 14-tägige Stoffwechselkur angeboten.

Mit den Erfahrungen mit diesem Konzept und den wissenschaftlichen Daten haben wir dieses Leberfasten nun speziell für „zeitknappe Kopfarbeiter" zu einem hoch-effektiven Präventionskonzept weiterentwickelt Mit diesem innovativen „präventiven Leberfasten" können Sie innerhalb von nur 10 Tagen Ihre Leber deutlich entlasten, den Fettleberindex senken und Ihren Stoffwechsel regenerieren. Dabei machen Sie 10 Tage lang eine strikte Formula-Diät, welche Sie nur mittags und abends durch Rohkost und Gemüse ergänzen. Alkohol ist in dieser Zeit strikt verboten. Das Tolle an diesem Konzept ist, dass die Effekte nachhaltig sind, das heißt, diese erzielte Entfettung der Leber und der Bauchspeicheldrüse hält lange an und die Stoffwechselverbesserungen sind nach Wochen und Monaten noch nachweisbar.

Durch die spezielle Zusammensetzung der Leberfasten-Formula wird der Stoffwechsel aktiviert. Leber, Bauchspeicheldrüse und Nieren werden entfettet. Auch schaltet Ihr Körper von Kohlenhydratverbrennung auf Fettverbrennung um, was sich erfreulicherweise am Gewicht bemerkbar macht.

Wenn Sie das Leberfasten mit zunehmender Bewegung, ausreichendem Trinken und mehr Schlaf kombinieren, fühlen Sie sich relativ rasch „wie neu geboren". Natürlich ist es sinnvoll, dass Sie auch nachhaltig etwas an Ihrem Lebensstil ändern. Mit dem Leberfasten finden Sie einen Einstieg in ein gesünderes Leben und Sie drehen Ihre Stoffwechsel-Uhr um fünf bis zehn Jahre zurück. Nutzen Sie diese zweite Chance und starten Sie in ein leichteres Leben. Im Internet finden Sie weitere Hinweise zur Fettleber und wie Sie Ihre Leber in kurzer Zeit entfetten und wieder fit machen können.

Muskeltraining schlägt Ausdauer ... Bei der Bewegung hat in den letzten Jahren das Krafttraining an Bedeutung gewonnen, wir sprechen heute bewusst von Muskeltraining. Muskeltraining stabilisiert die Gelenke, fördert die Fettverbrennung (diese findet im Muskel statt), erhöht Ihre Testosteron-Produktion und erleichtert Ihre Gewichtsabnahme.

Wenn Sie dann durch Muskeltraining und Ernährungsumstellung ein paar Pfunde verloren haben, ist Ausdauer angesagt: Radfahren, Joggen, Schwimmen, Nordic Walking etc. Durch Kraftausdauertraining wird die Insulinresistenz gemindert bzw. durchbrochen und die Fettverbrennung kommt so richtig in Gang. Hierdurch wird Ihre Gewichtsreduktion effektiver und nachhaltiger.

Zu viele Kohlenhydrate machen dick Die in den letzten Jahren geführte Diskussion um den glykämischen Index oder die glykämische Last ist müßig. So hat der Fruchtzucker, die Fruktose, einen sehr niedrigen glykämischen Index, fördert aber dennoch die Entstehung einer Fettleber und einer Insulinresistenz. Letztendlich muss die absolute zugeführte Kohlenhydratmenge reduziert werden. Kohlenhydrate sind wichtig für Menschen, welche schwer körperlich arbeiten oder sich viel bewegen. Entsprechend müssen Kohlenhydrate reduziert werden, wenn Bewegungsmangel mit Wegstrecken unter 1 km pro Tag die Regel ist.

Eiweiß – der Fitmacher für Körper und Geist Der Eiweißbedarf dagegen wird schon immer in Relation zum Körpergewicht angegeben.

▶ Ernährungsexperten fordern mindestens 1,2 g Eiweiß für jedes Kilo, das Sie wiegen, und das jeden Tag.

Beispiel

Sie wiegen 80 kg, dann wäre eine Eiweißzufuhr von 96 g (80 × 1,2 = 96 g) pro Tag für Sie ideal. Wenn Sie Sport treiben, Muskeln aufbauen wollen oder ein Gewichtsproblem haben, essen Sie eher etwas mehr Eiweiß. Dafür reduzieren Sie im Gegenzug die Kohlenhydrate. Dies hat mehrere angenehme Effekte: Eiweiß erhöht die Thermogenese, das heißt, die innere Heizung wird angeworfen, Sie fühlen sich fitter, kräftiger und leistungsfähiger. Eiweiß ist wichtig für den Muskelaufbau, aber auch viele Stoffwechselfunktionen sind eiweißabhängig, da die meisten Hormone aus Eiweiß gebildet werden. Auch Ihre Abwehrstoffe (Immunglobuline) sind Eiweißkörper, genauso wie Ihr Sauerstofftransporter (Hämoglobin).

Information RDA (= Recommended Daily Allowances)

Die RDA für Eiweiß beträgt 0,8 g/kg KG. Die RDA ist jedoch keine Zufuhrempfehlung, sondern wurde vom amerikanischen Verteidigungsministerium während des Zweiten Weltkrieges herausgegeben, um die minimal notwendige Eiweißzufuhr für die Soldaten festzulegen (allowance heißt „Ration", „Zuteilung").

Die RDA beschreibt das absolute Minimum für die Eiweißzufuhr, bevor es zu gesundheitlichen Schäden kommt. Die RDA für Eiweiß beträgt 0,8 g pro kg.

Die optimale Eiweißzufuhr dagegen beträgt (bei Nierengesunden) 1,2 g pro kg Körpergewicht und kann bei Sportlern und Leistungsträgern deutlich höher liegen.

Nur bei einer eingeschränkten Nierenfunktion (z. B. infolge von Zuckererkrankung = Kohlenhydraterkrankung oder auch Schmerzmittelmissbrauch) muss die Eiweißzufuhr auf 0,8 bis 1,0 g pro kg reduziert werden. Hier kontrolliert dann der Arzt die entsprechenden Blutwerte.

Eine Erhöhung der Eiweißzufuhr, bei gleichzeitig erhöhter Reduktion der Kohlenhydrate, führt zu einer vermehrten Sättigung durch Eiweiß und durch Erhöhung der Thermogenese auch zu einer deutlichen und nachhaltigen Gewichtsreduktion.

Sie sind gleichzeitig fit und leistungsfähiger, weniger infektanfällig und halten länger durch, ohne ständig zu naschen oder zu snacken.

14.3 Gesunde Ernährung oder doch lieber Spaß am Essen?

Gesunde Ernährung – was ist das eigentlich? Fünf Portionen Gemüse und Obst am Tag sollen wir essen, zudem 40 g Ballaststoffe, dazu möglichst viele Vollkornprodukte, nicht mehr als zwei Eier pro Woche, maximal ein- bis zweimal pro Woche Fleisch, dafür dreimal die Woche Fisch usw.

Seit Jahren hören wir ständig neue Ernährungsempfehlungen, die Fachzeitschriften sind voll mit guten Tipps, doch keiner setzt sie um. Die Bevölkerung wird immer dicker, Adipositas und Diabetes überschwemmen epidemieartig unser Land.

▶ Oder liegt es vielleicht daran, dass die oben genannten Empfehlungen schlicht falsch sind?

Die Deutsche Gesellschaft für Ernährung beharrt weiterhin darauf, dass eine Kohlenhydratzufuhr von 50 bis 60 % der täglichen Kalorienzufuhr optimal sei. Optimal für wen? Für Leistungssportler, Schwerstarbeiter oder für Beamte, Lehrer, Angestellte etc.?

Der Energieverbrauch einer 40-jährigen Frau beträgt lediglich 2000 kcal, ein Mann kommt im Schnitt kaum über 2500 kcal.

Wie viele Kohlenhydrate brauche ich denn nun? Unser Gehirn verstoffwechselt am Tag nur 120 bis 130 g Kohlenhydrate. Alles, was darüber hinausgeht, sollte durch körperliche Aktivitäten verbrannt werden. Findet diese körperliche Aktivität nicht statt, so kommen uralte Überlebensmechanismen in Gang. Unser Körper kann lediglich 300 bis 400 g Kohlenhydrate in Form von Glykogen speichern, alles andere wird in Form von Fett für „schlechte Zeiten" auf Bauch und Hüfte deponiert – das Hüftgold wächst.

Bewegungsarme Menschen („Couch-potatoes") müssen also die Kalorienzufuhr entsprechend reduzieren, sonst tritt der bereits beschriebene Teufelskreis mit Entstehung einer Fettleber in Kraft!

Es ist aber gerade bei einer reduzierten Kalorienzufuhr unbedingt notwendig, die überschüssigen bzw. überflüssigen Kohlenhydrate zu reduzieren und im Gegenzug die Eiweißzufuhr zu erhöhen.

Die Fettzufuhr braucht im Gegensatz zu vielen Behauptungen nicht reduziert zu werden, da wir lediglich etwa 35 % der Nahrungskalorien in Form von Fett essen. Dabei sollte die Fettzufuhr jedoch modifiziert werden, das heißt, gesättigte, insbesondere gehärtete Fette sollen reduziert werden. Im Gegenzug sollen einfach ungesättigte Fettsäuren, welche beispielsweise in Olivenöl und Rapsöl enthalten sind, bzw. mehrfach ungesättigte Fette (Omega-3-Fettsäuren) eher mehr gegessen werden. Omega-6-Fettsäuren, welche wir uns auch über Sonnenblumen- und Distelöl zuführen, sind im Übermaß schädlich, deshalb sind diese Öle im Austausch gegen Olivenöl deutlich zu reduzieren.

Die bisherigen Ernährungsrichtlinien sind veraltet und müssen dringend „renoviert" werden Schaut man sich nun die aktuelle Ernährungssituation an (Nationale

Verzehrstudie II bzw. Ernährungsberichte der DGE), so isst der deutsche Bürger knapp 50 % seiner Kalorien in Form von Kohlenhydraten, ungefähr 35 % der Energie in Form von Fett und weniger als 14 % in Form von Eiweiß. Es macht daher bei einer bewegungsarmen Bevölkerung Sinn, die Kohlenhydratzufuhr um 10 % (bei Normalgewichtigen) bzw. 15 % (bei Übergewichtigen) zu reduzieren. Damit der Teller aber nicht leer bleibt, kann oder muss man im Gegenzug die Eiweißzufuhr erhöhen. Konkret heißt das, weniger Kartoffeln, dafür mehr Fisch, Milchprodukte, Hülsenfrüchte oder Fleisch, aber auch mehr Gemüse auf dem Teller.

Bei der Fettzufuhr sollten versteckte Fette (Süßigkeiten, Kuchen, Frittiertes etc.) reduziert werden, um Platz für hochwertige Öle (wie Olivenöl, Rapsöl), aber auch fetten Fisch zu schaffen.

Mit dieser eiweißoptimierten, kohlenhydratreduzierten, fettmodifizierten Ernährung tritt ein deutlicher Sättigungseffekt ein, welcher per se zu einer Kalorienreduktion im Tagesverlauf von etwa 400 kcal führt. Zudem führt die Erhöhung der Eiweißzufuhr zu einer Stoffwechselaktivierung, was wiederum die Gewichtsabnahme bzw. die Gewichtsstabilisierung fördert.

Mehr Eiweiß, weniger Snacks: So wird Ihre Leber wieder fit Ein weiterer Erfolgsfaktor für langfristige Körperfett-Reduktion („Abspecken") und volle Leistung ist die Zusammensetzung der Mahlzeiten. Die Basis sollten Gemüse und Salate bilden. Sie füllen den Magen, liefern Ballaststoffe, Vitamine und Mineralstoffe. Wichtig ist eine optimale Eiweißzufuhr, wobei eine ganz einfache Regel gilt: **Je mehr Eiweiß, desto besser.** Ihr Körper braucht täglich Eiweiß, am besten schon gleich zum Frühstück. Nicht nur um Muskelmasse aufzubauen, sondern um gleichzeitig fit und leistungsfähig zu sein.

Das Frühstück ist die wichtigste Mahlzeit des Tages Studien haben ergeben, dass gerade durch eine Erhöhung der Eiweißzufuhr beim Frühstück in Kombination mit wenigen, dafür aber ballaststoffreichen Kohlenhydraten der beste Sättigungseffekt eintritt und die Gesamtkalorienzahl, ohne zu hungern, „quasi automatisch" reduziert wird. Konkret bedeutet dies: Ein oder zwei Frühstückseier, zwei Spiegeleier oder fettarmer Quark oder Joghurt, ein Vollkornbrötchen mit Lachs oder Schinken fördern, im Gegensatz zu Knäckebrot oder Müsli, zum Frühstück die Sättigung und damit die Gewichtsstabilisierung bzw. Gewichtsreduktion.

Daten und Studien mit mehreren tausend Teilnehmern haben eindeutig ergeben, dass sich durch eine Reduktion der Kohlenhydrate im Austausch gegen Eiweiß sämtliche Stoffwechselwerte wie HDL-Cholesterin, Triglyceride, aber auch Harnsäure- sowie Leberwerte bessern. Zudem kommt es bei Diabetikern zu einer deutlichen Verbesserung des Blutzuckers. Bei einer Eiweißzufuhr von 100 bis 120 g pro Tag braucht man sich auch keine Sorgen um seine Nieren zu machen. Langzeiterhebungen belegen, dass bei einer gesunden Niere eine Eiweißzufuhr von bis zu 250 g pro Tag völlig unproblematisch ist.

Widersprüchliche Daten Aktuelle Daten ziehen jedoch die Vorteile des Frühstücks in Zweifel. Der britische Biochemiker Dr. Terence Kealey hatte im Selbstversuch festgestellt, dass sein Blutzuckerspiegel nach dem Frühstück stark anstieg und den ganzen Tag über höher blieb, als wenn er bis Mittag fastete. Seitdem ist Breakfast-Cancelling (nach Diner-Cancelling) der heißeste Anwärter auf den Titel als neuester Abnehmtrend der Saison (Kealey 2017).

Aber ist die Angst vor dem Frühstück berechtigt? Die wissenschaftliche Datenlage ist widersprüchlich. Zwar hat das sogenannte Intervall-Fasten, bei dem über einen Zeitraum von 12 bis 16 Stunden nichts gegessen wird, unbestritten positive Stoffwechseleffekte, weil der Insulinspiegel niedrig bleibt und der Körper Fettreserven nutzen kann. Andererseits legen Studien den Schluss nahe, dass gerade Diabetiker (wie Kealey) vom regelmäßigen Frühstück profitieren, weil durch die bessere Sättigung und die daraus verringerte Energiezufuhr im Laufe des Tages der Blutzuckerspiegel (HbA1c) langfristig stabil bleibt.

Es gibt also – rein wissenschaftlich betrachtet – genauso viele Argumente für wie gegen das Frühstück.

Des Rätsels Lösung ist das Eiweiß Was jedoch bei dieser Debatte zu kurz kommt, ist die Frage, was man denn nun genau zum Frühstück zu sich nehmen soll. Marmeladenbrötchen, süße Kaffeestückchen und Schokoflocken sind sicher nicht die beste Wahl, denn sie enthalten hauptsächlich Zucker, welcher den Insulinspiegel deutlich erhöht und die Fettverbrennung blockiert.

Wenn Frühstück, dann eiweißreich Ganz anderes fällt der Start in den Tag dagegen mit einem Eiweißkick aus. Der macht nicht nur satt, sondern langfristig quasi von alleine schlank. Denn wie Untersuchungen gezeigt haben, reduziert sich nach einem eiweißreichen Frühstück die Kalorienaufnahme bei den folgenden Mahlzeiten wie von alleine durch die bessere Sättigung um rund 400 kcal. Außerdem gibt es Hinweise, dass der Körper eine Art Eiweißhunger hat. Dies bedeutet, wir essen solange, bis eine Mindestmenge an Eiweiß zugeführt wurde. Führe ich mir nun gleich morgens ordentlich Eiweiß zu, wird im Laufe des Tages – wie von selbst - deutlich weniger gegessen (Layman et al. 2009).

Ein Schweizer Wissenschaftlicher (Luc Tappy aus Lausanne) führte eine extrem interessante Studie durch. Er ließ die Studienteilnehmer völlig frei essen, gab keinerlei Ernährungsempfehlungen oder Einschränkungen, lediglich die Anweisung, 60 g Molkenprotein täglich zusätzlich zu sich zu nehmen. Das überraschende Ergebnis: Bei den Teilnehmern reduziert sich ihr Leberfettgehalt um mehr als 20 %, der Cholesterinspiegel sank deutlich und sogar die fettfreie Muskelmasse wuchs um 4 %, und das alles nur durch das zusätzliche Molkeneiweiß (Bortolotti et al. 2011).

Fasten und Frühstücken – wie passt das zusammen? Werden nun statt Brötchen oder Müsli ein Eiweißshake oder fettarmer Quark gefrühstückt, so wird die nächtliche Fastenphase nicht unterbrochen und die Fettverbrennung läuft weiter. Außerdem stimuliert Molkenprotein das Muskelwachstum und damit den Grundumsatz, Insulin- und Blutzuckerspiegel steigen aber kaum an, die gesundheitlichen Effekte der verlängerten Fastenphase bleiben – ohne Hunger – voll erhalten. Ich nenne dies das **Frühstücksfasten**.

Frühstücksfasten nach Dr. Walle Mit einem eiweißreichen Frühstück sind Sie nicht nur satt und leistungsfähig – es erlaubt Ihnen sogar, die Fastenphase fast mühelos bis auf 16 Stunden pro Tag auszuweiten. Intervall-Fasten und Frühstück schließen sich also nicht aus, vorausgesetzt, Sie essen das Richtige.

Allen, die abnehmen und ihr Gewicht durch Intervall-Fasten (Frühstücksfasten) halten wollen, empfehle ich daher, das Frühstück regelmäßig durch einen hochwertigen Eiweißshake, idealerweise mit Molkenprotein, oder durch Quark oder Joghurt (ohne Früchte oder Zucker) zu ersetzen. Unter der Woche, wenn es ohnehin meist schnell gehen muss, tun Sie damit etwas Gutes für Gesundheit und Figur. Umso genussvoller lässt sich dann am Wochenende in aller Ruhe Frühstücksschlemmen.

Mediterrane Ernährung nach der Flexi-Carb-Pyramide Die Flexi-Carb-Pyramide (vgl. Abb. 14.4) gibt einen sehr guten Anhalt, wie eine moderne Ernährung für Kopfarbeiter und Leistungsträger, aber auch für jeden, der für seine Fitness und Gesundheit etwas tun will, aussehen soll.

Essen Sie jeden Tag hochwertige Eiweißträger wie Eier und Quarkspeisen zum Frühstück, mageres Fleisch, Fisch, Geflügel etc. zum Mittag- und Abendessen. Ergänzen Sie dies durch Salate, viel Gemüse und essen Sie Obst als Nachspeise. Die Kohlenhydratbeilage sollte um etwa die Hälfte reduziert werden. Dies wird locker durch die erhöhte Fleisch- und Gemüsebeilage kompensiert. Gerade wenn man sehr spät zu Abend isst, macht es Sinn, die Kohlenhydrate stärker zu reduzieren, um eine Erhöhung des Insulinspiegels und damit eine Blockierung der Fettverbrennung über Nacht zu verhindern.

▶ Ernährungsumstellung plus Kraft-Ausdauer-Training: 1 + 1 = 3

Abb. 14.4 Mediterrane Ernährung nach der Flexi-Carb-Pyramide

Kombiniert man diese Ernährungsumstellung noch mit zusätzlicher Bewegung, wobei Muskeltraining eine entscheidende Bedeutung zukommt, ist eine Verbesserung sämtlicher Stoffwechselparameter sicher.

Der Bauch wird dicker und dicker … Bei stärkerem Übergewicht (BMI über 30 kg/m²) haben sich Mahlzeitenersatzprogramme, mit Ersatz von ein oder zwei Mahlzeiten durch einen hochwertigen Eiweißshake (z. B. Bodymed-Ernährungskonzept „empfohlen in der S3-Leitlinie „Prävention und Therapie der Adipositas" der Fachgesellschaften DAG, DGE, DGEM und DDG"), bewährt. Diese sind den konventionellen Ernährungsempfehlungen nicht nur überlegen, was die Gewichtsabnahme angeht, sondern auch bei der Gewichtsstabilisierung deutlich besser. Zudem nimmt der Bauchumfang im zweistelligen Bereich ab. Messungen haben gezeigt, dass es gelingt, diese Stoffwechselparameter zu verbessern (Becker et al. 2014). Die Teilnehmer berichten über ein besseres Wohlbefinden, eine deutlich gesteigerte Leistungsfähigkeit und einfach mehr Freude am Leben.

Setzen Sie bei der Ernährungsumstellung nur auf Konzepte, welche wissenschaftlich belegt und in guten publizierten Studien auch evaluiert sind. Vertrauen Sie Ihre Gesundheit nicht selbsternannten Ernährungsexperten an, sondern setzen Sie auf eine seriöse, qualifizierte Ernährungsberatung bei Ihrem Arzt. Dieser arbeitet oft mit zertifizierten Ernährungsfachkräften zusammen und kann Sie kompetent beraten.

14.4 Stress im Job, Stress mit den Kindern, Stress mit dem Partner, Stress im Bett …

„Haben Sie Stress?" Auf diese Frage erntete ich immer ein klares „Ja".

Jeder hat Stress, egal ob Schüler, Rentner, Manager, Hausfrauen, Berufstätige, Arbeitslose etc. Doch vieles davon ist hausgemacht. Wir müssen lernen, mit Stress umzugehen. Zudem ist Stress nicht nur negativ. Kennen Sie das gute Gefühl, wenn Sie eine große Herausforderung gemeistert haben, wenn Sie nach einem stressigen Tag alle Aufgaben gelöst haben und Sie zufrieden und entspannt nach Hause gehen? Das Problem sind die chronische Überforderung und Dauerstress.

▶ Der Job nimmt keine Rücksicht.

Das Ganze bleibt nicht ohne Folgen, doch vieles läuft im Hintergrund, unterschwellig in Ihrem Körper ab, ohne dass Sie es zunächst bemerken.

Ihr Körper leidet

- erhöhter Blutdruck
- beschleunigter Puls
- Übersäuerung des Körpers (ausgelaugt sein), die Stimmung fällt
- Gefäßverkalkung, Gefäßablagerung

- Verfettung der Leber
- hohe Blutfette
- Störung im Zuckerstoffwechsel

Die Lebensqualität schwindet – langsam, aber sicher! Doch mit der Zeit kommen dann langsam die Symptome, die Sie zunächst nicht wahrhaben wollen:

- Sie fühlen sich nicht mehr fit, weniger leistungsfähig
- Sie haben Sodbrennen
- Sie sind tagsüber müde, können nachts nicht richtig einschlafen, werden nachts oft wach
- das Hüftgold wächst
- die Potenz lässt nach
- Sie kompensieren Ihren Stress mit Alkohol, Nikotin oder Kaffee, bis Sie letztendlich im Burnout landen

(Allein mit der Diagnose Burnout waren 2010 hochgerechnet auf alle gesetzlich versicherten Beschäftigten knapp 100.000 Menschen mit 1,8 Mio. Fehltagen krankgeschrieben (Zeit Online 2011).)

Das alles muss nicht sein. Lernen Sie, mit Stress umzugehen. Stress ist letztendlich nichts anderes als eine Abwehrreaktion. Der Steinzeitmensch hatte auch, wenn er akut vom Säbelzahntiger bedroht wurde, Stress!

Doch was tat er? Stellen Sie sich das einfach bildlich vor – er ist geflüchtet, um sein Leben gerannt.

▶ Rennen Sie auch um Ihr Leben. Für mehr Lebensqualität. Für mehr Freude am Leben!

Sport als Stresskiller Stress führt zunächst zu einer maximalen Ausschüttung von Stresshormonen. Diese sind wichtig, um durch Bewegung (Flucht oder Kampf) die Stress-Situation zu bewältigen. Gleichzeitig werden diese Stresshormone durch Bewegung abgebaut.

Stress ist daher ein Notprogramm in der Natur:

- Wird von den Sinnesorganen eine Bedrohung wahrgenommen, werden Signale an das vegetative Nervensystem des Gehirns (Hypothalamus) weitergeleitet. In Millisekunden werden Stresshormone im Gehirn produziert.
- Das vom Gehirn produzierte ACTH stimuliert die Nebenniere zur Ausschüttung des Stresshormons Cortisol.
- Parallel dazu wird Adrenalin produziert. Adrenalin und Cortisol steigern den Blutdruck und beschleunigen den Herzschlag, die Leber schüttet Glucose aus, um die Nerven mit Energie zu versorgen und um auf die bedrohliche Situation reagieren zu können.
- Der Körper stoppt Schlaf und Lust auf Sex, auch die Glukoseversorgung der Muskeln wird eingeschränkt und 80 % der Energie wird ins Nervensystem umgeleitet.

Dies sind alles natürliche Reaktionen unseres Körpers, um letztendlich den Kampf oder die Flucht zu überleben. Nach dem erfolgreichen Kampf bzw. der gelungenen Flucht sind durch die Bewegung die Stresshormone abgebaut und wir fühlen uns ausgeglichen, entspannt und sind insgesamt gut gelaunt.

Dauerstress ist das Problem Das Problem ist jedoch der chronische Stress, der im Alltag heutzutage üblich ist. Der hierdurch ständig erhöhte Cortisolspiegel lässt nicht nur Ihre Knochen und Muskeln weich werden, sondern steigert den Appetit und fördert gleichzeitig den Fettaufbau.

Verschlimmert wird dies noch durch die erhöhte Insulinproduktion. Zu viel Insulin steigert den „Süßhunger" und den Fettaufbau, Sie werden übergewichtig und die Blutfette werden schlechter, Diabetes entwickelt sich, das Risiko für Herzinfarkt und Schlaganfall steigt.

Verstärkt wird das Ganze noch durch die ständige, stressbedingte Adrenalinausschüttung. Schneller Puls und erhöhter Blutdruck belasten das Herz und der Herzinfarkt droht.

Da Ihre Systeme ständig hochgeregelt sind, können Sie nachts kaum schlafen. Sie versuchen diese Symptome und die Schlaflosigkeit mit Alkohol zu bekämpfen, was wiederum die Müdigkeit und Konzentrationsstörungen am Tag verstärkt. Zigaretten und Kaffee schaffen hier nur kurzfristig Abhilfe, letztendlich sitzen Sie in der Falle, bis das System dekompensiert. Entweder flüchtet sich Ihr Körper in körperliche Beschwerden wie Herzinfarkt, Schlaganfall oder das Nervensystem will nicht mehr, Depressionen und Burnout sind die Folge. Diese Zwangspausen helfen Ihrem Körper zwar kurzzeitig, sich zu regenerieren, wenn die Ursachen jedoch nicht abgestellt werden und Sie nicht lernen, mit Stress umzugehen bzw. Stress abzubauen, ist der nächste Zusammenbruch bereits vorprogrammiert.

14.5 Sport und gesunde Ernährung kontra Stress

Zum Abbau von Stresshormonen und zur Vorbeugung eines Burnout-Syndroms „verordne" ich Ihnen regelmäßigen, niedrig dosierten Ausdauersport, möglichst drei- bis viermal pro Woche 30 bis 45 Minuten.

Mit Krafttraining fördern Sie den Muskelaufbau, Sie stärken die Knochen, beugen Osteoporose vor und optimieren Ihre Fettverbrennung. Ausdauertraining erhöht das Gute-Laune-Hormon Serotonin, das gefäßschützende HDL-Cholesterin steigt und Ihr Immunsystem wird gestärkt. Dieses gestärkte Immunsystem schützt Sie nicht nur vor Grippe und Erkältungen, sondern auch vor Krebserkrankungen.

Mit einer gesunden, vitalstoffreichen Ernährung fangen Sie zusätzlich die gefäß- und zellschädigenden freien Radikale ab und beugen so insbesondere chronischen Erkrankungen und dem „allgemeinen Verfall" vor.

Sport schützt vor Herz-Kreislauf-Erkrankungen Eine Studie des Cooper-Instituts in Dallas (Berry et al. 2011) hat gezeigt: Ein 45-jähriger Mann mit hoher physischer Leistungskraft hat lediglich ein Risiko von 3,4 % am kardiovasculären Tod, ein gleichaltriger Mann mit geringer körperlicher Fitness hat dagegen mit 13,7 % ein fast vierfach höheres Risiko, an einer kardiovasculären Erkrankung zu sterben.

Sport zahlt sich in jedem Alter aus Die gleiche Studie zeigte: Von den fitten 55-Jährigen starb nur jeder Sechste (15,3 %) infolge einer kardiovasculären Erkrankung, in der Gruppe mit der geringeren Fitness dagegen fast jeder Dritte (34 %). Selbst im Alter von 65 Jahren reduziert sich das Risiko, an einer Herz-Kreislauf-Erkrankung zu erkranken, durch Fitness um die Hälfte (17,1 % versus 35,6 %).

Sport statt Antidepressiva Auf dem Internisten Kongress in Wiesbaden stellte im Juli 2011 Dr. Bernd Rebell (Facharzt für Innere Medizin, Diabetologie und Psychotherapie, München) beeindruckende Daten vor: In einer Studie erzielte ein Programm mit körperlicher Aktivität (drei- bis viermal pro Woche) einen ebenso großen stimmungsaufhellenden Effekt wie eine Pharmakotherapie.

Sport statt Betablocker Regelmäßiges Ausdauertraining verlangsamt die Herzschlagzahl, verlängert die Durchblutungszeit des Herzmuskels, verringert den Sauerstoffbedarf des Herzmuskels und reduziert die Herzarbeit und Sie erholen sich nach einer Belastung deutlich schneller und effektiver.

Sport verbessert Blutfette Es ist erwiesen, dass Ausdauertraining vielfältige positive Auswirkungen auf den Fettstoffwechsel hat:

- Erhöhung und Mobilisierung von Fetten zur Energiegewinnung
- Senkung des Cholesterinspiegels
- Änderung der Zusammensetzung des Gesamtcholesterins, das gute gefäßschützende HDL-Cholesterin steigt, das „schlechte" LDL-Cholesterin sinkt
- Der Harnsäurespiegel im Blut sinkt

Positive Auswirkungen von Bewegung auf das Immunsystem Wer sich bewegt, hat eine starke Abwehr und fällt seltener aus. Training hat vielfach positive Auswirkungen auf die körpereigene Abwehr:

- Immuntraining durch sukzessive Belastungsreize
- Antimetastatische und antiinfektiöse Reaktion
- Verzögerung von Alterungsprozessen
- Schutz vor Krebserkrankungen
- Verringerte Infektanfälligkeit

Positive Auswirkungen auf die Psyche Stress macht aggressiv oder auch depressiv. Sport dient als Ausgleich – „Stressbremse und Stimmungsaufheller":

- Abreaktion angestauter Aggressionen
- Stressabbau
- Erlebnisvermittlung
- Erhöhung des Selbstwertgefühls
- Vermittlung von Wohlbefinden und Glückshormone
- Stärkung von Selbstvertrauen und Persönlichkeit

Zusammenfassung der positiven Effekte durch Sport Gäbe es eine Pille, die das alles kann, sie wäre *der* Blockbuster!

- Sie verbrennen Kalorien.
- Sie entwickeln ein neues Körpergefühl.
- Sie werden kräftiger, beweglicher, geschickter.
- Sie bauen Stress ab.
- Sie trainieren die Ausdauer.
- Sie stärken Leistungsfähigkeit von Herz und Kreislauf.
- Sie fördern die Muskeldurchblutung und den Muskelaufbau.

ABER: Das Ganze hat nur Sinn, wenn Sie es auch regelmäßig tun. Sie müssen Ihren inneren Schweinehund überwinden – am besten täglich! Wenn Sie es allein nicht schaffen, suchen Sie Unterstützung in der Gruppe, durch einen Trainingspartner oder mieten Sie sich einen Coach.

Egal wie viel Sie investieren, es ist gut investiertes Geld, denn Sie investieren in Ihren Körper und in Ihre Leistungsfähigkeit, und das zahlt sich immer aus. In der Regel steigen Sie dann nicht nur in der Gehaltsstufe oder Sie führen Ihr Unternehmen lockerer durch schwierige Zeiten, auch Ihr Privatleben wird besser und ausgeglichener. Ihre Familie und Ihr Ehepartner werden es Ihnen danken. Fangen Sie also heute noch damit an!

Täglich Sport …?

Wenn mich jemand fragt: „Muss ich jeden Tag Sport machen?"

Dann ist die Antwort klar: „NEIN – nur an den Tagen, an denen Sie auch etwas essen!"

Wie gesagt, wir sind immer noch Jäger und Sammler.

Tipps für Kopfarbeiter Essen Sie morgens eiweißreich. Schauen Sie, dass Sie auf mindestens 30 g Eiweiß kommen, dies erhöht die Thermogenese, aktiviert den Stoffwechsel, erleichtert Ihnen das Denken und schont die Zuckerreserven für Ihr Gehirn. Auf jeden Fall frühstücken, idealerweise spätestens ein bis zwei Stunden nach dem Aufstehen.

30 g Eiweiß beim Frühstück – wie komme ich da hin?

- 2 Eier (14 g Eiweiß)
- 100 g Lachs (15 g Eiweiß)
- 150 g Speisequark mager (19,5 g Eiweiß)
- 150 g fettarmer Joghurt (5 g Eiweiß)
- 3 Scheiben Schinken gekocht (21 g Eiweiß)
- 3 Scheiben Schinken roh geräuchert (15 g Eiweiß)
- 1 Vollkornbrötchen (5 g Eiweiß)

14.6 Fit und munter durch den Tag

Bringen Sie Ihren Kreislauf täglich in Schwung Morgens 10 Kniebeugen, 20 Liegestütze und 10 Crunches – das reicht, um Ihren Stoffwechsel anzukurbeln, Ihre Muskeln zu öffnen, um Glykogen zu speichern. Außerdem bringen Sie somit Ihren Kreislauf in Schwung. Wenn Sie morgens mehr Zeit haben und die Witterung es zulässt (es gibt kein schlechtes Wetter, nur schlechte Kleidung), gehen Sie morgens joggen. Nicht vergessen, vorher ordentlich trinken, hinterher dann am besten Eiweiß pur. Und wenn die Zeit einmal knapp ist, ein hochwertiger Eiweißshake hilft auch – diese haben neben idealen Aminosäuren zusätzlich noch Vitamine, Mineralien und Spurenelemente.

Essen Sie gute Laune Tryptophan ist die Ausgangsaminosäure, damit Ihr Gehirn den Gute-Laune-Botenstoff Serotonin bilden kann. Ich trinke jeden Morgen einen hochwertigen Eiweißshake mit sehr viel Tryptophan, meine Mitarbeiter danken es mir.

Mittags einen großen Salatteller, ordentlich Obst dazu, idealerweise garniert mit Eiweiß (z. B. frischer Salat mit Ei, Salat mit Putenbrust, Salat mit Schinkenstreifen, Salat mit Thunfisch etc.).

Abends dann ein herrliches Steak, ein Tomatensalat, das Gläschen Rotwein schadet nicht.

Vergessen Sie nicht, zu trinken Trinken, trinken, trinken – am besten drei Liter kohlenhydratfreie Flüssigkeit am Tag. Verzichten Sie, wenn es geht, komplett auf flüssige Kohlenhydrate. Das ist nicht nur Bier, sondern auch der Orangensaft ist nur erlaubt, wenn er frisch gepresst wurde. Saft-Konzentrate konzentrieren die Fruktose, aber leider nicht die Vitamine, die fehlen hier.

Nicht vergessen – pflegen Sie soziale Kontakte Ihre Geschäftstermine planen Sie doch auch, also planen Sie auch Einladungen von Freunden etc. ein. Sie, Ihre Psyche und Ihr Gehirn brauchen das, nur dann können Sie auch im Beruf erfolgreich sein. Und die Familie ist wichtig, ohne Familie geht gar nichts.

Achten Sie auf ein erfülltes Sexualleben Der Bauchumfang korreliert invers mit dem Testosteronspiegel!

Das heißt konkret, je dicker Ihr Bauch, desto geringer ist Ihr Testosteronspiegel, desto mehr lässt die Libido nach und Potenzstörungen stellen sich ein. Umgekehrt fördern Muskelaufbau und Muskeltraining die Testosteronproduktion. Durch eine eiweißoptimierte Ernährung, in Kombination mit Kraftausdauertraining, steigern Sie Ihren Testosteronspiegel. Konsequenz: Der Apotheker kann die blauen Pillchen behalten und Sie sind wieder ganz Mann.

Leider „eMANNzipieren sich Frauen auch zu diesem Thema immer mehr. Übergewicht und insbesondere Bauchfett (Fettleber) führen bei Frauen nicht nur zu hormonellen Verschiebungen mit der Folge einer verminderten Fertilität (PCO-Syndrom), auch die Libido und Erregbarkeit leiden und Orgasmusstörungen nehmen bei Adipositas und NAFLD zu (Abrahamian 2016).

Schlafen Sie ausreichend Schlafmangel fördert Übergewicht und Diabetes. Auch ich war einmal stolz darauf, mit fünf bis sechs Stunden Schlaf auszukommen. Doch für wen oder was? Langfristig rächt sich das alles. Heute weiß ich, ideal sind etwa sieben Stunden Schlaf.

Gehen Sie möglichst immer zur gleichen Zeit ins Bett und entgegen allen Unkenrufen, wenn ich abends Sport mache, kann ich viel besser schlafen, insbesondere wenn ich ein niedrig dosiertes Ausdauertraining gemacht habe. Dann habe ich nämlich sämtlichen Stress abgebaut, Adrenalin ist unten, Cortisol ist verbrannt, dann noch ein schönes Steak oder einen bekömmlichen Eiweiß-Shake und man schläft wie ein Murmeltier. Der Körper kann regenerieren, die Muskeln wachsen, Sie bilden Serotonin und sind am nächsten Morgen frisch und leistungsfähig. Der neue Tag kann kommen!

Wer joggt, gewinnt! Sie kennen das: lange Sitzungen, ermüdende Verhandlungen, die Kekse sind aufgebraucht, Kaffee wirkt auch nicht mehr und die Konzentration lässt nach. Und am entscheidenden Punkt der Verhandlung sind Sie nicht mehr frisch, Ihnen fällt nicht mehr die richtige Antwort ein. Hinterher ärgern Sie sich, das hätte besser laufen können.

Was tun? Die Erklärung ist einfach: Bei untrainierten Menschen haben die Muskeln das Fettverbrennen verlernt, da sie ständig mit Kohlenhydraten verwöhnt werden. Und Kohlenhydrate sind einfacher zu verstoffwechseln für die Muskeln als Fett, sie brauchen weniger Sauerstoff dazu.

Doch das ist die Falle. Wenn Sie lange verhandeln, fressen Ihre Muskeln die Kohlenhydrate weg und Ihrem Gehirn fehlt dieser wertvolle Nährstoff, die Konzentration lässt nach, Sie werden müde, Sie machen den entscheidenden Fehler.

Anders jedoch ist es bei den Sportlern. Wenn Sie regelmäßig Ausdauertraining machen, dann vermehren sich die Betarezeptoren, der Muskel wird zur Fettverbrennungsmaschine, Ihre Muskeln lieben Fett und verschmäht die Kohlenhydrate. Jetzt sieht die Verhandlung ganz anders aus: Während sich Ihre Muskeln vom Fett ernähren, steht Ihrem Gehirn ständig Zucker zur Verfügung. Da gut trainierte Muskulatur auch besser Zucker speichern kann, sind die Reserven da, die Sie im entscheidenden Moment brauchen. Sie sind geistig hellwach und treffen blitzschnell die richtigen Entscheidungen für Ihr Unternehmen, für sich, für Ihre Zukunft.

Wer joggt, gewinnt – nehmen Sie sich das zu Herzen!

Pillen statt Obst? Immer mehr Menschen ergänzen ihr tägliches Essen durch Vitaminpillen, Sportler nehmen Magnesium ein und Übergewichtige wollen mit Carnitin schneller und besser abnehmen. In jedem Supermarkt, bei jedem Discounter findet man Vitaminpillen. Ist diese Einnahme jedoch sinnvoll? Zeitschriften wie Stern, Focus oder Spiegel berichten in regelmäßiger Abfolge über angebliche Schäden durch Vitamine und dass die „Vitamin-Industrie" Milliardenumsätze machen würde.

Umgekehrt stellt niemand infrage, dass viel Gemüse und Obst die Gesundheit fördern. Nicht umsonst fordern alle Fachgesellschaften fünf Portionen Gemüse und Obst am Tag.

Wie ist dieser Widerspruch aufzuklären? Wir sollten uns einfach an Fakten und Studien halten und den Sensationsjournalismus außen vor lassen.

Die von der Bundesregierung in Auftrag gegebene nationale Verzehrstudie II (NVS II 2008, Untersuchungsbasis: 1200 Männer, 1284 Frauen) zeigt praktisch bei allen Vitaminen eine Unterversorgung, die von 12,6 % Vitamin A bei Frauen oder 7 % Vitamin B12 bei Männern bis zu 92,5 % Vitamin D bei Frauen oder 83,3 % Vitamin D bei Männern reicht. Eine zu geringe Vitamin-E-Zufuhr hatte fast die Hälfte der Studien-Teilnehmer, bei Folsäure lag der Mangel bei 73,1 % (Männer) bzw. 80,2 % (Frauen). Selbst bei Vitamin C fand sich bei 35,4 % der Männer bzw. 31,8 % der Frauen noch ein Mangel.

Nährstoffmangel durch unzureichende Zufuhr Die Tabelle Tab. 14.3 zeigt den prozentualen Anteil Erwachsener bis zu 35 Jahren, deren Vitaminzufuhr unterhalb der Empfehlung der Deutschen Gesellschaft für Ernährung liegt.

Diese Zahlen sind umso erschreckender, da als Zufuhrempfehlung die Empfehlungen der DGE zugrunde gelegt wurden. Das heißt, eine ungenügende Zufuhr wurde in dieser Untersuchung erst dann festgestellt, wenn weniger als 100 mg Vitamin C pro Tag aufgenommen wurden. Dabei empfehlen Orthomolekular-Mediziner, zum Teil nach individuellen Blutuntersuchungen, weitaus höhere Dosierungen.

14.7 Fünf Portionen Gemüse und Obst pro Tag

Eine Zufuhr über Gemüse und Obst ist natürlich wünschenswert, sogar die Deutsche Gesellschaft für Ernährung (DGE) fordert die Zufuhr von mindestens fünf Portionen Gemüse und Obst pro Tag (fünf Portionen entsprechen etwa 650 g).

In der DGE-Info 2007 ist jedoch zu lesen: „Selbst wenn neben den frischen Lebensmitteln alle verarbeiteten Obst- und Gemüseprodukte mit einbezogen werden, erreichen Frauen wie Männer nur einen durchschnittlichen Wert von insgesamt rund 350 g täglich – etwa nur die Hälfte der von der DGE empfohlenen Zufuhr von 650 g pro Tag."

Tab. 14.3 Vitalstoffversorgung in Deutschland – Anteil in der Bevölkerung, bei dem eine Unterversorgung besteht

	Frauen (%)	Männer (%)
Vitamin A	12,6	16,9
Vitamin D	92,5	83,3
Vitamin E	47,1	50,0
Vitamin B1	28,3	21,0
Vitamin B2	23,2	21,5
Vitamin B6	13,1	12,7
Folsäure	80,2	73,1
Vitamin B12	28,5	7,0
Vitamin C	31,8	35,4

Basis: Männer: n = 1200; Frauen: n = 1284/Quelle: NVS II 2008

Was also tun? Ich empfehle meinen Patienten, egal ob Manager, Sportler oder Krebspatient, zunächst einmal täglich viel frisches Gemüse und Obst zu essen. Als Orientierungshilfe dient die Flexi-Carb-Pyramide (vgl. Abb. 14.5).

Bei dieser von dem Ernährungswissenschaftler Prof. Dr. Nicolai Worm aus der LOGI-Pyramide weiterentwickelten Ernährungspyramide findet man in der Basis neben reichlich Gemüse auch kohlenhydrat-armes Obst, kohlenhydrat-reiches Obst dagegen steht in Stufe 3. Auch die Eiweißlieferanten werden nach ihrem Kaloriengehalt („Energiedichte") unterschieden. Kalorienarme Eiweißlieferanten findet man in Stufe 2, die kalorienreicheren in

Abb. 14.5 Die LOGI-Pyramide

Stufe 3. Gute Fette wie Olivenöl oder Butter sind nicht abgebildet, sollten aber dennoch eher reichlich verzehrt werden. Diese modifizierte mediterrane Ernährung ist gemüsebetont und ballaststoffreich, enthält hochwertiges Eiweiß aus Fisch, Fleisch, Eiern oder Milchprodukten. Milchfett ist ein gesundes Fett, Fett aus Fischen, insbesondere Kaltwasserfischen, hat einen hohen Anteil an Omega-3-Fettsäuren. Diese mehrfach ungesättigten Fettsäuren unterstützen die Herzfunktion (Eicosapentaensäure, EPA) und fördern eine normale Hirnfunktion (Docosahexaensäure DHA).

14.8 Eskimos haben seltener einen Herzinfarkt

Die ersten Hinweise auf eine mögliche Schutzwirkung von Fischöl kamen in den 1970er-Jahren von den Inuit in Grönland. Forschern war aufgefallen, dass deren Herzinfarktrate um 90 % niedriger lag als die Herzinfarktrate der dänischen Bevölkerung. Die Inuit ernährten sich damals noch weitgehend von Wal- und Robbenfleisch, das einen außergewöhnlich hohen Gehalt an Omega-3-Fettsäuren hat. Daher wurde postuliert, dass die mehrfach ungesättigten Fettsäuren gefäßprotektiv wirken (Ärzte Zeitung 18.09.2012).

In der DART-Studie (Diet And Reinfarction Trial) wurden 2000 Männer mit akutem Herzinfarkt untersucht. Die Interventionsgruppe, die zweimal pro Woche Fisch aß, hatte eine um 29 % geringere Mortalität (Ärzte Zeitung 18.09.2012).

Den Durchbruch für Omega 3 brachte die GISSI-Präventionsstudie (Lancet 1999). In dieser Studie wurden 11.000 Patienten mit drei Monate zurückliegendem Herzinfarkt insgesamt über dreieinhalb Jahre untersucht. Die eine Gruppe erhielt eine Supplementation mit 1 g Omega-3-Fettsäuren täglich, eine andere Gruppe 300 mg Vitamin E bzw. die Kombination aus beiden, die Kontrollgruppe erhielt ein Placebo (Scheinmedikament). Wichtig ist, dass in der Interventionsgruppe mit 885 mg Omega-3-Fettsäuren (EPH + DHA) therapiert wurde. In der Studiengruppe, welche mit EPA und DHA behandelt wurde, war die Gesamtsterblichkeit um 20 % geringer, die kardiovaskuläre Mortalität sank in der Interventionsgruppe um 30 % und das Risiko eines plötzlichen Herztodes sogar um 45 %.

In der JELIS-Studie wurden 2007 18.645 Japaner mit erhöhten Cholesterinspiegeln über vier Jahre beobachtet. Die eine Gruppe erhielt einen starken Cholesterinsenker (Statin), die andere Gruppe erhielt zusätzlich 1,8 g EPA pro Tag. In der mit EPA zusätzlich behandelten Gruppe fiel das relative Risiko für schwere kardiovaskuläre Ereignisse um 19 % niedriger aus (Yokoyama et al. 2007).

Es gibt aber auch Studien, die diesen Effekt nicht belegen. Was ist nun der Unterschied? Bei allen positiven Studien war die Zufuhr von EPA und DHA genau definiert. Es reicht also nicht aus, sich irgendwelche Lachsöl- oder Fischölkapseln zu kaufen, die nur einen geringen Anteil an EPA und DHA haben. Ein Qualitätsprodukt hat einen sehr hohen Anteil (z. B. 90 % von EPA und DHA). Dieser Anteil muss exakt angegeben werden.

Entscheidend ist jedoch nicht nur die Zufuhr dieser hochwirksamen Omega-3-Fettsäuren, sondern das Verhältnis von Omega-6 zu Omega-3. Die ungünstigen Omega-6-Fettsäuren entstehen in unserem Körper als Arachidonsäure, sind aber auch in vielen Lebensmitteln, z. B. Sonnenblumenöl oder Distelöl oder im Fleisch von nicht artgerecht gehaltenen Tieren (Schweinefleisch etc.), enthalten.

Hat man nun eine hohe Zufuhr von Omega-6-Fettsäuren, so gelingt es oft nicht, durch die alleinige Zufuhr von Omega-3-Fettsäuren in Form von Kapseln das Verhältnis von Omega-6- zu Omega-3-Fettsäuren unter 4:1 zu senken. Deshalb fallen die Ergebnisse in Studien, in denen Omega-3 über Fisch zugeführt wird, meistens besser aus als Studien, in denen Omega-3-Kapseln gegessen werden. Die Erklärung ist ganz einfach: Wenn nach dem Studienprotokoll zwei- oder dreimal pro Woche Fisch gegessen wird, wird eben an diesen Tagen kein Schweinefleisch oder anderes gegessen. Studienteilnehmer, die jedoch lediglich Kapseln einnehmen, sind in ihrer Essensauswahl völlig frei, sodass diese schon allein dadurch ein ungünstigeres Verhältnis von Omega-6- zu Omega-3-Fettsäuren haben.

Daher empfehle ich Ihnen folgendes Vorgehen:

- Setzen Sie zwei- bis dreimal pro Woche Fisch auf Ihren Speiseplan
- Reduzieren Sie den Verzehr von Schweinefleisch und Wurstwaren
- Essen Sie ohne Probleme weiterhin Rindfleisch, achten Sie jedoch darauf, dass diese Tiere artgerecht gehalten wurden (argentinisches Rindfleisch oder auch Biofleisch)
- Sorgen Sie auch für eine gute Zufuhr von einfach ungesättigten Fettsäuren (Olivenöl, Rapsöl)
- Wenn Sie zu Risikogruppen gehören (Übergewicht, Herzinfarkt in der Familie, Sie hatten bereits selbst einen Herzinfarkt, Sie nehmen Blutdruckmedikamente ein etc.), dann lassen Sie sich von einem in der Orthomolekular-Therapie erfahrenen Arzt den Omega-3-Index bestimmen.

Was ist der Omega-3-Index? Mit einer Blutentnahme und einer speziellen Laboruntersuchung (Omega-3-Index nach Schacky) kann der Arzt messen, ob Sie ausreichend mit Omega-3-Fettsäuren versorgt sind und kann dann individuell Ihre Dosis festlegen. Ist Ihr Anteil an Omega-3-Fettsäuren über 8 %, dann sind Sie auf der sicheren Seite. Diese neue Methode bieten immer mehr auf Orthomolekular-Therapie geschulte Ärzte an.

Fisch ist aber auch Hirnnahrung Früher machten die Menschen vieles intuitiv richtig, bevor sie durch Werbung, Pharmaindustrie etc. desinformiert wurden. Die Kinder bekamen Lebertran eingeflößt. Damit wurde die Versorgung mit Omega-3-Fettsäuren sichergestellt, heute weiß man, dass durch eine optimierte Zufuhr von Omega-3-Fettsäuren, am besten in der Schwangerschaft, die Hirnleistung und Konzentrationsfähigkeit von Kindern verbessert werden. Ich persönlich bin der Meinung, dass Aufmerksamkeitsstörungen zum Teil durch einen Mangel an Omega-3-Fettsäuren bedingt sind.

Omega-3-Fettsäuren fördern nicht nur die Hirnreifung im Mutterleib und verbessern die Konzentrationsfähigkeit in der Schule, sondern sind für die Erhaltung der Hirnfunktion bis ins hohe Alter sehr wichtig. Unser Gehirn besteht zu einem großen Teil aus Fettsäuren (Lipidmembranen). Da Omega-3-Fettsäuren essenziell sind, müssen sie mit der Nahrung regelmäßig zugeführt werden. Werden diese nur unzureichend zugeführt, ist unser Körper gezwungen, mit anderen Fettsäuren (2. Wahl) unser Gehirn zu versorgen. Dies führt u. a. zu Konzentrationsstörungen und fördert die Ausbildung von Alzheimer und Demenz.

Da Omega-3-Fettsäuren gleichzeitig für die Erhaltung der Herzfunktion wichtig sind und das Herzinfarktrisiko senken können, sind sie gerade bei Kopfarbeitern, gestressten Menschen, welche eine hohe Verantwortung tragen, etc. unentbehrlich.

▶ **Mein Tipp:** Nehmen Sie regelmäßig Omega-3-Fettsäure-Kapseln mit einem hohen Gehalt (z. B. 90 % an Omega-3-Fettsäuren) ein. Reduzieren Sie alle Wurstwaren, achten Sie beim Fleisch auf die Herkunft und meiden Sie möglichst alle gehärteten Fette (Margarine, Süßigkeiten).

Zudem wurde mit Lebertran Vitamin D zugeführt, welches nicht nur für die Knochen, sondern auch für das Immunsystem, die Muskelfunktion und viele andere Funktionen wichtig ist.

14.9 Vitamin D – der Shooting-Star des 21. Jahrhunderts

Sie sind Kopfarbeiter, tragen Verantwortung, sitzen viel am Schreibtisch, arbeiten grundsätzlich durch, sind um 08:00 Uhr im Büro, leiten Sitzungen, führen Abendveranstaltungen, halten Vorträge – Sie sind erfolgreich, der Job macht Ihnen Spaß – die 50-, 60- oder sogar 70-Stunden-Woche ist bei Ihnen die Regel?

Unabhängig davon, dass Sie Quantität mit Qualität verwechseln und Raubbau an Ihrem Körper treiben und langfristig die Kreativität schwindet, haben Sie garantiert ein bisher nicht bekanntes Problem: **Vitamin-D-Mangel!**

Vitamin D – viel mehr als nur ein Vitamin „Vitamin D ist doch das Vitamin für die Knochen." Richtig, aber nicht nur. Vitamin D ist für den Einbau von Kalzium in die Knochen notwendig, aber es kann noch viel mehr. Wenn Sie schlecht mit Vitamin D versorgt sind, neigen Sie zu Infekten, Ihr Immunsystem ist geschwächt, gleichzeitig ist Ihr Risiko für Herzinfarkt oder Darmkrebs erhöht. Vitamin-D-Mangel findet man auch häufiger bei Diabetikern – er kann die Ursache für einen gestörten Zuckerstoffwechsel sein. Und genauso wie Ihr Vitamin-D-Spiegel sinkt, sinkt auch Ihre Laune und Sie neigen zu Depressionen oder auch die Gefahr für Burnout steigt.

Das ist neu für Sie? Kein Wunder, diese Wirkungen von Vitamin D wurden erst in den letzten Jahren erforscht (Hollis et al. 2013). Vieles ist bereits bewiesen, weitere Wirkungen von Vitamin D kommen täglich hinzu.

Vitamin D ist eigentlich kein Vitamin, sondern ein Hormon, welches viele Stoffwechselfunktionen in unserem Körper steuert. In über 50 Organen wurden bereits

Vitamin-D-Rezeptoren nachgewiesen, wahrscheinlich sind es noch viel mehr. Wir können Vitamin D selber bilden, benötigen dazu nur Sonnenlicht. Bisher war bekannt, dass bei schwerstem Vitamin-D-Mangel die Knochen weich werden und es zur sogenannten englischen Krankheit kommt (die Kinder in den Slums von London hatten wenig Sonnenlicht und dies führte zur Erweichung und Deformierung der Knochen). Deshalb erhalten unsere Kinder im ersten Lebensjahr eine Vitamin-D-Prophylaxe mit Vitamin-D-Tabletten.

Für die genannten Funktionen von Vitamin D benötigen wir aber deutlich höhere Blutspiegel als bisher angenommen. Ging man früher davon aus, dass ein Blutspiegel von 20 ng/l bzw. 50 nmol/l ausreichend wäre, so fordern Experten heute mindestens einen Spiegel von 30 ng/l bzw. 75 nmol/l, ein höherer Spiegel im Bereich von 40–45 ng/l bzw. um 100 bis 150 nmol/l ist sicherlich besser.

Unser Körper kann grundsätzlich Vitamin D selber bilden, Sie brauchen dazu nur etwas Sonne. Theoretisch ganz einfach: Sie sollten leicht bekleidet in der Mittagszeit, zwischen 12:00 und 14:00 Uhr, sich 15 bis 20 Minuten im Freien aufhalten. Klingt einfach, wird aber meistens nicht gemacht. Die Sache hat noch einen zweiten Haken, das klappt nur im Sommer, also von April bis September. Von Oktober bis März haben wir in Deutschland den sogenannten Vitamin-D-Winter. Vitamin-D-Winter bedeutet nichts anderes, als dass Sie in dieser Zeit überhaupt kein Vitamin D bilden können, egal ob Sie sich in der Mittagszeit draußen aufhalten oder auch nicht. Ich kenne es selber von meiner Situation, den ganzen Tag arbeiten, aber man glaubt, man tut ja etwas für seine Gesundheit, und geht dann abends noch joggen und dabei scheint auch noch die Sonne. Wir fangen uns durchaus Sonnenstrahlen ein, das tut gut, das macht Spaß, leider bilden wir aber dennoch kein Vitamin D. Es ist eine gewisse Stärke an UVB-Strahlung notwendig und da abends die Sonne flacher steht und einen längeren Weg durch die Ozon-Schicht hat, wird eben zu viel UVB absorbiert, sodass es nicht mehr ausreicht, unsere Haut zur Vitamin-D-Bildung „anzustacheln".

Deshalb messe ich bei meinen Patienten Vitamin D. Sie werden es nicht glauben, ich finde fast immer einen Vitamin-D-Mangel, zum Teil erschreckend niedrige Werte. Ist der Vitamin-D-Spiegel einmal normal, dann sind dies meist Menschen, die bereits Vitamin D supplementieren.

Die von der DGE empfohlene Dosis von 800 Einheiten Vitamin D pro Tag ist deutlich zu gering und dient nur der Vorbeugung von Osteoporose. Besteht ein Mangel bzw. wollen Sie gute Spiegel haben, um Ihre Muskelfunktion zu unterstützen, sich vor Herzinfarkt und Darmkrebs zu schützen oder Ihr Immunsystem zu stärken, dann empfehle ich Ihnen die Zufuhr von 2000 bis 4000 IU (Internationale Einheiten) Vitamin D.

▶ **Tipp:** Lassen Sie sich bei Ihrem Arzt den Vitamin-D-Spiegel bestimmen und supplementieren Sie entsprechend.

▶ **Tipp:** Nehmen Sie Vitamin D täglich ein. Die wöchentliche Bolusgabe von 20.000 Einheiten hilft nur gegen eine Osteoporose. Die vielfältigen Schutzwirkungen von Vitamin D (senkt Infektionsrisiko, schützt vor Übergewicht, verbessert den Blutzuckerstoffwechsel, vermindert die Fallneigung, Schutz vor

Autoimmunerkrankungen etc.) sind jedoch nur durch eine regelmäßige tägliche Einnahme belegt. Im Sommer reichen in der Regel 2000 Einheiten pro Tag, im Winter können 3000 bis 4000 Einheiten pro Tag notwendig sein. Nehmen Sie Vitamin D stets zum Essen ein, da dann dieses fettlösliche Vitamin besser aufgenommen wird.

Wann Vitamin D messen? Es ist wichtig zu wissen, wie der Vitamin-D-Spiegel sich im Jahresverlauf verhält. Wird im September Vitamin D bestimmt, so ist das normalerweise der höchste Wert des Jahres, da Sie im Sommer selbst auch Vitamin D bilden können. Ist im September der Blutwert im unteren Normbereich, dann müssen Sie auf jeden Fall über den Winter Vitamin D substituieren, da Sie ansonsten zwangsläufig in einen Vitamin-D-Mangel kommen. Wurde im März Blut abgenommen und der Wert liegt im unteren Normbereich, dann zeigt dies, dass Sie eine gute Versorgung haben, da erfahrungsgemäß im März der niedrigste Wert des Jahres gemessen wird. In den nun folgenden Sommermonaten kann Ihr Körper zusätzlich Vitamin D bilden und Ihre Blutspiegel werden erfahrungsgemäß ansteigen. Wenn Sie mehr über dieses wichtige Hormon wissen wollen, empfehle ich Ihnen das Buch „Heilkraft D" von Dr. Nicolai Worm (2016).

14.10 Essen Sie sich fit – mit Vitaminen besser denken und fröhlicher leben

Vitamin B12 senkt einen Risikofaktor für Herzinfarkt (Homozystein), Omega-3-Fettsäuren verbessern die Durchblutung Ihres Herzens und steigern die Leistungsfähigkeit, erhöhen Konzentration und Denkvermögen.

Mit **Carnitin** verbessern Sie Ihren Fettstoffwechsel. Hierdurch halten Sie bei Sitzungen länger durch, da Ihre Muskeln nun, insbesondere wenn Sie regelmäßig trainieren, besser Fett verbrennen können und die Kohlenhydrate dem Hirn zur Verfügung stehen.

Q10 unterstützt Ihre Herzfunktion. Insbesondere wenn Sie Statine (Fettsenker) einnehmen, kann ein Q10-Mangel in Ihrem Körper entstehen. Dieser äußert sich nicht nur durch Muskelschmerzen, sondern insgesamt kann Ihre Leistungsfähigkeit vermindert sein. Q10 ist wichtig für die Funktion der Kraftwerke der Zellen, der sogenannten Mitochondrien. Jede Zelle enthält Mitochondrien, ansonsten funktioniert sie nicht, egal ob Herzmuskel, Nieren oder Hirnzelle.

Mit dem Extrakt aus dem **Grüntee**, dem Epigallocatechin-Gallat (EGCG), können Sie diese Heizkraftwerke unseres Körpers, die Mitochondrien, zusätzlich unterstützen und damit nicht nur ein paar überflüssige Pfunde verlieren, sondern insgesamt leistungsfähiger werden.

Nur die individuelle Empfehlung hilft Die Liste der positiven Wirkungen von Vitaminen ist lang und auch entgegen allen Unkenrufen gut belegt. Eine gesundheitsfördernde Wirkung einer orthomolekularen Substitution setzt jedoch voraus (siehe Omega-3-Index bzw. Vitamin D), dass Sie gezielt und individuell beraten werden. Nur eine individuelle, auf Ihre persönliche Situation abgestimmte orthomolekulare Therapie ist von Nutzen, eine „Schrotschussverordnung" kann sogar schaden.

Man kann mit speziellen Fragebögen (Vitalstoff-Fragebogen) Ihre Ernährungssituation erfassen und Ihr Risiko abschätzen. Genauer sind natürlich Blutuntersuchungen, in denen man den Vitalstoff-Status bestimmt und danach gezielt Empfehlungen ausspricht. Das Ganze ist aber nur die halbe Miete. Wie gesagt, ohne gesunde Ernährung mit viel Gemüse und Obst geht es nicht, auch Bewegung gehört mit dazu. Sie wissen, wir waren einmal Jäger und Sammler – das heißt, jeden Tag mussten wir jagen oder auch sammeln, beides ist mit Bewegung verbunden. Wir waren dabei nicht nur im Freien, in der Sonne (siehe Vitamin D), und jagten Wild (Wildfleisch bzw. Fisch – Omega-3-Fettsäuren), sondern wir aßen dabei auch wenig Kohlenhydrate. Sammeln konnten wir Beeren, Pilze und ein paar Früchte. Müsli, Spagetti, Vollkorn- oder Knäckebrote konnten wir weder jagen noch sammeln. Deshalb sollten Sie diese Lebensmittel auch reduzieren, sie gehören einfach nicht zu einer „artgerechten" Ernährung.

14.11 Fazit

Gesundheit, Fitness, Leistungsfähigkeit und Freude am Job und im Leben sind nicht „gottgegeben" oder genetisch bedingt, sondern hängen im Wesentlichen von Ihrem Lebensstil ab.

Sie haben es also selbst in der Hand, ob Sie „gerade so über die Runden kommen" oder ob Sie Spaß und Erfolg im Beruf haben und den Feierabend noch aktiv mit Familie und Freunden genießen können.

Gesundheit kann man essen – fangen Sie noch heute damit an!

Sie schaffen das!

14.12 Über den Autor

Dr. Hardy Walle ist Arzt und Unternehmer. 1994 entwickelte der Facharzt für Innere Medizin und Ernährungsmediziner das Bodymed-Ernährungskonzept, welches inzwischen zu den erfolgreichsten, ausschließlich von Ärzten und qualifizierten Ernährungsfachkräften angebotenen Ernährungsprogrammen in Deutschland gehört und als einziges Mahlzeitenersatzprogramm in der aktuellen S3-Leitlinie "Therapie und Prävention der Adipositas" der Fachgesellschaften empfohlen wird. Neben zahlreichen Fachbeiträgen und Studien hat Dr. Walle fünf Bücher publiziert und hält über 100 Vorträge pro Jahr zu den Themen Ernährung, orthomolekulare Therapie, Performance-Optimierung und Stressmanagement. 2014 wurde er in die Deutsche Akademie für Ernährungsmedizin (DAEM) berufen. Er erhielt 2016 den Unternehmerpreis des Bundesverbandes ausgebildeter Trainer und Berater (BaTB). Dr. Walle ist Vorstand der Bodymed AG, hat eine privatärztliche Gesundheitspraxis und betreibt zusätzlich ein Gesundzentrum.

Weitere Infos unter: www.dr-walle.de

Literatur

Abrahamian, H. (2016). Sexualfunktionsstörungen bei Diabetes und Adipositas. *Jatros – Diabetes und Stoffwechsel*, *1*, 38–41.

Ärzte Zeitung. (2012). KHK: Überflüssige Fischöl-Kapseln, 18.09.2012.

Arslanow, A. et al. (2016). Short-term hypocaloric high-fiber and high-protein diet improves hepatic steatosis assessed by controlled attenuation parameter. *Clinical and Translational Gastroenterology*, *7*(6), e176. https://doi.org/10.1038/ctg.2016.28.

Becker, C. et al. (2014). Ärztlich betreut, ambulant gegen Adipositas. *Aktuelle Ernährungsmedizin*, *39*, 256–269.

Becker, C. et al. (2015). Langfristige Veränderungen einer auf Leberentfettung abgestimmten. *Intervention*, *9*, A48.

Becker, C. et al. (2013). Leberfasten – Erste Ergebnisse einer modernen Form der klassischen Hafertage. *Adipositas*, *7*, 137–174.

Bedogni, G. et al. (2006). The Fatty Liver Index: A simple and accurate predictor of hepatic steatosis in the general population. *BMC Gastroenterology*, *6*, 33.

Berry, J. D. et al. (2011). Lifetime risks for cardiovascular disease mortality by cardiorespiratory fitness levels measured at age 45-, 55-, and 65-years in men: the Cooper Center longitudinal study. *Journal of the American College of Cardiology*, *57*(15), 1604–1610.

Bortolotti, M. et al. (2011). Effects of a whey protein supplementation on intrahepatocellular lipids in obese female patients. *Clinical Nutrition*, *30*(4), 494–498. https://doi.org/10.1016/j.clnu.2011.01.006.

Colditz, G. A. et al. (1995). Weight gain as a risk factor for clinical diabetes mellitus in women. *Annals of Internal Medicine*, *122*(7), 481–486.

Dietary supplementation with n-3 polyunsaturated fatty acids and vitamin E after myocardial infarction: results of the GISSI-Prevenzione trial. Gruppo Italiano per lo Studio della Sopravvivenza nell'Infarto miocardico. (1999). *Lancet*, *354*(9177), 447–455.

Hollis, B. W. et al. (2013). The role of the parent compound vitamin D with respect to metabolism and function: Why clinical dose intervals can affect clinical outcomes. *Journal of Clinical Endocrinology Metabolism*, *98*(12), 4619–4628.

International Diabetes Federation (IDF). (2006). The IDF consensus worldwide definition of the metabolic syndrome.

Kealey, T. (2017). Breakfast is a Dangerous Meal, 30.03.2017. http://oxfordliteraryfestival.org/literature-events/2017/march-30/breakfast-is-a-dangerous-meal. Zugegriffen: 04. Juli 2017.

Layman, D. K. (2009). Dietary Guidelines should reflect new understanding about adult protein needs. *Nutrition & Metabolism*, *6*, 12.

Mensink, G. B. M. et al. (2013). Übergewicht und Adipositas in Deutschland – Ergebnisse der Studie zur Gesundheit Erwachsener in Deutschland (DEGS1). *Bundesgesundheitsbl*, *56*, 786–794.

Nationale Verzehrsstudie II. (2008). Karlsruhe: Max Rubner-Institut: Bundesforschungsinstitut für Ernährung und Lebensmittel.

Teutsch, M. et al. (2014). Moderne Hafertage in der Therapie des Typ-2-Diabetes mellitus zielen auf Behandlung der nichtalkoholischen Fettlebererkrankung (NAFLD) ab. *Aktuelle Ernahrungsmedizin*, *39*, 187–208.

Walle, H. et al. (2010). Moderat kohlenhydratreduzierte und eiweißoptimierte Ernährung bei Diabetes mellitus – ein aktueller Überblick. *Journal fur Pharmakologie und Therapie*, *19*(1), 3–9.

Worm, N. (2016). *Die Heilkraft von Vitamin D: Wie das Sonnenvitamin vor Herzinfarkt, Krebs und anderen Krankheiten schützt*. München: riva-Verlag.

Worm, N. et al. (2016). Nichtalkoholische Fettlebererkrankung – Ursachen, Folgen, Ernährungstherapie. *Ernährung und Medizin*, *31*, 67–72.

Yokoyama, M. et al. (2007). Effects of eicosapentaenoic acid on major coronary events in hypercholesterolaemic patients (JELIS): a randomised open-label, blinded endpoint analysis. *Lancet*, *369*(9567), 1090–1098.

Zeit Online. (2011). Krankenstand: Zahl der Burn-out-Erkrankungen steigt, 19.04.2011. http://www.zeit.de/karriere/2011-04/burn-out-erkrankungen. Zugegriffen: 04. Juli 2017.

Work-Life-Fun-Balance – Gesundheit im 21. Jahrhundert

15

Susanne Wendel

Inhaltsverzeichnis

15.1 Wo stehen Sie auf Ihrer persönlichen Spaß-Skala?	279
15.2 Gesundheit gestern, morgen und übermorgen	283
15.3 Ist Ihr Leben artgerecht??	285
15.4 Burnout, Boreout oder Burn-on?	290
15.5 Mehr Spaß! Mehr Sex! Mehr Lebensqualität! Bessere Arbeitsleistung	293
15.6 Über die Autorin	296
Weiterführende Literatur	296

15.1 Wo stehen Sie auf Ihrer persönlichen Spaß-Skala?

▶ Auf einer Skala von 1 bis 10 – wie viel Spaß haben Sie in Ihrem Job? Und wie viel in Ihrem Leben?

▶ Wenn es nicht mindestens 8 ist – warum tun Sie das dann überhaupt alles?

Da es sehr förderlich für die Gesundheit ist, habe ich beschlossen, glücklich zu sein (Voltaire 1694–1778).

Neulich habe ich mit einem Freund im Café zusammengesessen, der in einem großen Konzern im mittleren Management arbeitet. Ich hatte ihn lange nicht gesehen, und ich war erschrocken, wie ausgelaugt und müde er aussah. Fast das gesamte Gespräch drehte

---

S. Wendel (✉)
Health & Fun GmbH, Kaiser-Ludwig-Straße 37, 82031 Grünwald, Deutschland
e-mail: office@susannewendel.de

© Springer Fachmedien Wiesbaden GmbH 2018
P. Buchenau (Hrsg.), *Chefsache Gesundheit I*,
https://doi.org/10.1007/978-3-658-16580-2_15

sich darum, wie viel Stress er hat, wie wenig Anerkennung er von seinem Team bekommt und was für ein Idiot sein Chef ist. Erste gesundheitliche Probleme bahnen sich bei ihm an, leichtes Übergewicht, schlechte Blutwerte usw. Voller Begeisterung erzählte er mir hingegen von dem kleinen Häuschen, für das er gerade einen Kredit von mehreren hunderttausend Euro aufgenommen hatte. Ob er sich das wirklich antun will, fragte ich ihn, die Raten muss er ja über zig Jahre abzahlen, das ist doch ein Riesenstress, und damit muss er ewig diese Jobs machen, keine Chance auf eine Auszeit oder einen weniger stressigen Job oder gar selbstständig machen. Tja, so sei das Leben nun mal, war die lapidare Antwort. Er ist übrigens der Bereichsleiter für betriebliches Gesundheitsmanagement in dem Unternehmen.

Ist das wirklich so? Muss das Leben so sein? Ich kann das nur schwer beurteilen, ob das Leben für angestellte Führungskräfte so sein muss, ich bin seit vielen Jahren selbstständig und mittlerweile selber Unternehmerin – und verdiene Geld nur noch mit Dingen, die mir Spaß machen. Zugegeben, ein gewisses Risiko ist dabei. Sagen immer alle. Wobei ich mich frage, Risiko wofür eigentlich. Als Manager mit Aussicht auf einen Herzinfarkt mit 50 hat man auch ein ziemliches Risiko. Und ob man dann wirklich was von seinem Häuschen hat, ist fraglich.

Gesundheit ist Chefsache. Deshalb fängt sie bei Ihnen an. Bei Ihnen ganz persönlich und bei der Frage, was Sie selber für Ihre Gesundheit und Ihre Work-Life-Balance tun. Nichts ist unglaubwürdiger als jemand, der gesunde Lebensführung predigt, aber persönlich völlig am Ende ist. Nur wenn Sie sich selbst am Herzen liegen, können Ihnen auch Ihre Mitarbeiter am Herzen liegen. Wenn Sie selber dafür sorgen, dass Sie genügend Spaß und ein sexy Leben haben, können das auch Ihre Mitarbeiter. Weil sie neugierig auf Sie werden und es Ihnen nachmachen wollen. Weil jeder Mensch gerne Spaß hat und lacht. Und weil Sie selber genügend Ressourcen übrig haben, um sich um Ihre Mitmenschen – egal ob im Unternehmen oder privat – zu kümmern und ihnen Freude zu bereiten.

> ▶ Solange Sie selber Druck haben, werden Sie ihn an andere weitergeben, und die werden sich das nicht lange gefallen lassen. Es ist bekannt, dass Mitarbeiter nicht ihrem Unternehmen kündigen, sondern ihrem Chef. Weil sie ihn für einen humorlosen Idioten halten.

Was ich in diesem Beitrag beleuchten möchte, ist einer der wichtigsten Faktoren für Gesundheit. Der bisher allerdings kaum explizit erwähnt wird: der „Fun"-Faktor. Und zwar Ihr ganz persönlicher. Wie viel Spaß haben Sie in Ihrem Leben? Wie leicht können Sie Ihr Leben nehmen? Unser Gesundheitssystem steht vor einem Paradigmenwechsel. Hin zu mehr Ganzheitlichkeit und Prävention, hin zu mehr Selbstverantwortung des Einzelnen – und hin zu mehr Leichtigkeit und Spaß.

Es gibt haufenweise Bücher, Artikel und Studien zum Thema Work-Life-Balance. Die meisten sind theoretisch. Und schwer. Und ich behaupte, kaum einer der Autoren kommt auf die Idee, erst mal bei sich selber anzufangen. Wie ist das bei Ihnen? Sie haben sich sicher schon ausgiebig mit der Gesundheit Ihrer Mitarbeiter befasst. Sie haben vielleicht schon ein Gesundheitsförderungsprogramm in Ihrem Unternehmen oder sind gerade auf der Suche nach den richtigen Anbietern. Sie wissen vielleicht noch nicht so recht, wo es langgeht mit der Gesundheit in Ihrem Unternehmen, und fragen sich, ob das alles wirklich so viel bringt. Nun, unzählige Untersuchungen, Studien und Experten sagen, dass es das tut. Ein Euro, den ein Unternehmen in Maßnahmen zur betrieblichen Gesundheitsförderung investiert, ergibt bis zu zehn Euro Einsparungen – je nach Maßnahme, Branche und Experte, der das behauptet. Doch der Return on Investment ist für das einzelne Unternehmen nur schwer messbar und zeigt sich erst langfristig. Gesundheitsmaßnahmen sind immer mit Verhaltensänderungen der Betroffenen verbunden, und das eigene Verhalten zu ändern, fällt den meisten Menschen extrem schwer. Das weiß jeder, der schon mal versucht hat abzunehmen oder mit dem Rauchen aufzuhören. Das klappt meistens nicht beim ersten Versuch. Einmal einen Vortrag über gesunde Ernährung gehört, davon isst man noch nicht anders. Für einen Unternehmer oder eine Führungskraft ist es daher notwendig, sich Gedanken zu machen, wie man denn das Gesundheitsverhalten der Mitarbeiter tatsächlich positiv beeinflussen kann. Was bringt schneller ein Ergebnis, einen Kantinencheck durchführen zu lassen oder einen Yogakurs anzubieten? Oder doch lieber ein Raucherentwöhnungsprogramm? Diese Frage ist pauschal nicht zu beantworten, denn eigentlich bräuchte es alles (außer es raucht niemand mehr im Unternehmen …), doch die finanziellen Ressourcen in einem Unternehmen sind natürlich begrenzt.

Kaum etwas ist teurer als ein Mitarbeiter, der nicht zur Arbeit kommt, sondern krank zu Hause sitzt, das ist klar. Immerhin: Die Zahl der Krankheitstage ist in den letzten Jahren insgesamt zurückgegangen, denn kaum jemand traut sich, allzu lange krank zu sein. Vor allem aus Angst vor Job- und Gesichtsverlust. Allerdings stellt sich die Frage, ob es besser ist, sich krank zur Arbeit zu schleppen. Der sogenannte Präsentismus kostet die Unternehmen auch Millionen. Was dramatisch auffällt: Die Zahl der Krankheitstage durch Burnout und „psychisch bedingte" Erkrankungen ist in den letzten Jahren sprunghaft angestiegen. Laut Manager Magazin sind vor allem die DAX-50-Unternehmen davon betroffen, in einigen findet man bei bis zu 9 % der Mitarbeiter Anzeichen des Burnout-Syndroms. Was auch stark angestiegen ist: die ärztlichen Verschreibungen von Psychopharmaka. Kaum jemand bleibt noch wegen einer Erkältung zu Hause, auch die gefürchteten Muskel- und Skeletterkrankungen, insbesondere Rückenschmerzen, sind auf dem Rückzug. Dafür wird ja schon viel getan: ergonomische Stühle, rückenfreundliche Arbeitsplätze, spezielle Sportkurse und Rückentrainings. Aber die Seele vieler Menschen leidet. Vielleicht fängt man also bei seinen Gesundheitsmaßnahmen mit den psychischen Problemen an? Wie wäre es mit einem Gute-Laune-Kurs, einmal in der Woche Montag morgens zum Beispiel! Oder Lach-Yoga. So wie in Indien, wo sich morgens vor der Arbeit Menschen im Park treffen, um gemeinsam in die Hände zu klatschen und sich kaputtzulachen. Das halten Sie für eine Schnapsidee?

Fangen wir doch erstmal bei Ihnen an, ganz persönlich. Wie oft lachen Sie am Tag? So richtig, aus vollem Halse? Muss nicht mal unbedingt im Job sein, sondern so ganz allgemein. Und was ist das, was Sie zum Lachen bringt? Andere Menschen? Wer genau? Ihre Frau (bzw. Ihr Mann)? Oder Bücher? Filme? Brauchen Sie Alkohol, um herzhaft zu lachen? Oder andere Drogen? Erwachsene lachen laut Studien maximal 15 Mal am Tag, und an manchen Tagen haben sie gar nichts zu lachen – im Gegensatz zu Kindern, die es über 400 Mal täglich tun. Und zwar oft völlig ohne erkennbaren Grund. Uns Erwachsenen muss man mindestens einen Witz erzählen.

▶ Die innovativsten Unternehmen unserer Zeit haben den Trend zu mehr Spaß schon erkannt.

Google beispielsweise hat in seiner Geschäftsstelle in Zürich eine Rutsche gebaut, mit der die Mitarbeiter in die Kantine rutschen können. Und Spiel- und Entspannungsräume mit Billardtischen, Aquarien und Massagesesseln. Kreativität und Spaß kommen selten am Schreibtisch, und sei er noch so ergonomisch. Volkswagen hat mit „thefuntheory.com" eine Kampagne ins Leben gerufen, die Menschen ganz spielerisch dazu bringt, sich gesünder zu verhalten. Beispiel: Alle erwachsenen Menschen in den industrialisierten Ländern haben schon x-mal die Ermahnung gehört, dass es gut und wichtig sei, sich mehr zu bewegen, zur Vermeidung von Übergewicht und Herzinfarkten und so weiter. Doch bewegen sich die Leute mehr, nur weil ihnen gebetsmühlenartig immer wieder vorgekaut wird, dass Bewegung gut für die Gesundheit ist? Bis auf die, die dann mit schlechtem Gewissen mit dem Auto ins einen Kilometer entfernte Fitnessstudio fahren, um dort zwei Kilometer auf dem Laufband zu laufen, erreichen diese Botschaften kaum jemanden. Die Stockholmer sind schon cleverer. Sie haben im Rahmen der Fun Theory eine U-Bahn-Treppe zu Pianostufen umgebaut. In schwarz-weißer Farbe und Töne erzeugend. Dort nehmen 60 % mehr Menschen die Treppe, die Rolltreppe nebenan hingegen ist verwaist.

Spaß und Gesundheit hängen eng zusammen, das sagt nicht nur der gesunde Menschenverstand, auch dazu gibt es mittlerweile jede Menge Studien. Lachen ist gesund, Entspannung ist gesund, Sex ist gesund. Eigentlich wäre es einfach. Apropos, wie schaut es aus mit Ihrem Sexleben? Wie würden Sie das einschätzen, auf einer Skala von 1 bis 10? Autogenes Training, Yoga, Meditation, alles gut zur Entspannung. Aber was bringt das alles, wenn es im Bett nicht klappt? Doch dazu später mehr.

Zurück zum Job. Ich habe immer wieder den Eindruck, dass in vielen Unternehmen „gestresst sein" irgendwie zum guten Ton gehört. Burnout zu haben ist regelrecht in Mode gekommen. Zwar reden alle über Work-Life-Balance, doch wer tatsächlich gut gelaunt und voller Energie seinen Job macht und zu Hause ganz entspannt noch Partner und Kinder managt, ist den anderen dann doch suspekt. Alle sind sich einig: Arbeit ist im Grunde genommen ein notwendiges Übel, das man jeden Tag so schnell wie möglich hinter sich bringen sollte. Freizeit ist angesagt, und am besten nur die. Letztens haben die Moderatoren im Radio schon dienstags spätvormittags den Countdown zum Wochenende eingeläutet. Und vor kurzem titelte der „Stern": „Rettet den Feierabend! Wie wir unser Leben vor der Arbeit schützen können". Sind wir schon so weit gesunken? Ist arbeiten wirklich SO schlimm geworden?

15.2 Gesundheit gestern, morgen und übermorgen

▶ Gesundheit ist noch lange nicht, was sie sein könnte. Was bedeutet gesund zu sein für SIE?

In der einen Hälfte des Lebens opfern wir unsere Gesundheit, um Geld zu erwerben. In der anderen Hälfte opfern wir Geld, um die Gesundheit wiederzuerlangen (Voltaire 1694–1778).

Wenn wir über Gesundheit reden, möchte ich erst mal etwas klarstellen. Sie ist noch längst nicht da, wo wir sie gerne hätten. Wir leben immer noch in einem Reparatur-System, und auch wenn alle über Prävention und Alternativmedizin reden, wird in der Praxis doch nur wenig dafür getan. Zumindest dort, wo's drauf ankommt. Ich bin jemand, der regelmäßig zur Massage geht, Wellness-Wochenenden macht, sich gesund ernährt (mit regelmäßigen Ausnahmen, versteht sich …), gerne zum Sport geht und sich und seinem Körper immer wieder Gutes tut. Nun, ich bin auch gesund. Doch neulich war ich nach langer, langer Zeit mal wieder in einem Krankenhaus. Nicht nur zu Besuch, sondern so richtig drinnen, noch dazu über Weihnachten. Ich war allerdings nicht krank, sondern habe ein Baby bekommen. Eigentlich ein schöner Anlass, doch diese 10 Tage waren der pure Stress. Die medizinische Versorgung für Mama und Baby sehr gut, doch der ganze Rest eine Katastrophe. Vielleicht weil Weihnachten war. Fing damit an, dass es keinen einzigen vernünftigen Ansprechpartner gab, weil jeden Tag neues Personal da war, egal ob Ärzte, Schwestern oder Hebammen. Und jeder von denen hat was anderes behauptet, egal welche Frage ich gestellt hab. Für eine frisch entbundene Frau der blanke Horror. Der Teufel steckt ja oft auch im Detail: Das schnuckelige private Gästehaus, das ich gebucht hatte, ist über Weihnachten geschlossen, Heiligabend nachmittags geht der Stilltee aus, Telefonkarten gibt es auch nicht mehr, und selbst die Putzfrau hat über die Feiertage frei. Kein Witz. Von den diversen feiertagebedingt nicht vorhandenen Privatpatient-Wahlleistungen mal ganz abgesehen. Überhaupt: Wo ist eigentlich Wellness, wenn man sie mal wirklich braucht? In der Neugeborenen-Intensivstation habe ich mich wirklich gefragt, ob hier nicht mal ein Feng-Shui-Berater an die Arbeit gehen kann. Viel guter Wille war da, bei jedem einzelnen Menschen, der Weihnachten dort arbeiten musste, die meisten haben sich sogar sehr bemüht, aber letztlich konnte von „Ganzheitlichkeit" keine Rede sein. Noch nicht.

Jetzt will ich mich weder über das Gesundheitssystem noch über Krankenhäuser allzu sehr aufregen, das können andere besser. Und die Schulmedizin ist ja nicht per se schlecht. Sie ist halt nur nicht für alles geeignet. Sie behandelt den Körper. Sie greift gut bei akuten Erkrankungen und bei allem, was man eben „reparieren" kann. Gegen einen akuten bakteriellen Infekt hilft ein Antibiotikum, bei einem gebrochenen Arm ein Gips und bei einem Unfall kann ein guter Chirurg Leben retten. Bei chronischen und psychischen Krankheiten hingegen hilft die Schulmedizin nicht wirklich, da sie lediglich Symptome behandelt und nicht die Ursachen. Ein Herzinfarkt kann schulmedizinisch behandelt werden, doch er entsteht ja nicht aus heiterem Himmel. Wenn man vorher auf Symptome wie hoher

Blutdruck, Übergewicht und Stress geachtet hätte, wäre es gar nicht so weit gekommen. Gegen hohen Blutdruck kann man noch was tun, doch wie behandelt man Übergewicht und Stress? Dafür gibt es leider keine Pillen! Auch ein Burnout taucht nicht von heute auf morgen auf, ebenso wenig Krebs oder Depressionen oder die meisten anderen chronischen Krankheiten, die die Menschen heute plagen. Deren Behandlung ist schulmedizinisch nur begrenzt oder unter Inkaufnahme starker Nebenwirkungen möglich. Und mögliche präventive Maßnahmen werden nicht flächendeckend umgesetzt, weil niemand sie bezahlen will. Wir stecken letztlich immer noch in der „Gesundheit 1.0", wie Trendforscher Matthias Horx das nennt. Heißt so viel wie: Gesundsein bedeutet Nicht-krank-Sein, keine Schmerzen haben, keine sichtbaren Symptome aufweisen. Gesundheit ist ein Produkt äußerer Umstände. Krankheit kommt von außen z. B. durch eine Infektion, und wird auch von außen behandelt, z. B. durch einen Arzt oder Heilpraktiker.

Die Gesundheit vorn morgen, man könnte auch sagen, Gesundheit 2.0, bezieht den Menschen und seine Selbstheilungskräfte und auch seine Eigenverantwortung mit ein. Jeder kann selber durch gesünderes Verhalten dazu beitragen, gar nicht erst krank zu werden. Beispielsweise durch gesunde Ernährung, Sport, Meditation, Verzicht auf Rauchen und durch einen gesunden, individuell ausgeglichenen Lebensstil. Jeder Mensch kann sowohl für Krankheit als auch für Gesundheit eine Menge tun.

Die Gesundheit von übermorgen – also Gesundheit 3.0 – bezieht nicht nur die körperliche, sondern gleichberechtigt auch die seelisch-geistige Dimension mit ein. Und die volle Verantwortung jedes Menschen. Selbstwirksamkeit heißt das Stichwort. Gesundheit betrifft den Menschen als Ganzes, seinen Körper, Geist und seine Seele. Eigentlich logisch, doch praktisch sind wir davon leider noch ziemlich weit entfernt. Zumindest in den Krankenhäusern. Für meinen Geist und meine Seele wurde bei der Geburt meines Kindes leider wenig getan. Dringend notwendig, dass sich da was ändert. Was in der Gesundheit 3.0 ebenso eine Rolle spielt, ist die Sinnhaftigkeit des eigenen Lebens. Ein Mensch, der weiß, wofür er das alles tut, lebt definitiv gesünder.

Kennen Sie den Sinn in Ihrem Leben?

Wo sehen Sie sich in Bezug auf Ihre eigene Gesundheit? Wann gehen Sie zum Arzt? Nur wenn Sie krank sind? Oder auch, wenn Sie etwas für Ihre Gesundheit tun wollen? Und das Ganze aus eigener Tasche bezahlen? Immerhin, die Menschen in Deutschland geben mittlerweile durchschnittlich knapp 1000 Euro pro Jahr privat für Gesundheitsleistungen aus – im sogenannten zweiten Gesundheitsmarkt. Darunter versteht man alle Gesundheitsleistungen, die nicht von den Krankenkassen übernommen werden, wie Urlaub im Wellness-Hotel, Nahrungsergänzungen, Meditations-Wochenenden, Mitgliedschaften in Fitness-Studios usw. Und dieser Markt wächst beständig. Immer mehr Menschen sind bereit, für Gesundheit Geld auszugeben und die Verantwortung nicht mehr nur den Krankenkassen zu überlassen. Das sieht man auch daran, dass sich immer mehr Menschen auf Selbstbehalte und Bonusprogramme bei ihren Krankenkassen einlassen. Doch der Paradigmenwechsel dahin, dass Gesundheit tatsächlich einen eigenen messbaren Wert bekommt (bisher werden ja nur Krankheitskosten gemessen …), steht uns noch bevor.

Ich kann Ihnen noch eine Definition von Gesundheit geben: nämlich die von der WHO (Weltgesundheitsorganisation). Sie bezeichnet Gesundheit als „*einen Zustand des vollständigen körperlichen, geistigen und sozialen Wohlergehens und nicht nur das Fehlen von Krankheit oder Gebrechen*". Diese Definition stammt übrigens bereits aus dem Jahr 1948.

15.3 Ist Ihr Leben artgerecht??

▶ Immer mehr Leute machen Yoga. Zur Entspannung. Nur leider entspannt Yoga nicht jeden. Etwa die Hälfte der Leute wird davon erst recht aggressiv. Was brauchen SIE wirklich, um runterzukommen? Was brauchen Sie, um gesund zu sein?

Anspannung ist wer Du glaubst sein zu müssen. Entspannung ist wer Du bist (chinesisches Sprichwort).

Wenn es um unsere Haustiere geht, machen wir uns oft mehr Gedanken als für uns selber: Was bedeutet artgerechte Haltung? Die Katze bekommt spezielles Futter, der Hund genügend Auslauf, der Fisch ein großes Aquarium. Aber der Mensch? Was braucht der und in welcher Menge? Ernährung, Bewegung, Entspannung, das ist klar – doch was genau und wie viel? Was bedeutet artgerechte Menschenhaltung? Menschen sind komplex. Sie sind nicht nur eine ganz besondere Spezies, sie sind dazu auch noch unglaublich individuell. Was für den einen passt, muss dem anderen noch lange nicht taugen. Doch zu der Erkenntnis kommen selbst Experten erst langsam. Gleichmacherei ist bei Gesundheitsfragen immer noch weit verbreitet. Doch warum sollen alle Vollkornnudeln essen, wenn die meisten sie gar nicht mögen? Oder warum soll sich jemand zum Joggen zwingen, wenn er ganz freiwillig lieber tanzen gehen würde?

Der neue große Megatrend heißt **Individualität.** Wir Menschen sind, auch wenn wir alle zwei Beine, zehn Zehen, ein Hirn und einen Magen haben, doch sehr unterschiedlich. Es gibt große, kleine, dicke, dünne, gemütliche, hektische, sportliche, ruhige. Welcher „Typ" sind Sie? Was fällt Ihnen leicht, was macht Ihnen Spaß, was brauchen Sie, um sich wohl zu fühlen?

Bewegung Stresshormone werden nachgewiesenermaßen am besten durch Bewegung abgebaut. Wenn früher der Säbelzahntiger neben einem stand, hat der Körper haufenweise Adrenalin und andere Stresshormone ausgeschüttet, die durch Bewegung wieder abgebaut wurden – Kampf oder Flucht. Wenn heute der Chef schreiend neben einem steht, sind weder Kämpfen noch Flüchten echte Alternativen. Sich jedoch mit rasendem Herzen wieder vor seinen Computer zu setzen ist auch keine gute Wahl. Bewegung bringt uns wieder ins Gleichgewicht. Die Frage ist, wie wichtig sind Sie sich selbst? Sind Sie es sich wert?

Der Mensch ist körperlich übrigens dafür ausgelegt, sich jeden Tag bis zu 20 Kilometer zu Fuß vorwärtszubewegen. Unsere Vorfahren waren viel unterwegs: jagen und sammeln, vor Tieren weglaufen und auf Bäume klettern, später Felder bearbeiten und Landwirtschaft betreiben. Noch die Generation unserer Großeltern lief ca. 10 bis 12 km am Tag zu Fuß. Da hatte nicht jeder ein Auto … Studien zeigen, dass die typischen in Büros arbeitenden Berufstätigen heutzutage nur noch 600 bis 800 Meter am Tag zu Fuß gehen. Den Rest der Zeit sitzen sie. An ihrem Arbeitsplatz, im Auto, beim Mittagessen, in Meetings, vor dem Fernseher. Kein Wunder, dass Übergewicht und Rückenschmerzen sich immer weiter verbreiten. Was tun? Heerscharen von Personal Trainern, Gesundheitsexperten, Instituten und Firmen versuchen die träge Masse wieder in Bewegung zu bringen, mit mäßigem Erfolg. Weil kaum jemand mal genau hinschaut, was der einzelne Mensch eigentlich braucht und mag. Es ist nicht jedermanns Ding, morgens ums sechs zu joggen. Oder abends nach der Arbeit noch ins Fitness-Studio zu gehen. Und wenn der Sport keinen Spaß macht, lässt man ihn bald wieder bleiben. Hier spielt der Fun-Faktor wieder eine große Rolle! Kinder lieben es, sich zu bewegen, deshalb tun sie es den ganzen Tag. Ich habe ja ein kleines Baby zu Hause und beobachte ganz fasziniert, wie der kleine Kerl jeden Tag aufs Neue durch Bewegung seinen Körper erforscht und kennenlernt. Sobald die kleinen Augen offen sind – oft auch schon vorher – geht das Zappeln los. Für die meisten Erwachsenen ist der eigene Körper nicht mehr spannend, und Bewegung eher mit Anstrengung als mit Spaß verbunden. Und Job und Bewegung haben für die meisten einfach nichts miteinander zu tun. Es gibt immerhin bereits einige erfolgreiche Firmen-Initiativen mit Schrittzählern, die gut angenommen werden. Weil sie keinen zusätzlichen Aufwand bedeuten. Mitarbeiter jedoch dazu zu bringen, ins unternehmenseigene Fitness-Studio zu gehen, ist nicht so einfach, denn sowas macht man dann doch lieber privat. Andererseits kennt jeder die Gaudi, wenn man zusammen mit Kollegen zur Weihnachtsfeier eine Schneeballschlacht macht oder beim Betriebsausflug angeheitert in den See springt. Das ist auch Bewegung. Nur dass man in dem Fall gar nicht darüber nachdenkt oder sich motivieren muss. Wie wäre es zur Abwechslung mal mit einer Fun-Sportart wie Bobbycar-Rennenfahren oder Unterwasserbügeln?

Welche Art von Bewegung lieben SIE?

Welche Art von Bewegung macht Ihnen so viel Spaß, dass Sie sich richtig darauf freuen? Mit Ihren Kindern toben? Oder mit dem Hund im Schnee herumtollen? Mein Partner liebt es, im Winter Schnee zu schieben. Das ist für ihn das Allergrößte. Er steht freiwillig morgens um sechs Uhr auf, damit er vor dem Hausmeister ans Werk gehen kann, der ja eigentlich dafür bezahlt wird. Zurück zu Ihnen: Wenn es tatsächlich „Sport" sein sollte, was wäre das? Mögen Sie Sport im Team, wie Fuß-, Hand- oder Volleyball? Oder lieber zu zweit, wie Tennis oder Federball? Oder lieber alleine? Mountainbiken? Klettern? Keine Ahnung? Schon ewig keinen Sport mehr gemacht? Sie sollten Folgendes wissen: Wer neu oder wieder mit Sport beginnt, hat in der Regel anfangs das Bedürfnis, sofort wieder damit aufzuhören. Weil der gefühlte Aufwand wesentlich höher ist als der gefühlte Nutzen. Man muss sich Zeit frei räumen, bekommt sofort einen roten Kopf, Atemnot und spätestens am Tag danach Muskelkater. Es dauert drei bis sechs Wochen, bis der unsportliche Körper sich an sportliche Aktivitäten so richtig gewöhnt hat. Die gute Nachricht: Dann mag man nichtmehr darauf verzichten. Wenn's das Richtige ist!

Zu einer gelungenen Work-Life-Fun-Balance gehört natürlich auch die richtige Bewegungs-Dosis. Wenn ich an die Managertypen denke, die am Wochenende südlich von München am Isar-Ufer mit verbissenen hochroten Gesichtern mit ihren Bikes entlanghetzen … Sport sollte keinen zusätzlichen Stress bedeuten. Natürlich gibt es auch Menschen – vor allem unter den Männern –, die müssen sich ab und an mal so richtig austoben. Konkurrieren. Sich messen. Gewinnen. Das ist natürlich o.k.! Wenn es ihnen hinterher besser geht als vorher! Und dann mit einer Flasche Bier auf's Sofa. Jaaaaaaaahhhhhhh!

Also nochmal: Welche Art von Bewegung lieben Sie? Und machen Sie die oft genug, um damit wirklich runterzukommen? Wenn Sie „Ihr Ding" gefunden haben, was auch immer das ist, besitzen Sie eine Quelle für Entspannung und Wohlbefinden, die Gold wert ist. Und Ihre ausgeglichene Art macht Sie glaubwürdig, wenn Sie anderen Menschen in Ihrem Unternehmen Bewegung und Gesundheit nahebringen wollen. Die wichtigste Voraussetzung für alles: ein gut gelaunter Chef, der ein Ohr für die Belange seiner Mitarbeiter hat und nicht gleich bei jedem Problem hochgeht, weil er sich nicht auslebt, Frust, Druck und Ärger aufstaut und sein Adrenalin nicht im Griff hat.

Ernährung Kaum etwas wird so kontrovers diskutiert wie die Frage, was gesunde Ernährung ist. Wenn es um Ernährungsfragen geht, tun sich tiefe Gräben zwischen den Experten auf. In den letzten Jahrzehnten gab es immer wieder neue Trends, zuerst – so ungefähr in den 60er-Jahren – wurden die Fette als Dickmacher verteufelt, dann in den 70er-Jahren die Kohlenhydrate, in den 80ern die Kalorien allgemein, in den 90ern wieder die Fette und in den letzten Jahren wieder die Kohlenhydrate. Böse Zungen behaupten, es gäbe überhaupt erst so viele Übergewichtige, seit es die Ernährungsberater gibt. Noch ein Beispiel für den Futter-Wahnsinn: Dass Eier kaum einen Einfluss auf den Cholesterinspiegel haben, ist zwar längst bekannt, doch die Missionare der 70er-Jahre waren so erfolgreich, dass sich viele Menschen der älteren Generation noch heute ihr Frühstücksei verkneifen, selbst wenn sie gar keinen erhöhten Cholesterinspiegel haben. Fast alle großen Ernährungsdogmen sind widerlegt, und es gibt seit einigen Jahren kaum wirklich neue Erkenntnisse auf dem Gebiet.

Fazit: Man kann auch gleich das essen, was man mag. Oder? Naja, nicht ganz. Ich bin ja schließlich Ernährungswissenschaftlerin, und ein paar Dinge kann man schon beachten, vor allem wenn es um die Leistungsfähigkeit geht. Was würden Sie selber sagen, wie geht es Ihnen nach dem Essen, sind Sie voller Energie und fit oder müde und brauchen Sie erst mal einen Kaffee? Das hängt unter Umständen mit der Mahlzeitenzusammensetzung zusammen. Kohlenhydrate machen müde, vor allem mittags. Ein großer Teller Spaghetti Carbonara ist nicht das optimale Mittags-Lunch, bestellen Sie lieber ein Steak mit Gemüse oder Salat. Und mittags gilt immer: nur so viel essen, dass noch etwas Hunger übrig bleibt. Dann gibt's kein Nudelkoma.

Empfinden Sie es als Zumutung, gesund und ausgewogen zu essen, oder fällt es Ihnen leicht? Wenn Sie Spaß am Thema Ernährung haben, vielleicht sogar gerne kochen und einfach spüren, wie gut es Ihnen tut, wunderbar. Wenn nicht, auch nicht sooo schlimm. Achten Sie einfach darauf, dass Sie nicht zu viele Kalorien und stattdessen genügend Vitalstoffe zu sich nehmen, also Vitamine, Mineralstoffe, sekundäre Pflanzenstoffe. Das ist eigentlich das Wichtigste, wenn Sie Ihre Leistungsfähigkeit und Fitness erhalten oder verbessern wollen. Das darf auch ruhig ab und zu durch Nahrungsergänzungen sein, sollte aber auf jeden Fall nicht noch zusätzlichen Stress auslösen. Überflüssige Kalorien bauen Kopfarbeiter übrigens besser durch Bewegung ab als durch Verzicht.

Hier noch ein paar ganz einfache Tipps: Essen Sie bunt! Wenn Sie mindestens drei verschiedene Farben auf dem Teller liegenhaben, ist die Wahrscheinlichkeit hoch, dass Gemüse dabei ist. Ansonsten essen wir Deutschen ja eher beige-braun ... Wenn Sie es schaffen, zu 70 bis 80 %% „gesunde" Sachen zu essen wie Gemüse, Obst, Vollkornprodukte sowie fettarme Milchprodukte und mageres Fleisch, dann spielen das Bier am Abend und der Schokoriegel von der Tanke keine Rolle! Problematisch ist lediglich exzessives Junk-Food-Essen.

Es gibt ja auch genügend Menschen, für die ist das Essen gar kein Thema, sie haben keine Probleme und machen sich keine Gedanken über Diäten, weil sie sich wohlfühlen, so wie sie sind. Denjenigen, die ihre Ernährung verbessern wollen, sei gesagt: Bitte denken Sie auch hier an den Spaß-Faktor! Essen soll Freude machen, auch wenn es kalorienreduziert ist. Zuletzt noch dieses: Was letztlich dick und träge macht, sind die täglichen süßen und fetten Rituale. Wir werden nicht zwischen Weihnachten und Neujahr dick, sondern zwischen Neujahr und Weihnachten. Wer jeden Tag eine Tüte Gummibärchen braucht, darf sich nicht wundern. Die landet eher auf den Hüften als der Gänsebraten an Omas 80. Geburtstag. Umgekehrt funktioniert dünn werden übrigens genauso: nicht mit Crash-Diäten, sondern Stück für Stück, in kleinen Schritten.

Entspannung und Schlaf Sind Sie ein „Mittagsschlaf-Typ"? Oder einer, der lieber durcharbeitet und dann früher ins Bett geht? Oder gehören Sie zu den Menschen, die morgens früher aufstehen, damit sie abends später ins Bett gehen können? Ich war mal mit einem Typen zusammen, der hat nur 4 Stunden pro Nacht geschlafen. Irgendwann hat mich das total frustriert, weil er jeden Tag so viel mehr geschafft hat als ich, sodass ich ständig ein schlechtes Gewissen hatte. Ich schlafe gerne 8 Stunden – plus Mittagsschlaf. Nun gut, mit kleinem Baby kriege ich das nicht mehr hin. Aber ich merke, dass meine Konzentrationsfähigkeit darunter leidet, wenn ich zu wenig schlafe. Auch in diesem Bereich sind Menschen sehr verschieden. Und es ist gut zu wissen, was man braucht. Aus eigener Erfahrung kann ich den großen Nutzen eines Nickerchens um die Mittagszeit bestätigen, den mittlerweile ja auch viele Studien belegen: 15 bis 20 Minuten sanft geschlafen, und man ist wieder fit für den Rest des Tages. Wenn man mittags müde ist und sich diese Zeit nicht gönnt, ist man im schlimmsten Fall den ganzen restlichen Nachmittag schläfrig, unkonzentriert oder schlecht gelaunt. Ich bin meistens alles auf einmal. Ich weiß nicht, ob schon mal jemand untersucht hat, was es die Unternehmen kostet, dass sie den Mitarbeitern NICHT erlauben, ein kurzes Nickerchen zu machen.

Schlafen gehört sicher zu den effektivsten Entspannungsmethoden, sofern man den Schlaf ungestört genießen kann. Für die Work-Life-Balance ein enorm wichtiger Faktor. Man spricht nicht umsonst von ausgeschlafenen Mitarbeitern. Auch mal lange schlafen und einen ganzen Tag mit einem guten Buch oder kuschelnd mit dem Partner im Bett verbringen ist eine tolle Sache, die man sich ab und zu gönnen darf. Vor allem, wenn man ansonsten jeden Tag Hochleistung vollbringt.

Sind Sie ausgeschlafen?

Doch nicht nur schlafen trägt zur Entspannung bei, auch im Wachzustand kann man eine Menge dafür tun. Wiederum: Was passt zu Ihnen? Manch einer kommt hervorragend runter, wenn er meditiert oder autogenes Training macht oder progressive Muskelentspannung oder Ähnliches. Sehr gute Methoden zur Entspannung. Die Frage ist: Reicht Ihnen das?

Manchmal oder vielleicht auch immer können Menschen noch besser durch Körperkontakt entspannen, also beispielsweise durch Massagen. Professionell oder mit dem Partner. In unserer heutigen kopflastigen Welt ist die Bedeutung von Berührung leider ziemlich in den Hintergrund geraten. So nach dem Motto: Ich habe einen riesengroßen Kopf, wo unten der Körper irgendwie dranhängt. Der wird zwar gewaschen und ab und zu bewegt, doch wirklich wahrgenommen wird er nicht. Ich habe dazu mal ein ganzes Buch geschrieben, wer dazu mehr wissen möchte, suche nach dem „Feelgood-Faktor".

Auch immer gern genommen: Schwimmen, planschen und saunieren sind phantastische Möglichkeiten, zu entspannen. Wasser reinigt Körper und Seele. Für Fortgeschrittene: Floaten im Salzwassertank oder -becken, alleine oder mit Partner. Das ist mein ganz persönlicher Favorit, was das nasse Element betrifft. Schwerelos herumdümpeln, und das wahlweise bei leiser Musik oder einem Lichterhimmel an der Decke, das hat was, Tiefenentspannung auf Knopfdruck, könnte man sagen.

Spaß Womit wir wieder beim Faktor „Spaß" sind. Wie viel Zeit am Tag verbringen Sie mit Dingen, die Ihnen wirklich Spaß machen? Dazu ein ganz einfaches Rechenbeispiel: Von 24 Stunden schlafen Sie beispielsweise 6, dann bleiben 18 übrig. Wie viele Stunden davon machen Ihnen wirklich Freude? Als ich diese Frage in einem Seminar stellte, meinte eine Teilnehmerin spontan „Also maximal eine halbe Stunde". Ein anderer Teilnehmer daraufhin empört, was denn das für eine blöde Frage sei. Natürlich mache er mindestens 8 bis 9 Stunden am Tag Dinge, die ihm wirklich Spaß machen. Das wäre doch sonst kein Leben … interessant, wie unterschiedlich hier die Wahrnehmungen sind.

Was würden Sie antworten?

Ihr Umfeld (Menschen) Einer der Faktoren, die uns am schnellsten altern lassen, ist der falsche Partner. Sagen aktuelle Studien. Bis zu 10 Jahre verlieren wir, wenn wir mit jemandem liiert sind, der uns Tag für Tag Energie und Nerven kostet. Es sind also nicht nur die Chefs und Kollegen, die für graue Haare sorgen, sondern der Feind liegt oft jede Nacht im selben Bett. Keinen Partner bzw. keine Partnerin zu haben ist allerdings auch nicht besser. Bei Männern ab 50, die keine Partnerin haben oder sich nicht geliebt fühlen, steigt das Risiko für einen Herzinfarkt laut diverser Untersuchungen um das Dreifache. Es lohnt sich also im Sinne der Work-Life-Balance, nicht nur die „Work" sondern auch den Faktor „Life" nochmal genauer anzuschauen …

Wenn Sie wissen wollen wo Sie stehen, egal ob es um finanzielle, berufliche oder private Dinge geht, schauen Sie mal, was die fünf Menschen, die Ihnen am nächsten stehen, zu einem bestimmten Thema denken und sagen. Beispiel: Sie wollen sich gesünder ernähren, aber niemand in Ihrer Familie macht mit. Werden Sie es schaffen? Oder: Sie wollen etwas in Ihrem Job verändern, beispielsweise keine Meetings mehr nach 17:00 Uhr, doch keiner Ihrer Kollegen hat selber eine Familie und denen ist es egal. Werden Sie sich durchsetzen? Wenn, dann wahrscheinlich nur mit großer Anstrengung. Der Einfluss, den andere auf uns haben, wird im Allgemeinen stark unterschätzt. Man meint immer, man schafft alles alleine, wenn man nur genügend motiviert ist. Doch das ist eine Illusion. Menschen, die erfolgreich sind, egal in welchem Bereich, haben immer andere Menschen in ihrem Umfeld, die ihr Vorhaben unterstützen. Das gilt vor allem, wenn Sie Spitzenleistung erbringen wollen oder etwas wirklich Großes umsetzen wollen. Stellen Sie sich mal vor, Michael Schumachers Frau hätte sich dauernd beschwert, dass ihr Mann so viel Auto fährt … Was auch immer Sie vorhaben, suchen Sie sich Unterstützer und trennen Sie sich von den Saboteuren und Verhinderern!

Ihr Umfeld (Arbeitsplatz) Zum Umfeld gehört natürlich auch der Ort, an dem Sie arbeiten. Auch hier lohnt es sich genauer hinzuschauen, was Sie gerne hätten, was Ihnen Spaß macht und wie Ihr Arbeitsplatz gestaltet sein soll, damit Sie sich wohl und energiegeladen fühlen, inspiriert und kreativ sind. Es soll immer noch Leute geben, die beim Arbeiten auf eine graue Wand schauen. „What you see is what you get", sagt eine Bekannte von mir, die als Feng-Shui-Beraterin Arbeitsplätze schöner und nutzerfreundlicher gestaltet. Wie wäre es damit, sich ein Visionboard an die Wand zu hängen, eine Collage mit Fotos von allen Dingen, die Sie sich wünschen? Einfach verschiedene Zeitschriften durchblättern, von „Schöner Wohnen" bis „MOTORSPORT aktuell", und fleißig schnipseln und kleben. Wie können Sie Ihr Büro für den Alltag so gestalten, dass es zu einer Oase der Ruhe und Entspannung, aber auch Power, Kreativität, Leistungsfähigkeit und Freude wird, wenn Sie im Job voll gefordert sind? Vielleicht brauchen Sie einen besonderen Stuhl, einen Massagesessel für den Power-Nap oder einfach nur einen iPod mit Kopfhörer, um sich ab und zu mit Heavy Metal abzureagieren. Ich denke mal, auch Ihr Arbeitsplatz kann wahrscheinlich noch mehr Spaß vertragen.

15.4 Burnout, Boreout oder Burn-on?

▶ Viele Leute, die sich erschöpft fühlen, sind nicht überfordert, sondern gelangweilt. Von ihrem Job, von ihren Aufgaben, von ihrem Leben. Sie brauchen keine Auszeit, sondern eine Herausforderung. Nur leider gibt ihnen die niemand …

15 Work-Life-Fun-Balance – Gesundheit im 21. Jahrhundert

> Man kann die Menschen in drei Klassen einteilen: Solche, die sich zu Tode arbeiten, solche, die sich zu Tode sorgen, und solche, die sich zu Tode langweilen (Winston Churchill).

Ich weiß, meine These mit der Langeweile mag manch einer als sehr provokant empfinden. Vor allem jemand, der persönlich von Burnout betroffen ist. Dazu habe ich schon bitterböse Kommentare gehört. Ich stand selbst einmal kurz vor einem Burnout, vor ein paar Jahren. Ich habe damals gedacht, das passiert mir, weil ich zu den Menschen gehöre, die sich immer übermäßig engagieren, keine halben Sachen machen, sich schwertun nein zu sagen und überhaupt möglichst immer alles richtig machen wollen. Doch Fakt ist: Ich WAR damals gelangweilt. Hinter allem war das der wahre Grund. Ich hatte mich in einige Projekte gestürzt, auf die ich eigentlich keine Lust hatte, mit Menschen, die ich nicht mochte, für ein Honorar, für das andere ihr Haus nicht verlassen. Warum ich das gemacht habe? Weil ich nicht so richtig wusste, was ich stattdessen machen sollte. Das ist mir aber jetzt erst klar. Weil ich heute Dinge mache, die mich nicht mehr langweilen, sondern wirklich herausfordern. Und die mir Spaß machen. Ich kenne den Unterschied. Heute fühle ich mich nicht mehr überfordert, obwohl ich dreimal so viele Dinge gleichzeitig mache und manage.

Zu einer regelrechten „Modekrankheit" hat sich der Burnout entwickelt. Bis zu 9 % der Arbeitnehmer in großen Unternehmen leiden mittlerweile am Ausgebrannt-Sein mit allen seinen Symptomen. Es gibt viele Definitionen von Burnout und seinen Ursachen. Allerdings keine einheitliche. Niemand kann genau sagen, was Burnout eigentlich bedeutet, weil man ihn nicht messen kann. Wo hört eine stressige Lebensphase auf und fängt Burnout an und wann wird daraus eine Depression? Ich habe für mich mal eine ganz einfache Definition entwickelt: Burnout entsteht, wenn die an einen Menschen gestellten Anforderungen dauerhaft seine Ressourcen übersteigen. Es ist nämlich nicht grundsätzlich so, dass viel Arbeit oder hohe Anforderungen zu Burnout führen. Im Gegenteil, wenn ein Mensch seinen Fähigkeiten und Ressourcen entsprechend gefordert und gefördert wird, befindet er sich im Optimalzustand, auch „Flow" genannt. Jeder kennt diesen Zustand: Man bekommt ein spannendes und verantwortungsreiches Projekt übertragen, es gibt unerwartete Herausforderungen, bei denen man mal so richtig zeigen kann, was man draufhat. Man entdeckt Seiten an sich, die man noch gar nicht kannte, lässt sich von sich selber überraschen. Man fühlt sich gefordert, aber nicht überfordert. Und man bringt automatisch Höchstleistungen, High Performance. Das Feuer wird immer wieder durch die eigene Begeisterung angefacht, so wie eine Ölkerze, die immer wieder aufgefüllt wird.

Nur wer dauerhaft mehr leisten soll, als er kann und schafft, brennt irgendwann aus: wer entweder zu hohen Anforderungen ausgesetzt ist oder nicht über genügend körperliche und geistige Ressourcen und die passenden Fähigkeiten verfügt, seine Aufgaben zu erledigen. Bei dem die Akkus nicht mehr aufgeladen werden. Dann wird's anstrengend. Das bezieht sich meiner Meinung nach aber nicht nur auf den Job, wie es oft dargestellt wird. So als ob nur die bösen, bösen Unternehmen daran schuld wären, dass jemand ausbrennt. Ein stressiges und unerfülltes Privatleben trägt genauso dazu bei. Neulich habe ich bei einem Experten-Forum einen Vortrag gehalten zum Thema Work-Life-Fun-Balance und hinterher kam ein Unternehmer auf mich zu, der sich bei mir bedankte. Er meinte, ich sei die Erste, die offen darüber spreche, dass mangelnder Sex auch zu Burnout führen könne oder zumindest einen Großteil dazu beitrage. Er habe das selber erlebt. Seine Frau habe ihn nach der Geburt der Kinder kaum noch „rangelassen" und das habe ihm neben allem anderen den Rest gegeben. Seit er sich sexuell befreit hat und ab und zu in den Swingerclub geht (das hat er tatsächlich so gesagt, kein Witz), hat er das Problem nicht mehr und kann seinen Job wieder machen. Ich war erstaunt über seine Offenheit, doch offenbar war es ihm ein echtes Anliegen, mir das mitzuteilen.

Ein relativ neuer Begriff in der ganzen Diskussion ist Boreout. Heißt so viel wie „ausgelangweilt". Die These ist: Wer auf Dauer im Job nicht gefordert wird und wessen Ressourcen brachliegen, der fühlt sich irgendwann genauso fix und fertig wie jemand, der ausbrennt. Die Symptome sind die gleichen: erschöpft, müde, unmotiviert, aber nicht aus Über-, sondern aus Unterforderung. Langeweile macht einen Menschen auf Dauer fertig, denn jeder möchte einen sinnvollen Beitrag leisten, in seinem Job einen Sinn und ein Ziel sehen! Boreout ist wohl das, was ich erlebt habe. Ich hätte es damals allerdings nicht akzeptiert, wenn das jemand bei mir diagnostiziert hätte, und ich glaube, viele Menschen würden nie zugeben, dass sie gelangweilt sind. Laut Philippe Rothlin, dem Autor des Buches „Diagnose Boreout", sind es aber viel mehr als vermutet.

Wenn man das Ganze in eine kleine Grafik (vgl. Abb. 15.1) hineinbastelt und die Ressourcen und Anforderungen in ein Verhältnis setzt, ergeben sich vier Quadranten. Jeder kann für sich schauen, in welchem er sich akut befindet. Je weiter rechts oben, desto besser! Den Quadranten unten links bezeichne ich als entspannte Low-Performance. Jemand, der sich hier befindet, verfügt nur über wenige Ressourcen, muss aber auch nur geringe Anforderungen bestehen. Das wird es wahrscheinlich nicht mehr so oft geben heutzutage ...

In der ganzen Diskussion um Burnout gibt es noch ein neues Wort: Burn-on! Diesen Begriff haben diverse Coaches für sich entdeckt, die ihre Klienten wieder dem nahebringen

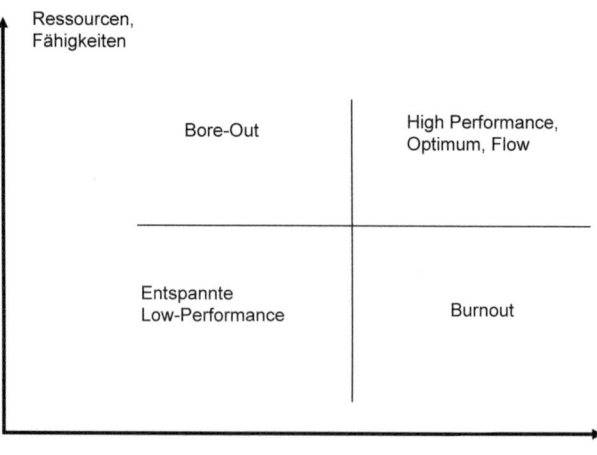

Abb. 15.1 Burnout, Bore-Out

wollen, was sie glücklich macht: die Dinge, für die jemand wirklich „Feuer und Flamme" ist. Die nicht stressen, sondern Energie geben. Wenn man das tut, wofür man wirklich im Herzen brennt, dann brennt nichts an und man brennt nicht aus. Das herauszufinden ist meiner Meinung nach die wichtigste Aufgabe eines guten Coaches. Wenn Ihr Coach mit Ihnen nur über Ihre Probleme redet, in Ihrer Vergangenheit wühlt oder im schlimmsten Fall über Ihre Beziehung zu Ihren Eltern reden will und das, was die alles versäumt haben, suchen Sie sich einen neuen! Jemanden, der Sie dabei unterstützt, Ihre Träume zu realisieren.

15.5 Mehr Spaß! Mehr Sex! Mehr Lebensqualität! Bessere Arbeitsleistung.

▶ Es geht nicht darum, immer knapper werdende Zeit immer weiter zu managen und sich damit noch mehr Stress zu machen. Es geht darum, wie man mehr Vergnügen im Leben hat.

Je mehr Vergnügen du an deiner Arbeit hast, umso besser wird sie bezahlt (Mark Twain).

Jetzt mal Butter bei die Fische! Was wollen Sie tatsächlich ändern in Ihrem Leben und in dem Ihrer Mitarbeiter? Wie wollen Sie die „Chefsache Gesundheit" umsetzen? Und wo wollen Sie einen echten Unterschied machen? Die von Psychologen, Coaches und Experten angebotenen Lösungen, wie man Arbeit weniger stressig und mehr sexy gestalten kann, sind leider teilweise noch recht profan. Bei einem Burnout-Experten-Forum, an dem ich vor kurzem teilnahm, war einer der wichtigsten Ratschläge: Machen Sie halt mehr Pausen! Toller Tipp. Wie soll das gehen, wenn der Schreibtisch überquillt mit To-do-Listen und man jeden Tag das Gefühl hat, hinter seiner Arbeit hinterherzulaufen? Das Einzige, was einem dann wenigstens ein bisschen Befriedigung gibt, ist doch, eine kleine Aufgabe wie die Beantwortung einer Mail zu erledigen und einen Haken dahinter machen zu können! Oder den Posteingang aufzuräumen, damit man wenigstens kurzfristig das Gefühl hat, mit irgendwas mal fertig zu sein. Zeitmanagement? Sorry, aber sich Listen machen und die Arbeit immer neu sortieren, hilft auch nicht jedem, je nach Typ macht einem das eher noch mehr Stress. Wenn ich mir vorstelle, dass ich jeden Tag nochmal eine halbe Stunde darauf verwenden muss, mir zu überlegen, mit was ich anfange, nein danke!
Für mich hat etwas anderes funktioniert und funktioniert auch immer wieder: der konsequente Fokus auf die Dinge, die mir wirklich Freude bereiten und die ich wirklich will im Leben! Und zwar kurzfristig und langfristig. Kurzfristig bedeutet das: einfach jeden Tag mit dem anzufangen, was wirklich wichtig ist. Nur auf diese Weise konnte ich in sechs Jahren zehn Bücher schreiben. Um ein Buch zu schreiben, während das Tagesgeschäft weiterläuft, braucht man richtig viel Disziplin, denn das Manuskript ist immer das, was am wenigsten dringend erscheint. Und man neigt dazu, immer auf einen besonders

kreativen Moment zu warten, der aber nie kommt, außer man entscheidet sich dafür. Mein letztes Buch, das zehnte, habe ich innerhalb eines Monats geschrieben. Und das habe ich geschafft, weil ich jeden Tag damit begonnen und erst später meine Mails gelesen habe. Und – ganz ehrlich – das ist mir zu Beginn extrem schwergefallen.

Herauszufinden, was ich langfristig wirklich will im Leben, hat allerdings einige Jahre und mehrere Coaches gebraucht … Coaches, die mir nicht nach dem Mund geredet, sondern mich wirklich herausgefordert haben. Einfache Lösungen, Tipps und Ratschläge sind bei solch wichtigen Themen wie Gesundheit und Sinnhaftigkeit des eigenen Lebens nicht angesagt. Oder sagen wir mal anders: Sie bringen nichts. Ich kann Ihnen nicht sagen, wo Ihre ganz persönlichen Energiequellen liegen und wie Sie Ihre Ressourcen anzapfen und aktivieren können.

▶ Ich kenne Sie ja nicht, kann Ihnen nicht in die Augen schauen. Wenn ich es könnte, hätte ich jedoch eine Spur: Bei was fangen Sie an zu strahlen? Wie muss Ihre Arbeit sein, damit sie Ihnen im Sinne von Mark Twain aus obigem Zitat Vergnügen bereitet? Wie muss Ihr Leben sein?

Das Einzige, was ich tun kann, ist Denkanstöße zu geben, was ich in meinen Vorträgen tue. Dabei sorge ich regelmäßig nicht nur für Spaß, sondern für Verblüffung bei den Zuhörern. Oder Sie sind mutig und buchen mich als Coach. Coaching heißt für mich: beobachten, Feedback geben, Wahrheit sagen, in den Hintern treten. Und wenn ich jemanden coache, kann es passieren, dass seine Welt anschließend auf dem Kopf steht. Meine Erfahrung: Die meisten Menschen haben keine Ahnung, wer sie wirklich sind und was ihnen guttut. Und selbst wenn sie noch wissen, wovon sie als Kind schon geträumt haben, fehlt ihnen komplett die Idee dazu, wie sie das in ihrem aktuellen Leben umsetzen können. Doch es lohnt sich, das herauszufinden …

Work-Life-Fun-Balance Ist Ihr Job eine „10"? Ein Sechser im Lotto? Ist Ihr Leben eine „10"? Wie schätzen Sie sich selber ein und wie würden Außenstehende Sie einschätzen? Fragen Sie doch mal Freunde und Bekannte und lassen Sie sich überraschen, was dabei herauskommt … Fakt ist: Je weiter entfernt von der „10", desto mehr Lebensenergie verlieren Sie jeden Tag. Ich würde mich ernsthaft fragen, ob ich mir das weiter leisten will. Was das nicht gelebte Leben kostet, wird einem ja erst sehr viel später klar. Ich würde es nicht darauf ankommen lassen. Einfacher gesagt als getan, werden Sie jetzt möglicherweise einwenden. Und Sie haben nicht ganz unrecht. Man kann ja nicht einfach alles hinwerfen, man hat ja schließlich Verantwortung seiner Familie gegenüber. Selbst wenn man alleine ist, muss man von irgendwas die Miete zahlen. Dazu möchte ich Ihnen einen Tipp geben: Verbinden Sie sich mit Menschen, die ein cooles Leben haben und ihren Job lieben – und verbringen Sie Zeit mit ihnen. Ein Fisch, der nur im trüben Wasser dümpelt, hat keine Ahnung, wie phantastisch schön ein buntes Korallenriff aussieht. Er braucht jemanden, der ihm den Weg dorthin zeigt. Fragen Sie diejenigen, die die „10" leben – und lernen Sie von ihnen. Es braucht nämlich eine Menge Mut dafür, sich ein richtig geiles

Leben zu kreieren. Doch es lohnt sich. Sie haben wahrscheinlich keine Ahnung, wie viel genialer Ihr Leben tatsächlich sein kann …

Falls Sie noch niemanden kennen, der für Sie als Mentor infrage kommt, können Sie auch erstmal was anderes machen. Wenn ich Ihnen noch einen zweiten Tipp mitgeben darf, der immer hilft: **Machen Sie noch in diesem Monat mal etwas völlig Sinnbefreites, das richtig teuer ist und einfach Spaß macht!** Aus einem Flugzeug springen (mit Fallschirm natürlich), eine Harley fahren, einen Privatjet mieten oder für ein Wellness-Wochenende nach Hawaii fliegen … Versprochen: Danach werden Sie das Leben und seine täglichen Problemen mit anderen Augen sehen …

Work-Life-Body-Balance Es hilft, ab und zu den Körper auf Vordermann zu bringen – sodass Sie sich darin wieder richtig wohlfühlen! So wie Sie Ihr Auto zum TÜV bringen und die Wohnung ab und zu ausmisten und grundreinigen. Ist eigentlich das Gleiche, nur dass wir es bei uns selber nicht gewohnt sind, der eigene Körper kommt oft erst ganz zum Schluss. Egal ob Sie bei der Ernährung oder der Bewegung anfangen, egal ob mit Massage oder Floaten. Egal ob Sie gleich den Rundumschlag machen oder nur eine kleine Sache ändern, denken Sie einfach dran: Auch Chefs brauchen ab und zu eine Grundreinigung und in jedem Fall viele Streicheleinheiten.

Work-Life-Sex-Balance Das Einzige, wo wir wirklich alle gleich ticken, ist, dass wir Sex lieben und brauchen. Wir unterscheiden uns lediglich in der Art, WIE wir den Sex mögen. Ein erfülltes Sexleben ist einer der wichtigsten und leider noch am meisten unterschätzten Faktoren für körperliche und seelische Gesundheit. Nun gut, es gibt schon viele Studien über die Wirkung von Sex auf den Körper … aktiviert das Immunsystem, schüttet Glückshormone aus, hilft gegen Herzinfarkte sowie Prostatakrebs bei Männern und gegen Migräne bei Frauen (ja, tatsächlich!). Doch letztlich ist Sex immer noch ein großes Tabu, obwohl er überall präsent ist. Jeder redet über Sex. Nur nicht über den eigenen.

How is your sexlife?

Kaum etwas entspannt so gut wie erfüllender Sex. Wenn's im Bett nicht stimmt, kann man noch so viele Entspannungskurse, Mountainbike-Touren oder Joggingkilometer absolvieren, das wird nicht reichen. Nicht wirklich. Da bringen auch die betrieblichen Gesundheitsmaßnahmen nichts. Doch als Chef mit den Mitarbeitern über deren Sexleben sprechen, na ja, das geht natürlich auch nicht. Was geht ist: vorleben. Ein Mensch, der guten Sex hatte, ist attraktiv und strahlt Vitalität aus. Das weiß jeder, der schon mal verliebt war. Dann ist auf einmal alles leicht und man möchte jeden Menschen umarmen. Ich komme nochmal auf Folgendes zurück: Wer selber Druck hat, gibt ihn an andere weiter. Also sorgen Sie dafür, dass SIE Ihren Druck loswerden. Etwas Besseres können Sie nicht für Ihre Mitarbeiter tun. Sie sind zuerst dran … Mein letztes Buch (das, was ich innerhalb eines Monats geschrieben habe) befasst sich übrigens genau mit diesem Thema: Es heißt „gesundgevögelt".

Zum Thema „Work-Life-Fun-Balance" dürfen Sie mich übrigens jederzeit ansprechen, denn ich kann, glaube ich, von mir behaupten, dazu nicht nur theoretisch etwas sagen zu können. Immerhin habe ich neben Fulltime-Selbstständigkeit, Buchschreiben und Babykriegen im Jahr 2012 mit meinem Partner zusammen eine GmbH gegründet. Die hat sich zum Ziel gesetzt, andere Menschen zu inspirieren und zu coachen, ein geniales, gesundes und geiles Leben zu haben!

Die Health & Fun GmbH ... denn jetzt geht's erst richtig los ☺

▶ **Tipp** Das Leben ist eine Party. Feiern Sie sie! Der Rest erledigt sich dann größtenteils von selbst.

15.6 Über die Autorin

Susanne Wendel gilt als Deutschlands spritzigste Gesundheitsexpertin. Ihre Vorträge, Workshops und Bücher sprühen vor Charme, Witz und Kompetenz. Seit 2001 hält die diplomierte Oecotrophologin und Erfolgsautorin Vorträge und leitet Workshops zu Gesundheits- und Kommunikationsthemen für namhafte Firmen. Sie absolvierte eine internationale mehrjährige Leadership- und Coaching-Ausbildung und gründete im Sommer 2012 zusammen mit ihrem Partner die Health & Fun GmbH. Susanne Wendel begeistert Mitarbeiter und Führungskräfte von Unternehmen ebenso wie Multiplikatoren in der Gesundheitsbranche mit ihren praxisnahen, unterhaltsamen und innovativen Vorträgen. Erfahren Sie alles, was Sie schon immer über Gesundheit im 21. Jahrhundert wissen wollten. Von den neuesten Ernährungstrends über Work-Life-Fun-Balance bis hin zu gesundem Sex. Immer nach dem Motto „Lebst Du noch oder stirbst Du schon"!

Weitere Infos unter www.susannewendel.de

Weiterführende Literatur

Gänsler, S., & Bröske, T. (2010). *Die Gesundarbeiter*. Hamburg: Murmann Verlag GmbH.
Grillparzer, M., & Wendel, S. (2011). *Der Feelgood Faktor*. München: Südwest Verlag.
Händeler, E. (2009). *Die Geschichte der Zukunft* . München: Joh. Brendow & Sohn Verlag GmbH.
Horx, M. (2011). *Das Megatrend-Prinzip*. München: Deutsche Verlags-Anstalt.
Rothlin, P., & Werder, P. R. (2007). *Diagnose Boreout*. Heidelberg: Redline GmbH.
Wendel, S. (2012). *gesundgevögelt*. Stuttgart: HORIZON Medienverlag.

Über den Initiator der Chefsache-Reihe

Peter Buchenau gilt als der Indianer in der deutschen Redner-, Berater- und Coaching-Szene. Selbst ehemaliger Top-Manager in französischen, Schweizer und US-amerikanischen Konzernen kennt er die Erfolgsfaktoren bei Führungsthemen bestens. Er versteht es wie kaum ein anderer auf sein Gegenüber einzugehen, zu analysieren, zu verstehen und zu fühlen. Er liest Fährten, entdeckt Wege und Zugänge und bringt Zuhörer und Klienten auf den richtigen Weg.

Peter Buchenau ist Ihr Gefährte, er begleitet Sie bei der Umsetzung Ihres Weges, damit Sie Spuren hinterlassen – Spuren, an die man sich noch lange erinnern wird. Der mehrfach ausgezeichnete Chefsache-Ratgeber und Geradeausdenker (denn der effizienteste Weg zwischen zwei Punkten ist immer noch eine Gerade) ist ein Mann von der Praxis für die Praxis, gibt Tipps vom Profi für Profis. Heute ist er auf der einen Seite Vollblutunternehmer und Geschäftsführer, auf der anderen Seite Sparringspartner, Mentor, Autor, Kabarettist und Dozent an Hochschulen. In seinen Büchern, Coachings und Vorträgen verblüfft er die Teilnehmer mit seinen einfachen und schnell nachvollziehbaren Praxisbeispielen. Er versteht es vorbildhaft und effizient ernste und kritische Sachverhalte so unterhaltsam und kabarettistisch zu präsentieren, dass die emotionalen Highlights und Pointen zum Erlebnis werden.

Die von ihm initiierte Chefsache Serie beschreibt wichtige Führungsthemen der sogenannten Ebene 2. Dies sind hauptsächlich die weichen zusätzlichen Erfolgsfaktoren abseits von Umsatz, Finanzen und rechtlichen Gegebenheiten. Als Zielgruppe sind hier Kleinunternehmer, Vorgesetzte und Inhaber in mittelständischen Unternehmungen sowie Führungskräfte in Konzernen angesprochen.

Mehr zu Peter Buchenau unter www.peterbuchenau.de

Springer Gabler

springer-gabler.de

Topaktuelles Wissen für die Praxis

P. Buchenau (Hrsg.)
Chefsache Diversity Management
1. Aufl. 2016, XII, 194 S. 9 Abb., Hardcover
*29,99 € (D) | 30,83 € (A) | CHF 31.00
ISBN 978-3-658-12655-1

P. Buchenau, B. Balsereit
Chefsache Leisure Sickness
Warum Leistungsträger in ihrer Freizeit krank werden
1. Aufl. 2015, XIII, 115 S. 4 Abb., Hardcover
*19,99 € (D) | 20,55 € (A) | CHF 21.50
ISBN 978-3-658-05782-4

P. Buchenau, M. Geßner, C. Geßner, A. Kölle (Hrsg.)
Chefsache Nachhaltigkeit
Praxisbeispiele aus Unternehmen
1. Aufl. 2016, XVIII, 314 S., Hardcover
*29,99 € (D) | 30,83 € (A) | CHF 31.00
ISBN 978-3-658-11071-0

P. Buchenau (Hrsg.)
Chefsache Frauenquote
Pro und Kontra aus aktueller Sicht
1. Aufl. 2016, XII, 204 S. 5 Abb., Hardcover
*29,99 € (D) | 30,83 € (A) | CHF 31.00
ISBN 978-3-658-12182-2

P. Buchenau (Hrsg.)
Chefsache Frauen
Männer machen Frauen erfolgreich
1. Aufl. 2015, XII, 294 S. 23 Abb., Hardcover
*29,99 € (D) | 30,83 € (A) | CHF 32.00
ISBN 978-3-658-07497-5

P. Buchenau (Hrsg.)
Chefsache Frauen II
Frauen machen Frauen erfolgreich
1. Aufl. 2017, X, 291 S. 31 Abb., Hardcover
*29,99 € (D) | 30,83 € (A) | CHF 31.00
ISBN 978-3-658-14269-8

P. Buchenau (Hrsg.)
Chefsache Gesundheit I
Der Führungsratgeber fürs 21. Jahrhundert
2. Aufl. 2017, VIII, 280 S., Hardcover
*29,99 € (D) | 30,83 € (A) | CHF 37.50
ISBN 978-3-658-16579-6

P.H. Buchenau (Hrsg.)
Chefsache Prävention I
Wie Prävention zum unternehmerischen Erfolgsfaktor wird
2014, XIV, 325 S. 48 Abb., Softcover
*29,99 € (D) | 30,83 € (A) | CHF 37.50
ISBN 978-3-658-03611-9

P. Buchenau, D. Fürtbauer
Chefsache Social Media Marketing
Wie erfolgreiche Unternehmen schon heute den Markt der Zukunft bestimmen
1. Aufl. 2015, XIV, 115 S. 33 Abb., Hardcover
*29,99 € (D) | 30,83 € (A) | CHF 32.00
ISBN 978-3-658-07507-1

Jetzt bestellen: springer.com/shop

If you have any concerns about our products,
you can contact us on
ProductSafety@springernature.com

In case Publisher is established outside the EU,
the EU authorized representative is:
**Springer Nature Customer Service Center GmbH
Europaplatz 3, 69115 Heidelberg, Germany**

Printed by Libri Plureos GmbH
in Hamburg, Germany